· EX SITU FLORA OF CHINA ·

中国迁地栽培植物志

主编 黄宏文

CAPRIFOLIACEAE
忍冬科

本卷主编 林秦文 李晓东

中国林业出版社
China Forestry Publishing House

内容简介

本书收录了我国主要植物园迁地栽培的五福花科和狭义忍冬科植物共16属165种（不含杂种及亚种、变种和变型），其中五福花科2属约78种（特有27种），狭义忍冬科14属约87种（特有22种）。本书编撰物种中，属于《中国生物多样性红色名录——高等植物卷》（2013）所列的受威胁植物共14种，其中濒危（EN）植物2种、易危（VU）植物7种、近危（NT）植物5种；依据IUCN濒危物种红色名录标准（3.1版），建议将丁香叶忍冬（*Lonicera oblata* K. S. Hao ex P. S. Hsu & H. J. Wang）等级由易危（VU）调整为极危（CR），另外新评价受威胁等级（VU 和 NT）物种11种，其中易危（VU）8种、近危（NT）3种。记载原产于北美、欧洲或日本等地而有引种栽培的境外分布植物8属36种，纠正了植物园鉴定错误的物种名称，补充了基于活植物观察的物种分类学信息。每种植物都包括中文名、拉丁名、别名等分类学信息和自然分布、迁地栽培形态特征、引种信息、物候信息、迁地栽培要点及主要用途，并附彩色图片展示物种形态学特征。采用参照相关分子系统学文献调整过后的分类系统，属和种均按照系统发育和亲缘关系排列。为了便于查阅，书后附有植物园五福花科和狭义忍冬科植物名录、各植物园的地理环境以及中文名和拉丁名索引。

本书可供植物园工作者、园林园艺师、植物学者、农业技术人员、环境保护人士、大专院校师生以及广大植物爱好者参考使用。

主编简介

黄宏文：1957年1月1日生于湖北武汉，博士生导师，中国科学院大学岗位教授。长期从事植物资源研究和果树新品种选育，在迁地植物编目领域耕耘数十年，发表论文400余篇，出版专著40余本。主编有《中国迁地栽培植物大全》13卷及多本专科迁地栽培植物志。现为中国科学院庐山植物园主任，中国科学院战略生物资源管理委员会副主任，中国植物学会副理事长，国际植物园协会秘书长。

图书在版编目（CIP）数据

中国迁地栽培植物志. 忍冬科 / 黄宏文主编；林秦文，李晓东本卷主编. -- 北京：中国林业出版社，2020.11

ISBN 978-7-5219-0925-8

Ⅰ.①中… Ⅱ.①黄…②林…③李… Ⅲ.①忍冬科—引种栽培—植物志—中国 Ⅳ.①Q948.52

中国版本图书馆CIP数据核字(2020)第239270号

ZHŌNGGUÓ QIĀNDÌ ZĀIPÉI ZHÍWÙZHÌ · RĚNDŌNGKĒ

中国迁地栽培植物志·忍冬科

出版发行：中国林业出版社
　　　　　（100009 北京市西城区刘海胡同7号）
电　　话：010-83143517
印　　刷：北京雅昌艺术印刷有限公司
版　　次：2021年3月第1版
印　　次：2021年3月第1次印刷
开　　本：889mm×1194mm　1/16
印　　张：35
字　　数：1109千字
定　　价：498.00元

《中国迁地栽培植物志》编审委员会

主　　　任： 黄宏文
常务副主任： 任　海
副　主　任： 孙　航　陈　进　胡永红　景新明　段子渊　梁　琼　廖景平
委　　　员（以姓氏拼音为序）：

陈　玮　傅承新　郭　翎　郭忠仁　胡华斌　黄卫昌　李　标
李晓东　廖文波　宁祖林　彭春良　权俊萍　施济普　孙卫邦
韦毅刚　吴金清　夏念和　杨亲二　余金良　宇文扬　张　超
张　征　张道远　张乐华　张寿洲　张万旗　周　庆

《中国迁地栽培植物志》顾问委员会

主　　任： 洪德元
副主任（以姓氏拼音为序）：

陈晓亚　贺善安　胡启明　潘伯荣　许再富

成　　员（以姓氏拼音为序）：

葛　颂　管开云　李　锋　马金双　王明旭　邢福武　许天全　张冬林
张佐双　庄　平　Christopher Willis　Jin Murata　Leonid Averyanov
Nigel Taylor　Stephen Blackmore　Thomas Elias　Timothy J Entwisle
Vernon Heywood　Yong-Shik Kim

《中国迁地栽培植物志·忍冬科》编者

主　　编： 林秦文（中国科学院植物研究所）
　　　　　李晓东（中国科学院植物研究所）

编　　委（以姓氏拼音为序）：
　　　　　陈　燕（北京植物园）
　　　　　李方文（成都市植物园）
　　　　　李小杰（四川省自然资源科学研究院峨眉山生物资源实验站）
　　　　　刘兴剑（江苏省中国科学院植物研究所南京中山植物园）
　　　　　刘　旭（重庆市药物种植研究所）
　　　　　卢琼妹（中国科学院华南植物园）
　　　　　施晓梦（杭州植物园）
　　　　　汪　远（上海辰山植物园）
　　　　　徐文斌（中国科学院武汉植物园）
　　　　　张　粤（中国科学院沈阳应用生态研究所沈阳树木园）

主　　审： 刘　冰（中国科学院植物研究所）
责任编审： 廖景平　湛青青（中国科学院华南植物园）
数据库技术支持： 张　征　黄逸斌　谢思明（中国科学院华南植物园）

《中国迁地栽培植物志·忍冬科》参编单位（数据来源）

中国科学院植物研究所北京植物园（IBCAS）

中国科学院武汉植物园（WHBG）

中国科学院华南植物园（SCBG）

中国科学院西双版纳热带植物园（XTBG）

中国科学院昆明植物研究所昆明植物园（KIB）

中国科学院沈阳应用生态研究所沈阳树木园（IAE）

江苏省中国科学院植物研究所南京中山植物园（CNBG）

广西壮族自治区中国科学院广西植物研究所桂林植物园（GXIB）

北京植物园（BBG）

杭州植物园（HBG）

深圳市中国科学院仙湖植物园（SZBG）

黑龙江省森林植物园（HLJBG）

上海辰山植物园（CBG）

银川植物园（YCBG）

重庆市药物种植研究所（CIMP）

成都市植物园（CDBG）

《中国迁地栽培植物志》编研办公室

主　任： 任　海
副主任： 张　征
主　管： 湛青青

序 FOREWORD

中国是世界上植物多样性最丰富的国家之一，有高等植物约33000种，约占世界总数的10%，仅次于巴西，位居全球第二。中国是北半球唯一横跨热带、亚热带、温带到寒带森林植被的国家。中国的植物区系是整个北半球早中新世植物区系的孑遗成分，且在第四纪冰川期中，因我国地形复杂、气候相对稳定的避难所效应，又是植物生存、物种演化的重要中心，同时，我国植物多样性还遗存了古地中海和古南大陆植物区系，因而形成了我国极为丰富的特有植物，有约250个特有属、15000~18000特有种。中国还有粮食植物、药用植物及园艺植物等摇篮之称，几千年的农耕文明孕育了众多的栽培植物的种质资源，是全球资源植物的宝库，对人类经济社会的可持续发展具有极其重要意义。

植物园作为植物引种、驯化栽培、资源发掘、推广应用的重要源头，传承了现代植物园几个世纪科学研究的脉络和成就，在近代的植物引种驯化、传播栽培及作物产业国际化进程中发挥了重要作用，特别是经济植物的引种驯化和传播栽培对近代农业产业发展、农产品经济和贸易、国家或区域的经济社会发展的推动则更为明显，如橡胶、茶叶、烟草及众多的果树、蔬菜、药用植物、园艺植物等。特别是哥伦布到达美洲新大陆以来的500多年，美洲植物引种驯化及其广泛传播、栽培深刻改变了世界农业生产的格局，对促进人类社会文明进步产生了深远影响。植物园的植物引种驯化还对促进农业发展、食物供给、人口增长、经济社会进步发挥了不可替代的重要作用，是人类农业文明发展的重要组成部分。我国现有约200个植物园引种栽培了高等维管植物约396科、3633属、23340种（含种下等级），其中我国本土植物为288科、2911属、约20000种，分别约占我国本土高等植物科的91%、属的86%、物种数的60%，是我国植物学研究及农林、环保、生物等产业的源头资源。因此，充分梳理我国植物园迁地栽培植物的基础信息数据，既是科学研究的重要基础，也是我国相关产业发展的重大需求。

然而，我国植物园长期以来缺乏数据整理和编目研究。植物园虽然在植物引种驯化、评价发掘和开发利用上有悠久的历史，但适应现代植物迁地保护及资源发掘利用的整体规划不够、针对性差且理论和方法研究滞后。同时，传统的基于标本资料编纂的植物志也缺乏对物种基础生物学特征的验证和"同园"比较研究。我国历时45年，于2004年完成的植物学巨著《中国植物志》受到国内外植物学者的高度赞誉，但由于历史原因造成的模式标本及原始文献考证不够，众多种类的鉴定有待完善；Flora of China 虽弥补了模式标本和原始文献考证的不足，但仍然缺乏对基础生物学特征的深入研究。

《中国迁地栽培植物志》将创建一个"活"植物志，成为支撑我国植物迁地保护和可持续利用的基础信息数据平台。项目将呈现我国植物园引种栽培的20000多种高等植物的实地形态特征、物候信息、用途评价、栽培要领等综合信息和翔实的图片。从学科上支撑分类学修订、园林园艺、植物生物学和气候变化等研究；从应用上支撑我国生物产业所需资源发掘及利用。植物园长期引种栽培的植物与我国农林、医药、环保等产业的源头资源密切相关。由于受人类大量活动的影响，植物赖以生存的自然生态系统遭到严重破坏，致使植物灭绝威胁增加；与此同时，绝大部分植物资源尚未被人类认识和充分利用；而且，在当今全球气候变化、经济高速发展和人口快速增长的背景下，植物园作为植物资源保存和发掘利用的"诺亚方舟"将在解决当今世界面临的食物保障、医药健康、工业原材料、环境变化等重大问题中发挥越来越大的作用。

《中国迁地栽培植物志》编研将全面系统地整理我国迁地栽培植物基础数据资料，对专科、专属、专类植物类群进行规范的数据库建设和翔实的图文编撰，既支撑我国植物学基础研究，又注重对我国农林、医药、环保产业的源头植物资源的评价发掘和利用，具有长远的基础数据资料的整理积累和促进经济社会发展的重要意义。植物园的引种栽培植物在植物科学的基础性研究中有着悠久的历史，支撑了从传统形态学、解剖学、分类系统学研究，到植物资源开发利用、为作物育种提供原始材料，及至现今分子系统学、新药发掘、活性功能天然产物等科学前沿乃至植物物候相关的全球气候变化研究。

《中国迁地栽培植物志》将基于中国植物园活植物收集，通过植物园栽培活植物特征观察收集，获得充分的比较数据，为分类系统学未来发展提供翔实的生物学资料，提升植物生物学基础研究，为植物资源新种质发现和可持续利用提供更好的服务。《中国迁地栽培植物志》将以实地引种栽培活植物形态学性状描述的客观性、评价用途的适用性、基础数据的服务性为基础，立足生物学、物候学、栽培繁殖要点和应用；以彩图翔实反映茎、叶、花、果实和种子特征为依据，在完善建设迁地栽培植物资源动态信息平台和迁地保育植物的引种信息评价、保育现状评价管理系统的基础上，以科、属或具有特殊用途、特殊类别的专类群的整理规范，采用图文并茂方式编撰成卷（册）并鼓励编研创新。全面收录中国的植物园、公园等迁地保护和栽培的高等植物，服务于我国农林、医药、环保、新兴生物产业的源头资源信息和源头资源种质，也将为诸如气候变化背景下植物适应性机理、比较植物遗传学、比较植物生理学、入侵植物生物学等现代学科领域及植物资源的深度发掘提供基础性科学数据和种质资源材料。

《中国迁地栽培植物志》总计约60卷册，10~20年完成。计划2015—2020年完成前10~20卷册的开拓性工作。同时以此推动《世界迁地栽培植物志》（*Ex Situ Flora of the World*）计划，形成以我国为主的国际植物资源编目和基础植物数据库建立的项目引领。今《中国迁地栽培植物志·忍冬科》书稿付梓在即，谨此为序。

黄宏文
2020年5月6日于广州

前言 PREFACE

传统忍冬科（Caprifoliaceae）植物在温带亚热带植物区系中极为常见，在世界各地园林中也广泛栽培，在植物区系研究和园林园艺应用等方面具有重要的地位。按照当前的分类观点，传统忍冬科实际上还包括了部分五福花科（Adoxaceae）的类群，另一部分为狭义忍冬科植物，相关各类群之间的形态差异较大，相互关系错综复杂，在研究植物系统发育和演化方面也具有重要价值。

我国植物园迁地保育了2属约78种（特有27种）五福花科植物和14属约87种（特有22种）狭义忍冬科植物，为"同园"迁地栽培条件下物种形态、物候观测、栽培繁殖等深入研究以及植物园间的比较研究提供了便捷条件。在科技部基础性工作专项"植物园迁地保护植物编目及信息标准化"（2009FY120200）支持下，中国科学院植物研究所北京植物园与我国其他主要植物园持续开展活植物清查、疑难物种鉴定和名称查证、物候观测与凭证图片采集。2011年启动《中国迁地栽培植物志》编撰，2014年出版《中国迁地栽培植物志名录》，2015—2018年完成《中国迁地栽培植物大全》出版。在科技部基础性工作专项"植物园迁地栽培植物志编撰"（2015FY210100）持续支持，中国科学院植物研究所北京植物园联合部分植物园共同编撰此书，充分利用植物园实地观察比较的优势，为五福花科和狭义忍冬科植物的深入研究提供基于活植物收集的科学数据。

本书是《中国迁地栽培植物志》编研第二批启动的卷册之一。2016年5月开始整合参编植物园五福花科和忍冬科植物名录，规范编撰内容和物种描述格式，部署物候观测及引种登录历史资料收集。2016—2019年，各参编单位开展活体植物形态观察、物种鉴定及名称查证等大量前期准备。2019年起正式开展物种描述及编撰工作。在编研过程中我们遇到许多困难，包括编研物种的引种、登录、物候等信息不全或缺乏，物种名实考证以及物种分类系统的修订等。本书编研过程中的典型问题总结如下。

1. 纠正植物园鉴定错误的物种名称

在编写的过程中，编者发现我国植物园迁地保护工作中存在不少问题，很多引种记录不够完整规范，或是由于年代久远，引种资料未能及时归档进而缺失，上述多种因素导致迁地保护的植物来源不清、名实不符的情况很多，比如：烟管荚蒾（*Viburnum utile* Hemsl.）误定为圆叶荚蒾［*Viburnum glomeratum* subsp. *rotundifolium* (P. S. Hsu) P. S. Hsu］；淡黄荚蒾（*Viburnum lutescens* Blume）误定为短序荚蒾（*Viburnum brachybotryum* Hemsl.）或短筒荚蒾［*Viburnum brevitubum* (P. S. Hsu) P. S. Hsu］；琉球荚蒾（*Viburnum suspensum* Lindl.）误定为短序荚蒾或常绿荚蒾（*Viburnum sempervirens* K. Koch）；短序荚蒾误定为三叶荚蒾（*Viburnum ternatum* Rehder）；巴东荚蒾（*Viburnum henryi* Hemsl.）误定为水红木（*Viburnum cylindricum* Buch.-Ham. ex D. Don）；狭叶球核荚蒾（*Viburnum propinquum* Hemsl. var. *mairei* W. W. Sm.）误定为少花荚蒾（*Viburnum oliganthum* Batal.）；厚绒荚蒾（*Viburnum inopinatum* Craib）误定为皱叶荚蒾（*Viburnum rhytidophyllum* Hemsl.）；茶荚蒾（*Viburnum setigerum*

Hance）误定为吕宋荚蒾（*Viburnum luzonicum* Rolfe）；南方荚蒾（*Viburnum fordiae* Hance）误定为圆叶荚蒾。我们在编写过程中，对这些问题都经过了仔细核对，并予以澄清。

2.补充基于活植物观察的物种分类学信息

忍冬属植物的一些浆果在标本压制烘烤后，基本失去了其新鲜时的状态，基于腊叶标本来描述其特征无疑会因观察误差导致判断失误。通过观察植物园栽培活植物，本书作者补充或修正了部分物种植物志基于干标本观察的某些特征，如西南忍冬（*Lonicera bournei* Hemsl.）在《中国植物志》和 *Flora of China* 中，浆果被记载为"浆果圆球形，直径约5mm"，而实际上该种的浆果椭圆形，长可达1cm，顶端具明显的宿萼；再有大花忍冬［*Lonicera macrantha* (D. Don) Spreng.］在《中国植物志》和 *Flora of China* 中，浆果被记载为"浆果熟时黑色"，而实际上该种的浆果成熟时是白色的。

3.补充濒危等级评估及受威胁等级物种

1991年开始编写的《中国植物红皮书》（傅立国和金鉴明，1992）中仅收录忍冬科稀有植物一种七子花（*Heptacodium miconioides* Rehder）。七子花后来在1999年国务院批准的《国家重点保护野生植物名录(第一批)》中列为国家二级重点保护植物。此后，《国家重点保护野生植物名录（第二批）》将华福花（*Sinadoxa corydalifolia* C. Y. Wu, Z. L. Wu & R. F. Huang）也列为国家二级重点保护植物。汪松和解焱（2004）编写的《中国物种红色名录第一卷：红色名录》中收录五福花科和狭义忍冬科受威胁植物共20种，其中极危（CR）3种，濒危（EN）7种，易危（VU）10种。环境保护部和中国科学院（2013）发布的《中国生物多样性红色名录——高等植物卷》中共有五福花科和狭义忍冬科受威胁植物34种，其中极危（CR）2种、濒危（EN）8种、易危（VU）14种、近危（NT）10种。覃海宁等（2017）发表的《中国高等植物受威胁物种名录》与前者大部分相同，有五福花科和狭义忍冬科受威胁植物23种，其中极危（CR）2种、濒危（EN）7种、易危（VU）14种。

本书编撰物种中，属于《中国生物多样性红色名录——高等植物卷》（2013）所列的受威胁植物共14种，其中（EN）植物2种、易危（VU）植物7种、近危（NT）植物5种。依据IUCN濒危物种红色名录标准（3.1版），基于野外调查情况，本书作者补充评价了编撰植物受威胁情况，建议将丁香叶忍冬（*Lonicera oblata* K. S. Hao ex P. S. Hsu & H. J. Wang）等级由易危（VU）调整为极危（CR），另外新评价受威胁等级（VU和NT）物种11种，其中易危（VU）8种、近危（NT）3种。各年代所评估植物列表见下表所示。

表　各年代红色濒危物种名录中的五福花科和狭义忍冬科植物种类及其等级

科	物种名称	1992	1999	2004	2013	2017	本书
五福花科	广叶荚蒾（*Viburnum amplifolium* Rehder）			VU			
	峨眉荚蒾（*Viburnum omeiense* P. S. Hsu）			CR	CR	CR	
	漾濞荚蒾（*Viburnum chingii* P. S. Hsu）						VU
	香荚蒾（*Viburnum farreri* Stearn）			VU			
	短筒荚蒾［*Viburnum brevitubum* (P. S. Hsu) P. S. Hsu］						VU
	瑞丽荚蒾（*Viburnum shweliense* W. W. Sm.）			CR	CR	CR	
	云南荚蒾（*Viburnum yunnanense* Rehder）			EN	EN	EN	
	多脉腾越荚蒾［*Viburnum tengyuehense* var. *polyneurum* (P. S. Hsu) P. S. Hsu］				NT		
	横脉荚蒾（*Viburnum trabeculosum* C. Y. Wu ex P. S. Hsu）			VU	VU	VU	VU
	亚高山荚蒾（*Viburnum subalpinum* Hand.-Mazz.）				VU	VU	VU
	川西荚蒾（*Viburnum davidii* Franch.）			VU			VU

(续)

科	物种名称	1992	1999	2004	2013	2017	本书
五福花科	三脉叶荚蒾（*Viburnum triplinerve* Hand.-Mazz.）			CR	VU	VU	VU
	朝鲜荚蒾（*Viburnum koreanum* Nakai）				NT		NT
	毛叶接骨荚蒾（*Viburnum sambucinum* var. *tomentosum* Hallier f.）						VU
	甘肃荚蒾（*Viburnum kansuense* Batal.）				VU	VU	VU
	小叶荚蒾（*Viburnum parvifolium* Hayata）			VU			
	珍珠荚蒾［*Viburnum foetidum* var. *ceanothoides* (C. H. Wright) Hand.-Mazz.］				EN	EN	EN
	黑果荚蒾（*Viburnum melanocarpum* P. S. Hsu）				NT		NT
	日本荚蒾（*Viburnum japonicum* Spreng.）						VU
	浙皖荚蒾（*Viburnum wrightii* Miq.）				NT		NT
	衡山荚蒾（*Viburnum hengshanicum* Tsiang ex P. S. Hsu）						VU
	长伞梗荚蒾（*Viburnum longiradiatum* P. S. Hsu & S. W. Fan）				NT		NT
	披针叶荚蒾（*Viburnum lancifolium* P. S. Hsu）						NT
	金腺荚蒾（*Viburnum chunii* P. S. Hsu）						NT
	粤赣荚蒾（*Viburnum dalzielii* W. W. Sm.）						VU
	华福花（*Sinadoxa corydalifolia* C. Y. Wu, Z. L. Wu & R. F. Huang）			II批二级	VU	VU	VU
	四福花［*Tetradoxa omeiensis* (Hara) C. Y. Wu］				EN	EN	EN
狭义忍冬科	七子花（*Heptacodium miconioides* Rehder）		稀有	I批二级	EN	EN	EN
	川黔忍冬（*Lonicera subaequalis* Rehder）						VU
	微毛忍冬（*Lonicera cyanocarpa* Franch.）						NT
	垫状忍冬（*Lonicera oreodoxa* Harry Sm. ex Rehder）			VU	VU		
	追分忍冬［*Lonicera fragrantissima* subsp. *oiwakensis* (Hayata) Q. W. Lin］			VU	VU	VU	
	单花忍冬（*Lonicera subhispida* Nakai）						VU
	沼生忍冬（*Lonicera alberti* Regel.）				NT		
	异萼忍冬（*Lonicera anisocalyx* Rehder）				NT		
	短萼忍冬（*Lonicera brevisepala* P. S. Hsu & H. J. Wang）				EN		
	灰毛忍冬（*Lonicera cinerea* Pojark.）				NT		
	钟花忍冬（*Lonicera codonantha* Rehder）				VU	VU	
	短柱忍冬（*Lonicera fragilis* Lévl.）				VU	VU	
	吉隆忍冬（*Lonicera jilongensis* P. S. Hsu & H. J. Wang）				EN	EN	
	细叶忍冬（*Lonicera minutifolia* Kitam.）				EN	EN	
	小叶忍冬（*Lonicera microphylla* Willd. ex Roem. & Schult.）			VU	VU		VU
	丁香叶忍冬（*Lonicera oblata* K. S. Hao ex P. S. Hsu & H. J. Wang）				VU	VU	CR
	赤水忍冬（*Lonicera tricalysioides* C. Y. Wu ex Hsu & H. J. Wang）				VU	VU	
	绵毛鬼吹箫［*Leycesteria stipulata* (Hook. f. & Thomson) Fritsch］			EN	EN	EN	
	北极花（*Linnaea borealis* L.）				NT		
	毛核木（*Symphoricarpos sinensis* Rehder）						VU
	细瘦糯米条［*Abelia forrestii* (Diels) W. W. Sm.］			VU	VU	VU	
	猬实（*Kolkwitzia amabilis* Graebn.）			VU	VU	VU	VU
	云南双盾木（*Dipelta yunnanensis* Franch.）			VU	VU	VU	
	优美双盾木（*Dipelta elegans* Batal.）			EN			
	温州双六道木［*Diabelia spathulata* (Siebold & Zucc.) Landrein］				NT		NT

4.完成境外植物的中文物种描述

从很早开始，世界各植物园间就彼此通过种子交换等渠道建立相互联系，这使得加入这个体系的各植物园可容易地获取世界各地的植物种类。因此，中国各植物园常引种收集不少国外植物，但这些种类经常要么没有中文描述，要么虽然有中文描述但却简单粗糙，甚至描述是错误的。本书收录了8属36种境外五福花科和狭义忍冬科植物，每种均较为详细介绍了形态特征、分布及用途等信息，有助于更好地认识、鉴定、栽培和开发利用相关植物资源。

本书最终收录国内各植物园迁地保育的忍冬科植物16属164种3亚种15变种1变型，此外还有15个杂种和数十个相关品种的简要介绍。物种拉丁名主要依据 *Flora of China*，同时参考最新发表的相关文献资料；属和种尽量按照系统发育和亲缘关系进行排列。科、属、种中文名主要依据《中国植物志》和 *Flora of China* 来定，二者没有的依据中国自然标本馆（CFH）物种库中的名称，再没有的适当进行拟名。概述部分简要介绍忍冬科植物的背景资料和研究进展，包括忍冬科植物资源分布概况、系统演化及分类、引种栽培史、栽培繁殖技术、药用及园林应用价值等。每种植物介绍包括中文名、别名、拉丁名及重要异名等分类学信息和自然分布、迁地栽培形态特征、引种信息、物候信息、迁地栽培要点及主要用途，并附彩色照片。

在物种编写规范方面，迁地栽培形态特征按茎、叶、花、果顺序分别描述。同一物种在不同植物园的迁地栽培形态有显著差异者，均进行客观描述。引种信息尽可能全面地包括：引种时间+引种地点+引种材料（登录号）；引种记录不详而又明显有栽培的，也酌情进行收录。物候按照萌芽期、展叶期、开花期、果熟期、落叶期/休眠期的顺序编写。本书共收录彩色照片1000多幅（除有注明作者的，其余均为林秦文拍摄），包括各物种的植株、茎、叶、花、果、种子等，同时还对部分物种的种子形态进行了详细记录。为便于读者进一步查阅，书后附有参考文献、植物园栽培忍冬科名录、各植物园的地理环境、中文名和拉丁名索引。

本书承蒙以下研究项目的大力资助：科技基础性工作专项——植物园迁地栽培植物志编撰（2015FY210100）；中国科学院华南植物园"一三五"规划（2016—2020）——中国迁地植物大全及迁地栽培植物志编研；生物多样性保护重大工程专项——重点高等植物迁地保护现状综合评估；国家基础科学数据共享服务平台——植物园主题数据库；中国科学院核心植物园特色研究所建设任务：物种保育功能领域；广东省数字植物园重点实验室；中国科学院科技服务网络计划（STS计划）——植物园国家标准体系建设与评估（KFJ-3W-Nol-2）；中国科学院大学研究生/本科生教材或教学辅导书项目。在此表示衷心感谢！

《中国迁地栽培植物志·忍冬科》是数家植物园共同努力的成果，是五福花科和狭义忍冬科植物在我国植物园的收集、研究、利用情况的初步整理和探索，希望借由此书的出版，带动我国植物园对该类植物的收集、研究，加大对该科本土植物的园林推广应用。但由于该类植物栽培较为分散，一些种类仅在个别植物园有栽培，但这些植物园未能对其开展完整的物候观察，部分引种记录数据不完整、缺失，再加上编者学识水平有限，书中疏漏甚至错误之处在所难免，敬请读者批评指正。

作者

2020年10月

目录 CONTENTS

序 6

前言 8

概述 20

    一、类群范围和分类系统 22

    二、资源分布概况 24

    三、研究与引种栽培历史与现状 27

    四、繁殖技术研究 30

    五、园林应用 31

各论 34

  五福花科 Adoxaceae 34

    五福花科分属检索表 35

  荚蒾属 *Viburnum* L. 36

    荚蒾属分组检索表 38

  组 1   壶花组 Sect. *Urceolatum* Winkworth & Donoghue 40

    1 壶花荚蒾 *Viburnum urceolatum* Siebold & Zucc. 41

  组 2   合轴组 Sect. *Pseudotinus* C. B. Clarke 43

    合轴组分种检索表 43

    2 显脉荚蒾 *Viburnum nervosum* D. Don 44

    3 合轴荚蒾 *Viburnum furcatum* Blume ex Maxim. var. *melanophyllum* (Hayata) H. Hara 47

  组 3   鳞斑组 Sect. *Punctata* J. Kern 50

    4 鳞斑荚蒾 *Viburnum punctatum* Buch.–Ham. ex D. Don 51

  组 4   梨叶组 Sect. *Lentago* DC. 54

    梨叶组分种检索表 54

    5 卫矛叶荚蒾 *Viburnum nudum* L. var. *cassinoides* (L.) Torr. & Gray 55

    6 梨叶荚蒾 *Viburnum lentago* L. 58

  7 李叶荚蒾 *Viburnum prunifolium* L. ·· 61

  8 倒卵叶荚蒾 *Viburnum obovatum* Walter ·· 63

组5 裸芽组 Sect. *Viburnum* ··· 65

  裸芽组分种检索表 ·· 66

  9 黄栌叶荚蒾 *Viburnum cotinifolium* D. Don ··· 67

  10 绣球荚蒾 *Viburnum macrocephalum* Fortune ··· 69

  10a 琼花 *Viburnum macrocephalum* Fortune f. *keteleeri* (Carr.) Rehder ·· 71

  11 陕西荚蒾 *Viburnum schensianum* Maxim. ·· 74

  12 烟管荚蒾 *Viburnum utile* Hemsl. ··· 76

  13 密花荚蒾 *Viburnum congestum* Rehder ·· 78

  14 红蕾荚蒾 *Viburnum carlesii* Hemsl. ex F. B. Forbes & Hemsl. ·· 80

  14a 备中荚蒾 *Viburnum carlesii* Hemsl. ex F. B. Forbes & Hemsl. var. *bitchiuense* (Makino) Nakai ········· 83

  15 蒙古荚蒾 *Viburnum mongolicum* (Pallas) Rehder ·· 85

  16 修枝荚蒾 *Viburnum burejaeticum* Regel & Herder ··· 88

  17 绵毛荚蒾 *Viburnum lantana* L. ·· 90

  18 聚花荚蒾 *Viburnum glomeratum* Maxim. ··· 93

  19 皱叶荚蒾 *Viburnum rhytidophyllum* Hemsl. ex F. B. Forbes & Hemsl. ·· 96

  20 醉鱼草状荚蒾 *Viburnum buddleifolium* C. H. Wright ·· 99

  21 金佛山荚蒾 *Viburnum chinshanense* Graebn. ··· 101

  裸芽组常见园艺杂交种介绍 ·· 104

组6 淡黄组 Sect. *Lutescentia* Clement & Donoghue ··· 106

  淡黄组分种检索表 ·· 106

  22 淡黄荚蒾 *Viburnum lutescens* Blume ·· 107

  23 锥序荚蒾 *Viburnum pyramidatum* Rehder ·· 109

  24 广叶荚蒾 *Viburnum amplifolium* Rehder ·· 111

  25 蝶花荚蒾 *Viburnum hanceanum* Maxim. ·· 113

  26 粉团 *Viburnum plicatum* Thunb. ·· 115

  26a 蝴蝶戏珠花 *Viburnum plicatum* Thunb. var. *tomentosum* (Thunb.) Miq. ·· 118

组7 圆锥组 Sect. *Solenotinus* DC. ·· 121

  圆锥组分种检索表 ·· 122

  27 樱叶荚蒾 *Viburnum sieboldii* Miq. ·· 123

  28 珊瑚树 *Viburnum odoratissimum* Ker Gawl. ·· 126

  28a 日本珊瑚树 *Viburnum odoratissimum* Ker Gawl. var. *awabuki* (K. Koch) Zabel ex Rümpler ············ 130

  29 琉球荚蒾 *Viburnum suspensum* Lindl. ·· 133

  30 漾濞荚蒾 *Viburnum chingii* P. S. Hsu ··· 136

  31 香荚蒾 *Viburnum farreri* Stearn ··· 138

  32 少花荚蒾 *Viburnum oliganthum* Batalin ·· 141

  33 短筒荚蒾 *Viburnum brevitubum* (P. S. Hsu) P. S. Hsu ·· 144

34 红荚蒾 *Viburnum erubescens* Wall. 146

　　35 短序荚蒾 *Viburnum brachybotryum* Hemsl. ex F. B. Forbes & Hemsl. 149

　　36 巴东荚蒾 *Viburnum henryi* Hemsl. 152

　　37 腾越荚蒾 *Viburnum tengyuehense* (W. W. Sm.) P. S. Hsu 154

　　38 横脉荚蒾 *Viburnum trabeculosum* C. Y. Wu ex P. S. Hsu 156

　　39 伞房荚蒾 *Viburnum corymbiflorum* P. S. Hsu & S. C. Hsu 158

　　39a 苹果叶荚蒾 *Viburnum corymbiflorum* P. S. Hsu & S. C. Hsu subsp. *malifolium* P. S. Hsu 160

　　圆锥组常见园艺杂交种介绍 163

组 8　球核组 Sect. *Tinus* (Miller) C. B. Clarke 165

　　球核组分种检索表 166

　　40 地中海荚蒾 *Viburnum tinus* L. 167

　　41 川西荚蒾 *Viburnum davidii* Franch. 170

　　42 球核荚蒾 *Viburnum propinquum* Hemsl. 172

　　42a 狭叶球核荚蒾 *Viburnum propinquum* Hemsl. var. *mairei* W. W. Sm. 174

　　43 三脉叶荚蒾 *Viburnum triplinerve* Hand.–Mazz. 176

　　44 樟叶荚蒾 *Viburnum cinnamomifolium* Rehder 178

　　45 蓝黑果荚蒾 *Viburnum atrocyaneum* C. B. Clarke 180

　　45a 毛枝荚蒾 *Viburnum atrocyaneum* C. B. Clarke subsp. *harryanum* (Rehder) P. S. Hsu 182

　　球核组常见园艺杂交种介绍 184

组 9　大苞组 Sect. *Mollotinus* Winkworth & Donoghue 185

　　46 大苞荚蒾 *Viburnum bracteatum* Rehder 186

组 10　北美齿叶组 Sect. *Dentata* (Maxim.) Hara 188

　　47 齿叶荚蒾 *Viburnum dentatum* L. 189

组 11　裂叶组 Sect. *Opulus* DC. 191

　　裂叶组分种检索表 191

　　48 朝鲜荚蒾 *Viburnum koreanum* Nakai 192

　　49 欧洲荚蒾 *Viburnum opulus* L. 194

　　　　欧洲荚蒾种下等级及常见品种检索表 197

组 12　革叶组 Sect. *Coriacea* (Maxim.) J. Kern 201

　　50 水红木 *Viburnum cylindricum* Buch.–Ham. ex D. Don 202

组 13　接骨组 Sect. *Sambucina* J. Kern 205

　　接骨组分种检索表 205

　　51 三叶荚蒾 *Viburnum ternatum* Rehder 206

　　52 光果荚蒾 *Viburnum leiocarpum* P. S. Hsu 209

　　53 厚绒荚蒾 *Viburnum inopinatum* Craib 211

　　54 毛叶接骨荚蒾 *Viburnum sambucinum* Reinw. ex Blume var. *tomentosum* Hallier f. 214

组 14　掌叶组 Sect. *Lobata* sect. nov. 216

　　掌叶组分种检索表 216

55 甘肃荚蒾 *Viburnum kansuense* Batal. ·· 217

　　56 槭叶荚蒾 *Viburnum acerifolium* L. ··· 219

　组15　齿叶组 Sect. *Succotinus* Winkworth & Donoghue ··· 221

　　齿叶组分种检索表 ·· 222

　　57 臭荚蒾 *Viburnum foetidum* Wall. ·· 224

　　57a 珍珠荚蒾 *Viburnum foetidum* Wall. var. *ceanothoides* (C. H. Wright) Hand.-Mazz. ····················· 227

　　58 桦叶荚蒾 *Viburnum betulifolium* Batalin ··· 229

　　59 黑果荚蒾 *Viburnum melanocarpum* P. S. Hsu ··· 232

　　60 日本荚蒾 *Viburnum japonicum* Spreng. ·· 235

　　61 浙皖荚蒾 *Viburnum wrightii* Miq. ··· 237

　　62 衡山荚蒾 *Viburnum hengshanicum* Tsiang ex P. S. Hsu ··· 239

　　63 荚蒾 *Viburnum dilatatum* Thunb. ··· 241

　　64 榛叶荚蒾 *Viburnum corylifolium* Hook. f. & Thomson ·· 244

　　65 长伞梗荚蒾 *Viburnum longiradiatum* P. S. Hsu & S. W. Fan ··· 246

　　66 宜昌荚蒾 *Viburnum erosum* Thunb. ·· 248

　　67 披针叶荚蒾 *Viburnum lancifolium* P. S. Hsu ··· 251

　　68 常绿荚蒾 *Viburnum sempervirens* K. Koch ·· 253

　　68a 具毛常绿荚蒾 *Viburnum sempervirens* K. Koch var. *trichophorum* Hand.-Mazz. ······················ 256

　　69 金腺荚蒾 *Viburnum chunii* P. S. Hsu ··· 258

　　70 茶荚蒾 *Viburnum setigerum* Hance ··· 260

　　71 粤赣荚蒾 *Viburnum dalzielii* W. W. Sm. ··· 263

　　72 吕宋荚蒾 *Viburnum luzonicum* Rolfe ·· 265

　　73 南方荚蒾 *Viburnum fordiae* Hance ··· 268

接骨木属 *Sambucus* L. ·· 271

　接骨木属分种检索表 ··· 273

　　74 血满草 *Sambucus adnata* Wall. ex DC. ·· 274

　　75 接骨草 *Sambucus javanica* Blume ·· 276

　　75a 裂叶接骨草 *Sambucus javanica* Blume var. *pinnatilobatus* (G. W. Hu) Q. W. Lin ······················ 279

　　76 西洋接骨木 *Sambucus nigra* L. ··· 281

　　76a 美洲接骨木 *Sambucus nigra* L. subsp. *canadensis* (L.) Bolli ·· 284

　　77 接骨木 *Sambucus williamsii* Hance ·· 286

　　78 总序接骨木 *Sambucus racemosa* L. ·· 290

忍冬科（狭义）Caprifoliaceae ·· 294

　忍冬科（狭义）分属检索表 ·· 296

黄锦带属 *Diervilla* Mill. ··· 297

　黄锦带属分种检索表 ··· 297

　　79 黄锦带 *Diervilla lonicera* Mill. ·· 298

80 山地黄锦带 *Diervilla rivularis* Gatt. ······ 300

81 无柄黄锦带 *Diervilla sessilifolia* Buckley ······ 302

锦带花属 *Weigela* Thunb. ······ 304

锦带花属分种检索表 ······ 305

82 远东锦带花 *Weigela middendorffiana* (Carr.) K. Koch ······ 306

83 海仙花 *Weigela coraeensis* Thunb. ······ 308

84 美丽锦带花 *Weigela decora* (Nakai) Nakai ······ 310

85 桃红锦带花 *Weigela hortensis* (Siebold & Zucc.) K. Koch ······ 312

86 半边月 *Weigela japonica* Thunb. ······ 314

87 路边花 *Weigela floribunda* (Siebold & Zucc.) K. Koch ······ 316

88 锦带花 *Weigela florida* (Bunge) DC. ······ 319

89 早锦带花 *Weigela praecox* (Lemoine) Bailey ······ 321

锦带花属栽培品种分类系统和重要品种介绍 ······ 323

七子花属 *Heptacodium* Rehder ······ 326

90 七子花 *Heptacodium miconioides* Rehder ······ 327

莛子藨属 *Triosteum* L. ······ 329

莛子藨属分种检索表 ······ 329

91 穿心莛子藨 *Triosteum himalayanum* Wall. ······ 330

92 莛子藨 *Triosteum pinnatifidum* Maxim. ······ 332

93 腋花莛子藨 *Triosteum sinuatum* Maxim. ······ 334

忍冬属 *Lonicera* L. ······ 336

忍冬属分亚属检索表 ······ 338

亚属1 轮花亚属 Subgen. *Lonicera* ······ 339

轮花亚属分组检索表 ······ 339

组1 欧忍冬组 Sect. *Lonicera* ······ 340

欧忍冬组分种检索表 ······ 340

94 羊叶忍冬 *Lonicera caprifolium* L. ······ 341

95 盘叶忍冬 *Lonicera tragophylla* Hemsl. ex F. B. Forbes & Hemsl. ······ 343

96 香忍冬 *Lonicera periclymenum* L. ······ 345

组2 红黄花组 Sect. *Phenianthi* (Rehder) Q. W. Lin ······ 347

红黄花组分种检索表 ······ 347

97 贯月忍冬 *Lonicera sempervirens* L. ······ 348

98 川黔忍冬 *Lonicera subaequalis* Rehder ······ 350

轮花亚属常见栽培杂交种介绍 ······ 352

亚属2 忍冬亚属 Subgen. *Chamaecerasus* L. ······ 355

忍冬亚属分组检索表 ······ 356

| 组 3 | 长距组 Sect. *Calcaratae* (Rehder) Q. W. Lin | 357 |

    99 长距忍冬 *Lonicera calcarata* Hemsl. ... 358

| 组 4 | 大苞组 Sect. *Bracteatae* Hook. f. & Thomson | 360 |

    大苞组分种检索表 ... 361
    100 刚毛忍冬 *Lonicera hispida* Pall. ex Schult. ... 362
    101 冠果忍冬 *Lonicera stephanocarpa* Franch. ... 364
    102 微毛忍冬 *Lonicera cyanocarpa* Franch. ... 366
    103 郁香忍冬 *Lonicera fragrantissima* Lindl. & Paxton ... 368
        郁香忍冬种下等级及常见品种检索表 ... 372
    104 单花忍冬 *Lonicera subhispida* Nakai ... 374
    105 北京忍冬 *Lonicera elisae* Franch. ... 376
    106 早花忍冬 *Lonicera praeflorens* Batalin ... 378

| 组 5 | 蓝果组 Sect. *Caeruleae* (Rehder) Q. W. Lin | 380 |

    107 蓝果忍冬 *Lonicera caerulea* L. ... 381

| 组 6 | 囊管组 Sect. *Isika* DC. | 384 |

    囊管组分种检索表 ... 385
    108 小叶忍冬 *Lonicera microphylla* Willd. ex Roem. & Schult. ... 386
    109 唐古特忍冬 *Lonicera tangutica* Maxim. ... 388
    110 多枝忍冬 *Lonicera ramosissima* Franch. & Sav. ex Maxim. ... 390
    111 葱皮忍冬 *Lonicera ferdinandi* Franch. ... 392
    112 比利牛斯忍冬 *Lonicera pyrenaica* L. ... 395
    113 女贞叶忍冬 *Lonicera ligustrina* Wall. ... 397
    113a 亮叶忍冬 *Lonicera ligustrina* Wall. var. *yunnanensis* Franch. ... 399
    113b 蕊帽忍冬 *Lonicera ligustrina* Wall. var. *pileata* (Oliv.) Franch. ... 403
    114 总苞忍冬 *Lonicera involucrata* (Richardson) Banks ex Spreng. ... 406
    115 高山忍冬 *Lonicera alpigena* L. ... 408
    116 华西忍冬 *Lonicera webbiana* Wall. ex DC. ... 410
    117 倒卵叶忍冬 *Lonicera hemsleyana* (O. Ktze.) Rehder ... 412
    118 丁香叶忍冬 *Lonicera oblata* K. S. Hao ex P. S. Hsu & H. J. Wang ... 414

| 组 7 | 直管组 Sect. *Isoxylosteum* Rehder | 416 |

    直管组分种检索表 ... 416
    119 红花岩生忍冬 *Lonicera rupicola* Hook. f. & Thomson var. *syringantha* (Maxim.) Zabel ... 417
    120 毛冠忍冬 *Lonicera tomentella* Hook. f. & Thomson ... 419

| 组 8 | 红花组 Sect. *Rhodanthae* Maxim. | 421 |

    红花组分种检索表 ... 421
    121 紫花忍冬 *Lonicera maximowiczii* (Rupr.) Regel ... 422
    122 华北忍冬 *Lonicera tatarinowii* Maxim. ... 424

123 千岛忍冬 *Lonicera chamissoi* Bunge ········· 426

124 下江忍冬 *Lonicera modesta* Rehder ········· 428

125 黑果忍冬 *Lonicera nigra* L. ········· 430

组 9 蕊被组 Sect. *Gynochlamydeae* Q. W. Lin ········· 432

126 蕊被忍冬 *Lonicera gynochlamydea* Hemsl. ········· 433

组 10 空枝组 Sect. *Coeloxylosteum* Rehder ········· 435

空枝组分种检索表 ········· 436

127 毛花忍冬 *Lonicera trichosantha* Bureau & Franch. ········· 437

128 金银忍冬 *Lonicera maackii* (Rupr.) Maxim. ········· 439

129 金花忍冬 *Lonicera chrysantha* Turcz. ex Ledeb. ········· 442

130 硬骨忍冬 *Lonicera xylosteum* L. ········· 444

131 弱枝忍冬 *Lonicera demissa* Rehder ········· 446

132 长白忍冬 *Lonicera ruprechtiana* Regel ········· 448

133 新疆忍冬 *Lonicera tatarica* L. ········· 450

新疆忍冬种下等级及常见品种检索表 ········· 452

组 11 忍冬组 Sect. *Nintooa* DC. ········· 458

忍冬组分种检索表 ········· 459

134 大果忍冬 *Lonicera hildebrandiana* Collett & Hemsl. ········· 460

135 长花忍冬 *Lonicera longiflora* (Lindley) DC. ········· 462

136 西南忍冬 *Lonicera bournei* Hemsl. ········· 464

137 匐匍忍冬 *Lonicera crassifolia* Batalin ········· 466

138 淡红忍冬 *Lonicera acuminata* Wall. ········· 468

139 锈毛忍冬 *Lonicera ferruginea* Rehder ········· 470

140 大花忍冬 *Lonicera macrantha* (D. Don) Sprengel ········· 472

141 灰毡毛忍冬 *Lonicera macranthoides* Hand.-Mazz. ········· 474

142 细毡毛忍冬 *Lonicera similis* Hemsl. ········· 476

143 华南忍冬 *Lonicera confusa* (Sweet) DC. ········· 478

144 菰腺忍冬 *Lonicera affinis* Hook. & Arn. var. *hypoglauca* (Miquel) Rehder ········· 480

145 滇西忍冬 *Lonicera buchananii* Lace ········· 482

146 忍冬 *Lonicera japonica* Thunb. ········· 484

146a 红白忍冬 *Lonicera japonica* Thunb. var. *chinensis* (P. Watson) Baker ········· 487

鬼吹箫属 *Leycesteria* Wall. ········· 489

鬼吹箫属分种检索表 ········· 489

147 鬼吹箫 *Leycesteria formosa* Wall. ········· 490

148 纤细鬼吹箫 *Leycesteria gracilis* (Kurz) Airy Shaw ········· 492

毛核木属 *Symphoricarpos* Duhamel ········· 494

毛核木属分种检索表 ········· 494

149 白雪果 *Symphoricarpos albus* (L.) S. F. Blake ········· 495

150 红雪果 *Symphoricarpos orbiculatus* Moench ··· 497

151 毛核木 *Symphoricarpos sinensis* Rehder ··· 499

　　毛核木属园艺杂交种 ··· 501

北极花属 *Linnaea* L. ··· 502

152 北极花 *Linnaea borealis* L. ··· 503

艳条花属 *Vesalea* M. Martens & Galeotti ··· 505

153 艳条花 *Vesalea floribunda* M.Martens & Galeotti ··· 506

糯米条属 *Abelia* R. Br. ··· 508

　　糯米条属分种检索表 ··· 509

154 蓪梗花 *Abelia uniflora* R. Br. ··· 510

155 二翅糯米条 *Abelia macrotera* Rehder ··· 512

156 糯米条 *Abelia chinensis* R. Br. ··· 514

157 大花糯米条 *Abelia* × *grandiflora* (Rovelli ex André) Rehder ··· 517

猬实属 *Kolkwitzia* Graebn. ··· 520

158 猬实 *Kolkwitzia amabilis* Graebn. ··· 521

双盾木属 *Dipelta* Maxim. ··· 524

　　双盾木属分种检索表 ··· 524

159 双盾木 *Dipelta floribunda* Maxim. ··· 525

160 云南双盾木 *Dipelta yunnanensis* Franch. ··· 527

双六道木属 *Diabelia* Landrein ··· 529

161 温州双六道木 *Diabelia spathulata* (Siebold & Zucc.) Landrein ··· 530

六道木属 *Zabelia* (Rehder) Makino ··· 532

　　六道木属分种检索表 ··· 533

162 香六道木 *Zabelia tyaihyoni* (Nakai) Hisauchi & Hara ··· 534

163 醉鱼草状六道木 *Zabelia triflora* (R. Br.) Makino ··· 536

164 南方六道木 *Zabelia dielsii* (Graebn.) Makino ··· 538

165 六道木 *Zabelia biflora* (Turcz.) Makino ··· 540

166 全缘六道木 *Zabelia integrifolia* (Koidz.) Makino ex Ikuse & Kurosawa ··· 543

参考文献 ··· 545

附录1　参编各植物园迁地栽培的五福花科和狭义忍冬科植物名录 ··· 547

附录2　各相关植物园的地理位置和自然环境 ··· 553

中文名索引 ··· 556

拉丁名索引 ··· 558

概述
Overview

传统忍冬科（Caprifoliaceae）按当前分类观点包括了部分五福花科（Adoxaceae）类群和狭义忍冬科。二者均以盛产庭园观赏花木和藤蔓植物而著称。从初春到深秋，漫步于世界各地的植物园，你都可以看到荚蒾属（*Viburnum* L.）、忍冬属（*Lonicera* L.）或其他植物那花开满枝的倩影；而到了深秋和寒冬，不少种类则又是良好的观果和观叶植物，为冷清的秋冬季带来勃勃生机。忍冬属和接骨木属（*Sambucus* L.）的一些种类还是中国重要的大宗中药材。蓝果忍冬（*Lonicera cearulea* L.）和接骨木属的果实还是一类很有发展前途的小浆果，可以食用或用来制作饮料或果酒。此外，狭义忍冬科还有不少东亚特有属或东亚—北美对应属，对于研究东亚植物区系具有重要价值。七子花属（*Heptacodium* Rehder）和猬实属（*Kolkwitzia* Graebn.）作为中国特有单种属，同时也是珍稀濒危植物，需要加强保护。

自中国各地植物园建立以来，传统忍冬科植物资源的调查、收集和引种栽培就成为各园的重要工作内容之一。不少植物园常设有专门种植这类植物的专类区或专类园，如中国科学院植物研究所北京植物园所设立的合瓣花区就主要以忍冬属和荚蒾属植物为主，浙江杭州植物园在其系统分类园内同样设有专门的忍冬区以栽培荚蒾属、忍冬属等相关类群，四川成都市植物园也于2018年建成了荚蒾属植物专类园。至今，已有约165种（不含杂种及亚种、变种或变型）迁地保存于各植物园和树木园，约占中国和全世界野生种类的72%和42%。其中，五福花科中国各主要植物园目前迁地栽培约78种，约占全世界178种的44%，其中本土种约66种，约占中国原产种82种的80%；狭义忍冬科中国各主要植物园目前迁地栽培约87种，约占全世界216种的40%，其中本土种约65种，约占中国原产种97种的65%。随着植物园的建设和相关园林苗圃的发展，还会有越来越多的种类得到迁地栽培。

一、类群范围和分类系统

1. 类群范围

传统恩格勒系统的忍冬科包括13属约500种，其中中国原产有12属200余种（徐炳声 等，1988）。传统忍冬科所包含各类群之间的关系错综复杂，如何划分长期以来一直存在争议。随着分子系统学研究进展发现，传统的忍冬科不是单系类群，而是并系类群，因此科下不少类群都曾经被独立成科，包括接骨木科（Sambucaceae）、荚蒾科（Viburnaceae）、北极花科（Linnaeaceae）和锦带花科（Diervillaceae）。在最新的APG IV系统（Angiosperm Phylogeny Group 2016）中，忍冬科和五福花科（Adoxaceae）一起被置于川续断目（Dipsacales），原置于忍冬科的接骨木属（*Sambucus* L.）和荚蒾属（*Viburnum* L.）被置于五福花科（Adoxaceae）；剩下的狭义忍冬科的范围被扩大，包含了川续断科（Dipsacaceae）和败酱科（Valerianaceae）这两个主要产草本植物的近缘科。

本书最初按照《中国植物志》（徐炳声 等，1988）中的忍冬科概念编写。按照当前的分类学观点，目前所含类群实际上包含两个部分：

（1）五福花科（Adoxaceae）部分，包含原传统忍冬科中的荚蒾属（*Viburnum* L.）和接骨木属（*Sambucus* L.）。

（2）狭义忍冬科部分，包括原传统忍冬科除去荚蒾属和接骨木属剩下的部分，其范围也为汤彦承和李良千（1994，1996）在论述东亚植物区系时所采纳。

2. 系统位置

五福花科和狭义忍冬科是一类形态较为特化的植物。依据化石证据，与现存荚蒾属植物近缘的古植物花粉化石最早出现于法国的中上始新世，而与现存锦带花族植物近缘的古植物化石最早出现于加拿大的下渐新世（Muiler，1981）。

五福花科和狭义忍冬科的系统位置长期以来存在分歧，主要有以下观点：归于茜草目（Rubiales），如哈钦松系统（1926）和恩格勒系统（1936）；归于五加目（Araliales），如哈钦松系统（1959，1973）；归于川续断目（Dipsacales Juss. ex Bercht. & J. Presl），包括Wagenitz系统（1964）、Tahktajan系统（1980）、Cronpuist系统（1981）以及恩格勒系统（1964）。后续的分子系统学研究支持五福花科和忍冬科（狭义）连同缬草科（Valerianaceae）、双参科（Triplostegiaceae）、川续断科（Dipsacaceae）、刺参科（Morinaceae）一起组成川续断目（Judd *et al.*, 1994，2008；Bell *et al.*, 2001；Bremer *et al.*, 2002；Hilu *et al.*, 2003；Angiosperm Phylogeny Group 2009, 2016），但对于川续断目下如何分科还存在分歧。

3. 五福花科和忍冬科的区别

荚蒾属和接骨木属应从传统的忍冬科中分出的观点，目前已有来自形态学、解剖学、花粉学、胚胎学、细胞学、血清学、植物化学以及分子系统学等方面的证据支持（Wilkinson, 1948a, 1948b；Hillebrand & Fairbrothers, 1970；周兴文，2012；曾令杰 等，2000；郝朝运 等，2007，Judd *et al.*, 1994，2008；Bell *et al.*, 2001；Bremer *et al.*, 2002；Hilu *et al.*, 2003；Angiosperm Phylogeny Group 2009, 2016），在此不再重复论述。至于荚蒾属和接骨木属从忍冬科分出后，是各自独立为科，还是归入五福花科尚有争议（Takhtajan, 2009），本书采纳归入五福花科的处理。五福花科和忍冬科之间的主要差别见表1所示。

表1 五福花科与忍冬科的主要形态差别

科	花序	花冠	蜜腺	花柱	柱头	花药	花粉	茎干	茎解剖	胚囊发育式样	血清学类型	化合物
五福花科	聚伞花序排成伞形式、伞房式或圆锥式	辐射对称	无蜜腺	花柱短或近于无	柱头分裂	外向或内向	花粉外壁网状	有皮孔	韧皮部存在簇晶和晶砂	五福花型	同四照花属	接骨木属含木氰化合物
忍冬科	非上述情况	两侧对称或近两侧对称	有蜜腺	花柱伸长	柱头状	花药内向	花粉外壁多刺	不具皮孔，常纵裂	韧皮部无晶簇和晶砂	蓼型	与此不同	不含氰化物

4. 五福花科的分类系统

五福花科在本书中包含2族2属，即：①荚蒾族（Tribe Viburneae O. Berg），仅含荚蒾属（*Viburnum* L.）1属；②接骨木族（Tribe Sambuceae A. Rich. ex Duby），仅含接骨木属（*Sambucus* L.）1属。该科第3个族，即五福花族（Tribe Adoxeae Dumort.），包含3属4种小草本，目前尚很少见有迁地栽培。

5. 狭义忍冬科的分类系统

除去接骨木属和荚蒾属，剩下的狭义忍冬科内各个属之间的系统关系也同样错综复杂，各家系统同样存在较大差异，本书采用结合分子证据后的新分类系统，具体见表2所示。锦带花族和北极花族在 *Flora of China*（Yang *et al.*, 2011）中被分出为独立的科，即锦带花科（Diervillaceae）和北极花科（Linnaeaceae）。从表中可见，传统分类系统中对七子花属（*Heptacodium* Rehder）和六道木属［*Zabelia* (Rehder) Makino］的处理差异最大，而分子系统学对莛子藨属（*Triosteum* L.）的系统位置处理和传统分类系统处理也差异显著。

表2 狭义忍冬科的不同分类系统比较

Tribes	多识植物百科及本书	Donoghue (1992)	徐炳声等 (1988)	Takhtajan (1987)	Hara (1983)	Fukuoka (1972)
锦带花族 (Tribe Diervilleae Baill.)	黄锦带属 (*Diervilla* Mill.) 锦带花属 *Weigela* Thunb.	*Diervilla* (包括 *Weigela* 和 *Macrodiervilla*)	*Diervilla Weigela*	*Macrodiervilla Diervilla Weigela*	*Diervilla Weigela* (包括 *Macrodiervilla*)	*Macrodiervilla Diervilla Weigela*
七子花族 (Tribe Heptacodieae Golubk.)	七子花属 (*Heptacodium* Rehder)	无	无	无	无	无
忍冬族 (Tribe Caprifolieae Dumort.)	莛子藨属 (*Triosteum* L.) 忍冬属 (*Lonicera* L.) 鬼吹箫属 (*Leycesteria* Wall.) 毛核木属 (*Symphoricarpos* Duhamel)	*Heptacodium Leycesteria Lonicera*	*Leycesteria Lonicera*	*Leycesteria Lonicera*	*Leycesteria Lonicera*	*Leycesteria Lonicera Heptacodium*?
北极花族 (Tribe Linnaeeae Dumort.)	北极花属 (*Linnaea* Gronov. ex L.) 艳条花属 (*Vesalea* M. Martens & Galeotti) 糯米条属 (*Abelia* R. Br.) 猬实属 (*Kolkwitzia* Graebn.) 双盾木属 (*Dipelta* Maxim.) 双六道木属 (*Diabelia* Landrein)	*Abelia* (包括 *Zabelia*) *Kolkwitzia Linnaea Dipelta Symphoricarpos*	*Heptacodium Symphoricarpos Linnaea Kolkwitzia Abelia* (包括 *Zabelia*) *Dipelta*	*Symphoricarpos Linnaea Dipelta Heptacodium Kolkwitzia Abelia* (包括 *Zabelia*)	*Abelia Zabelia Linnaea Dipelta Kolkwitzia Symphoricarpos Heptacodium*	*Symphoricarpos Linnaea Dipelta Kolkwitzia Abelia Zabelia*
六道木族 (Tribe Zabelieae Bing Liu & Su Liu)	六道木属 [*Zabelia* (Rehder) Makino]	无	无	无	无	无
莛子藨族 (Tribe Triosteeae Hutch.)	无	*Triosteum*	*Triosteum*	*Triosteum*	*Triosteum*	*Triosteum*

二、资源分布概况

1. 世界分布概况

五福花科和狭义忍冬科植物分布广泛，世界各大洲均有分布，但多数种类集中在东亚和北美地区，各大洲分布的相应种类数量如表3所示。在亚洲各国中，中国种类最多，五福花科原产81种，狭义忍冬科原产94种；此外，印度、俄罗斯、日本等国的相关资源也很丰富，但因资料缺乏或分类系统的差异，具体物种数量尚有待整理和统计。

表3 五福花科和狭义忍冬科及所含各属在世界各大洲分布的种类数量

科属	世界种数	欧洲	亚洲	北美洲	南美洲	非洲（除去北非）	大洋洲
五福花科 Adoxaceae	178	7	110	22	38	1	2
1. 荚蒾属 *Viburnum* L.	164	3	103	18	36		
2. 接骨木属 *Sambucus* L.	10	3	3	3	2	1	2

(续)

科属	世界种数	欧洲	亚洲	北美洲	南美洲	非洲（除去北非）	大洋洲
华福花属 Sinadoxa C. Y. Wu, Z. L. Wu & R. F. Huang	1		1				
四福花属 Tetradoxa C. Y. Wu	1		1				
五福花属 Adoxa L.	2	1	2	1			
忍冬科（狭义）Caprifoliaceae	216	15	158	47			
3. 黄锦带属 Diervilla Mill.	3			3			
4. 锦带花属 Weigela Thunb.	11		11				
5. 七子花属 Heptacodium Rehder	1		1				
6. 莛子藨属 Triosteum L.	7		3	3			
7. 忍冬属 Lonicera L.	143	14	112	20			
8. 鬼吹箫属 Leycesteria Wall.	8		8				
9. 毛核木属 Symphoricarpos Duhamel	16		1	15			
10. 北极花属 Linnaea L.	1	1	1	1			
11. 艳条花属 Vesalea M.Martens & Galeotti	5			5			
12. 糯米条属 Abelia R. Br.	5		5				
13. 猬实属 Kolkwitzia Graebn.	1		1				
14. 双盾木属 Dipelta Maxim.	4		4				
15. 双六道木属 Diabelia Landrein	4		4				
16. 六道木属 Zabelia (Rehder) Makino	7		7				
总计	394	22	268	69	38	1	2

五福花科产美洲、北非、东非、欧亚大陆、东南亚至大洋洲。其中以接骨木属分布最广，是唯一一个分布于非洲（北非除外）和大洋洲的属。荚蒾属大多数种类集中分布在亚洲亚热带地区和南美洲高山云雾带，少数种类扩散至世界热带地区、亚热带温暖地区和温带寒冷地区。

狭义忍冬科植物主要分布在北温带至亚热带地区，其中尤以东亚和北美东北部最多，其中1属为环北区广布，个别属靠近赤道，南至马来西亚的热带山区。

2. 中国分布概况

五福花科和狭义忍冬科野生本土资源在中国各省区的分布情况见表4所示。从中可见，四川和云南是种类最为丰富的省份，并且前者忍冬属种数位居全国省份之首，后者荚蒾属种数位居全国省份之首。多数省份均有较丰富的野生资源，唯独澳门、天津和上海所记载的野生资源种类很少，但这些地区均有不少引种栽培的种类。此外，赵海沛等（2012）研究了中国忍冬科植物的地理分布，认为其特有性中心在云南、四川、湖北等地，垂直分布中心为海拔1000~3000m；水平分布中心为东经90°~120°和北纬20°~40°。

表4 五福花科和狭义忍冬科所含各属在中国各省区分布的种类数量

省份	总计	五福花科	荚蒾属	接骨木属	华福花属	四福花属	五福花属	狭义忍冬科	锦带花属	七子花属	莛子藨属	忍冬属	鬼吹箫属	毛核木属	北极花属	糯米条属	猬实属	双盾木属	双六道木属	六道木属
四川	96	41	35	3		1	2	55	1		2	39	1	1		5		4		2
云南	94	46	41	3			2	48			1	35	4	1		4		1		2
重庆	74	37	33	4				37	1		2	25	1			4		3		1
湖南	66	36	34	2				30	1		1	21	1			3		2		1
贵州	64	35	32	3				29	1			22	1			3		1		1
广西	62	39	37	2				23	1			17		1		3				
湖北	62	28	25	3				34	1	1	2	21		1		4	1	2		1
陕西	56	25	22	3				31			2	22		1		2		2		1
甘肃	50	17	14	3				33				24	1			1		4		1
西藏	48	19	14	3			2	29			1	22	4							2
江西	47	29	27	2				18	1			14				2				1
河南	46	17	15	2				29	2		2	20		2	1					2
浙江	45	25	23	2				20	1	1		14				1			2	1
安徽	39	18	16	2				21	1	1		16				1				2
广东	36	23	21	2				13	1			11				1				
福建	34	20	18	2				14	1			10				2				1
台湾	27	18	17	1				9				8				1				
山西	26	6	4	1			1	20	1		1	15				1				2
宁夏	24	7	6	1				17				15								1
河北	22	6	4	1			1	16	1		1	12			1					1
辽宁	19	5	3	1			1	14	2		1	9		1						1
吉林	18	4	3	1				14	2			9		1						1
北京	17	6	4	1			1	11	1			9								1
黑龙江	17	5	3	1			1	12	1			8								
新疆	17	4	2	1			1	13				11		1						
青海	16	5	2	1	1		1	11			1	10								
内蒙古	14	4	2	1			1	10	1			7			1					1
江苏	13	10	8	2				3				3								
香港	12	6	5	1				6				5				1				
山东	12	5	4	1				7	2			5								
海南	11	7	6	1				4	1			3								
澳门	3							3				3								
天津	3	1		1				2	1											1
上海	1							1				1								
全国	179	82	75	3	1	1	2	97	3	1	3	67	6	1	1	5	1	4	2	3

三、研究与引种栽培历史与现状

我国对五福花科和狭义忍冬科植物的认识和园林上迁地栽培的历史十分悠久，有大量的相关记载和文献资料。

1. 古代对相关植物的应用、栽培和研究

其中，忍冬属主要以忍冬为药用植物；荚蒾属植物主要以琼花和绣球荚蒾栽培为观赏花木。

忍冬一名，最早出现于晋代陶弘景所著《名医别录》（456—536年）一书，被列为上品，此外宋代苏颂所著《本草图经》（960—1279年）一书中有"芥心草"一名，上述二名经考证均应为忍冬（*Lonicera japonica* Thunb.）。明代朱橚所著《救荒本草》（1406年刊刻），其中有"驴驼布袋"一名，据考证应为郁香忍冬（*Lonicera fragrantissima* Lindl. & Paxt.）。

琼花［*Viburnum macrocephalum* Fort. f. *keteleeri* (Carr.) Rehder］，古时又称八仙花、聚八仙，栽培历史十分悠久。根据现有史料，琼花栽培记载最早出现于北宋初著名官吏兼文人王禹偁所著《后土庙琼花诗·序》（954—1001年），其中记载："扬州后土庙有花一株，洁白可爱，且其树大而花繁，不知实何木也，俗谓之琼花。因赋诗以状其异。"由此可知，琼花在公元1001年前已在江浙一带栽培较多了，往前追溯则可能自唐代就已经开始栽培。此后，北宋欧阳修（1007—1072年）作诗赞曰："琼花芍药世无伦，偶不题诗便怨人；曾向无双亭下醉，自知不负广陵春。"北宋韩琦（1008—1075年）有诗作："维扬一株花，四海无同类。"北宋张问著《琼花赋》(1013—1087年)，写道："俪靓容于茉莉，笑玫瑰于尘凡，惟水仙可并其幽闲，而江梅似同其清淑。"北宋刘敞（1019—1068年）诗云："东方万木竞纷华，天下无双独此花。"此外，尚有许多关于扬州琼花的相关传说，均可说明琼花的栽培历史源远流长。

绣球荚蒾（*Viburnum macrocephalum* Fort.），古称绣球、木绣球或玉绣球等。有关绣球花栽培的最早记载亦见于宋代，但较之琼花为晚，这可能一定程度反映了绣球荚蒾正是从栽培的琼花中选育而来。北宋朱长文著有《玉蝶球》（1041—1100年），诗云："玉蝶交加翅羽柔，八仙琼萼并含羞。春残应恨无花采，翠碧枝头戏作球。"北宋杨巽斋著有《玉绣球》《滚绣球》二首诗称颂绣球，其中一首收录于南宋陈景沂所著《全芳备祖》（1255年），诗为："琢玉英标不染尘，光含月影愈清新。青皇宴罢呈余枝，抛向东风展转频。"此后，南宋周必大所著《玉棠杂记》（1126—1204年），记载"东窗阁下，甃小池久无雨则涸，傍植金沙月桂之属，又有海棠、郁李、玉绣球各一株"；周密所著《武林旧事》（1290年前）亦记："禁中赏花非一，钟美堂花为极盛。堂前三面，皆以花石为台三层，台后分植玉绣球数百株，俨如镂玉屏"。可见南宋时期浙江杭州木绣球的栽培已很盛行。再后，元、明、清三代都有咏木绣球的诗词。明代王世贞所著《金陵诸园记》（1526—1590年），书中记载："杞园绣球花一本，可千朵。"明代王象晋所著《二如亭群芳谱》（1621年）较详细地描述了绣球花的性状："绣球，木本皴体，叶青色，微带黑而涩。春月开花，五瓣，百花成朵，团圞如毯，……宜寄枝，用八仙花体。"王象晋明确提到了绣球荚蒾没有可孕花，无法结实，因此要用八仙花（即琼花）作为砧木嫁接繁殖。可见，有关绣球荚蒾的记载出现时间较之琼花为晚，以及不能结实的绣球荚蒾繁殖时要用可结实繁殖的琼花做砧木进行嫁接的事情，一定程度上反映了全为不孕花的绣球荚蒾正是从早前栽培的仅边缘有不孕花的琼花中选育而来。清代陈梦雷等编撰《古今图书集成·草木典》（1725年）对绣球的名称又做了注释，提到绣球花有草本、木本之分。这里的草本绣球实际上是绣球［*Hydrangea macrophylla* (Thunb.) Ser.］。

此外，清代吴其濬所著《植物名实图考》（约1841—1846年）一书是中国古代植物学的集大成者，其中亦记载有十多种属于五福花科和狭义忍冬科的植物（见表5所示）。

表5 《植物名实图考》记载的五福花科和狭义忍冬科植物

序号	植物编号	原植物名称	考证后对应的现待植物名称	备注
1	323	鸡公柴	应为茶荚蒾（*Viburnum setigerum* Hance）	野生种类
2	410	无名	应为荚蒾属（*Viburnum* sp.），何种未定	产湖南长沙
3	1204	绣球	应为绣球荚蒾（*Viburnum macrocephalum* Fort.）	园林栽培
4	1205	八仙花	应为琼花 [*Viburnum macrocephalum* Fort. f. *keteleeri* (Carr.) Rehder]	园林栽培
5	1207	粉团	所绘图应是粉团（*Viburnum plicatum* Thunb.），但所引文字（《花镜》，陈淏子，1688年）所述中有两种，其中一种为绣球 [*Hydrangea macrophylla* (Thunb.) Ser.]	可见粉团在清代已有栽培
6	1209	珍珠绣球	应为珍珠荚蒾 [*Viburnum foetidum* var. *ceanothoides* (C. H. Wright) Hand.-Mazz.]	观赏用
7	1210	野绣球	看图近似宜昌荚蒾（*Viburnum erosum* Thunb.）	野生种类
8	1515	坚荚树	考证为陕西荚蒾（*Viburnum schensianum* Maxim.）	作野果用
9	1533	栾荆、土栾树	看图似陕西荚蒾（*Viburnum schensianum* Maxim.）	作野果用
10	1592	蝴蝶戏珠花	同蝴蝶戏珠花 [*Viburnum plicatum* var. *tomentosum* (Thunb.) Miq.]	园林栽培
11	354	铁骨散	应为接骨木（*Sambucus williamsii* Hance）	药用
12	474	陆英	应为接骨草（*Sambucus javanica* Blume），陆英之名称最早亦出现于陶弘景的《神农本草经》和《名医别录》	可见该种的药用历史也十分悠久
13	1248	半边月	同半边月 [*Weigela japonica* var. *sinica* (Rehder) Bailey]	观赏
14	922	芥心草	应为忍冬（*Lonicera japonica* Thunb.）	药用
15	1009	忍冬	同今日之忍冬（*Lonicera japonica* Thunb.）	药用
16	1520	驴驼布袋	据考证为郁香忍冬（*Lonicera fragrantissima* Lindl. & Paxt.）	作野果用
17	409	茶条树	应为糯米条（*Abelia chinensis* R. Br.）	野生植物

2. 近代欧美国家对相关植物的引种收集

相比中国古代仅仅栽培利用少数种类而言，欧美国家对这类相关植物的喜爱程度称之为狂热也不过分。许多植物猎人在中国采集过程中，均常涉及五福花科和狭义忍冬科植物。E. H. 威尔逊在《中国——园林之母》一书中就提到多种忍冬属和荚蒾属植物。事实上，还有很多中国特有的该类植物在中国本土还没有栽培的时候，国外就已经有引种栽培了。例如，中国特有的忍冬科单属单种植物猬实（*Kolkwitzia amabilis* Graebn.），在20世纪初即被美国引种栽培，被誉为"美丽的灌木"（该种英文名即为beautybush）。再有如七子花（*Heptacodium miconioides* Rehder），同样是中国特有的单种属植物，该种恰巧是威尔逊于1907年在中国第三次考察的过程中采集到的，当时只有标本，没有采集活体材料；该种随后在中国的一些植物园中有少量迁地保育，但国外一直未能获得种子；随后，1980年代的中美联合植物考察队从杭州植物园获得了大量的种子，很快在美国阿诺德树木园繁育出大量的苗木并向世界各地分发；目前该种在国内仍然栽培不多而十分罕见，但在国外许多地方已经成为了常见的观赏灌木。类似的例子还有很多。

目前，据英国皇家园艺学会（RHS）的栽培植物数据库（Horticultural Database, http://apps.rhs.org.uk/horticulturaldatabase）显示，目前欧美园林栽培保育的种类中，五福花科有105种，狭义忍冬科有143种，其中来自中国或中国有原产的种类中，五福花科有48种，狭义忍冬科有62种。同样，国际植物园保护联盟（BGCI）的植物数据库（https://tools.bgci.org/plant_search.php，具体植物种类数据见正文条目）同样显示，五福花科和狭义忍冬科植物的植物非常受人欢迎，栽培应用十分广泛。事实上，国外对该类植物资源收集之丰富，以至于后续我国一些植物园在引种收集该类植物的时候，很多国产种的种源实际上是直接引种自国外各地的植物园，而并非是从国内野外重新采集。

3. 中国目前的收集保育现状

中国目前收集保育的五福花科和狭义忍冬科植物资源情况见表6所示。

五福花科方面，中国各主要植物园目前迁地栽培约78种，约占全世界178种的44%，其中本土种约66种，约占中国原产种82种的80%。其中，又以湖北武汉植物园种类最多，尤其是荚蒾属植物资源的收集数量，目前在全国是最多的；排在之后各园收集的种类数量大多30多种，但具体种类则因不同的地理区位而各有差异。

狭义忍冬科方面，中国各主要植物园目前迁地栽培约87种，约占全世界216种的40%，其中本土种约65种，约占中国原产种97种的65%。其中，又以中国科学院植物研究所北京植物园收集种类最多，尤其是忍冬属植物资源的收集数量较多。由于狭义忍冬科植物分布范围较广，其气候适应性也差异较大，不同种类适应不同的气候条件，因此南北各地的植物园栽培的种类差异也十分明显，比如北方栽培的忍冬属植物中既有灌木类型也有藤本类型，而南方各植物园栽培的种类则主要以藤本为主。

表6 中国植物园收集保育的五福花科和狭义忍冬科植物的种数

各地栽培情况	总计	五福花科	荚蒾属	接骨木属	华福花属	四福花属	五福花属	狭义忍冬科	黄锦带属	锦带花属	七子花属	莛子藨属	忍冬属	鬼吹箫属	毛核木属	北极花属	艳苞花属	糯米条属	猬实属	双盾木属	双六道木属	六道木属
世界种数	394	178	164	10	1	1	2	216	3	11	1	7	143	8	16	1	5	5	1	4	4	7
中国原产数	179	82	75	3	1	1	2	97	3		1	3	67	6	1	1	5	1	4	2		3
中国栽培数	165	78	73	5				87	3	8	1	3	53	2	3	1	3	3	1	2	1	5
外来引进数	36	12	10	2				24	3	5			11		2		1					2
植物所	103	35	30	5				68	3	7		2	43		3	1	1	1	1	1		5
辰山园	76	36	32	4				40	1	3		1	24		2		4	1			1	2
武汉园	73	52	51	1				21		2			10	1	3		1	1				
华南园	58	32	29	3				26		1		1	17				1	1				
版纳园	47	31	28	3				16		1			10	2			2					1
杭州园	46	36	34					10		2			4				2		1			
成都园	43	39	39					4									3	1				
北京园	40	15	11	4				25		2			15	1			2			1		1
昆明园	29	15	14	1				14		1			5	1	2		2	1				
中山园	29	18	16	2				11		1			7				2	1				
金佛山	20	11	9	2				9		1			5		1		1	1				
黑森园	18	3	2	1				15	1			1	10					1				1
桂林园	17	9	7	2				8		1			6				1					
沈阳园	15	4	3	1				11		1			8					1				
银川园	11	3	3					8					7					1				
仙湖园	7	3	2	1				4					2		1			1				

注：表中"植物所""辰山园""武汉园""华南园""版纳园""杭州园""成都园""北京园""昆明园""中山园""金佛山""黑森园""桂林园""沈阳园""银川园""仙湖园"，分别为"中国科学院植物研究所北京植物园""上海辰山植物园""中国科学院武汉植物园""中国科学院华南植物园""中国科学院西双版纳热带植物园""杭州植物园""成都市植物园""北京植物园""中国科学院昆明植物研究所昆明植物园""江苏省中国科学院植物研究所南京中山植物园""重庆市药物种植研究所""黑龙江省森林植物园""广西壮族自治区中国科学院广西植物研究所桂林植物园""沈阳市植物园""银川植物园""深圳市中国科学院仙湖植物园"的简称。

四、繁殖技术研究

五福花科和狭义忍冬科植物的繁殖方式主要有播种、扦插、压条和嫁接4种方式。

1. 播种繁殖

目前《中国木本植物种子》（国家林业局国有林场和林木种苗工作总站，2000）一书有荚蒾属（*Viburnum* L.）、接骨木属（*Sambucus* L.）、锦带花属（*Weigela* Thunb.）和忍冬属（*Lonicera* L.）4个属植物的种子特性和播种技术方面较为详细的资料。

荚蒾属植物果实成熟过程中颜色变化较为丰富，一些种类仅变为红色，一些种类变为红色后还会再次变为紫黑色或蓝色，一些种类可不经过红色而直接变为紫黑色或蓝色。因此，判断种子是否成熟，除观察果实颜色外，其果实是否充分变软也是重要依据。此外，有些种类的果实成熟过程不一致，同一果穗上的果穗有的可能还是绿色，而有的已经变红或变黑色，而成熟的果实容易脱落，采收时应分批进行。采收后的果实可摊放数天，以使果皮果肉充分软烂，利于清洗去除杂质。获得的纯净果核，即为播种材料，通称种子。果核可以干燥保存数年。荚蒾属多数种子具有明显的休眠习性，不容易发芽，播种需要采取措施以打破休眠。一些荚蒾属种类的种子在果实刚成熟时，胚的形态和结构尚未发育完全，种胚极小，不具备发芽能力，属于胚的形态后熟型休眠。这类种子一般需要采取层积后，再沙藏越冬，翌年春季播种，这样可以获得较高的发芽率。据相关研究，亚热带的一些种类，如水红木并无休眠习性，其发芽障碍在于核壳。因此只要去掉核壳，立即播种，很快就可以发芽。1年生苗高20~40cm。

接骨木属植物果实由绿色变为红色、暗红色或紫黑色，果肉由坚硬软化为多汁状态后，即表明种子已经成熟可以采收。种子采收后可堆放数天，让果肉充分软烂，这样有利于后续清洗去除杂质。清洗后获得的纯净果核，即为播种材料。接骨木属的果核坚硬，具有休眠习性，需要秋播或混合湿沙后层积越冬后翌年春天播种。1年生苗高20~30cm。

忍冬属果实呈现成熟颜色并且果皮软化后，种子即为成熟，应及时进行采收。采收后根据成熟程度可堆放数天或立即捣碎或搓洗，去掉果皮、果肉和其他杂质，晾干后可得到干净种子。一些忍冬属树种的果实和种子形态特征、出种率及种子重量可参考《中国木本植物种子》书中的相关表格。忍冬属植物种子无明显休眠习性，可采种后立即播种。若想获得整齐苗木和较高的发芽率，还必须对种子做一些催芽处理。一般可将种子浸泡2~3天，再混合湿沙，保持湿度而不时翻动，待种子有萌动迹象后再行播种。不同忍冬种类播种后发芽所需时间也有差异，大体上是蓝果忍冬和早花忍冬最先发芽，葱皮忍冬发芽最晚，需要两个月以上时间。在苗床播种后，1年生苗高20~50cm，当年可出圃。

锦带花属植物果实成熟时果皮由绿色渐变为褐色，至进入散落期，蒴果顶端开裂并散落出种子。因此，应当在果实成熟后而未散落完之前及时采收。锦带花属植物的种子较为细小，长度在1mm上下，有的种类还具翅。种子在北京地区室温下干燥储藏时，寿命可保存1~3年左右。适合春季进行播种，播种前可先浸湿种子一天，掺细沙后撒播在苗床上，覆土约0.3cm，并保持湿润即可，10多天可出苗。

其他类群植物的播种也得到不同程度的研究。如猬实（*Kolkwitzia amabilis* Graebn.）的果实饱满度较低，种子质量差，有休眠习性，萌发较为困难，有关研究后得出打破猬实休眠的最佳方法为：浓硫酸处理猬实种子15分钟，再用400mg/L赤霉素处理，或仅用4℃沙藏30天处理。

2. 扦插繁殖

荚蒾属植物扦插繁殖较为容易，扦插繁殖也成为该属植物最主要的繁殖方式。荚蒾属的大部分种类均可采用扦插繁殖，温带地区种类可在夏季剪取强壮的当年生嫩枝用作插穗，亚热带种类可用半成熟枝条作为插穗，时间则以春夏季为宜，一些地区甚至秋季也可进行。扦插时，整好苗床，处理好插穗，再保持湿润即可。不经处理直接扦插也能有一定的发芽成活率，但植物生长调节剂或外源激素处理对于荚蒾属植物的生根率、生根量、平均根长以及总体成活率可有显著影响。王恩伟（2009）研究结果显示，吕宋荚蒾（*Viburnum luzonicum* Rolfe）经ABT1 50mg/L处理3h后，成活率可达95.56%；荚蒾（*Viburnum dilatatum* Thunb.）在相同处理下，成活率最高可达86.67%；球核荚蒾（*Viburnum propinquum* Hemsl.）用ABT1 100mg/L处理3h后，成活率可达81.11%；具毛常绿荚蒾（*Viburnum sempervirens* var. *trichophorum* Hand.-Mazz.）和茶荚蒾（*Viburnum setigerum* Hance）用ABT1 100mg/L处理6h后，成活率分别为82.22%和60.00%；黑果荚蒾（*Viburnum melancarpum* P. S. Hsu）用ABT1 200mg/L处理6h后，成活率可达40.00%，较其他种偏低。王勇（2016）研究显示，地中海荚蒾（*Viburnum tinus* L.）插穗在河沙中用NAA 100mg/L处理4h，其生根率可达84.33%；蝶花荚蒾（*Viburnum hanceanum* Maxim.）插穗在椰糠中用IAA 50+NAA 50mg/L处理12h，其生根率可达83.33%；琼花［*Viburnum macrocephalum* Fort. f. *keteleeri* (Carr.) Rehder］插穗在椰糠中IAA 50+NAA 50mg/L处理4h，或在椰糠中 IAA 50mg/L处理12h，其生根率均可达53.33%；球核荚蒾（*Viburnum propinquum* Hemsl.）插穗在泥炭土+珍珠岩中IAA 50+NAA 50mg/L处理4h，或在椰糠中NAA 50mg/L处理4h，生根率均可达51.33%；鸡树条［*Viburnum opulus* subsp. *calvescens* (Rehder) Sugim.］在泥炭土+珍珠岩中NAA 100mg/L处理12h，或在泥炭土+珍珠岩中IAA 50+NAA 50mg/L处理12h，生根率均可达86.67%。

忍冬属植物不少种类也适合用扦插进行繁殖。在灌木种类中，新疆忍冬（*Lonicera tatarica* L.）虽然也可以用播种进行繁殖，但其后代会发生变异而不能保持其母本的特性，故其相关优良品种必须用扦插进行繁殖。再如郁香忍冬（*Lonicera fragrantissima* Lindl. & Paxt.），在北方栽培时，结果少而容易脱落，很难获得大量种子，因此该种也主要用扦插进行繁殖。此外，藤本类的忍冬种类大多扦插繁殖容易，因此也常用扦插进行繁殖，包括长距忍冬（*Lonicera calcarata* Hemsl.），忍冬组大部分种类，轮花亚属的大部分种类以及相关的杂交种或品种。一般选择半成熟枝或嫩枝作为插穗。具体操作流程可参考一般的扦插方法。

此外，锦带花属、黄锦带属、猬实属、双盾木属、糯米条属等植物种类也均可采用扦插进行繁殖。

3. 其他繁殖方式

压条繁殖。一些低矮的种类可采用压条方式繁殖，如荚蒾属中的香荚蒾（*Viburnum farreri* W. T. Stearn），黄锦带属各种，以及忍冬属中的藤本种类。该种方式操作简便，所得苗木又极为壮实，适合少量繁殖时运用。

嫁接繁殖。主要用于不结果的大型种类，如此前提到的，中国古代就已经开始使用琼花作为砧木来嫁接繁殖绣球荚蒾。同样也可用蝴蝶戏珠花作为砧木来嫁接繁殖粉团或其相关优良品种。嫁接繁殖在忍冬属中目前很少应用。

分株繁殖。一些种类在生长过程中，其根部可发生萌蘖，此时只需要将其同母本断开，进行独立栽培，即可获得新的植株。比如，播种繁殖困难的猬实在栽培过程中就容易发生萌蘖，用此种方法就可以容易地获得新的苗木。荚蒾属的部分种类，忍冬属的一些藤本种类以及锦带花属的一些种类均可以用此种方式进行繁殖。

再有，为繁殖一些特别的种类，还可能用到组织培养。比如华北特有种丁香叶忍冬（*Lonicera oblata* K. S. Hao ex P. S. Hsu & H. J. Wang），该种野外个体极为稀少，难以获得大量种子，而扦插又难以成活。此时，我们便选择对该种开展组织培养技术研究，该种为喜钙植物，对一般的培养基难以适应，在几经试验后，我们终于找到了适合其使用的培养基配方，从而实现了该物种在植物园的初步保育。

五、园林应用

五福花科和狭义忍冬科均以盛产园林植物而盛名。几乎世界温带亚热带各地的植物园或花园中都少不了这类植物的身影。中国目前园林中也已经有一些应用，这里加以简要介绍。

1. 荚蒾属

如前所述，该属植物的园林应用源远流长。绣球荚蒾、琼花、粉团、蝴蝶戏珠花这些历经无数代栽培选育的优良花灌木，至今仍然在中国乃至世界各地园林中广为运用。蝶花荚蒾（*Viburnum hanceanum* Maxim.）具有与蝴蝶戏珠花相似的观赏效果，而其在中国华南园林中的适应性要强于后者，盛开时如上千只蝴蝶在飞舞，极具观赏价值，正在成为观赏花灌木的新贵。此外，日本珊瑚树［*Viburnum odoratissimum* var. *awabuki* (K.Koch) Zabel ex Rumpl.］和鳞斑荚蒾（*Viburnum punctatum* Buch.-Ham. ex D. Don）在夏秋季时满树红果，夺人眼球，又是极好的观果树种。而荚蒾属的野生植物资源种类繁多，尚有很多种类目前尚在植物园试种阶段，有待后续推广应用。

2. 接骨木属

接骨木属虽然种类不多，但许多种类分布极其广泛，其不同地理类型之间也存在差异，因此其资源也是极为丰富的。目前，接骨木属在国外久经栽培，已经培育出了许多优良的观赏品种，如金叶或紫叶类型的接骨木。目前，我国对接骨木的园林利用尚较少，并且主要以引种栽培国外成熟的品种为主，在对野生资源的挖掘利用方面所做工作尚且不多。

3. 锦带花属

锦带花属植物株型矮小紧凑，叶色美观，花朵密集，花色艳丽多彩，花期长，是良好的花灌木。尽管锦带花属的大部分原种主要原产日本，少部分种类经朝鲜半岛分布达我国南北各地，但其驯化培育中心却主要是在欧美各国。目前，国外已经培育出不同株型、花叶特性的8大类超过200个栽培品种（Hoffman, 2008），并且广泛运用于园林的不同场景中。目前，国内园林上广为应用栽培的锦带花品种主要是红王子锦带（*Weigela* 'Red Prince'）。此外，海仙花（*Weigela coraeensis* Thunb.）和早锦带花［*Weigela praecox* (Lemoine) Bailey］的一些品种也有较多应用，后者还被误认为锦带花［*Weigela florida* (Bunge) A. DC.］，实际上锦带花在园林上很少栽培。整体上，目前国内对锦带花属资源的收集和挖掘尚不够深入，育种工作尚未得到很好开展。

4. 忍冬属

忍冬属可供观赏的种类很多，依据习性可以分为灌木和藤本两大类。灌木种类中，不少种类均具有观花和观果两种特性。观花方面，目前主要以黄白色种类为主，红花类型的主要有新疆忍冬（*Lonicera tatarica* L.）的一些品种。观果方面，目前主要以红色种类为主，其他颜色果实的种类尚为少见。就灌木种类而言，金银忍冬［*Lonicera maackii* (Rupr.) Maxim.］是目前应用最为广泛的种类。此外，还有一些观叶的种类也不断得到应用，如亮叶忍冬［*Lonicera ligustrina* subsp. *yunnanensis* (Franch.) P. S. Hsu & H. J. Wang］及其相关品种。藤本类种类中，北方地区最引人注目的种类当属贯月忍冬（*Lonicera sempervirens* L.），而论栽培最为广泛的种类则是忍冬（*Lonicera japonica* Thunb.）。事实上，藤本类的忍冬植物资源极其丰富，欧美园林中尚有大量久经栽培的美丽藤本忍冬原种及其杂交种或品种有待引种应用，同时国内也有大量野生或久经栽培的藤本忍冬也极为优良，有待挖掘利用。本书作者之一曾从云南东南部引种一种长距忍冬（*Lonicera calcarata* Hemsl.）在中国科学院植物研究所北京植物园大棚温室内进行栽培，其开花初期为黄白色，后期即转变为猩红色，其美丽程度不亚于贯月忍冬。再有如南方地区的大果忍冬（*Lonicera hildebrandiana* Coll. & Hemsl.）、西南忍冬（*Lonicera bournei* Hemsl.）、灰毡毛忍冬（*Lonicera macranthoides* Hand.-Mazz.）以及华南忍冬［*Lonicera confusa* (Sweet) DC.］等种类，要么花大，要么花香，要么花密，要么枝叶繁茂，并且多数种类花还可以药用，均是极为优良的藤本花卉资源。因此，各园林绿化部门及科研单位仍需要加大对忍冬属各类相关资源的引种收集以及驯化培育力度，从而让更多优良的忍冬科植物应用于园林绿化。

5. 猬实属

猬实是著名观花观果植物，是城市园林绿化美化的新树种，世界许多国家均广泛引种。该种植株紧凑，树干丛生，株丛姿态优美，盛花时繁花似锦，满树粉红，花后全树挂满形如刺猬的小果，适于在园林中孤植、丛植、群植。该种目前在国内园林中的应用也日渐增多，并已有相关的选育品种，如金叶猬实。

6. 糯米条属

糯米条属植物花期长，花后萼裂片宿存增大，并常变为红色，经久不凋，值得观赏。目前栽培应用最为广泛的种类是糯米条（*Abelia chinensis* R. Br.），该种北自北京，南至云南西双版纳热带均可种植，而夏秋季花果繁密，极富观赏价值。此外，园艺杂交种大花糯米条 [*Abelia* × *grandiflora* (André) Rehder] 种下有许多品种，目前在华东地区的园林中应用也较为普遍；蓪梗花（*Abelia uniflora* R. Br.），亦常成为小叶糯米条或小叶六道木，花果观赏期很长，植株又耐修剪，目前在西南地区也有栽培，生长良好，但应用尚不太多。

7. 六道木属

六道木属植物园林运用特点与糯米条属有相似之处，但本属资源更多集中在东亚地区，尤其是日本。国产种类中，六道木 [*Zabelia biflora* (Turcz.) Makino] 较为常见，以具有六棱的枝干和成对的花为特点，在北京地区栽培适应良好，但目前园林上仍少见应用。此外，香六道木 [*Zabelia tyaihyoni* (Nakai) Hisauchi & Hara] 原产朝鲜半岛，该种开花极为繁密而芳香，花蕾又鲜红可爱，是一种十分优良的花灌木，但目前仅在少数植物园有引种栽培，尚未见在其他园林上应用。

综上所述，五福花科和狭义忍冬科植物种类丰富，形态各异，许多种类又有较强的环境适应能力，在园林应用上，不仅可以观花、观果，还可观叶、观干，更还有其他生态服务功能，如不少果实也是鸟类在冬季的食物。但是，比起其丰富的资源数量，目前相关的园艺观赏品种在国内园林的应用并不多，还存在许多高观赏价值的野生资源有待开发。因此，相关的资源收集保育以及驯化育种工作还有待深入开展。希望有越来越多的此类优良植物从深山走进各地植物园，再从植物园走向公共绿地，向公众展现其独特的魅力和芬芳。

各论
Genera and Species

五福花科
Adoxaceae L., Sp. Pl. 367. 1753.

灌木或小乔木，落叶或常绿，少数为多年生小草本。叶对生，稀轮生，单叶、三出复叶、二回三出复叶、三出羽状复叶、二回三出羽状复叶或奇数羽状复叶，具齿或有时羽状或掌状分裂，稀全缘，具羽状脉，少数具基部或离基三出脉或掌状脉；托叶小而不显著或退化成蜜腺。顶生圆锥花序、伞形花序、伞房花序、穗状花序或头状聚伞花序，有时具白色大型不孕边花。花小，两性，整齐，有时为功能性单性。苞片和小苞片小或不存在。萼筒贴生于子房，萼齿5或4，常宿存。花冠合瓣，辐状、钟状、筒状、高脚碟状或漏斗状，裂片5或4枚，蕾时覆瓦状排列，无蜜腺。雄蕊5、4或3枚，着生于花冠筒，与花冠裂片互生，有时分裂为2半蕊，花药1或2室，纵裂，外向或内向，内藏或伸出于花冠筒外，退化雄蕊5、4或3枚，生于内轮，与花冠裂片对生。子房半下位或下位，1或3～5室；花柱5、4或3，合生或分离，或不存在；柱头头状或3裂，稀2裂。核果，具1或3～5粒种子。

5属约178种，中国原产5属约82种（特有36种），中国迁地栽培2属约78种（特有26种），外来引进栽培2属12种。

荚蒾属（*Viburnum* L.）和接骨木属（*Sambucus* L.）传统上虽然长期被置于忍冬科，但一直争议不断，详细情况见概述一章。本书依据目前主流的分类观点，将这2属转入五福花科。本科与忍冬科的主要区别是：花辐射对称（后者花两侧对称），花柱短（后者花柱伸长），柱头浅裂（后者柱头头状），花粉外壁网状（后者花粉外壁多刺）和蜜腺在子房顶部或无蜜腺（后者花蜜由位于花冠管下部内表面密生腺毛产生）。

本科植物广泛分布于北半球地区，从北温带至热带山地均有分布，尤其以东亚亚热带地区和南美高山云雾带种类最多，接骨木属的个别种还分布至大洋洲和南美洲。该科木本植物种类较多，气候适应性广泛，尤其适合温带和亚热带地区迁地栽培，其中不少种类为著名的观花观果植物。目前国内各地植物园均常见有该科植物栽培，并随地理区域不同而各具特色，其中尤以武汉植物园收集栽培种类最为丰富。

五福花科分属检索表

1a. 单叶；子房3室，仅1室发育；花药内向；核果具核1颗 ·················· 1. 荚蒾属 *Viburnum*
1b. 奇数羽状复叶；子房3~5室；花药外向；核果具核3~5颗 ············· 2. 接骨木属 *Sambucus*

荚蒾属

Viburnum L., Sp. Pl. 267. 1753.

灌木或小乔木，落叶或常绿，常被簇状毛，茎干有皮孔。冬芽裸露或有鳞片。单叶，对生，稀3枚轮生，全缘或有锯齿或牙齿，有时掌状分裂，有柄；托叶通常微小，或不存在。花小，两性，整齐；花序由聚伞合成顶生或侧生的伞形式、圆锥式或伞房式，很少紧缩成簇状，有时具白色大型的不孕边花或全部由大型不孕花组成；苞片和小苞片通常微小而早落；萼齿5，宿存；花冠白色，较少淡红色，辐状、钟状、漏斗状或高脚碟状，裂片5枚，通常开展，很少直立，蕾时覆瓦状排列；雄蕊5枚，着生于花冠筒内，与花冠裂片互生，花药内向，宽椭圆形或近圆形；子房1室，花柱粗短，柱头头状或浅3裂，稀2裂；胚珠1颗，自子房顶端下垂。果实为核果，卵圆形或圆形，冠以宿存的萼齿和花柱；核扁平，较少圆形，骨质，有背、腹沟或无沟，内含1颗种子；胚直，胚乳坚实，硬肉质或嚼烂状。

荚蒾属植物广泛分布于世界热带地区、亚热带温暖地区、高山云雾带和温带寒冷地区，尤其以亚洲亚热带地区和南美洲高山云雾带种类为多。作为一个世界广布的大属，荚蒾属的属下分类系统研究一直备受关注。徐炳声（1988）在《中国植物志》中将中国产荚蒾属植物分为9组：裸芽组（Sect. *Viburnum* L.）、合轴组（Sect. *Pseudotinus* C. B. Clarke）、球核组（Sect. *Tinus* (Miller) C. B. Clarke）、圆锥组 [Sect. *Thyrsosma* (Rafin.) Rehder]、蝶花组（Sect. *Pseudopulus* (Dipp.) Rehder）、侧花组（Sect. *Platyphylla* P. S. Hsu）、大叶组 [Sect. *Megalotinus* (Maxim.) Rehder]、齿叶组（Sect. *Odontotinus* Rehder）、裂叶组（Sect. *Opulus* DC.）。杨亲二等（2011）在 Flora of China 取消了《中国植物志》中的侧花组，承认了其余8组，并将圆锥组学名变更为（Sect. *Solenotinus* DC.），蝶花组学名变更为（Sect. *Tomentosa* Nakai）。根据近年来荚蒾属分子系统学的研究成果（Winkworth & Donoghue 2005; Landis et al. 2020），全球荚蒾属大致可以分为18个分支（组），相较之前系统主要的变化有：壶花荚蒾（*Viburnum urceolatum* Siebold et Zucc.）和鳞斑荚蒾（*Viburnum punctatum* Buch.-Ham. ex D. Don）位于荚蒾属分枝近基部，应分别成立单独的壶花组（Sect. *Urceolata* Winkworth & Donoghue）和鳞斑组（Sect. *Punctata* J. Kern）；甘肃荚蒾（*Viburnum kansuense* Batal.）应置于掌叶组（Sect. *Lobata*，未见正式命名）；蝶花组和淡黄荚蒾（*Viburnum lutescens* Blume）、锥序

荚蒾（*Viburnum pyramidatum* Rehder）聚成一个分支，应合并成淡黄组（Sect. *Lutescentia* Clement & Donoghue）；原来的大叶组不是单系而被拆分，部分物种分别归入革叶组 [Sect. *Coriacea* (Maxim.) J. Kern] 和接骨组（Sect. *Sambucina* J. Kern）；此外，裸芽组学名应变更为（Sect. *Euviburnum* Oersted），齿叶组学名应变更为（Sect. *Succotinus* Winkworth & Donoghue）。

经过上述调整，全球荚蒾属约18组164种（Winkworth & Donoghue，2005; Clement *et al.* 2014; Landis *et al.* 2020）。中国原产约12组75种，其中特有种43种（徐炳声，1988；裘宝林 等，1994；Yang *et al.*，2011；王建皓，2015），增加新记录变种毛叶接骨荚蒾（*Viburnum sambucinum* Reinw. ex Blume var. *tomentosum* Hallier f.）。中国原产的12组在植物园中均有迁地栽培，其中国产种类约62种，另外自国外引入栽培4种。中国没有原产的6组（分支）分别为：1.显鳞荚蒾（*Viburnum clemensiae* J. Kern）分支，仅含1种，位于系统树最基部，产亚洲热带地区的加里曼丹岛，国内外均未见引种栽培记录；2.巨叶荚蒾（*Viburnum amplificatum* J. Kern）分枝，也只有1种，同样位于系统树近基部，亦产亚洲热带地区的加里曼丹岛，国内外均未见引种栽培记录；3.梨叶组（Sect. *Lentago* DC.），约7种，产北美冷凉地区，中国已经引种栽培约4种；4.北美齿叶组 [Sect. *Dentata* (Maxim.) Hara]，约2~3种，亦产北美冷凉地区，中国主要引入栽培1种；5.大苞组（Sect. *Mollotinus* Winkworth & Donoghue），约5种，产美洲温暖地区，中国主要引入栽培1种；6.云雾组 [Sect. *Oreinotinus* (Oersted) Benth. & Hook.]，约36种，产美洲高山云雾林，该组尽管种类繁多，但引种栽培困难，即使在国外也少见栽培，主要有桂叶荚蒾 [*Viburnum lautum* Morton = *Viburnum acutifolium* subsp. *lautum* (Morton) Donoghue]，原产墨西哥，美国加利福尼亚州大学植物园有栽培，中国科学院植物研究所北京植物园曾从此处引入过种子（登录号1980-883），但无更多相关记载，本书不收录该组种类。最终，本书收录中国迁地栽培荚蒾属植物15组73种，其中中国原产12组63种，外来引进3组10种（详细见表1）。此外，本书对一些常见的栽培杂交种类也作了简要介绍。

表1　荚蒾属各组种类及引种栽培状况统计

序号	组	世界种数	中国原产数	中国栽培数	外来引进数	生态类型
1	显鳞荚蒾 Viburnum clemensiae	1	0	0	0	热带
2	壶花组 Sect. Urceolata	1	1	1	0	亚热带
3	合轴组 Sect. Pseudotinus	3	2	2	0	亚热带
4	鳞斑组 Sect. Punctata	1	1	1	0	亚热带
5	梨叶组 Sect. Lentago	7	0	4	4	温带
6	裸芽组 Sect. Viburnum	13	12	13	1	温带
7	巨叶荚蒾 Viburnum amplificatum	1	0	0	0	热带
8	淡黄组 Sect. Lutescentia	10	6	5	0	热带亚热带
9	圆锥组 Sect. Solenotinus	21	18	12	1	热带亚热带
10	球核组 Sect. Tinus	8	5	6	1	热带亚热带
11	大苞组 Sect. Mollotinus	5	0	1	1	温带
12	美洲齿叶组 Sect. Dentata	3	0	1	1	温带
13	云雾组 Sect. Oreinotinus	36	0	0	0	高山云雾带
14	裂叶组 Sect. Opulus	5	2	2	0	温带
15	革叶组 Sect. Coriacea	3	1	1	0	热带亚热带
16	接骨组 Sect. Sambucina	10	4	4	0	热带亚热带
17	掌叶组 Sect. Lobata	3	1	2	1	温带
18	齿叶组 Sect. Succotinus	33	22	17	0	温带亚热带
	总计	164	75	73	10	

此外，Clement et al.(2014)的研究还对荚蒾属植物一些重要性状的演变情况做了分析。芽鳞性状是荚蒾属分组的重要依据之一，裸露的冬芽是较为早期出现的性状，随后演化出有鳞片的冬芽，再到齿叶组中完全合生的冬芽鳞片；叶边缘性状也用于分组，具有全缘叶的种类较早出现，但具有不同锯齿类型的种类是多次独立演化的结果，这在各个组中的情况也是各不相同的；花序方面，具有伞形花序的种类较早出现，而具有圆锥花序的种类是最晚出现的；胚乳方面，是否具有嚼烂状胚乳有时也是荚蒾属分类所使用的重要性状之一，这一性状倾向于在具有圆形果实的种类中发育，不过鳞斑荚蒾具有扁形的果实，但同样具有嚼烂状胚乳；花外蜜腺具有重要分类价值，可分为四种类型，包括无花外蜜腺、位于叶片边缘、位于叶片近边缘以及位于叶柄上，这种规律在系统树上表现得很明显；最后荚蒾属的腺毛大致可以分为三种类型：伸长状腺毛、头状腺毛以及盾状鳞片，这对于鉴别荚蒾属植物有时很有帮助。

荚蒾属分组检索表

1a. 叶柄、叶片边缘、叶片背面近边缘处均不具花外蜜腺。
　2a. 花序伞形式或复伞形式；果实成熟时由红色转为黑色；冬芽裸露或鳞片可发育成叶片。

3a. 花冠筒状钟形，外面鲜红色；萼筒细筒状，无毛；花序具显著长总梗 ·· 1. **壶花组 Sect. *Urceolatum***
3b. 花冠辐状或筒状，但不为筒状钟形，外面也不为鲜红色；萼筒有毛或无毛；花序不具显著长总梗。
    4a. 花序无总梗；胚乳深嚼烂状。
        5a. 植物体被簇状毛而无鳞片；叶片边缘有重锯齿；果核有1条背沟和1条深腹沟 ··· 2. **合轴组 Sect. *Pseudotinus***
        5b. 植物体被盾状鳞片；叶片边缘近全缘或不明显钝齿；果核有2条背沟和3条浅腹沟 ·· 3. **鳞斑组 Sect. *Punctata***
    4b. 花序有或无总梗；胚乳坚实。
        6a. 花序无总梗；叶边缘有细密锯齿或近全缘；植物体近无毛或具盾状鳞片 ················· 4. **梨叶组 Sect. *Lentago***
        6b. 花序有总梗；叶全缘或具小齿；植物体被簇状毛（茸毛）·········· 5. **裸芽组 Sect. *Viburnum***
2b. 花序圆锥式，少数伞形式；果实成熟时紫红色，或由红色转为黑色或酱黑色；冬芽有1~2对分离的鳞片(极少2~3对)。
    7a. 花序伞形状或圆锥状；叶边缘具牙齿或锯齿；植物体被簇状毛；花冠辐状，雄蕊稍长于花冠，常有大型不孕花；果核常稍扁，胚乳坚实 ············ 6. **淡黄组 Sect. *Lutescentia***
    7b. 聚伞花序圆锥状；叶全缘或具锯齿；植物体近无毛或被簇状毛；花冠筒状至辐状，雄蕊着生于花冠筒顶端；核通常浑圆或稍扁，胚乳坚实或嚼烂状 ············ 7. **圆锥组 Sect. *Solenotinus***
1b. 叶柄、叶片边缘或叶片背面近边缘处具花外蜜腺。
    8a. 花外蜜腺生于叶片边缘，不甚显著；冬芽有1对分离的鳞片；果实蓝黑色或由蓝色转为黑色，卵圆形，决不压扁状；胚乳嚼烂状或坚实。
        9a. 叶常绿，革质，近无毛，具离基3出脉，边缘全缘或具小齿；胚乳嚼烂状 ·· 8. **球核组 Sect. *Tinus***
        9b. 叶落叶，纸质，被簇状毛，不为离基3出脉，侧脉多而直伸，分枝，直达齿端；胚乳坚实。
            10a. 红色有柄腺点存在植株多个部位，如叶柄、叶片、小枝或花序分枝上；托叶线形，宿存，叶柄通常较短 ······················· 9. **大苞组 Sect. *Mollotinus***
            10b. 植株各部位不具红色有柄腺点；托叶不存在，叶柄通常较长 ········· 10. **北美齿叶组 Sect. *Dentata***
    8b. 花外蜜腺生于叶柄或叶片背面近边缘处，常显著；冬芽合生或分离；果实红色，或由红色转为黑色或酱黑色；胚乳坚实。
        11a. 花外蜜腺2~4个显著生于叶柄顶端或叶片基部；冬芽鳞片2对合生；叶纸质，掌状3~5裂 ·· 11. **裂叶组 Sect. *Opulus***
        11b. 花外蜜腺生于叶柄或叶片背面近边缘处；冬芽鳞片1~2对，分离；叶不为上述形状。
            12a. 常绿乔木或灌木；冬芽鳞片1对，分离；叶片全缘，革质或皮纸质；果核卵圆形。
                13a. 叶片革质，背面腺点显著，对折后折痕显著；花冠筒状，裂片短而直立；雄蕊花丝不为丝状，在花蕾中也不折叠 ············ 12. **革叶组 Sect. *Coriacea***
                13b. 叶片皮纸质；花冠辐状，雄蕊显著长于花冠裂片；雄蕊花丝丝状，在花蕾中折叠 ·· 13. **接骨组 Sect. *Sambucina***
            12b. 落叶灌木，少数种类常绿；冬芽鳞片2对，分离；叶分裂或具齿，纸质；果核通常压扁。
                14a. 叶片掌状3~5裂，具掌状脉；花序显著具长总花梗；花蕾粉红色 ·· 14. **掌叶组 Sect. *Lobata***
                14b. 叶片不分裂，边缘具粗锯齿，侧脉直达齿端 ············ 15. **齿叶组 Sect. *Succotinus***

组1　壶花组

Sect. *Urceolatum* Winkworth & Donoghue

落叶灌木。幼枝、冬芽、叶柄和花序均被簇状微毛。冬芽裸露；叶不具花外蜜腺；叶片纸质，边缘具细钝锯齿；聚伞花序复伞形式，具长总状花梗；萼筒细筒状，无毛；花冠筒状钟形，外面鲜红色，雄蕊明显高出花冠；果实先红色后变黑色。

1
壶花荚蒾

Viburnum urceolatum Siebold & Zucc., Abh. Math.-Phys. Cl. Königl. Bayer. Akad. Wiss. 4 (3): 172. 1846.

植株（朱鑫鑫 摄）　　花枝（朱鑫鑫 摄）

自然分布

产福建、广东、广西、贵州、湖南、江西、台湾、云南和浙江。日本也有。生于海拔600～2600m的山谷林中溪涧旁阴湿处。

迁地栽培形态特征

🟠植株 落叶灌木，高可达3m以上。植株各部常被簇状微毛。

🟠茎 树皮棕褐色；当年小枝稍有棱，灰白色或灰褐色，2年生小枝暗紫褐色至近黑色，无毛。冬芽裸露，灰白色或灰褐色，被星状茸毛。

🟠叶 叶纸质，卵状披针形或卵状长圆形，长7～15cm，宽4～6cm，顶端渐尖至长渐尖，基部楔形、圆形至微心形，除基部为全缘外常有细钝或不整齐锯齿，叶面沿中脉有毛，背面脉上被簇状弯细毛，侧脉通常4~6对，近缘前互相网结，连同中脉在叶面凹陷，在背面明显凸起，小脉横列，在背面显著；叶柄绿色，纤细，长1~4cm，无托叶。

花 聚伞花序复伞形式，直径约5cm，生于具1~2对叶的短枝上；总花梗3~8cm，分枝常带紫色，第一级辐射枝4~5条。苞片和小苞片宿存。花多生于第三至第四级辐射枝上。萼筒细筒状，长约2mm，无毛，萼齿卵形，极小。花冠外面鲜红色，内面白色，筒状钟形，无毛，长约3mm，宽约2mm，裂片宽卵形，长约为筒的1/5~1/4，直立。雄蕊明显高出花冠，长短不一，最长者约6mm，花药长圆形，长约1.5mm。花柱高出萼齿。

果 果实先红色后变黑色，椭圆形，长6~8mm，直径5~6mm。核扁，顶端急窄，基部圆形，有2条浅背沟和3条腹沟。

引种信息

杭州植物园 有早年引种栽培记录，但无详细信息，目前也未见活体。

武汉植物园 2009年11月自江西吉安县引种。目前该种在园内有栽培，生长良好，已经开花结果。

中国科学院植物研究所北京植物园 引种7次。1982年、1991年从罗马尼亚交换到种子（登录号1982-351、1991-4459）；1985年从比利时瓦斯兰树木园交换到种子（登录号1985-2201）；1986年李振宇采自湖南新宁紫云山（登录号1986-438）；1989年从荷兰交换到种子（登录号1989-1068）；2001年又从日本东京获得种子（登录号2001-884）。目前未见活体。

其他 该种在国际植物园保护联盟（BGCI）中有12个迁地保育点［数据来自国际植物园保护联盟（BGCI）官网植物搜索https://tools.bgci.org/plant_search.php，检索日期2020年5月26日，后续种类相同］。

物候信息

武汉植物园 3月上旬开始萌芽；3月中下旬开始展叶；4月下旬出现花蕾；6月上中旬开花；花后未结果；12月初落叶。

迁地栽培要点

该种喜阴湿环境，迁地栽培应创造合适条件。嫩枝扦插繁殖。

主要用途

该种为荚蒾属基部类群，其花冠筒外面为鲜红色，在整个荚蒾属中是非常特殊的，具有特别的观赏价值和研究价值。

叶面（朱鑫鑫 摄）

叶背（朱鑫鑫 摄）

花序（吕文君 摄）

花（朱鑫鑫 摄）

组2　合轴组
Sect. Pseudotinus C. B. Clarke

　　植株被簇状毛。冬芽裸露。叶不具花外蜜腺；叶片纸质，临冬凋落，边缘有重锯齿，侧脉直达齿端。聚伞花序伞形或复伞形式，无总花梗，常生于侧生短枝顶端；萼筒无毛；花冠辐状；雄蕊长约为花冠之半。果实紫红色，或先红色后转黑色；核有1条深腹沟和1条浅背沟；胚乳深嚼烂状。

　　3种1变种，中国原产2种1变种，植物园引种保育2种1变种。另一种拟绵毛荚蒾（*Viburnum lantanoides* Michx.）原产美国和加拿大，该种在国际植物园保护联盟（BGCI）中有30个迁地保育点，中国科学院植物研究所北京植物园（引种3次）和西双版纳热带植物园（引种1次）有引种记录，但未见活体。

合轴组分种检索表

1a. 花序无大型的不孕花 ··· 2. 显脉荚蒾 *V. nervosum*
1b. 花序周围有大型的不孕花 ·· 3. 合轴荚蒾 *V. furcatum* var. *melanophyllum*

2
显脉荚蒾

别名： 心叶荚蒾

Viburnum nervosum D. Don, Prodr. Fl. Nepal. 141. 1825.

自然分布

产四川、西藏和云南。不丹、印度、缅甸、尼泊尔和越南也有。生于海拔1800～4500m的冷杉林下或灌丛中。

迁地栽培形态特征

植株 落叶灌木或小乔木，高达5m。植株各部常疏被鳞片状或糠秕状簇状毛。

茎 2年生小枝灰色或灰褐色，无毛，具少数大形皮孔。冬芽裸露。

叶 叶纸质，卵形至宽卵形，长9～18cm，宽4～11cm，顶端渐尖，基部心形或圆形，边缘常有不整齐重锯齿，叶面稍皱褶，背面常多少被簇状毛，侧脉8～10对，背面凸起，小脉横列；叶柄粗壮，长2～5.5cm。

花 聚伞花序与叶同时开放，直径5～15cm，无大型的不孕花，连同萼筒均有红褐色小腺点，第一级辐射枝5～7条，花生于第二至第三级辐射枝上；萼筒筒状钟形，长约1.5mm，无毛，萼齿卵形；花冠白色或带微红，辐状，直径6～10mm，裂片卵状长圆形至长圆形，大小常不等，外侧者常较大；雄蕊花丝长约1mm，花药宽卵圆形，紫色。

果 果实先红色，后变黑色，卵圆形，长约8mm，直径6～7mm；核扁，有1条浅背沟和1条深腹沟。

引种信息

成都市植物园 2001年自四川峨眉山及湖北引种（无登录号）。目前该种园内有栽培，生长良好。

上海辰山植物园 2009年自安徽芜湖欧标公司引种（登录号20090378）。调查时未见活体。

武汉植物园 2003年自湖北利川沙溪镇黄泥塘村引种小苗（登录号20032318）。有幼苗，生长一般，未见开花结果。

西双版纳热带植物园 引种1次。2014年自云南景东太忠三合引种（登录号00,2014,2631）。调查时未见活体。

中国科学院植物研究所北京植物园 引种15次。最早于1983年自日本引种（登录号1983-2448）；最近一次引种为2005年自朝鲜引种（登录号2005-1153）。其他主要引种记录尚有：自日本千叶大学园艺系花卉栽培及观赏园艺学实验室（登录号1991-664、1991-665、1994-436、1999-1320）、日本筑波实验植物园（登录号2001-2310、2003-34）交换种子。园内未见该种活体。

其他 该种在国际植物园保护联盟（BGCI）中有13个迁地保育点。国内杭州植物园、庐山植物园、南京中山植物园以及浙江农林大学植物园有栽培记录。

物候信息

野生状态 3月开始萌芽；4～5月展叶和开花；8月果实开始变为红色，之后再变为黑色；10～11月果实成熟；11～12月落叶。

迁地栽培要点

要求阴湿环境和排水良好的土壤。嫩枝扦插和播种繁殖。

主要用途

该种花序大而显著，果实繁密，艳红夺目，是良好的观花和观果灌木。

植株和野外生境（李晓东 摄）

中国迁地栽培植物志·五福花科·荚蒾属

花枝（陈彬 摄）

芽　　花序（陈彬 摄）　　果实（陈彬 摄）

花序（陈彬 摄）　　果实（陈彬 摄）

3
合轴荚蒾

Viburnum furcatum Blume ex Maxim. var. ***melanophyllum*** (Hayata) H. Hara, Ginkgoana 5: 219. 1983.
Viburnum sympodiale Graebner, Bot. Jahrb. Syst. 29: 587. 1901.

自然分布

产安徽、福建、甘肃、广东、广西、贵州、河南、湖北、湖南、江西、陕西、四川、台湾、云南和浙江。生于海拔800~2600m的林下和灌丛中。原变种产日本。

迁地栽培形态特征

植株 落叶灌木至小乔木，高可达10m。植株各部被黄褐色鳞片状或糠秕状簇状毛。

茎 幼枝具簇毛状鳞片，2年生小枝无毛，红褐色，有时光亮，合轴生长。冬芽裸露。

叶 叶纸质，卵形至椭圆状卵形，长6~13cm，顶端渐尖或急尖，基部圆形或心形，边缘有不规则重锯齿，叶面无毛，背面脉上有星状鳞片，侧脉6~8对，直达齿端，小脉横列，明显；叶柄近基部有细长托叶。

花 聚伞花序无总梗，复伞形状，直径5~9cm，有白色大型不孕花；第一级辐射枝常5条，花生于第三级辐射枝上，芳香；萼筒近圆球形，长约2mm，无毛，萼齿卵圆形；花冠白色带微红，辐状，直径5~6mm，裂片卵形；雄蕊花药宽卵圆形，黄色；不孕花直径2.5~3cm，裂片倒卵形，常大小不等。

果 果实红色，后变紫黑色，卵圆形，长6~9mm；核略扁，有1条浅背沟和1条深腹沟，胚乳嚼烂状。

引种信息

杭州植物园 2018年自湖北恩施冬升公司引种（暂未编号）。目前该种在园内苗圃有栽培，尚为幼苗，生长一般。

华南植物园 引种3次。2013年自湖南炎陵引种（登录号20130344）；2013年自江西庐山引种（登录号20131894）；2017年自湖北宣恩长潭河七姊妹山引种（登录号20171547）。记载该种在珍稀濒危植物繁育中心栽培，调查时未见活体。

上海辰山植物园 2006年自江西庐山汉阳峰引种（登录号20060678）；2008年自荷兰引种（登录号20080682）。调查时未见活体。

武汉植物园 引种4次。2003年自湖北利川沙溪镇黄泥塘村引种小苗（登录号20032317）；2004年自陕西太白黄柏塬镇村引种小苗（登录号20047607）；2010年自四川康定县日地镇引种小苗（登录号20104872）；2014年自安徽岳西鹞落坪保护区多枝尖引种小苗（登录号20140419）。目前该种在园内苗圃有栽培，尚为幼苗，生长一般。

其他 该种在国际植物园保护联盟（BGCI）中有44个迁地保育点。国内庐山植物园有栽培记录。

物候信息

杭州植物园 3月下旬开始萌芽；4月展叶；11月落叶；未开花结果。

武汉植物园 3月开始萌芽；4月展叶；11月下旬至12月落叶；未开花结果。

自然状态 4月下旬至5月上旬开花；6月下旬至7月上旬果实开始变为红色，再变为黑色；8~9月果实成熟。

迁地栽培要点

要求半阴、湿润的环境和排水良好的土壤。嫩枝扦插和播种繁殖。

主要用途

花序具有大型不孕花，果实后期变为鲜红色，为良好的观花和观果灌木。

组3　鳞斑组

Sect. *Punctata* J. Kern

常绿灌木或小乔木。植株遍体密被铁锈色圆形小鳞片。冬芽裸露。叶不具花外蜜腺；叶片革质，边缘近全缘。聚伞花序复伞形式，总花梗无或极短。花冠辐状。果实先红色后转黑色，果核有2条背沟和3条浅腹沟；胚乳深嚼烂状。

1种1变种，中国亦产。原变种鳞斑荚蒾（*Viburnum punctatum* Buch.-Ham. ex D. Don var. *punctatum*）在植物园有迁地栽培。变种大果鳞斑荚蒾 [*Viburnum punctatum* var. *lepidotulum* (Merr. & Chun) P. S. Hsu] 与原变种极为相似，差别在于花冠较大，直径约8mm，果实长可达 14~15mm（原变种花冠约6mm，果实长8~10mm）。我们在植物园中尚未观察到以上差异。

4
鳞斑荚蒾

Viburnum punctatum Buch.-Ham. ex D. Don, Prodr. Fl. Nepal. 142. 1825.

自然分布

产广东、广西、贵州、海南、四川和云南。柬埔寨、印度、印度尼西亚、缅甸、尼泊尔、泰国和越南也有。生于海拔700~1700m的密林中、阴湿沟谷或林缘。

迁地栽培形态特征

植株 常绿灌木至小乔木，高可达10m。植株各部常密被铁锈色圆形小鳞片。

茎 幼枝密被锈色鳞片，具褐色点状皮孔，老后变光秃；老枝灰黄色或灰褐色。冬芽裸露。

叶 叶硬革质，椭圆状披针形至披针形，长8~14cm，顶端骤尖，基部宽短尖，边缘常全缘或具浅齿，内卷，叶面橄榄绿色有光泽，背面有锈色鳞片；侧脉5~7对，弧形，近边缘前网结；叶柄粗壮，长1~1.5cm。

花 聚伞花序复伞形状，平顶，直径7~10cm，具锈色鳞片，总花梗无或极短，第一级辐射枝4~5条，花生于第三至第四级辐射枝上，芳香；萼筒倒圆锥形，萼齿短，宽卵形，边缘膜质；花冠白色，辐状，直径约6mm，裂片宽卵形；雄蕊约与花冠裂片等长，花药宽椭圆形。

果 果实先红色，后转黑色，宽椭圆形，长8~10mm，先红后黑；核扁，有2条背沟和3条浅腹沟。

引种信息

华南植物园 1956年开始引种（登录号19561135）；2005年自海南乐东尖峰岭引种（登录号20053143）。目前该种在药园和珍稀濒危植物繁育中心有栽培，生长良好。

昆明植物园 2000年自云南嵩明引种；2002年自云南易门引种。目前该种在观叶观果区和苗圃有栽培，生长良好，花果繁茂。

武汉植物园 2018年自云南维西塔城镇引种小苗（登录号20182061）。

西双版纳热带植物园 引种5次。2011年自新加坡植物园引种种子（登录号52,2011,0004），原始引种鉴定为白千层 [*Melaleuca cajuputi* subsp. *cumingiana* (Turcz.) Barlow]；2012年和2015年自云南昆明昆明植物园引种种子（登录号00,2012,0177；00,2015,0740）；2014年自云南景东小干河引种（登录号00,2014,2299）。目前该种有定植，生长状况一般，未开花结果。

其他 该种在国际植物园保护联盟（BGCI）中有10个迁地保育点。国内广西药用植物园、四川峨眉山植物园有栽培记录。

物候信息

华南植物园 2月初开始萌芽；2月中下旬开始展叶并出现花蕾；4月为盛花期；9月下旬至10月果实开始变为红色，并持续至12月；12月至翌年1月果实成熟；常绿。

昆明植物园 2月开始萌芽；2月中下旬开始展叶并出现花蕾；4月至5月上旬为盛花期，此外偶尔还可开花；9月下旬至10月果实开始逐渐由绿色变为红色，并持续至12月；12月至翌年1月果实成熟；常绿。

迁地栽培要点

要求全日照或半阴的环境和排水良好、深厚肥沃的酸性土壤。半熟枝扦插或播种繁殖。

主要用途

该种树干挺直，树形优美，果实繁密，红色果实可持续较长时间，是优良的观果树种。

组 4　梨叶组

Sect. *Lentago* DC.

植物体近无毛或具盾状鳞片。冬芽具2对镊合状排列的裂片。叶不具花外蜜腺；叶片边缘有细密锯齿或近全缘；托叶不存在；侧脉纤细分叉，在近边缘处网结。聚伞花序伞形或复伞形式，无或有总梗；花冠白色，辐状；花药黄色。果实绿色转粉红色，最后转蓝色或黑色，有时具粉霜。

约7种，均产北美洲，4种在国外园林运用较为普遍，在中国也有较多的引种栽培记录。调查结果显示，梨叶荚蒾（*Viburnum lentago* L.）在北京地区已成功栽培多年，可以正常开花结果，经常被错误鉴定为李叶荚蒾（*Viburnum prunifolium* L.）；倒卵叶荚蒾（*Viburnum obovatum* Walter）仅见南京中山植物园栽培一株，但可正常开花，有时也可以结果；李叶荚蒾和卫矛叶荚蒾 [*Viburnum nudum* var. *cassinoides* (L.) Torr. & A.Gray] 均有多次引种记录，但未见成年植株，仅见有栽培幼苗。除上述4种外，略红荚蒾（*Viburnum rufidulum* Raf.）在中国科学院植物研究所北京植物园有种子交换记录（登录号1986-271、2001-244），但未见活体栽培记录。

梨叶组分种检索表

1a. 落叶；叶纸质，较大，长4cm以上，宽2cm以上，边缘常具锯齿（少数全缘）。
　　2a. 聚伞花序生于长5～50mm的总梗上；叶片全缘至具细圆齿，稀圆锯齿状；外部芽鳞具由叶脉原基形成的肋状凸起，随芽扩大可发育能叶片 ················· 5. 卫矛叶荚蒾 *V. nudum* var. *cassinoides*
　　2b. 聚伞花序无总梗或稀生于长达5mm的总梗上；叶片具细锯齿；外部芽鳞不具肋状凸起，随芽扩大不久脱落或稍扩大，但不长久宿存。
　　　　3a. 叶片顶端渐尖或具尾尖；叶柄长10～20mm，边缘具波状或有齿的翅·· 6. 梨叶荚蒾 *V. lentago*
　　　　3b. 叶片顶端急尖至钝；叶柄长5～12mm，边缘无或仅具及狭的翅··· 7. 李叶荚蒾 *V. prunifolium*
1b. 常绿；叶革质，狭小，倒卵形或长圆形，长4cm以下，宽2cm以下，全缘··· 8. 倒卵叶荚蒾 *V. obovatum*

5 卫矛叶荚蒾

Viburnum nudum L. var. *cassinoides* (L.) Torr. & Gray, Fl. N. Amer. (Torr. & A. Gray) 2 (1): 14. 1841.

植株（郝厚诚 摄）

自然分布

原产美国和加拿大东部地区。生于沼泽、洪水泛滥地或低地湿润林地。

迁地栽培形态特征

🅟 落叶灌木，丛生，高可达3m以上。

🅢 茎直立，老后弯拱。树皮光滑，灰褐色，皮孔显著。芽鳞褐色，可发育成叶片。

🅛 叶厚纸质，椭圆形，长7～15cm，宽4～6cm，顶端急尖或钝，基部楔形，边缘全缘或具细圆齿，稍波状，中脉两面凸起，侧脉7对以上，纤细，不甚显著，在叶面稍下凹，在背面凸起，弯拱上升，至近边缘处网结，小脉较显著，形成较明显的网格；叶柄短，长至5mm，无托叶。

花 聚伞花序复伞房式，生于长5~50mm的总梗上，高5~8cm，直径5~8cm，一级辐射枝通常5个，锈褐色或红褐色；花簇生于4~5级分枝上；花冠白色，辐状，直径2~3mm；雄蕊花丝显著超过花冠，花药黄色。

果 果实椭圆形，幼时绿白色，成熟时先变粉红色，后变蓝黑色，表面被粉霜，长约8mm，直径5~6mm。

引种信息

北京植物园 曾有引种栽培，目前已无活体。

上海辰山植物园 2009年自安徽芜湖欧标公司引种（登录号20090379）。调查时未见活体。

武汉植物园 引种号GM201703，通过商业途径购买，尚为幼苗，生长一般，在荫棚内栽培能开花结果。

中国科学院植物研究所北京植物园 引种20次。最早于1977年自加拿大引种（登录号1977-785）；最近一次引种为2002年自立陶宛引种（登录号2002-2698）；期间存活的主要为1981年自美国的两次引种（登录号1981-87、1981-4423），均至少存活至2002年。现已经找不到活体。

其他 该种在国际植物园保护联盟（BGCI）中有87个迁地保育点。

物候信息

武汉植物园 2月开始萌芽；4~5月展叶；5~6月开花；9~10月果实开始发生由绿色到红色再到黑色的转变；11~12月果实成熟；12月落叶。

迁地栽培要点

喜湿润气候及充足日照，应栽培于向阳或半阴处。喜欢排水良好、湿润肥沃而偏酸性的土壤。耐寒、耐涝，也耐病虫害。移植容易成活。种子繁殖，种子刚变蓝黑色后即可采收，采集后可直接播种，也可不去除果肉冷冻保存。

主要用途

良好的园林植物，可观花、观叶和观果。春季花繁盛，秋季叶片变为红色或紫红色，极为美观，同时果实也由粉红色转为蓝黑色。庭园造景时可在路旁、坡地、假山旁种植。

叶子（郗厚诚 摄）

叶子（郗厚诚 摄）

6 梨叶荚蒾

Viburnum lentago L., Sp. Pl. 1: 268.1753.

植株

自然分布

原产美国北部和东北部。生于低地树林、沼泽边缘、山坡林地。

迁地栽培形态特征

植株 落叶灌木或小乔木，高达3~7m。茎干修长，成年植株树冠较开展，圆形或不规则。

🟠**茎** 茎干暗灰色或黑色，有皮孔。冬芽裸露或有鳞片。

🟠**叶** 叶纸质，椭圆形或卵形，长6～12cm，宽3～4cm，顶端渐尖或尾尖，基部阔楔形或近圆形，边缘具细齿或有时近全缘，两面无毛或具稀疏微小的盾状鳞片，侧脉8～10对，在叶面凹下，在背面凸起，纤细，斜向上升，在近边缘处网结，细脉多数，清晰可见；叶柄长2～3cm，两边具波状或有齿的狭翅，托叶不存在。

🟠**花** 聚伞花序复伞房式，近无总梗，平顶，高4～6cm，直径5～10cm，一级辐射枝4～5个，绿色；花多数，生于第四至第五级辐射枝上，花冠白色，辐状，直径2～3mm，雄蕊花丝显著超过花冠，花药黄色。

🟠**果** 果实椭圆形，幼时淡绿色，成熟时先变粉红色，后变蓝黑色，表面被粉霜，长10～12mm，直径6～8mm。

引种信息

北京植物园 无引种信息。目前展区有活体栽培，生长良好，能正常开花结果。

南京中山植物园 引种12次。1957年自苏联引种（登录号EI187-198）；1959年自苏联引种（登录号EI132-154、EI132-155）；1963年自苏联引种（登录号E1048-064）；1964年自波兰引种（登录号E207-091）；1989年引种（登录号89E41037-09）；1990年引种（登录号90E41047-7）；1990年自加拿大引种（登录号90E4205-16）；1991年引种（登录号91E13032-13、91E41033-7）；1992年引种（登录号92E42011-9）；1999年自法国引种（登录号99E14040-2）。目前未见活体。

中国科学院植物研究所北京植物园 引种36次。最早于1961年自波兰引种（登录号1961-459）；最近一次引种为2005年自俄罗斯圣彼得堡植物园引种（登录号2005-134）；现植物园定植存活的主要为1988年自加拿大引种的后代（登录号1988-3575）。其他主要引种记录尚有：从纽约植物园（登录号1979-4653）、美国密苏里植物园（登录号1985-768）、加拿大埃德蒙顿阿尔伯达大学植物园（登录号1986-941）、捷克奥帕瓦树木园（登录号1986-2304）、波兰卢布林植物园（登录号2003-1409）交换种子。目前该种在展区有定植，生长良好，能正常开花结果。

其他 该种在国际植物园保护联盟（BGCI）中有148个迁地保育点。

物候信息

中国科学院植物研究所北京植物园 3月下旬开始萌芽；4月中上旬开始展叶并出现花蕾；4月中下旬为盛花期；5月上旬进入末花期和结实期，结实量小且果实易掉；9月下旬至10月上旬果实开始由绿色变为红色并很快变为黑色；10月上旬果实成熟；10月下旬至11月上旬落叶。

迁地栽培要点

暖温带半阴性树种。较耐阴，但较开阔处生长更高大。较耐寒，北京地区可越冬。能适应一般土壤，更喜湿润肥沃的土壤，也稍耐旱。长势旺盛，萌芽力、萌蘖力均强。扦插繁殖或播种繁殖，种子有隔年发芽习性。

主要用途

良好的园林观赏灌木，耐阴，可种植于大乔木下方，或作为树篱和风障种植。景观随季节变化显著，春季白花繁盛，秋季蓝黑色果实引人注目，并且叶子脱落前可变成鲜艳的红色。果实酸甜，是多种鸟类等野生动物的食物。

7
李叶荚蒾

Viburnum prunifolium L., Sp. Pl. 1: 268. 1753.

植株（郁厚诚 摄）

自然分布

原产美国东部和中西部。生于林下。

迁地栽培形态特征

植株 落叶大灌木或小乔木，高可达5m以上。幼年植株树冠狭卵圆形，成年植株树冠狭圆形，或渐变不规则。树干基部常具多数萌条。

茎 茎干常多数，褐灰色，幼时光滑，后渐变灰黑色。枝条光滑，灰色，多分枝。冬芽具2对镊合状着生的鳞片。

叶 叶纸质，椭圆形或卵形，长5～10cm，宽3～4cm，顶端急尖或钝，基部阔楔形或近圆形，边缘具细齿，两面无毛或具稀疏微小的盾状鳞片，侧脉8～10对，在叶面凹下，在背面凸起，纤细，斜向上升，在近边缘处网结，细脉隐约可见；叶柄长1～2cm，两边无狭翅或翅极狭窄，托叶不存在。

花 聚伞花序复伞房式，近无总梗，平顶，高4～5cm，直径4～9cm，一级辐射枝4～5个，绿色。花多数，生于5～6级分枝上，花冠白色，辐状，直径2～3mm，雄蕊花丝显著超过花冠，花药黄色。

果 果实椭圆形，幼时淡绿色或微黄色，成熟时先变粉红色，后变蓝黑色，表面被粉霜，长10~12mm，直径6~8mm。

引种信息

西双版纳热带植物园 引种1次。2000年自美国引种种子（登录号29,2000,0074）。未见活体。

中国科学院植物研究所北京植物园 引种12次。最早于1959年自捷克引种（登录号1959-2987）；最近一次引种为2000年自美国引种（登录号2000-312）；期间定植存活的为1982年自美国纽约引种的种子后代（登录号1982-90），至少存活至2008年。目前已经找不到该种活体。

其他 该种在国际植物园保护联盟（BGCI）中有139个迁地保育点，美国阿诺德树木园栽培，生长良好。国内北京植物园也曾记载有栽培。

物候信息

阿诺德树木园 3月上旬开始萌芽；3月中下旬开始展叶并出现花蕾；4月上旬为盛花期；绿色幼果持续至9月；10月果实开始由绿色变为红色并很快成熟变为黑色；11月落叶。

迁地栽培要点

喜向阳或半阴环境。喜湿润但排水良好、中等肥沃的土壤，但能耐瘠薄、板结或持久潮湿或干旱的土壤，也能耐受一定程度的污染。扦插繁殖，或用根萌蘖移栽繁殖，还可用播种繁殖。少病虫害。

主要用途

良好的园林观赏灌木，可种植于大乔木下方，或作为树篱和风障种植。

8
倒卵叶荚蒾

Viburnum obovatum Walter, Fl. Carol. 116. 1788.

自然分布

原产美国东南部沿海地区。生于沿海平原上的高地、灌丛或沼泽边缘。

迁地栽培形态特征

植株 常绿丛生灌木或小乔木，高可达6m。植株分枝多而密集，树冠卵圆形。

茎 茎干常多数，幼时光滑，灰褐色，后渐变灰黑色。枝条被细小盾状鳞片，灰褐色。冬芽裸露，灰褐色，被细小盾状鳞片。

叶 叶革质，有光泽，狭倒卵形或近长圆形，长2~4cm，宽1~2cm，顶端钝或圆，基部楔形，边缘全缘，两面无毛，正面光滑，背面具多数微小的盾状鳞片，侧脉4~6对，模糊不显著，纤细，弯拱上升，在近边缘处网结；叶柄短，长2~4mm，托叶不存在。

花 聚伞花序复伞房式，生于分枝顶端，显著高出叶丛，近无总梗，高2~3cm，直径3~5cm，一级辐射枝4~5个，被细鳞片。花多数，生于3~4级分枝上，花冠白色，辐状，直径2~3mm，雄蕊稍高于花冠，花药黄色。

果 果实卵圆形，幼时绿色，成熟时先变红色，后变黑色，长4~5mm，直径2~3mm。

引种信息

南京中山植物园 引种信息不详。目前展区有定植，生长一般，已开花，未见果实。

其他 该种在国际植物园保护联盟（BGCI）中有28个迁地保育点。

物候信息

南京中山植物园 2月开始萌芽；3月开始展叶并出现花蕾；4月中旬为盛花期；花后未见结果；夏秋季可继续营养生长；常绿。

迁地栽培要点

喜午后有遮阴的环境和湿润但排水良好的土壤。稍耐盐。半熟枝扦插繁殖。

主要用途

良好的观花和观果灌木，适宜栽培于岩石园。

组5 裸芽组

Sect. *Viburnum*

植物体被由簇状毛组成的茸毛。冬芽裸露。叶不具花外蜜腺；叶片全缘或具小齿；托叶不存在。聚伞花序伞形或复伞形式，顶生；花冠白色或有时外面淡红色，辐状、筒状钟形或钟状漏斗形；花药黄色。果实黄红色后转黑色；核扁，有2条背沟和3条（很少只有1条）腹沟；胚乳坚实。

约13种，中国原产12种，迁地栽培13种，引进1种外来种绵毛荚蒾（*Viburnum lantana* L.），该种主产欧洲及其周边地区。

此外，本组中国还引进栽培有数个园艺杂交种或品种，这些杂种或品种适应性和观赏性常较野生原种好，因此栽培经常比原种更为广泛和普遍，并容易与迁地保育的原种混淆。由于本书主要收录迁地栽培原种，仅在本组原种之后对常见园艺杂交种进行简单介绍。

裸芽组分种检索表

1a. 叶临冬凋落，通常边缘有齿。
  2a. 叶的侧脉近叶缘时连同分枝直达齿端而非互相网结，或至少大部分如此。
    3a. 萼筒无毛；花冠裂片比筒短；雄蕊短于花冠；叶片边缘有疏细齿···
      ··**9. 黄栌叶荚蒾** *V. cotinifolium*
    3b. 萼筒被星状茸毛；花冠裂片与筒近等长或长于筒；雄蕊长于或短于花冠。
      4a. 叶片边缘有细齿，侧脉稍弧曲，上部分枝，连同分枝直达齿端，背面横脉显著凸起；总花梗极短，分枝粗壮···**17. 绵毛荚蒾** *V. lantana*
      4b. 叶片边缘有牙齿，侧脉斜而直，少分枝，直达齿端，背面横脉凸起不显著；总花梗长1~2.5cm ··**18. 聚花荚蒾** *V. glomeratum*
  2b. 叶的侧脉近叶缘时互相网结而非直达齿端，或至少大部分如此。
    5a. 花序有大型的不孕花。
      6a. 花序全部由大型的不孕花组成···**10. 绣球荚蒾** *V. macrocephalum*
      6b. 花序仅周围有大型的不孕花···**10a. 琼花** *V. macrocephalum* f. *keteleeri*
    5b. 花序全由两性花组成，无大型的不孕花。
      7a. 花冠辐状，筒比裂片短。
        8a. 2年生小枝灰褐色；叶顶端钝或圆形，稀稍尖；花大部生于花序的第三至第四级辐射枝上···**11. 陕西荚蒾** *V. schensianum*
        8b. 2年生小枝黄白色；叶顶端通常尖；花大部生于花序的第二级辐射枝上···················
        ··**16. 修枝荚蒾** *V. burejaeticum*
      7b. 花冠筒状钟形，稀高脚碟形，筒远比裂片长。
        9a. 花冠高脚碟形，花蕾时外面粉红色。
          10a. 花丝比花药短，花蕾时外面明显红色···**14. 红蕾荚蒾** *V. carlesii*
          10b. 花丝长约为花药的2倍，花冠淡粉红色·················**14a. 备中荚蒾** *V. carlesii* var. *bitchiuense*
        9b. 花冠筒状钟形，花冠黄白色···**15. 蒙古荚蒾** *V. mongolicum*
1b. 叶大多常绿或半常绿，全缘或有时具不明显的疏浅齿，稀具细锯齿，侧脉通常近叶缘时网结而非直达齿端。
  11a. 萼筒无毛；叶长2~6（8.5）cm，叶面小脉不凹陷。
    12a. 花冠辐状，裂片与筒等长或略较长；老叶背面的簇状毛覆盖整个表面·······································
      ··**12. 烟管荚蒾** *V. utile*
    12b. 花冠钟状漏斗形，裂片短于筒；老叶背面的簇状毛均匀而不完全掩盖整个表面··················
    ··**13. 密花荚蒾** *V. congestum*
  11b. 萼筒多少被簇状毛；叶长5~25cm。
    13a. 叶面密被簇状毛，边缘具细锯齿，顶端急尖至短渐尖，稀钝至圆···
    ··**20. 醉鱼草状荚蒾** *V. buddleifolium*
    13b. 叶面无毛或渐变无毛，幼时疏被簇状毛，特别是中脉和侧脉，边缘全缘或稀具不明显牙齿，顶端急尖或钝。
      14a. 叶披针状长圆形至狭长圆形，通常长5~15cm，宽1.5~4.5cm，老时厚纸质，叶面侧脉和小脉略凹陷，不为极度皱纹状；叶柄长1~2cm；花冠外面疏被簇状毛···
      ··**21. 金佛山荚蒾** *V. chinshanense*
      14b. 叶卵状披针形至卵状长圆形，通常长8~25cm，宽2.5~8cm，草质，叶面各脉均深凹陷，呈现极度的皱纹状；叶柄长1.5~4cm；花冠外面几无毛···
      ··**19. 皱叶荚蒾** *V. rhytidophyllum*

9 黄栌叶荚蒾

Viburnum cotinifolium D. Don, Prodr. Fl. Nepal. 141. 1825.

枝叶

自然分布

产西藏南部。阿富汗、巴基斯坦、印度、尼泊尔和不丹也有。生于海拔2300~3360m的冷杉与高山栎混交林中。

迁地栽培形态特征

植株 落叶灌木，高达3m。植株各部分被黄白色簇状毛。

茎 小枝稍四角形，浅灰褐色，散生圆形小皮孔。冬芽裸露。

叶 叶纸质，卵圆形、浅心形至卵状披针形，长5~12cm，顶端急尖至短尖，稀钝至圆形，基部圆至微心形，边缘有疏细齿，侧脉5~6对，与其分枝均伸至齿端，连同中脉在叶面略凹陷，在背面凸起，小脉横列，在背面稍隆起或不明显；叶柄长8~12mm。

花 花序复聚伞式，直径5~8cm，总花梗长1~3cm，略有棱，第一级辐射枝通常5条，花生于第二至第三级辐射枝上；萼筒筒状倒圆锥形，长3~4mm，无毛，萼齿卵圆形，极短；花冠外面花蕾时常带紫红色，开放后白色，漏斗状钟形，无毛，筒部长2.5~3mm，超过裂片。

果 果实未见。

引种信息

中国科学院植物研究所北京植物园 2010年自西藏吉隆引种，生长一般，目前已无活体。

其他 该种在国际植物园保护联盟（BGCI）中有23个迁地保育点，新西兰南岛旦尼丁（Dunidin）植物园有引种栽培，已开花结果，引种信息不详。

物候信息

新西兰旦尼丁植物园 花期10月下旬。

迁地栽培要点

喜冷凉湿润、昼夜温差较大的气候和排水良好的砂质土壤。适应性较差。嫩枝扦插或播种繁殖。

主要用途

花果繁密，是优良的观花和观果灌木。

秋季枝叶

花枝（张金龙 摄）

10 绣球荚蒾

Viburnum macrocephalum Fortune, J. Hort. Soc. London. 2: 244. 1847.

自然分布

该种只有庭园栽培，没有野生分布。

迁地栽培形态特征

植株 落叶或半常绿灌木，高达4m。植株各部分常被簇状短毛。

茎 幼枝被垢屑状星状毛，老枝灰黑色。冬芽裸露。

叶 叶纸质，卵形、椭圆形至卵状长圆形，长5~11cm，顶端钝或略尖，基部圆或微星形，边缘有细齿，背面疏被星状毛，侧脉5~6对，近叶缘前网结，在背面凸起；中脉长10~15mm。

花 聚伞花序直径8~15cm，全部由大型不孕花组成，总花梗长1~2cm，第一级辐射枝5条，花生于第三级辐射枝上；萼筒筒状，无毛，萼齿小，长圆形；花冠白色，辐状，直径1.5~4cm，裂片圆状倒卵形；雄蕊长约3mm，花药小，近圆形；雌蕊不育。

果 不结果。

引种信息

成都市植物园 2001年自四川成都温江引种（无登录号）；2007年自上海引种品种沙氏雪球荚蒾（*Viburnum macrocephalum* 'Shasta'）（无登录号）；2007年自上海引种长花雪球荚蒾（*Viburnum macrocephalum* 'Watanabe'）（无登录号）。目前该种园内有栽培，生长良好。

桂林植物园 引自浙江。目前园内有栽培，生长一般。

杭州植物园 建园初期引种，引种信息不详。目前该种在园内多处有栽培，生长良好，开花繁茂。

华南植物园 引种3次。2004年自杭州植物园引种（登录号20041891、20041893、20041895）；2005年再次引种（登录号20051267）。目前该种在园内有栽培，生长良好，可正常开花。

南京中山植物园 引种6次。1957年自杭州植物园引种（登录号II90-74）；1959年自武汉植物园引种（登录号II118-107）；1960年自四川引种（登录号60II133-575）；1989年自本所树木园引种（登录号89S-72）；1989年自南京引种（登录号89I52-446）；1996年引种（登录号96U-54）。目前园区有定植栽培，生长良好，已持续多年正常开花。

上海辰山植物园 2009年自安徽芜湖欧标公司引种（登录号20090377）。目前该种在展区有栽培，生长旺盛，开花繁茂。

武汉植物园 引种信息不详。有活体，生长良好，已持续多年正常开花。

西双版纳热带植物园 引种1次。2004年自湖北武汉植物园引种种子（登录号00,2004,0850）。

中国科学院植物研究所北京植物园 引种7次。最早于1949年自华东引种（登录号1949-144），温室栽培；最近一次引种为1984年自南京中山植物园引种（登录号1984-193），该号存活至2008年之后。目前多次调查未发现该种活体。

其他 该种在国际植物园保护联盟（BGCI）中有64个迁地保育点。国内庐山植物园、成都市植物园、西安植物园和浙江农林大学植物园有栽培记录。

物候信息

　　杭州植物园　2月中旬开始萌芽；2月中下旬开始展叶并出现花蕾；3月中下旬至4月初为盛花期；12月下旬落叶。

　　华南植物园　2月开始萌芽，展叶并出现花蕾；3月为盛花期；老叶常持续留存至新叶长出。

　　南京中山植物园　2月中旬开始萌芽；2月中下旬开始展叶并出现花蕾；3月中下旬至4月初为盛花期；12月下旬落叶。

　　上海辰山植物园　2月下旬开始萌芽；3月开始展叶并出现花蕾；4月中下旬为盛花期；12月落叶。

　　武汉植物园　2月中旬开始萌芽；2月中下旬开始展叶并出现花蕾；4月初至5月初开花；翌年1月初落叶，或有时可持续留存至新叶长出。

迁地栽培要点

　　适应性较为广泛，对环境和土壤要求不严。性强健，耐寒，也耐热；喜光，也耐阴；喜疏松肥沃、排水良好的微酸性土壤。扦插、压条、分株或嫁接繁殖。少病虫害。

主要用途

　　著名花灌木，栽培历史悠久，树姿圆整，盛花时满树雪球，极为壮观，宜孤植于草坪及空旷地。

植株（汪远 摄）　花序（汪远 摄）　叶背　叶面　枝条　花序　花蕾

10a
琼花

Viburnum macrocephalum Fortune f. *keteleeri* (Carr.) Rehder in Bibl. Cult. Trees and Shrubs 603. 1949.

自然分布

特产中国安徽、河南、湖北、湖南、江苏、江西、山东、浙江。生山坡灌丛或林下，亦有庭园栽培。

迁地栽培形态特征

植株、茎、叶形态同绣球荚蒾。

🌸 聚伞花序仅周围具大型的不孕花，花冠直径3～4.2cm，裂片倒卵形或近圆形，顶端常凹缺；可孕花的萼齿卵形，花冠白色，辐状，直径7～10mm，裂片宽卵形，长约2.5mm，雄蕊稍高出花冠，花药近圆形，长约1mm。

🍒 果实红色而后变黑色，椭圆形，长约12mm；核扁，长圆形至宽椭圆形，有2条浅背沟和3条浅腹沟。

引种信息

成都市植物园 自四川成都和湖北等地引种（无登录号）。目前该种园内有栽培，生长良好。

杭州植物园 1951年自浙江杭州引种（登录号51C11001U95-1629）。目前该种在本草园、系统园忍冬区等处有栽培，生长良好，已经多年持续开花结果。

华南植物园 引种3次（含品种）。2017年自江苏南京中山植物园引种（登录号20171839）；2018年自网络购买（登录号20182300、20182301）。目前该种在珍稀濒危植物繁育中心有栽培，尚为幼苗。

南京中山植物园 引种1次。1975年自南京农学院引种（登录号89I52-191）。目前园区有定植栽培，生长良好，已持续多年正常开花。

武汉植物园 2012年自贵州三都县引种小苗（登录号20120062）。生长良好，已经开花结果。

西双版纳热带植物园 引种1次。2004年自湖北武汉植物园引种种子（登录号00,2004,0846）。目前展区有定植，生长良好，尚未开花。

中国科学院植物研究所北京植物园 引种5次。最早于1985年自德国交换种子（登录号1985-1198）；最近一次引种为1999年（登录号1999-2127）；但引种存活的为1988年自浙江杭州植物园引种（登录号1988-168）。目前该种在展区有栽培，已经多年持续稳定开花结果。

其他 该变型在国际植物园保护联盟（BGCI）中有13个迁地保育点。国内桂林植物园、昆明植物园、庐山植物园、上海辰山植物园、西安植物园和浙江农林大学植物园有栽培记录。

物候信息

杭州植物园 基本同原种，但花后结果，10月初果实颜色开始发生绿色-黄绿色-红色-黑色的变化。

武汉植物园 2月中旬开始萌芽；2月中下旬开始展叶并出现花蕾；3月底至4月下旬开花；9月初果实颜色开始发生绿色-黄绿色-红色-黑色的变化，9月中旬至11月果实成熟，果熟较一致；翌年1月开始落叶。

中国科学院植物研究所北京植物园 3月下旬开始萌芽；4月上旬开始展叶并出现花蕾；4月下旬至5月初为盛花期，花量多；9月底果实颜色开始发生绿色-黄绿色-红色-黑色的变化，10月中下旬果实成熟，果熟较一致；11月中下旬开始落叶。

迁地栽培要点

适应性较为广泛，对环境和土壤要求不严，中国南北方均可栽培。喜光，略耐阴；喜温暖湿润气候，较耐寒；喜肥沃、湿润、排水良好的土壤。嫩枝扦插、压条和播种繁殖。播种有时需要沙藏两冬一夏方能萌发。

主要用途

长江流域的著名花木,花大而白,适合庭院、石边、水畔、草地或林间空地种植,孤植或丛植皆可。

11 陕西荚蒾

Viburnum schensianum Maxim., Bull. Acad. Imp. Sci. Saint-Pétersbourg. 26: 480. 1880.

植株　花枝

自然分布

特产中国安徽、甘肃、河北、河南、湖北、江苏、宁夏、陕西、山东、山西、四川和浙江。生于海拔500～3200m的混交林、油松林或灌丛。

迁地栽培形态特征

植株　灌木，高可达3m。植株各部常被黄白色簇状茸毛。

茎　枝条较细，幼枝具簇状毛，老枝圆筒形，灰黑色，具小皮孔。冬芽裸露，被锈褐色簇状毛。

叶　叶纸质，卵状椭圆形，长3～6cm，顶端钝或圆形，边缘有波状小尖齿，叶面或疏生短毛，背面疏生星状毛，侧脉5～7对，近叶缘前网结或部分伸至齿端，小脉两面稍凸起；叶柄长7～15mm。

花　聚伞花序直径4～8cm，总花梗长1～1.5cm或很短；第一级辐枝通常5条；花大部生于第三级分枝上；萼筒圆筒形，无毛，萼齿卵形，顶钝；花冠白色，辐状，长约4mm；雄蕊5，着生近花冠筒基部，稍长于花冠，花药圆形，直径约1mm。

果 果实红色而后变黑色，短椭圆形，长约8mm；核背部略隆起，腹部有3条沟。

引种信息

成都市植物园 2004年自北京引种（无登录号）。目前该种园内有栽培，生长良好。

杭州植物园 2018年自中国科学院植物研究所北京植物园引种（暂未编号）。目前该种在苗圃有栽培，尚为幼苗，生长一般。

上海辰山植物园 2006年自陕西西安周至白羊岔引种（登录号20061078）。调查时未见活体。

武汉植物园 引种3次。2014年自陕西白河茅坪镇引种小苗（登录号20049167）；2009年自陕西佛坪大熊猫自然保护区凉风垭站下草坪引种小苗（登录号20090367）；2017年9月自中国科学院植物研究所北京植物园引种。目前尚为幼苗，生长一般。

中国科学院植物研究所北京植物园 引种5次。最早于1956年引种（登录号1956-2729）；最近一次引种为1991年自陕西秦岭地塘引种（登录号1991-5500）；目前存活的为1985年自陕西采集的种子后代（登录号1985-4933）。目前该种在展区有定植，生长良好，已多年持续稳定开花结果。

其他 该种在国际植物园保护联盟（BGCI）中有34个迁地保育点。

物候信息

中国科学院植物研究所北京植物园 3月上旬开始萌芽；3月中下旬萌发新叶并出现花蕾；4月中下旬为盛花期；8月底至9月果实开始发生绿色–绿白色–淡红色–红色–黑色的变化，成熟过程不一致，变黑色的成熟果实逐渐脱落；11月中下旬开始落叶。

迁地栽培要点

耐阴，应栽培于大乔木下或半阴环境；较耐旱，应栽培于排水良好的土壤上。较耐寒，耐热性较差。嫩枝扦插或播种繁殖。

主要用途

春季花繁茂可供观赏，果实因成熟过程不一致导致观赏性较差。

12 烟管荚蒾

Viburnum utile Hemsl., J. Linn. Soc., Bot. 23: 356. 1888.

植株（郗厚诚 摄）

果枝（徐文斌 摄）

自然分布

特产贵州、河南、湖北、湖南、陕西、四川。生于海拔500～1800m的山坡灌丛或林缘。

迁地栽培形态特征

植株 常绿灌木，高达2m。植株各部常被灰白色或黄白色簇状茸毛。

茎 幼枝密被淡灰褐色簇状毛；老枝红褐色，散生小皮孔。冬芽裸露。

叶 叶革质，椭圆状卵形至卵状长圆形，长2～7cm，顶端钝，稀略尖，基部圆形，边缘全缘，稍内卷，叶面深绿色，有光泽，背面被灰白色簇状毡毛，侧脉5～6对，在背面隆起，近缘前互相网结；叶柄长5～15mm。

花 花序复伞形状，直径5～7cm，有簇状毛；萼筒筒状，长约2mm，无毛，萼齿卵状三角形，无毛；花冠白色，花蕾时略带粉红色，辐状，直径6～7mm，无毛，裂片圆卵形，与筒等长或略较长；雄蕊与花冠裂片几等长，花药近圆形，直径约1mm。

果 果实红色，后变黑色，椭圆形，长7～8mm；核扁，有2条极浅背沟和3条腹沟。

引种信息

成都市植物园 2001年自浙江杭州引种（无登录号）。目前该种园内有栽培，生长良好。

重庆市药物种植研究所 自重庆金佛山引种，具体信息不详（无登录号）。目前该种园内有栽培，生长良好。

杭州植物园　2015年自湖北恩施冬升公司引种（登录号15C21004-024）。目前该种在园内苗圃有栽培，尚为幼苗，生长一般。

昆明植物园　自武汉植物园引种（登录号23-C-101）。目前该种在苗圃有栽培，生长一般。

上海辰山植物园　2007年自陕西略阳金家河李家沟引种（登录号20071479）。目前该种在园内有栽培，生长一般。

武汉植物园　引种2次。2009年自湖北兴山南阳镇猴子仓组引种小苗（登录号20090191）；2010年自贵州镇远铁溪风景区引种小苗（登录号20101256）。生长良好，已经开花结果。

西双版纳热带植物园　引种1次。2009年自云南武定白路乡引种苗（登录号00,2009,0305）。目前展区有定植，生长良好，未见花果。

中国科学院植物研究所北京植物园　最早于1979年自法国引种（登录号1979-5640）；最近一次为2005年自奥地利引种（登录号2005-193）；期间1998年自罗马尼亚阿拉德树木园引种种子（登录号1988-1822），1996年自贵州梵净山采集种子（登录号1996-569）。2002年时植物园尚有活体栽培。

其他　该种在国际植物园保护联盟（BGCI）中有48个迁地保育点。国内贵州省植物园有栽培记录。

物候信息

武汉植物园　2月中旬已有花蕾并开始膨大；3月中上旬开始萌芽；3月中下旬开始展叶；3月中旬至4月上旬开花；9月底至10月初果实颜色开始发生绿色–黄绿色–红色–黑色的变化，并逐渐成熟脱落，过程不一致；常绿。

迁地栽培要点

喜湿润的林下半阴环境和排水良好的酸性土壤。不耐寒。嫩枝扦插或播种繁殖。

主要用途

枝叶繁密常绿，适合修剪作绿篱。民间用该种枝条制作烟管。

枝条　　叶面　　叶背
花序（徐文斌 摄）　果序（陈彬 摄）　果序（徐文斌 摄）

13 密花荚蒾

Viburnum congestum Rehder, Trees & Shrubs [Sargent] 2. 111. 1908.

自然分布

特产甘肃、贵州、四川、云南。生于海拔1000~2800m的山谷、林下、林缘或灌丛。

迁地栽培形态特征

植株 常绿灌木，高达5m。植株各部常被灰白色簇状茸毛。

茎 2年生小枝灰褐色，散生圆形小皮孔。冬芽裸露。

叶 叶革质，椭圆状卵形或椭圆形，长2~6cm，顶端钝或稍尖，基部圆形，全缘，叶面初时散生簇状毛，后变无毛，侧脉3~4对，近叶缘处互相网结，在背面稍凸起；叶柄长5~10mm。

花 聚伞花序小而密，直径2~5cm，总花梗长0.5~2cm，第一级辐射枝5条；花香，生于第一至第二级辐射枝上；萼筒筒状，长2~3mm，无毛，萼齿宽卵形，极短；花冠白色，钟状漏斗形，直径约6mm，无毛，裂片圆卵形，长约为筒之半；雄蕊约与花冠等长，花药宽椭圆形；花柱高出萼齿。

果 果实红色，后变黑色，圆形，直径5~6mm；核扁，有2条浅背沟和3条腹沟。

引种信息

昆明植物园 2001年自云南昆明双哨引种。目前该种在苗圃有栽培，生长一般。

武汉植物园 2010年自四川九龙锦屏乡引种小苗（登录号20105058）。

中国科学院植物研究所北京植物园 1964年自昆明植物园引种（登录号1964-776），后续未再引种，现无活体。

其他 该种在国际植物园保护联盟（BGCI）中有12个迁地保育点。国内贵州省植物园、杭州植物园、南京中山植物园和上海辰山植物园有栽培记录。

物候信息

武汉植物园 3月中上旬开始萌芽并出现花蕾；3月中下旬开始展叶；4月上旬开花；8月上旬开始果实颜色发生绿色-黄绿色-红色-黑色的变化，并逐渐成熟，过程一致；常绿。

迁地栽培要点

喜半阴湿润环境和排水良好的酸性土壤。不耐寒。嫩枝扦插或播种繁殖。

主要用途

红色果实较繁密，可供观赏。枝叶较繁密，可修剪为绿篱。

14 红蕾荚蒾

Viburnum carlesii Hemsl. ex F. B. Forbes & Hemsl., J. Linn. Soc., Bot. 23: 350 (1888).

植株

自然分布

原产朝鲜半岛和日本。生于海拔700~1300m的林下、林缘或山坡灌丛中。

迁地栽培形态特征

植株 落叶灌木，高可达3m。

茎 树皮灰褐色；1年生小枝被灰色簇状毛，2年生小枝灰色，圆筒形，无毛，皮孔散生，小而圆。冬芽裸露，被灰色簇状毛。

叶 叶纸质，卵形至椭圆状卵形，长4~10cm，宽2~6cm，顶端急尖，基部圆形至稍心形，边缘有三角状锯齿，叶面疏被毛，背面被簇状毛，沿脉较密，侧脉4~5对，羽状，稍弓形，分枝，直达齿端，在背面凸起；叶柄较短，长4~12mm，密被短柔毛。

花 花与叶同时在春季开放；聚伞花序复伞形状，生于分枝顶端，直径4~8cm，总花梗长1~4cm；第一级辐枝通常5条，被簇状毛；花大部生于第三级分枝上，无梗或具短梗；萼筒长圆状筒形，无毛，萼齿卵形，微小；花冠高脚碟形，花蕾时粉红色，盛开时白色，有芳香，直径约1cm，无毛，筒部长8~10mm，裂片5，阔卵圆形，平展，长5~6mm；雄蕊生于花冠筒部中部或中部以下，长约5mm；花丝长2~4mm；花药黄色，长圆形，长约2mm。

果 果实先紫红色，后转为黑色，椭圆形，长1~1.4cm，两端圆形，无毛；核扁，椭圆形，长6~8mm，有2条背沟和3条腹沟。

引种信息

北京植物园 引种1次。2001年自荷兰引种（登录号2001-1467）。目前展区有栽培，生长良好，每年开花繁盛。

成都市植物园 2007年自上海引种（无登录号），为金叶品种，名金黄香荚蒾。目前该种园内有栽培，生长良好。

杭州植物园 2018年自中国科学院植物研究所北京植物园引种（暂未编号）。目前该种在苗圃有栽培，尚为幼苗，生长一般。

上海辰山植物园 2008年自荷兰引种（登录号20080681）。调查时未见该种活体。

中国科学院植物研究所北京植物园 引种13次。最早于1955年引种（登录号1955-2712）；最近一次引种为2003年（登录号2003-1627）；现植物园展区定植活体为1980年自波兰引种的后代（登录号1980-241）；此外，相关引种信息还有自美国引种（登录号1982-89）、自德国拜罗伊特大学生态植物园引种（登录号1999-1437）、自德国波恩植物园引种（登录号2003-350）。该种生长良好，每年开花繁盛。

其他 该种在国际植物园保护联盟（BGCI）中有142个迁地保育点（含品种）。国内赣南树木园有栽培记录。

物候信息

中国科学院植物研究所北京植物园 3月上旬开始萌芽；3月中下旬开始展叶，同时分化出花芽；4月上中旬为盛花期；10月初果实开始由绿色变为红色，并逐渐成熟，过程较一致；11月中下旬落叶。

迁地栽培要点

喜全日照或半阴的环境和湿润肥沃且排水良好的酸性土壤。嫩枝扦插、嫁接或播种繁殖。长势强健，少病虫害。

主要用途

早春开花繁密，花序硕大，花蕾艳红可爱，是良好的花灌木。果实由于成熟过程不一致且容易掉落，观赏性一般。适于庭园或屋前种植，孤植、群植均可。

14a
备中荚蒾

Viburnum carlesii Hemsl. ex F. B. Forbes & Hemsl. var. *bitchiuense* (Makino) Nakai, Bot. Mag. (Tokyo). 28: 295. 1914.

自然分布

产安徽和河南，朝鲜半岛和日本也有。生于海拔700~1300m的林下、林缘或山坡灌丛中。

迁地栽培形态特征

植株形态与原变种相似，主要区别在于花丝长约为花药的2倍，花冠淡粉红白色，而原变种花丝比花药短，花蕾时外面明显红色。

引种信息

中国科学院植物研究所北京植物园 引种5次。最早于1979年自波兰引种（登录号1979-4459）；最近一次引种为2003年（登录号2003-1625）。现园内可能尚有活体，但与原变种难以区分。

其他 该种在国际植物园保护联盟（BGCI）中有37个迁地保育点。

物候信息

中国科学院植物研究所北京植物园 同红蕾荚蒾。

迁地栽培要点

基本同红蕾荚蒾，耐寒性和耐旱性稍差。

主要用途

同红蕾荚蒾。

15
蒙古荚蒾

Viburnum mongolicum (Pallas) Rehder, Trees & Shrubs [Sargent] ii. 111. 1908.

自然分布

产甘肃、河北、河南、辽宁、内蒙古、宁夏、青海、陕西、山西。蒙古和俄罗斯也有。产海拔800~2700m的疏林中。

迁地栽培形态特征

植株 落叶灌木，高达2m。植株各部常被簇状短毛。

茎 2年生小枝黄白色，细而圆，无毛。冬芽裸露。

叶 叶纸质，宽卵形至椭圆形，长2.5~6cm，顶端尖或钝，基部圆形，边缘有波状浅齿，齿端有小突尖，两面被簇状毛，脉上较密集，背面灰绿色，侧脉4~5对，近叶缘前分枝而互相网结，在背面凸起；叶柄长4~10mm。

花 聚伞花序直径1.5~3.5cm，具少数花，总花梗长5~15mm，第一级辐射枝5条或较少，花大多生于第二级辐射枝上；萼筒长圆筒形，长3~5mm，无毛，萼齿波状；花冠淡黄白色，筒状钟形，无毛，筒长5~7mm，直径约3mm，裂片长约1.5mm；雄蕊约与花冠等长，花药长圆形。

果 果实红色，后变黑色，椭圆形，长约10mm；核扁，长约8mm，有2条浅背沟和3条浅腹沟。

引种信息

北京植物园 引种3次。1981年自内蒙古呼和浩特林业科学研究所引种（登录号1981-0035z）；2000年自甘肃天山麦积山植物园引种（登录号2000-0603）；2005年自四川引种（登录号2005-1263）。目前园内有少量栽培，生长良好，已经开花结果。

成都市植物园 2003年自北京引种（无登录号）。目前该种园内有栽培，生长一般。

中国科学院植物研究所北京植物园 引种4次。1958年开始引种（登录号1958-1222）；1985年自瑞典斯德哥尔摩植物园交换种子（登录号1985-1451）；1987年自宁夏贺兰山采集种子（登录号1987-5631）；1996年从内蒙古赤峰采集种子（登录号1996-568）。目前园内未见活体。

其他 该种在国际植物园保护联盟（BGCI）中有40个迁地保育点。国内黑龙江省森林植物园有栽培记录。

物候信息

北京植物园 3月上旬开始萌芽；3月中下旬萌发新叶并出现花蕾；4月中下旬为盛花期；7月底至8月果实开始发生绿色-绿白色-淡红色-红色-黑色的变化；9月果实成熟，过程不一致，变黑色的成熟果实逐渐脱落；11月中下旬开始落叶。

迁地栽培要点

喜全日照和冷凉气候，要求排水良好的砂质土壤。耐寒，耐热性较差。耐旱，不耐涝。较耐瘠薄。嫩枝扦插和播种繁殖。

主要用途

本种花序和果序均较小,相对其他荚蒾种类而言,观赏性一般。但作为北方地区的重要本土植物资源,还是很值得迁地保育的。

植株

16 修枝荚蒾

别名： 暖木条荚蒾

Viburnum burejaeticum Regel & Herder, Gartenflora. 11: 407. 1862.

自然分布

产黑龙江、吉林和辽宁。朝鲜北部、蒙古和俄罗斯也有。生于海拔600～1400m的针阔混交林下。

迁地栽培形态特征

植株 落叶灌木，高达5m。植株各部常被簇状短毛。

茎 树皮暗灰色；2年生小枝细长，黄白色，无毛。冬芽裸露。

叶 叶纸质，宽卵形至椭圆状倒卵形，长3～6cm，顶端常尖，基部钝或圆形，两侧常不对称，边缘有牙齿状小锯齿，两面疏被簇状毛，渐变稀疏，侧脉4～6对，近叶缘前互相网结，在背面凸起；叶柄长5～12mm。

花 聚伞花序直径4～5cm，总花梗长达2cm或几无，第一级辐射枝5条；花大多生于第二级辐射枝上；萼筒长圆筒形，长约4mm，无毛，萼齿三角形；花冠白色，辐状，直径约7mm，无毛，裂片宽卵形，长2.5～3mm，比筒部长近2倍；花药宽椭圆形，长约1mm。

果 果实红色，后变黑色，椭圆形至长圆形，长约1cm；核扁，长圆形，长9～10mm，直径4～5mm，有2条背沟和3条腹沟。

引种信息

成都市植物园 2002年自北京引种（无登录号）。目前该种园内有栽培，生长一般。

杭州植物园 2018年自中国科学院植物研究所北京植物园引种（暂未编号）。目前该种在苗圃有栽培，尚为幼苗，生长一般。

黑龙江省森林植物园 引种信息不详。目前该种在展区有栽培，生长良好，花果繁茂。

华南植物园 2009年自吉林长白山采集种子（登录号20091429）。记载该种在高山极地室栽培，调查时未见活体。

中国科学院植物研究所北京植物园 引种24次。最早于1952年自东北引种（登录号1952-1582）；最近一次引种为2009年自俄罗斯圣彼得堡植物园引种（登录号2009-1292）；现植物园有多次引种存活，包括1959年引种后代（登录号1959-6828）、1964年引种后代（登录号1964-5888）、1984年自意大利引种（登录号1984-2）、1984年引种后代（登录号1984-514）以及1985年自长白山引种（登录号1985-4519）。目前该种在展区有定植，生长良好，能正常开花结果。

其他 该种在国际植物园保护联盟（BGCI）中有66个迁地保育点。国内南京中山植物园早年有栽培记录。

物候信息

黑龙江省森林植物园 4月上旬开始萌芽；4月中下旬萌发新叶并出现花蕾；5月中下旬为盛花期；8月上旬果实开始发生绿色-绿白色-淡红色-红色-黑色的变化；8月底至9月果实成熟，过程较一致；

10月中下旬开始落叶。

中国科学院植物研究所北京植物园 3月上旬开始萌芽；3月中下旬萌发新叶并出现花蕾；4月中下旬为盛花期；9月上旬果实开始发生绿色-绿白色-淡红色-红色-黑色的变化；9月底至10月果实成熟，过程较一致；11月中下旬开始落叶。

迁地栽培要点

喜冷凉湿润的半阴环境和排水良好的疏松土壤。耐寒性强，耐热性较差。嫩枝扦插或播种繁殖。病害有叶锈病，虫害有尺蠖，可通过使用相应农药防治。

主要用途

花繁密，果鲜艳醒目，是优良的观花和观果灌木。种子含油脂，可榨油用。

17 绵毛荚蒾

Viburnum lantana L., Sp. Pl. 1: 268. 1753.

自然分布

原产欧洲中部和南部,延伸到乌克兰中部,西达西班牙北部和英国,北非和西亚也有分布。生开阔林地或林缘,尤其是白垩土上。

迁地栽培形态特征

植株 落叶灌木，株高3~5m，常多茎干丛生，树形紧密成圆形。

茎 树皮光滑，灰色，皮孔显著，老时稍皱或剥落。小枝灰褐色，被细毛。冬芽裸露，伸长，被茸毛，灰绿色。花芽圆形。

叶 叶片厚纸质，卵圆形、倒卵形至卵状披针形，长4~14cm，宽3.5~9cm，顶端急尖或钝，基部圆形或微心形，边缘有细锯齿，叶面被稀疏星状毛，背面密被星状茸毛，各脉深凹陷而呈极度皱纹状，背面有凸起网纹，侧脉6~8对，连同分枝小脉直达齿端；叶柄粗壮，长1~3.5cm，无托叶。

花 聚伞花序顶生，平顶，直径7.5~12.5cm；总花梗极短，第一级辐射枝5~7条，粗壮，密被毛，苞片和小苞片披针形；花生于第四级辐射枝上，稠密，萼筒状钟形，萼齿三角形；花冠乳白色，辐状，直径5~9mm，几无毛，裂片圆卵形，长2~3mm；雄蕊高出花冠，花药宽椭圆形，长约1mm。

果 果实幼时绿色，成熟时先变红色，后变黑色，扁卵圆形，长8mm，无毛；核宽椭圆形，两端近截形，扁，长6~7mm，直径4~5mm，有2条背沟和3条腹沟。

引种信息

杭州植物园 2018年自中国科学院植物研究所北京植物园引种（暂未编号）。目前该种在园内苗圃有栽培，尚为幼苗，生长一般。

上海辰山植物园 2007年自法国引种（登录号20070484）。目前该种在苗圃有栽培，生长一般，未见开花结果。

西双版纳热带植物园 引种3次。1992年自捷克引种种子（登录号51,1992,0011）；2001年自比利时引种小苗（登录号46,2001,0002）；2009年自德国波恩大学植物园引种种子（登录号15,2009,0012）。未见活体。

中国科学院植物研究所北京植物园 引种49次（含种下等级及品种引种记录）。最早于1954年引种（登录号1954-1220）；最近一次引种为2009年自俄罗斯圣彼得堡植物园引种（登录号2009-1294）；目前展区定植存活至今的为1980年自匈牙利引种的种苗（登录号1980-1831）。其他主要引种记录尚有：苏联立陶宛科学院植物所植物园（登录号1987-3166）、瑞士纳沙特尔大学植物园（登录号1988-703）、德国吉森植物园（登录号1988-3027）、意大利帕拉迪索植物园（登录号1999-845）赠送种子。目前该种在展区有定植，木本实验地也有，生长良好，花果量均很大。

其他 该种在国际植物园保护联盟（BGCI）中有181个迁地保育点。

物候信息

中国科学院植物研究所北京植物园 3月上旬开始萌芽；3月中下旬萌发新叶并出现花蕾；4月中旬为盛花期；9月上旬果实开始发生绿色-绿白色-淡红色-红色-黑色的变化，并逐渐成熟，过程较一致；11月中下旬开始落叶。

迁地栽培要点

喜全日照或半阴环境和排水良好的湿润土壤，在中性或偏碱性的白垩土、黏土、砂质土或壤土均可适应。耐寒，亦稍耐热。嫩枝扦插或播种繁殖。长势强健，一般少病虫害，偶有叶斑病，虫害偶有蚜虫或甲虫危害，可使用相应农药防治。

主要用途

花序和果序均大而醒目，是优良的观花和观果树种。适合庭院等处栽培。

中国迁地栽培植物志·五福花科·荚蒾属

植株（金叶品种）(Kirill Tkachenko 摄) 芽

芽

花枝 (Kirill Tkachenko 摄) 叶背 叶面

花序 花序 花序

果序 果序 果核

18 聚花荚蒾

Viburnum glomeratum Maxim., Bull. Acad. Imp. Sci. Saint-Pétersbourg. 26: 483. 1880.

自然分布

产安徽、甘肃、河南、湖北、江西、宁夏、陕西、四川、西藏、云南和浙江。缅甸也有分布。生山坡林下、灌丛或草坡湿润处，海拔300~3200m。

迁地栽培形态特征

植株 落叶灌木或小乔木，高可达5m。植株各部常被黄白色簇状毛。

茎 幼枝簇状，有簇状毛，老枝灰黑色。冬芽裸露。

叶 叶纸质，卵形至卵状椭圆形，稀宽卵形，长3~15cm，顶端圆至尖，基部圆形或多少带斜微心形，边缘有牙齿，叶面疏被簇状短毛，背面被簇状茸毛，后毛渐变稀疏，侧脉5~11对，与其分枝均直达齿端；叶柄长1~3cm。

花 聚伞花序直径2.5~10cm，总花梗长1~2.5cm，第一级辐射枝5~7条；花生于2~3级辐枝上；萼筒长约2.5mm，被白色簇状毛，萼筒被白色簇状毛，长1.5~3mm，萼齿卵形；花冠白色，辐状，直径约5mm，裂片卵圆形，长约等于或略超过筒；雄蕊5，着生近花冠筒基部，短于或稍长于花冠；花药近圆形，直径约1mm。

果 果实红色，后变黑色，椭圆形，长5~9mm；核扁，有2条浅背沟和3条浅腹沟。

引种信息

北京植物园 引种3次。1996年自陕西秦岭太白山引种（登录号1996-0078）；2005年自美国引种（登录号2005-1258）；2005年自甘肃引种（登录号2005-1262）。目前有少量栽培，生长一般，未见花果。

成都市植物园 1998年自重庆南川引种（无登录号）。目前该种园内有栽培，生长良好。

南京中山植物园 引种2次。1979年自波兰引种（登录号79E207-61）；2018年自陕西岚皋四季河镇狩猎场引种（登录号2018I1168）。目前该种仅有幼苗。

宁夏银川植物园 2009年自宁夏六盘山引种。目前该种展区有栽培，生长良好，可正常开花结果。

上海辰山植物园 2005年自浙江西天目山红庙引种（登录号20050215）；2007年自陕西宝鸡眉县营头镇太白山大殿引种（登录号20071540）。目前该种在园内有栽培，生长良好，已经开花结果。

武汉植物园 2014年4月自甘肃康县引种。有幼苗，未开花结果。

中国科学院植物研究所北京植物园 引种15次。最早于1956年引种（登录号1956-4211）；最近一次为2012年自比利时引种（登录号2012-475）；期间1984年引种自波兰的种苗（登录号1984-821）至少存活至2008年。目前园内木本实验地可能还有该种活体。

其他 该种在国际植物园保护联盟（BGCI）中有27个迁地保育点。国内杭州植物园、庐山植物园、武汉植物园和浙江农林大学植物园有栽培记录。

物候信息

宁夏银川植物园　4月上旬开始萌芽；4月中下旬萌发新叶并出现花蕾；5月下旬至6月上旬为盛花期；8月下旬至9月上旬果实开始发生绿色–绿白色–淡红色–红色–黑色的变化；9月果实成熟，过程较一致；11月中下旬开始落叶。

迁地栽培要点

喜全日照或半阴的湿润环境和排水良好的肥沃土壤。较耐寒，不耐热，也不耐旱。嫩枝扦插和播种繁殖。

主要用途

花序和果序大而醒目，可供观赏。

植株

19 皱叶荚蒾

别名： 枇杷叶荚蒾

Viburnum rhytidophyllum Hemsl. ex F. B. Forbes & Hemsl., J. Linn. Soc., Bot. 23: 355. 1888.

植株

植株

自然分布

特产中国贵州、湖北、湖南、江西、陕西和四川。生于海拔700～2400m的林下、林缘或灌丛中。

迁地栽培形态特征

植株 常绿灌木或小乔木，高达4m。植株各部常密被黄褐色簇状厚茸毛。

茎 幼枝粗壮，2年生小枝红褐色或灰黑色，散生圆形小皮孔，老枝黑褐色。冬芽裸露。

叶 叶革质，卵状长圆形至卵状披针形，长8～18cm，顶端稍尖或略钝，基部圆形或微心形，全缘或有不明显小齿，叶面深绿色，各脉深凹陷而呈极度皱纹状，背面有凸起网纹，侧脉6～8对，近叶缘处互相网结；叶柄粗壮，长1.5～3cm。

花 聚伞花序顶生，稠密，直径7～12cm，总花梗粗壮，长1.5～4cm，第一级辐射枝通常7条；花生于第三级辐射枝上，无柄；萼筒状钟形，长2～3mm，被茸毛，萼齿微小，宽三角状卵形；花冠白色，辐状，直径5～7mm，几无毛，裂片圆卵形；雄蕊高出花冠，花药宽椭圆形，长约1mm。

果 果实先红色，后变黑色，宽椭圆形，长6～8mm，无毛；核宽椭圆形，扁，有2条背沟和3条腹沟。

引种信息

北京植物园 引种7次。1977年自陕西秦岭太白山火地塘林场引种（登录号1977-0147z）；1992年自德国引种（登录号1992-0127z）；2001年自荷兰引种（登录号2001-1487）；2002年自比利时引种（登录号2002-0409）；2002年自荷兰引种（登录号2002-0477）；2002年自韩国韩宅植物园引种（登录号2002-0490）；2005年自荷兰引种（登录号2005-1033）。目前展区有定植，生长良好，能正常开花结果。

成都市植物园 1997年自重庆金佛山引种（无登录号）；2007年自上海引种（无登录号）；2007年自上海引种柳木皱叶荚蒾（*Viburnum macrocephalum* 'Willowood'，无登录号）。目前该种园内有栽培，生长良好。

重庆市药物种植研究所 自重庆金佛山引种，具体信息不详（无登录号）。目前该种园内有栽培，生长良好。

杭州植物园 引种信息不详。目前该种在园内有栽培，生长一般，可正常开花结果。

华南植物园 2010年自湖北竹溪县向坝镇裕丰村薛家坪硝洞湾引种（登录号20103041）。记载该种在珍稀濒危植物繁育中心栽培，调查时未见活体。

南京中山植物园 引种30次。1958年引种（登录号EI107-542、EI107-543）；1959年自格鲁吉亚引种（登录号EI127-036）；1961年自荷兰引种（登录号EI136-154）；1961年自匈牙利引种（登录号EI159-092）；1985年引种（登录号85E8014-3）；1987年引种（引种14次，登录号87E109-35、87E14014-38、87E2103-47、87E805-19等）；1988年引种（登录号88E17012-36、88E605-16）；1989年引种（登录号89E4014-05）；1990年引种（登录号90E14010-26、90E3030-14）；1992年引种（登录号92E1604-6、92I102-11、92I82-3）；1999年自法国引种（登录号99E14040-4）；2000年自上海植物园引种（登录号00I51007-6）。目前园区有定植栽培，生长良好，能正常开花结果。

上海辰山植物园 2007年自上海植物园引种（登录号20070987）。目前该种在展区有栽培，生长良好，能正常开花结果。

武汉植物园 引种4次。2003年自湖北利川沙溪镇黄泥塘村引种小苗（登录号20032280）；2014年自陕西凤县红花铺引种小苗（登录号20140263）；2014年10月自湖北神农架引种；2017年自湖北恩施板桥镇黄金坪引种小苗（登录号20173529）。

中国科学院植物研究所北京植物园 引种43次。最早于1952年自华西引种（登录号1951-1059）；最近一次为2005年自法国引种（登录号2005-863）；现植物园有多次引种存活，包括1979年自德国引种的后代（登录号1979-4299）、1986年自奥地利引种的后代（登录号1986-4482）以及1999年自爱尔兰引种的后代（登录号1999-20058）。目前该种在展区有定植，生长良好，能正常开花结果，并且是北方唯一的常绿类荚蒾。

其他 该种在国际植物园保护联盟（BGCI）中有171个迁地保育点。国内赣南树木园昆明植物园和庐山植物园有栽培记录。

物候信息

重庆市药物种植研究所 5月中下旬为盛花期。

中国科学院植物研究所北京植物园 冬季花蕾已经出现；3月上旬花蕾开始逐渐增大；4月下旬为盛花期；花后继续萌芽和枝条生长；8月下旬至9月上旬果实颜色开始发生绿色-黄绿色-红色-黑色的变化，9月中下旬果实成熟，成熟相对一致；常绿。

武汉植物园 2月中旬花蕾已经出现并逐渐增大；3月上中旬开始萌芽；3月中下旬开始展叶；3月中下旬至4月初开花；8月上旬果实颜色开始发生绿色-黄绿色-红色-黑色的变化，8月中旬至10月果实成熟，成熟相对一致；常绿。

迁地栽培要点

性强健，适应性较广泛，喜温暖湿润气候，但亦耐寒，北京栽培时可安全越冬，叶子保持常绿。喜光，但亦耐半阴。耐旱，应栽培于排水良好的深厚肥沃土壤上。嫩枝扦插、压条、分株或播种繁殖。耐移植和修剪。

主要用途

花果繁盛，是优良的观花和观果灌木，同时该种是北方园林中少有的常绿树种之一，具有特别价值。适于庭院、林缘或大乔木下种植。

20 醉鱼草状荚蒾

Viburnum buddleifolium C. H. Wright, Gard. Chron. 33: 257. 1903.

自然分布
特产中国湖北和陕西。生于海拔1000~2000m的林下。

迁地栽培形态特征
植株 落叶灌木，高达3m。植株各部常密被黄白色或褐色簇状茸毛。

茎 幼枝粗壮，2年生小枝灰褐色或褐色，渐变无毛，散生圆形小皮孔。冬芽裸露。

叶 叶纸质，长圆状披针形，长6~18cm，顶端渐尖，基部微心形或圆形，边缘有波状小齿，叶面密被簇状、叉状或简单短毛，侧脉8~12对，直伸至齿端或部分在近缘处互相网结，连同中脉在叶面凹陷，在背面凸起；叶柄长5~15mm。

花 聚伞花序顶生，直径4~7cm，总花梗长1~2cm，第一级辐射枝6~7条；花生于第二级辐射枝上；萼筒状倒圆锥形，长2~3mm，萼齿三角形，有少数簇状毛或几无毛；花冠白色，辐状钟形，直径7~9mm，无毛，裂片圆卵形；雄蕊与花冠裂片几等长，花药宽椭圆形，长约1mm。

果 果实先红色，后变黑色，椭圆形，长6~8mm，无毛；核宽椭圆形，扁，长约7mm，有2条背沟和3条腹沟。

引种信息
成都市植物园 1997年自重庆金佛山引种（无登录号）；2007年自上海引种（无登录号）。目前该种园内有栽培，生长良好。

杭州植物园 2018年自湖北恩施冬升公司引种（暂未编号）。目前该种在苗圃有栽培，尚为幼苗，生长良好。

华南植物园 2017年自湖北兴山榛子乡板庙村引种（登录号20171815）。目前该种在珍稀濒危植物繁育中心有栽培，尚为幼苗，生长良好。

武汉植物园 2004年11月自陕西镇巴引种。生长一般，尚未开花结果。

西双版纳热带植物园 引种1次。1992年自捷克引种种子（登录号51,1992,0001）。调查未见活体。

其他 该种在国际植物园保护联盟（BGCI）中有48个迁地保育点。国内北京植物园、赣南树木园、昆明植物园、庐山植物园、南京中山植物园和上海辰山植物园有栽培记录。

物候信息
武汉植物园 2月中旬现蕾；3月上中旬萌芽；3月中下旬展叶；3月中下旬至4月初开花；未见结果；半常绿，冬春季有时落叶，或老叶凋落时同时萌发新叶。

迁地栽培要点
喜半阴湿润环境和排水良好的微酸性土壤。适应性一般。嫩枝扦插或播种繁殖。

主要用途

该种目前主要是植物园为迁地保育而栽培，其观赏性较近缘种要差一些。

21 金佛山荚蒾

Viburnum chinshanense Graebn., Bot. Jahrb. Syst. 29: 585. 1901.

植株

自然分布

特产中国重庆、甘肃、贵州、湖北、陕西、四川和云南。生于海拔100～1900m的疏林下、林缘或灌丛中。

迁地栽培形态特征

植株 半常绿灌木，高达5m。植株各部常密被灰白色或黄白色簇状茸毛。

茎 幼枝圆形，密被茸毛，2年生小枝浅褐色，无毛，散生圆形小皮孔，老枝黑褐色。冬芽裸露。

叶 叶纸质至厚纸质，披针状长圆形或狭长圆形，长5~10cm，顶端稍尖或钝形，基部圆形或微心形，全缘或少有具不明显的小齿，叶面暗绿色，无毛，老叶背面变灰褐色，侧脉7~10对，近叶缘处互相网结，在叶面凹陷，在背面凸起；叶柄长1~2cm。

花 聚伞花序顶生，直径4~6cm，总花梗长1~3cm，第一级辐射枝5~7条；花生于第二级辐射枝上，有短柄；萼长圆状卵圆形，长约2.5mm，多少被簇状毛，萼齿微小，宽卵形；花冠白色，辐状，直径约7mm，外面疏被簇状毛，裂片圆卵形；雄蕊略高出花冠，花药宽椭圆形，长约1mm。

果 果实先红色，后变黑色，长圆状卵圆形；核甚扁，长8~9mm，有2条背沟和3条腹沟。

引种信息

成都市植物园 1997年自重庆金佛山引种（无登录号）。目前该种在园内有栽培，生长良好。

重庆市药物种植研究所 自重庆金佛山引种，具体信息不详（无登录号）。目前该种园内有栽培，生长良好。

杭州植物园 2018年自湖北武汉植物园引种（暂未编号）。目前该种在苗圃有栽培，尚为幼苗，生长良好。

华南植物园 2010年自湖北咸丰大路坝镇掌上界村引种（登录号20102997）。目前该种在珍稀濒危植物繁育中心有栽培，生长良好，未见开花结果。

南京中山植物园 引种1次。2017年自湖北巴东大支坪十二岭村蔡天坑引种（登录号2018I300）。目前该种尚为幼苗，有待观察。

武汉植物园 引种6次。2004年自重庆南川金佛山引种小苗（登录号20042943）；2009年自湖北保康县龙坪镇太阳坡村引种小苗（登录号20090731）；2011年自贵州贞丰者相镇引种小苗（登录号20110363）；2011年自四川合江福宝镇天堂坝村佛宝山森林公园引种小苗（登录号20113565）；2015年自云南富宁达镇引种小苗（登录号20150214）；2017年自贵州思南许家坝镇引种小苗（登录号20173532）。

西双版纳热带植物园 引种1次。2014年自贵州省植物园引种种子（登录号00,2014,0391）。目前为幼苗状态，生长良好，尚未开花结果。

其他 该种在国际植物园保护联盟（BGCI）中有2个迁地保育点。国内北京植物园、赣南树木园、昆明植物园、庐山植物园和上海辰山植物园有栽培记录。

物候信息

重庆市药物种植研究所 3月中下旬至4月上中旬开花；6月果实由绿色变为红色；6月底果实成熟。

武汉植物园 2月中旬现蕾；2月中下旬萌芽；3月中旬展叶；3月中下旬至4月上中旬开花；6月果实由绿色变红色再变黑色；6~7月果实成熟；半常绿，冬春季有时落叶，或老叶凋落时同时萌发新叶。

上海辰山植物园 3月下旬为盛花期。

迁地栽培要点

喜全日照或半阴环境和排水良好的偏酸性土壤。耐热，不耐寒，也不耐涝。嫩枝扦插或播种繁殖。

主要用途

树形优美，花果繁密，是优良的观花和观果灌木。适合庭院和林间空地孤植观赏。

裸芽组常见园艺杂交种介绍

刺荚蒾（*Viburnum × burkwoodii* Burkwood & Skipwith） 常绿灌木，最早由英国培育，为红蕾荚蒾（*Viburnum carlesii* Hemsl. ex F. B. Forbes & Hemsl.）和烟管荚蒾（*Viburnum utile* Hemsl.）的杂交种，叶卵圆形至长圆形，边缘有粗牙齿，叶面深绿色，背面具茸毛，花冠筒状钟形，花蕾时粉红色，盛开时白色。北京植物园、上海辰山植物园、成都市植物园和上海植物园现有引种栽培，生长良好，能开花结果。北京植物园（1998年自荷兰艾思维尔德苗圃引种，登录号1998-0015；2001年自荷兰引种，登录号2001-1465）和中国科学院植物研究所北京植物园有引种栽培。

红蕾雪球荚蒾（*Viburnum × carlcephalum* Burkwood ex A.V.Pike） 落叶灌木，是红蕾荚蒾与琼花［*Viburnum macrocephalum* f. *keteleeri* (Carr.) Rehder］的杂交种，主要特征在于叶色灰绿色，叶面和背面均有茸毛，花序近球形，花蕾红色，盛开时白色，先花后叶。成都市植物园、上海辰山植物园、上海植物园和中国科学院植物研究所北京植物园曾有引种栽培。

朱迪荚蒾（*Viburnum × juddii* Rehder） 落叶灌木，最早在美国阿诺德树木园培育，是红蕾荚蒾与备中荚蒾［*Viburnum carlesii* var. *bitchiuense* (Makino) Nakai］的杂交种，形态与二者很相似，主要特征在于株形更紧凑，更开展，花更繁密，叶片卵形至椭圆形，浓绿色，花白色，芳香。中国科学院植物研究所北京植物园有引种栽培（登录号1980-238）。

拟皱叶荚蒾（*Viburnum* × *rhytidophylloides* Suringar） 半常绿灌木，是皱叶荚蒾（*Viburnum rhytidophyllum* Hemsl. ex F. B. Forbes & Hemsl.）与绵毛荚蒾的杂交种，形态介于二者之间，主要区别在于植株半常绿，叶革质，卵状椭圆形，较宽阔，边缘有细锯齿。北京植物园（2005年自荷兰引种，登录号2005-1028）、上海辰山植物园（2007年自法国引种，登录号20070487）和中国科学院植物研究所北京植物园（引种3次，登录号1990-996自罗马尼亚引种，存活至今）现有引种栽培，生长良好，能持续稳定开花。

布拉格荚蒾（*Viburnum* × *pragense* Prague = *Viburnum* 'Pragense'） 常绿灌木，为皱叶荚蒾和烟管荚蒾的杂交种，形态与金佛山荚蒾（*Viburnum chinshanense* Graebn.）相类似，主要区别在于叶片狭披针形，叶面深绿色，有光泽，背面密被白色茸毛，叶柄长而显著。成都市植物园、昆明植物园现有引种栽培，生长良好，花果繁茂。

组6　淡黄组

Sect. *Lutescentia* Clement & Donoghue

常绿小乔木至落叶灌木，近无毛或被簇状毛。冬芽有1对鳞片。叶不具花外蜜腺，边缘有锯齿或牙齿，侧脉伸至齿端或在近叶缘处网结。花序圆锥式或伞形式，无或有大型不孕花；可孕花花冠辐状或筒状钟形，淡黄色至白色，雄蕊稍长于花冠，花丝在蕾中不褶叠。果实成熟时红色或后转黑色；核扁，有1条腹沟和2条背沟；胚乳坚实。

本组约有10种，中国有6种，中国迁地栽培5种1变型。其中，淡黄荚蒾（*Viburnum lutescens* Blume）和锥序荚蒾（*Viburnum pyramidatum* Rehder）为荚蒾属中较少的热带亚热带常绿类型；而具大型不孕花的蝶花荚蒾（*Viburnum hanceanum* Rehder）和粉团（*Viburnum plicatum* Thunb.）及其变型则是非常优良的观赏花灌木，栽培广泛，尤其是后一种，国外已经培育出大量的园艺品种，国内也常有引种栽培；广叶荚蒾（*Viburnum amplifolium* Rehder）则是稀有植物，特产中国云南东南部，生海拔1000~2000m的混交林中，近年才开始得到迁地保育。中国国产种中，未见迁地栽培的一种为侧花荚蒾（*Viburnum laterale* Rehder），特产中国福建，生海拔800~900m的林中。

淡黄组分种检索表

1a. 花序圆锥式。
　　2a. 植株全体近无毛；圆锥花序近伞房状 ·· 22. 淡黄荚蒾 *V. lutescens*
　　2b. 植株幼嫩部位密被黄褐色簇状茸毛；圆锥花序尖塔形 ···················· 23. 锥序荚蒾 *V. pyramidatum*
1b. 花序复伞形或伞形式。
　　3a. 花序无大型不孕花 ·· 24. 广叶荚蒾 *V. amplifolium*
　　3a. 花序有大型不孕花。
　　　　4a. 叶有10对以下侧脉，两面长方形格纹不明显；总花梗的第一级辐射枝通常5条 ···················
　　　　　　·· 25. 蝶花荚蒾 *V. hanceanum*
　　　　4b. 叶有10对以上侧脉，两面有明显的长方形格纹；总花梗的第一级辐射枝6~8条。
　　　　　　5a. 花序全部由大型的不孕花组成 ·· 26. 粉团 *V. plicatum*
　　　　　　5b. 仅花序周围有4~6朵大型的不孕花 ······················ 27. 蝴蝶戏珠花 *V. plicatum* var. *tomentosum*

22 淡黄荚蒾

Viburnum lutescens Blume, Bijdr. 655. 1826.

自然分布

产福建、广东、广西和海南。印度、印度尼西亚、马来西亚、缅甸和越南也有。生于海拔200～1000m的山谷林中、灌丛中或河边冲积沙地上。

迁地栽培形态特征

植株 常绿小乔木或大灌木，高可达10m。

茎 树皮灰白色；幼枝圆筒形，绿色，无毛；老枝红褐色或灰白色，圆筒状。芽细小，芽鳞被褐色簇状短毛。

叶 叶亚革质，宽椭圆形至长圆状倒卵形，长7～15cm，顶端常短渐尖，基部狭楔形，边缘基部除外有粗大钝锯齿，无毛，侧脉5～6对，弧形，近叶缘处互相网结，连同中脉在背面凸起；叶柄长1～2cm，无毛。

花 圆锥式花序近伞房状，直径4～7cm，总花梗长2～5cm，第一级辐射枝4～6条；花芳香；萼筒倒圆锥形，长约1.5mm，无毛，萼齿三角状卵形；花冠白色，辐状，直径约5mm，裂片宽卵形；雄蕊稍高出花冠，花药宽椭圆形，长约3mm。

果 果实先红色，后变黑色，卵圆形，长6～8mm；核扁，有1条宽广腹沟和2条背沟。

引种信息

武汉植物园 引种信息不详。目前园内有活体栽培，生长良好，可正常开花结果。

西双版纳热带植物园 引种3次。2001年自越南引种种子（登录号13,2001,0233）；2002年自广西那坡引种小苗（登录号00,2002,2675）；2002年自海南海口引种种子（登录号00,2002,3251）；2002年自广西南宁引种小苗（登录号00,2002,3097）；2015年自湖北武汉植物园引种种子（登录号00,2015,0776）。目前展区有数处定植，生长良好，已持续稳定开花结果。

其他 该种在国际植物园保护联盟（BGCI）中有4个迁地保育点。

物候信息

武汉植物园 3月中下旬开始萌芽展叶；4月下旬开花；未见结果；常绿。

西双版纳热带植物园 2～3月萌芽展叶；3～4月为盛花期；10～12月果实成熟，成熟时由绿色逐渐变为红色，最后变为黑色，果实有时可留存至翌年4月；常绿。

迁地栽培要点

喜温暖湿润的热带或亚热带气候，不耐寒。适合栽培于林下或半阴环境。要求排水良好的酸性土壤。半熟枝扦插或播种繁殖。

主要用途

花繁密，果鲜艳，可作为观花和观果树种。

23
锥序荚蒾

Viburnum pyramidatum Rehder, Trees & Shrubs [Sargent] ii. 2: 93. 1908.

自然分布
产广西和云南。越南北部也有。生于海拔100~1400m的疏林下或灌丛中。

迁地栽培形态特征
植株 常绿小乔木或大灌木，高达10m。植株各部常被黄褐色簇状茸毛。

茎 树皮灰色，光滑，皮孔显著。当年小枝粗壮，绿色，圆筒状，皮孔显著，2年生小枝变灰黄色。冬芽细而长，被茸毛。

叶 叶厚纸质，卵状长圆形至宽椭圆形，长8~20cm，顶端渐尖，基部狭窄或近圆心形，边缘有牙齿状锯齿，叶面无毛，有光泽，侧脉6~7对，弧形，近叶缘处互相网结，连同中脉在叶面凹陷，在背面凸起，小脉横列，不甚明显；叶柄长1.5~3cm。

花 圆锥式花序尖塔形，长5~10cm，分枝多，密被茸毛，总花梗长2~4cm，花生于序轴的第三级辐射枝上；萼筒倒圆锥形，无毛，萼齿三角形；花冠淡黄色至白色，筒状钟形，直径约4mm，略被簇状短毛，裂片卵圆形，长约为筒的一半；雄蕊高于花冠，花药宽椭圆形。

果 果实深红色，长圆形至椭圆形，长7~10mm；核扁，有1条浅腹沟和2条深背沟。

引种信息
成都市植物园 1995年自广西引种（无登录号）；2014年自云南昆明引种（无登录号）；2007年自上海引种（无登录号）。目前该种园内有栽培，生长良好。

华南植物园 2005年引种（登录号20050132）。目前该种在园区有栽培，生长良好。

昆明植物园 1999年自云南金平引种。目前该种在苗圃有栽培，生长一般。

武汉植物园 2015年1月自广西乐业引种。记载有活体，调查时未见。

其他 该种在国际植物园保护联盟（BGCI）中有2个迁地保育点。

物候信息
华南植物园 2月开始萌芽；3月开始展叶；4月开始出现花蕾；6月下旬为盛花期；未见结果；常绿。

迁地栽培要点
喜温暖湿润的热带或亚热带气候，不耐寒。适合栽培于全日照或半阴环境。要求排水良好的酸性土壤。半熟枝扦插或播种繁殖。

主要用途
该种较少见，目前主要是植物园为迁地保育而栽培。

中国迁地栽培植物志·五福花科·荚蒾属

植株（朱鑫鑫 摄）　树皮（朱鑫鑫 摄）　花枝（朱鑫鑫 摄）
花序（朱鑫鑫 摄）　花（朱鑫鑫 摄）　花序（朱鑫鑫 摄）　花序（朱鑫鑫 摄）

24 广叶荚蒾

Viburnum amplifolium Rehder, Trees & Shrubs [Sargent] ii. 112. 1908.

植株（黄升 摄）

自然分布

特产中国云南东南部。生于海拔1000~2000m的杂木林或溪涧旁灌丛中。

迁地栽培形态特征

植株 落叶灌木，高达3m。株形常开展，呈广卵圆形。植株各部常被黄绿色或黄褐色簇状毛组成的茸毛。

茎 2年生小枝黄褐色，无毛，皮孔显著。冬芽小，细长，具1对鳞片，被茸毛。

叶 叶纸质，卵形至椭圆状卵形，长6~14cm，顶端渐尖，基部圆形至楔形，边缘具牙齿状锯齿，齿端具微凸尖，两面有疣状凸起，粗糙，上面幼时被叉状毛，老后脱落，下面仅脉上被疏簇状毛，侧脉7~9对，直伸，部分直达齿端，在背面凸起，小脉横列，在叶背显著；叶柄长12~20mm。

🌸 聚伞花序伞形式，常生于具1对叶的侧生短枝顶端，直径3~6cm，总花梗纤细，长3~5.5cm，第一级辐射枝6~7条，花生于第二级辐射枝上；萼筒筒状，无毛，萼齿狭卵形，疏被簇状毛，有微缘毛；花冠白色，辐状，直径约3mm，无毛，裂片圆卵形，顶端钝圆；雄蕊与花冠近等长，花药宽椭圆形；柱头头状，高出萼齿。

🍒 果实红色，倒卵状长圆形，长约8mm，直径约5mm；核扁，有1条浅背沟和2条浅腹沟。

引种信息

成都市植物园 2019年自湖北恩施冬升公司引种（无登录号）。目前该种园内有栽培，尚为幼苗，生长正常。

其他 该种在国际植物园保护联盟（BGCI）中有2个迁地保育点。

物候信息

自然状态 5~6月开花；11~12月果实成熟。

迁地栽培要点

喜温暖湿润的亚热带山地气候，不耐寒。喜半阴环境。喜疏松肥沃的偏酸性壤土。嫩枝扦插或播种繁殖。

主要用途

该种为稀有植物，目前刚开始有植物园为迁地保育而进行栽培。

叶背（黄升 摄） 　 果序（黄升 摄）
果序（黄升 摄） 　 果序（黄升 摄）

25
蝶花荚蒾

Viburnum hanceanum Maxim., Bull. Acad. Imp. Sci. Saint-Pétersbourg. 26: 487. 1880.

自然分布

特产中国福建、广东、广西、贵州、湖南、江西。生于海拔200~800m的灌丛中。

迁地栽培形态特征

植株 落叶灌木，高达2m。株形常开展，呈广卵圆形。植株各部常被黄褐色或铁锈色簇状茸毛。

茎 幼枝常紫褐色，被茸毛；2年生小枝紫褐色，散生皮孔。冬芽细长，具1对鳞片，被茸毛。

叶 嫩叶常呈紫红色；叶纸质，卵圆形至狭披针形，长4~8cm，顶端渐尖或尾尖，基部圆心形至楔形，边缘具整齐密锯齿，齿端具微凸尖，两面被黄褐色簇状短伏毛，侧脉7~10对，直伸或稍弧形，连同上部分枝直达齿端，在叶面凹陷，在背面凸起，小脉横列，不凸起；叶柄长6~15mm。

花 聚伞花序伞形式，常生于侧生短枝顶端，直径5~7cm，总花梗长2~5cm，花稀疏，外围有2~5朵白色大型不孕花，第一级辐射枝通常5条，花生于第二至第三级辐射枝上；萼筒倒圆锥形，无毛，萼齿卵形；不孕花白色，直径2~3cm，不整齐4~5裂，裂片倒卵形；可孕花花冠黄白色，直径约3mm，辐状，裂片卵形；雄蕊与花冠几等长，花药长圆形。

果 果实红色，稍扁，卵圆形，长5~6mm；核扁，有1条上宽下窄的腹沟，背面有1条多少隆起的脊。

引种信息

成都市植物园　2002年自重庆南川等引种（无登录号）。目前该种园内有栽培，生长良好。

杭州植物园　2018年自广东广州市林业和园林科学研究院引种（暂未编号）。目前该种在园内苗圃有栽培，生长良好，尚未开花结果。

华南植物园　引种2次。2001年引种（登录号20010227）；2013年自广州市园林科研所购买引种（登录号20135168）；2014年自湖北恩施引种（登录号20140260）。目前该种在行道、藤本园和珍稀濒危植物繁育中心有栽培，生长旺盛，花果繁茂。

武汉植物园　2011年3月自湖南保靖引种。生长旺盛，已持续稳定开花结果多年，花果繁茂。

仙湖植物园　无引种记录，园区有栽培，生长良好，花果繁茂。

其他　该种在国际植物园保护联盟（BGCI）中有10个迁地保育点。

物候信息

华南植物园　2月初开始萌芽；2月中下旬展叶，并出现花蕾；3月中下旬为盛花期；6月中旬果实颜色开始发生绿色–红色的变化，8～9月果实成熟，果熟不一致；翌年1月为落叶期，不全部落叶，新芽继续萌发。

武汉植物园　3月初开始萌芽；3月中旬展叶；4月初出现花蕾；4月中下旬至5月底开花（小叶类型8月中旬至11月持续有二次花）；7月中旬果实颜色开始发生绿色–红色–黑色的变化，10月至11月果实成熟，果熟不一致；12月为落叶期，2/3落叶，还有1/3不落，新芽继续萌发。

迁地栽培要点

喜温暖湿润气候，稍耐寒。喜半阴环境，但在全日照下栽培开花更繁密。喜疏松肥沃的中性壤土。嫩枝扦插或播种繁殖。

主要用途

株形圆整，开花繁密，形似蝴蝶，果熟后红艳夺目，是极优良的观花和观果灌木。宜丛植于庭园观赏。根、茎有时药用。

叶背　叶面　花序
花枝　花枝　果序

26
粉团

Viburnum plicatum Thunb., Trans. Linn. Soc. London. 2: 332. 1794.

初花期植株　　盛花期植株

自然分布

园艺栽培种，未见野生个体。

迁地栽培形态特征

🟠**植株** 落叶灌木，高达3m。植株各部被黄褐色簇状茸毛。

🟠**茎** 幼枝四角状，被茸毛，2年生小枝无毛，散生圆形皮孔，老枝圆筒形，近水平状开展。冬芽鳞片1对，披针状三角形。

🟠**叶** 叶纸质，宽卵形至近圆形，长4~10cm，顶端圆形，具短尾尖，基部圆形或宽楔形，很少微心形，边缘有不整齐三角状锯齿，叶面疏被短伏毛，背面密被茸毛，侧脉10~17对，笔直伸至齿端，在叶面常深凹陷，在背面显著凸起，小脉横列，两面有明显的长方形格纹；叶柄长1~2cm。

花 聚伞花序伞形式，常生于具1对叶的短侧枝上，球形，直径4～8cm，全部由大型白色不孕花组成，总花梗长1.5～4cm，第一级辐射枝6～8条，花生于第四级辐射枝上；萼筒倒圆锥形，无毛，萼齿卵形；花冠白色，辐状，直径1.5～3cm，裂片4～5枚，倒卵形或近圆形，大小常不相等；雌雄蕊均不发育。

果 不结果。

引种信息

杭州植物园 1951年自浙江临安引种（登录号51C11002P95-1633）。目前该种在园内多处有栽培，生长旺盛，花果繁茂。

华南植物园 1986年自云南昆明植物园引种（登录号19860067）。目前该种在地带性植被园暨广州第一村有栽培，生长良好，可正常开花结果。

昆明植物园 无引种信息。目前该种在本草园有栽培，生长良好，开花繁茂。

上海辰山植物园 2008年自荷兰引种（登录号20080688）。目前该种在展区有栽培，生长良好，开花繁茂。

其他 该种在国际植物园保护联盟（BGCI）中有76个迁地保育点。国内庐山植物园、南京中山植物园、北京植物园和浙江农林大学植物园有栽培记录。

物候信息

杭州植物园 3月下旬开始萌芽；4月上旬开始展叶，并出现绿色花蕾；4月下旬至5月上旬开花；花后不结果；12月初落叶。

昆明植物园 3月中旬开始萌芽；4月上旬开始展叶，并出现绿色花蕾；4月下旬至5月上旬开花；花后不结果；12月中旬落叶。

迁地栽培要点

性强健，颇耐寒，亦耐热，中国南北方均可种植。喜全日照，略耐阴。喜疏松肥沃、排水良好的微酸性土壤。嫩枝扦插、压条或分株繁殖。

主要用途

树形圆整，开花繁密，状如绣球，最宜孤植于草坪及空旷地观赏。

植株

花枝

26a
蝴蝶戏珠花

Viburnum plicatum Thunb. var. **tomentosum** (Thunb.) Miq., Ann. Mus. Bot. Lugd.-Bat. 2 (Prol. Fl. Jap. 154): 266. 1866.

花期植株

自然分布

产安徽、福建、广东、广西、贵州、河南、湖北、湖南、江苏、江西、陕西、四川、台湾、云南和浙江。日本也有。生于海拔600~1800m的混交林、山谷或灌丛中。

迁地栽培形态特征

植株、茎、叶形态特征基本同粉团，有时叶较狭长，背面常带绿白色。

花 花序复伞形状，直径4~10cm，总花梗长1.5~4cm，第一级辐枝常7条，外围有4~6朵白色大型不孕边花，花稍芳香，直径达4cm，不整齐4~5裂；中央可孕花直径约3mm，萼筒长约1.5mm，萼齿微小，花冠淡黄色，辐状，长约3mm，雄蕊5，高出花冠，花药近圆形。

果 果实先红色，后变黑色，卵圆形，长5~6mm；核扁，有1条上宽下窄的腹沟，背面中下部还有1条短的隆起之脊。

引种信息

北京植物园 引种2次。2001年自荷兰引种（登录号2001-1480）；2005年自荷兰引种（登录号

2005-1027）。目前园内有少量栽培，生长良好，已经正常开花。

杭州植物园　引种信息不详。目前该种在园内多处有栽培，生长旺盛，花果繁茂。

华南植物园　引种3次。2005年、2008年以及2013年自云南昆明植物园引种（登录号20050161、20085474、20131399）。目前该种在高山极地室和珍稀濒危植物繁育中心，生长良好，可正常开花结果。

昆明植物园　1954年自江苏南京林学院引种(54.78)。目前该种在本草园、茶花园有栽培，生长良好，可开花结果。

南京中山植物园　未查到引种记录。目前园区有定植栽培，生长良好，花果繁茂。

上海辰山植物园　2005年自浙江西天目山火焰山引种（登录号20050219）；2006年自浙江龙塘山引种（登录号20060049）；2008年自美国引种（登录号20081555）。目前该种在展区有栽培，生长良好，花果繁茂。

武汉植物园　2013年3月自陕西佛坪引种。生长良好，已经开花结果。

中国科学院植物研究所北京植物园　引种11次。最早于1979年开始引种（登录号1979-3984）；最近一次引种为2003年自葡萄牙引种（登录号2003-3162）。目前该种在木本实验地有少量栽培，生长较差，易受害。

其他　该种在国际植物园保护联盟（BGCI）中有53个迁地保育点。国内赣南树木园、庐山植物园、西安植物园和浙江农林大学植物园有栽培记录。

物候信息

北京植物园　3月中旬开始萌芽；4月初开始展叶，并出现花蕾，花蕾初期为绿色；4月下旬至5月上旬开花；未见结果；11月中下旬落叶。

武汉植物园　3月中旬开始萌芽并出现花蕾；4月初开始展叶；4月上旬至5月上旬开花（红叶类型10月至12月持续有少量二次花）；6月中旬果实颜色开始发生绿色-红色-黑色的变化，6月底至7月果实成熟，果熟不统一；11月至12月落叶（红叶类型12月中旬开始落叶）。

迁地栽培要点

基本同粉团，适应性更强，栽培更广泛一些。

主要用途

基本同粉团，除观花外，该种还可观赏红色果序。

花枝

枝叶

组 7　圆锥组
Sect. *Solenotinus* DC.

　　常绿小乔木至落叶灌木。冬芽有 1 对鳞片，稀 2～3 对。叶具羽状脉；无托叶。圆锥式聚伞花序，很少因序轴缩短而呈伞房式或复伞房式，极少紧缩成近簇状，顶生或生于具 1 对叶的短枝之顶。花冠漏斗形、高脚碟形、筒状钟形或辐状；雄蕊着生于花冠筒顶端，很少有着生点多少不等高的，花药紫色或黄白色。果实紫红色或后转黑色；核通常圆或稍扁，具 1 条上宽下窄的深腹沟；胚乳坚实或嚼烂状。

　　本组约 21 种，中国原产 18 种，迁地栽培 13 种，其中中国原产 12 种，从日本引种 1 种樱叶荚蒾（*Viburnum sieboldii* Miq.）。中国原产而未有迁地栽培的 6 种分别为：1. 大花荚蒾（*Viburnum grandiflorum* Wall. ex DC.），产西藏以及不丹、印度、克什米尔、尼泊尔和巴基斯坦，形态近似香荚蒾（*Viburnum farreri* W. T. Stearn），但花序紧缩成近簇状，花冠粉红色，花开时无叶，极美丽；2. 峨眉荚蒾（*Viburnum omeiense* P. S. Hsu），特产中国四川峨眉山，形态也非常特殊，成都市植物园 2002 年曾自四川峨眉山引种（无登录号），但未成功；3. 长梗荚蒾 [*Viburnum longipedunculatum* (P. S. Hsu) P. S. Hsu]，特产中国广西和云南，形态近似少花荚蒾（*Viburnum oliganthum* Batal.）；4. 瑞丽荚蒾（*Viburnum shweliense* W. W. Sm.），产云南，缅甸可能也有，叶小，花冠辐状钟形，花冠乳白色；5. 云南荚蒾（*Viburnum yunnanense* Rehder），特产中国云南，叶较小，花序近复伞房式，花冠白色，辐状；6. 亚高山荚蒾（*Viburnum subalpinum* Hand.-Mazz.），产中国云南西部和西北部以及缅甸北部，叶小，近圆形，花序近似漾濞荚蒾（*Viburnum chingii* P. S. Hsu）。以上各种除大花荚蒾国外已有引种栽培外，其余各种均十分稀有，有些种类甚至标本也不多见。

　　此外，本组中国还引进栽培有数个园艺杂交种或品种，容易与迁地保育的原种混淆，这里在原种之后简要介绍了 2 个主要的杂交种。

圆锥组分种检索表

1a. 植株具强烈臭味；叶纸质，基部楔形或急尖，边缘有牙齿，侧脉9～12对，平行笔直伸至齿端；花序辐射枝常对生；花冠白色，辐状，裂片长于筒部；雄蕊短于花冠裂片，花药黄色 ·· 27. 樱叶荚蒾 *V. sieboldii*
1b. 植株不具强烈臭味；叶和花形态特征不如上所述。
  2a. 花冠漏斗形或高脚碟形，很少辐状钟形，裂片短于筒。
    3a. 雄蕊着生于花冠筒内的不同高度；花先于叶或与叶同时开放；叶纸质。花序圆锥式，生于具幼叶的短枝之顶；苞片近无毛 ·················· 31. 香荚蒾 *V. farreri*
    3b. 雄蕊着生于花冠筒顶端；花于叶后（极少与叶同时）开放；叶纸质至革质。
      4a. 叶纸质，背面脉腋有趾蹼状小孔；聚伞花序长3～4cm ·················· 33. 短筒荚蒾 *V. brevitubum*
      4b. 叶片背面脉腋无趾蹼状小孔，如有小孔则叶革质而非纸质；花序通常长6cm以上。
        5a. 叶的侧脉大部分直达齿端；叶纸质 ·················· 34. 红荚蒾 *V. erubescens*
        5b. 叶的侧脉大部分在近叶缘时互相网结；叶纸质、厚纸质至革质。
          6a. 叶边缘有尖或钝的锯齿，齿顶不向内或向前弯。
            7a. 果核有1条深陷的封闭式管形腹沟，横切面呈不规则六角形 ·················· 29. 琉球荚蒾 *V. suspensum*
            7b. 果核有1条宽广的腹沟，横切面呈扁圆形 ·················· 30. 漾濞荚蒾 *V. chingii*
          6b. 叶边缘有尖锯齿，齿顶通常向内或向前弯 ·················· 32. 少花荚蒾 *V. oliganthum*
  2b. 花冠辐状，裂片长于筒。
    8a. 圆锥花序尖塔形；如因花序轴稍缩短而花序近似伞房式，则叶片背面脉腋有趾蹼状小孔。
      9a. 叶的侧脉至少一部分直达齿端；花序无毛或近无毛 ·················· 36. 巴东荚蒾 *V. henryi*
      9b. 叶的侧脉近叶缘时弯拱而互相网结，不直达齿端。
        10a. 叶革质；果核卵圆形、卵状椭圆形至长卵圆形。
          11a. 萼和花冠或至少萼外面被簇状短毛；果核卵圆形或长卵圆形，顶端常渐尖而无肩，未熟果实常疏生簇状毛 ·················· 35. 短序荚蒾 *V. brachybotryum*
          11b. 萼和花冠均无毛；果核卵圆形或卵状椭圆形，顶端常多少骤然收缩而带圆形，因而有肩。
            12a. 叶片倒卵形，纸质，无光泽，叶柄常绿色，侧脉4～6对；花冠近辐状，筒部短于2.5mm ·················· 28. 珊瑚树 *V. odoratissimum*
            12b. 叶片长圆形或椭圆状倒卵形，厚革质，有光泽，叶柄常淡红色，侧脉5～8对；花冠钟形，筒部长3～4mm ·················· 28a. 日本珊瑚树 *V. odoratissimum* var. *awabuki*
        10b. 叶纸质或厚纸质；果核略为压扁状；小脉横列，显著。
          13a. 叶厚纸质，长7～10cm，有5～6对侧脉；叶柄长约1cm ·················· 37. 腾越荚蒾 *V. tengyuehense*
          13b. 叶纸质，长10～20cm，有7～8对侧脉；叶柄长2.5～5cm ·················· 38. 横脉荚蒾 *V. trabeculosum*
    8b. 圆锥花序因序轴不充分伸长而呈圆顶，外观近似伞房式。
      14a. 小枝黄白色；叶长圆形或长圆状披针形 ·················· 39. 伞房荚蒾 *V. corymbiflorum*
      14b. 小枝淡灰褐色；叶椭圆形至倒卵形 ·················· 39a. 苹果叶荚蒾 *V. corymbiflorum* subsp. *malifolium*

27
樱叶荚蒾

Viburnum sieboldii Miq., Ann. Mus. Bot. Lugduno-Batavi 2: 267. 1866.

植株（郗厚诚 摄）

自然分布
原产日本本州、四国和九州等岛屿。

迁地栽培形态特征
植株 落叶大灌木，高达3m。植株具臭味，仅幼嫩部位被簇状白毛，其他各部近无毛。

茎 幼枝圆形，绿色，被簇状白毛，2年生小枝灰褐色，无毛，老枝圆筒形。冬芽鳞片1~2对。

叶 叶纸质，倒卵状长圆形、长圆形至倒卵形，长8~15cm，顶端骤急尖至圆形，基部楔形或急尖，边缘有牙齿，背面淡绿色，沿脉被稀疏簇状毛，侧脉9~12对，平行，笔直伸至齿端，在叶面凹陷，在背面显著凸起，小脉纤细，不显著；叶柄长1.5~2.5cm。

🌸 聚伞花序圆锥式，生于具1~2对叶的短枝上，直径7~15cm，总花梗长5~10cm，辐射枝常对生，第一级辐射枝常5条，花生于第三或四级辐射枝上；萼筒长圆筒形，长约4mm，无毛，萼齿三角形；花冠白色，辐状，直径约5mm，无毛，裂片卵圆形，长约2mm，长于筒部；雄蕊短于花冠裂片，花药黄色，宽椭圆形，长约0.5mm。

🍒 果实先红色，后变为黑色，椭圆形，长约1cm，两端圆，无毛。

引种信息

中国科学院植物研究所北京植物园　引种6次。最早于1979年引种（登录号1979-3985）；最近一次引种为1988年自荷兰交换种子（登录号1988-1497）。未见活体。

其他　该种在国际植物园保护联盟（BGCI）中有79个迁地保育点。

物候信息

中国科学院植物研究所北京植物园　3月中下旬开始萌芽；4月展叶，并开始出现花蕾；5月中下旬开花；8月果实开始由绿色变为红色，最后变黑色；9月果实成熟；11月落叶。

迁地栽培要点

喜全日照或半阴环境和排水良好的湿润土壤。喜湿润壤土，但亦耐受其他类型土壤。要求持续而稳定的湿润环境。在夏天凉爽地区生长最好。嫩枝扦插或播种繁殖。

主要用途

花繁密，果鲜艳，可观花和观果。

花枝（徐晔春 摄）　　枝条（郄厚诚 摄）　　叶背（郄厚诚 摄）　　叶面（郄厚诚 摄）

花序（郏厚诚 摄）

果序（郏厚诚 摄）

花序（郏厚诚 摄）

果序（郏厚诚 摄）

28 珊瑚树

别名： 旱禾树

Viburnum odoratissimum Ker Gawl., Bot. Reg. 6: t. 456. 1820.

花期植株

自然分布

产福建、广东、广西、贵州、海南、湖南、江西、台湾和云南。印度、缅甸、泰国和越南也有。生于海拔200～1300m的山谷密林、阔叶林、疏林或灌丛中。

迁地栽培形态特征

植株 常绿灌木或小乔木，高达10m。

茎 树皮灰褐色，稍细裂，皮孔显著。幼枝绿色，2年生小枝灰色或灰褐色，具凸起小瘤状皮孔，常无毛。冬芽鳞片1~2对，卵状披针形。

叶 叶革质，椭圆形至椭圆状长圆形，长7~20cm，顶端尖至近圆形，基部宽楔形，边缘全缘或具不规则浅波状钝齿，叶面无毛，有光泽，背面有时散生暗红色微腺点，侧脉5~6对，弧形，近叶缘前网结，在背面凸起；叶柄绿色，长1~3cm。

花 圆锥花序广金字塔形，长5~10cm，总花梗长可达10cm；花芳香，常生于第二至第三级分枝上；萼筒筒状钟形，长2~2.5mm，无毛，萼齿宽三角形；花冠白色，后变黄白色，辐状，直径约7mm，花冠筒长约2mm，裂片反折，圆卵形；雄蕊超出花冠裂片，花药黄色，长圆形，长近2mm。

果 果实先红色，后变黑色，卵圆形，长达10mm；核圆，有1条深腹沟。

引种信息

成都市植物园 2003年自广西引种（无登录号）；2007年自上海引种（无登录号）。目前该种园内有栽培，生长良好。

桂林植物园 引自广西。目前园内栽培较多，生长旺盛，花果繁茂。

华南植物园 引种15次。1978年自福建引种（登录号19780630）；1979年自广西上思引种（登录号19790612）；2007年自湖南桑植巴茅溪乡天平山引种（登录号20070419）；2011年自台湾恒春引种（登录号20113619）；部分引种无详细信息（登录号xx051175、xx060468、xx060469、xx060470、xx060471、xx060472、xx060473、xx060474、xx130048、19561134、19630105、20085308、20095103）。目前该种在岭南郊野山花区、檀香园、地带性植被园暨广州第一村、药园、引种标本园、雨林室、园林树木区、珍稀濒危植物繁育中心以及植物分类区等处有栽培，生长良好，花果繁茂。

昆明植物园 1950年自云南昆明引种（登录号50.113）；1987年自云南昆明盘龙绿化队引种（登录号87-276）。目前该种在茶花园、温室群和蔷薇区等处有栽培，生长良好，可正常开花结果。

上海辰山植物园 2008年自荷兰引种（登录号20080687）。目前该种在展区有栽培，生长良好。

仙湖植物园 无引种记录。目前园区有栽培作绿篱以及大树，生长良好，正常开花结果。

武汉植物园 引种多次，但仅最近的引种有记录。2010年自四川泸州合江天堂坝乡引种小苗（登录号20100050）。园内有多年活体，生长良好，可稳定开花结果。

西双版纳热带植物园 引种9次。1964年自广东华南植物园引种种子（登录号00,1964,0201）；1974年自广东省林业科学研究所引种种子（登录号00,1974,0102）；1978年自广东华南植物园引种种子（登录号00,1978,0471）；1990年自广西南宁广西林业科学研究所引种种子（登录号00,1990,0281）；2003年自台湾引种种子（登录号00,2003,0833），存活；2007年自云南石屏邑尼冲引种插条（登录号00,2007,0015）；2007年自中国广东深圳的仙湖植物园引种苗（登录号00,2007,0435），存活；2008年自云南勐腊尚岗引种小苗（登录号00,2008,1338）；2009年自台湾林业试验研究所引种种子（登录号00,2009,0712）。目前该种在展区有定植，生长良好，能正常开花结果。

中国科学院植物研究所北京植物园 引种17次。最早于1952年自德国交换种子（登录号1952-2856）；最近一次引种为2012年自比利时交换种子（登录号2012-473）。目前已无活体。

其他 该种在国际植物园保护联盟（BGCI）中有73个迁地保育点。国内赣南树木园、杭州植物园、南京中山植物园、台北植物园、台湾自然科学博物馆、西安植物园、厦门市园林植物园和浙江农林大学植物园有栽培记录。

物候信息

桂林植物园 2月开始萌芽；3月开花；9月果实开始变色，10月果实成熟；常绿。

仙湖植物园 2月开始萌芽；3月上旬开始展叶；3月下旬为盛花期；9月初果实开始变色，11月果实成熟；常绿。

武汉植物园　2月底开始萌芽；3月中上旬开始展叶；3月下旬出现花蕾；4月下旬至5月开花；9月初果实颜色开始发生绿色-红色-黑色的变化，10月至11月果实成熟；常绿。

西双版纳热带植物园　一年可多次开花，花果期不定；常绿。

迁地栽培要点

喜全日照，亦能耐阴；喜温暖，不耐寒；喜排水良好的湿润肥沃土壤。根系发达，生长较快。适应性很强，病虫害少。耐修剪。半熟枝扦插或播种繁殖。

主要用途

观叶、观花及观果兼备。南方常栽培作绿篱或绿墙，可隔火、隔音及抗污染。也作基础栽植。木材供细工用。

28a 日本珊瑚树

别名： 法国冬青

Viburnum odoratissimum Ker Gawl. var. *awabuki* (K. Koch) Zabel ex Rümpler, Ill. Gartenbau-Lex., ed. 3. 877. 1902.

自然分布

产台湾和浙江。日本和朝鲜也有。生于海拔1500m以下的林中。

迁地栽培形态特征

植株、茎形态基本同珊瑚树。

🍃 叶倒卵状长圆形至长圆形，长7~13cm，宽3~5cm，顶端钝或急头，基部宽楔形，边缘常具规则波状浅钝锯齿，侧脉6~8对。

🌸 圆锥花序常生于具2对叶的短枝上，宽大，长9~15cm，直径8~13cm；花冠筒长3.5~4mm，裂片长2~3mm。

🍎 果核较小，卵圆形，长6~7mm。

引种信息

成都市植物园 1985年就已经引种（无登录号）。目前该种园内有栽培，生长良好。

桂林植物园 引自浙江。目前园内有栽培，生长良好，可开花结果。

杭州植物园 1955年自浙江杭州引种（登录号55C11074P95-1636）。目前该种在园内多处有栽培，生长旺盛，花果繁茂。

华南植物园 引种2次。2003年自上海植物园引种（登录号20033015）；2005年引种（登录号20050191）；2005年自湖南湘潭引种（登录号20051490）。目前该种在珍稀濒危植物繁育中心有栽培，生长良好，可正常开花结果。

南京中山植物园 引种2次。1957年自日卡苏卡比药用植物实验所引种（登录号EI116-56）；2011年引种（登录号2011E-00043）。目前园区有定植栽培，生长良好，花果繁茂。

上海辰山植物园 2006年自浙江舟山桃花岛引种（登录号20060897）。目前该种在展区有栽培，生长旺盛，花果繁茂。

武汉植物园 2003年自湖南桑植五道水镇苗子溪引种小苗（登录号20032448）。

西双版纳热带植物园 引种3次。1990年自中国广西南宁广西林业科学研究所引种果（登录号00,1990,0281）；2007年自美国Duke Garden引种种子（登录号29,2007,0064；29,2007,0058）。目前园内C34区有定植，生长较差，能开花结果。

中国科学院植物研究所北京植物园 引种9次。最早于1980年自山东青岛引种（登录号1980-5435）；最近一次引种为2009年自英国交换种子（登录号2009-311）；期间尚有自江苏南京中山植物园（登录号1995-390）等引种。目前该种在温室有盆栽，生长一般，很少开花。

其他 该种在国际植物园保护联盟（BGCI）中有30个迁地保育点。

物候信息

杭州植物园 3月上旬开始萌芽；3月中下旬开始展叶，并出现花蕾；5月下旬开花；6月下旬果实颜色开始发生绿色-黄绿色-红色-黑色的变化，8~10月果实成熟，果熟不统一；常绿。

武汉植物园 2月下旬开始萌芽；3月中上旬开始展叶；3月下旬出现花蕾；5月初至5月下旬开花；6月下旬果实颜色开始发生绿色-黄绿色-红色-黑色的变化，8~10月果实成熟，果熟不统一；常绿。

迁地栽培要点

基本同珊瑚树，而更耐寒、耐旱。根系发达，萌芽力强，耐修剪，易整形。半熟枝扦插或播种繁殖。常见病害有叶斑病、枝枯病、根腐病、炭疽病等，常见虫害有刺蛾、蚜虫、红蜘蛛、叶蝉和介壳虫等，可通过施用相应农药防治。

主要用途

该种树姿挺拔，花果极为繁茂，是华东地区重要的观花和观果树种之一。抗有毒气体。适于城市作绿篱、绿墙或园景丛植。

29 琉球荚蒾

别名： 台东荚蒾

Viburnum suspensum Lindl., J. Hort. Soc. London viii. 130. 1853.
Viburnum taitoense Hayata, J. Coll. Sci. Imp. Univ. Tokyo 30 (Art. 1): 136. 1911.

植株

自然分布

产广西、湖南和台湾。琉球群岛也有。生于海拔1600～3000m的多石灌丛中或山谷溪涧旁。

迁地栽培形态特征

植株 常绿多分枝灌木，高可达2m。植株幼嫩部位常被疏或密的簇状微柔毛。

茎 当年小枝绿色或紫褐色，有棱，被簇状毛，2年生小枝灰黄色，圆筒状，具散生皮孔，老枝灰黑色。冬芽有1对狭长的鳞片。

叶 叶厚纸质或带革质，椭圆形或倒卵状长圆形，长5~11cm，宽2~4cm，顶端急尖、钝至近圆形，基部宽楔形或近圆形，边缘基部除外有浅锯齿，齿顶微凸尖，叶面深绿色有光泽，背面淡绿色，近无毛，侧脉3~6对，弧形，近叶缘前互相网结，在叶面凹陷，在背面凸起，小脉在叶面形成较明显的方格；叶柄长5~15mm。

花 圆锥花序生于老枝顶端，长2~4cm，具少数花，总花梗长1~3cm；萼筒筒状钟形，长约2mm，萼齿三角形；花冠白色，漏斗状，筒长5~10mm，筒部直径1.5~2mm，檐部直径约6mm，裂片近圆形，长2~3mm，开展；雄蕊内藏，花丝极短，花药长圆形，长约1mm。

果 果实红色，椭圆状，长约5mm；核长7mm，呈不规则六角形，有1条封闭式管形深腹沟。

引种信息

成都市植物园 2010年自江苏南京引种（无登录号）。目前该种园内有栽培，生长良好。

桂林植物园 2014年引种。目前园内有栽培，生长良好，可开花结果。

杭州植物园 2018年自湖北恩施冬升公司引种（暂未编号）。目前该种在园内苗圃有栽培，生长旺盛，尚未开花结果。

华南植物园 引种4次。2012年自福建建宁引种（登录号20120639）；2014年自湖北恩施引种（登录号20140358）；2014年自湖南崀山引种（登录号20141048）；2017年自广西灵川灵田镇江南村引种（登录号20171548）。目前该种在园内苗圃有栽培，生长良好，已开花结果。

南京中山植物园 引种3次。1988年引种（登录号88E41064-21、88E41073-21、88E41-50）。目前园区有定植栽培，生长良好，能正常开花。

武汉植物园 2012年3月自湖南道县引种。生长良好，已经开花结果。

西双版纳热带植物园 引种1次。2001年自广西桂林引种苗（登录号00,2001,1593）。目前该种在园内C40区有定植，生长良好，已正常开花结果。

其他 该种在国际植物园保护联盟（BGCI）中有41个迁地保育点。国内庐山植物园、上海辰山植物园和浙江农林大学植物园有栽培记录。

物候信息

南京中山植物园 花期3月下旬。

华南植物园 花期集中在2月；很少结果；常绿。

武汉植物园 四季均可萌芽生长；通常2月中下旬集中展叶；10月开始出现花蕾；12月至翌年4月初陆续开花；5月中上旬果实颜色开始发生茶红色-黄绿色-橙黄色-橙色的变化，5月下旬至6月成熟，果成熟不统一。常绿。

迁地栽培要点

喜温暖湿润的亚热带气候，亦稍耐寒，杭州地区栽培生长良好。喜全日照，亦可耐受遮阴环境。喜排水良好的酸性土壤。性强健，生长旺盛。半熟枝扦插、压条、分枝或播种繁殖。

主要用途

枝叶繁密，叶色浓绿，耐修剪，适合栽培作绿篱或修剪为一定造型的花灌木。

30 漾濞荚蒾

Viburnum chingii P. S. Hsu, Acta Phytotax. Sin. 11 (1): 68. 1966.

自然分布

产云南，四川可能也有。缅甸也有。生于海拔1500～3200m的山谷密林中、灌丛或草坡中。

迁地栽培形态特征

植株 常绿灌木或小乔木，高可达5m。

茎 幼枝圆筒状，黄白色，2年生小枝灰褐色。冬芽有1对鳞片。

叶 叶亚革质，椭圆形至倒卵状长圆形，长3.5～9cm，宽2～5cm，顶端急尖、钝或具短尾尖，基部宽楔形至圆形，边缘具锯齿，齿端微凸尖，叶面深绿色有光泽，背面淡绿色，侧脉约6对，弧形，近叶缘互相网结，在叶面凹陷或不凹陷，在背面凸起；叶柄长1～2cm。

花 圆锥花序顶生，长5～10cm，宽4～6cm，总花梗长2～6cm；花芳香，生于第一级或第二级分枝上；萼筒筒状，淡红色，无毛，裂片卵状三角形；花冠漏斗状或高脚碟状，花蕾时粉红色，盛开后白色，直径约6mm，筒长约7mm，裂片宽卵形，长约2mm；雄蕊约与花冠筒等长，花药紫黑色，长圆形，长约1.5mm。

果 果实红色，倒卵圆形，长约8mm；核扁，有1条宽广的深腹沟。

引种信息

华南植物园 2014年自湖北恩施引种（登录号20140539）。目前该种在珍稀濒危植物繁育中心有栽培，尚为幼苗，生长良好。

昆明植物园 2002年自云南大理苍山引种。目前该种在苗圃有栽培，生长一般，未见开花结果。

其他 该种在国际植物园保护联盟（BGCI）中有12个迁地保育点。

物候信息

野生状态 花期不定，一般在冬春季，夏季果实成熟。

迁地栽培要点

喜温暖湿润气候和遮阴环境。要求排水良好的酸性土壤。半熟枝扦插繁殖。

主要用途

稀有植物，按照IUCN红色名录等级和标准（2001），该种可被评为易危（VU）植物，具科研价值，目前主要是植物园为迁地保育而栽培。

31
香荚蒾

Viburnum farreri Stearn, Taxon. 15: 22. 1966.

自然分布

特产中国甘肃、宁夏、青海、陕西和新疆。生于海拔1600~2800m的林中。

迁地栽培形态特征

植株 落叶灌木，高达5m。

茎 幼枝绿色，近无毛，2年生小枝红褐色，老枝灰褐色或灰白色。冬芽椭圆形，顶端尖，鳞片2~3对。

叶 叶纸质，椭圆形或菱状倒卵形，长4~8cm，顶端急尖、渐尖至尾尖，基部楔形，边缘基部除外具三角形锯齿，两面近无毛，侧脉5~7对，直达齿端，在叶面凹陷，在背面凸起，小脉不明显；叶柄长1~3cm。

花 花先叶开放，芳香；圆锥花序长3~5cm，基部有幼叶，苞片条状披针形，具缘毛；花生于一级或二级分枝上；萼筒筒状倒圆锥形，长约2mm，萼齿卵形；花冠白色，高脚碟状，筒长7~10mm，上部略扩张，檐部直径约1cm，裂片长约4mm，开展；雄蕊生于花冠筒内中部以上，着生点不等高，花丝极短或不存在，花药黄白色，近圆形；柱头3裂。

果 果实红色，长圆形，长8~10mm，直径约6mm；核扁，有1条深腹沟。

引种信息

北京植物园 引种3次。2000年自甘肃天水麦积山植物园引种（登录号2000-0601）；2001年自荷兰引种（登录号2001-1471）；2005年自甘肃引种（登录号2005-1257）。目前该种在展区有定植，生长良好，开花繁茂。

杭州植物园 2018年自中国科学院植物研究所北京植物园引种（暂未编号）。目前该种在园内苗圃有栽培，生长一般，尚未开花结果。

银川植物园 2008年自宁夏六盘山引种。目前该种展区有栽培，生长良好，可正常开花结果。

上海辰山植物园 2009年自安徽芜湖欧标公司引种（登录号20090373）。调查时未见该种活体。

武汉植物园 2004年10月自陕西凤县引种。未存活。

中国科学院植物研究所北京植物园 引种8次。最早于1949年引种（登录号1949-81）；最近一次为2005年自斯洛伐克引种（登录号2005-1818）；现植物园定植存活的为1985年引种后代（登录号1985-20014）。目前该种在展区有定植，生长良好，持续多年稳定开花，但少结实或不结实。

其他 该种在国际植物园保护联盟（BGCI）中有111个迁地保育点。

物候信息

银川植物园 结果量较大，5月开始变为红色。

中国科学院植物研究所北京植物园 3月初开始萌芽，并出现花蕾；3月下旬至4月上旬开花；花后开始展叶和枝条生长；结果量小，并逐渐脱落，少数可留存至6月，并变为红色；11月中下旬落叶。

迁地栽培要点

喜全日照，耐半阴；耐寒，耐热性一般；喜肥沃湿润的松软土壤，不耐瘠土和积水。少结实，扦插繁殖困难，通常压条繁殖。虫害主要有地老虎、金龟子等，可用相应杀虫剂防治。

主要用途

传统花灌木，栽培历史悠久，北京清代即已在皇家园林和寺庙栽培。花繁密，香气袭人，花期极早，是华北地区重要的早春花木。适合丛植于草坪边、林荫下或建筑物前。

32
少花荚蒾

Viburnum oliganthum Batalin, Trudy Imp. S.-Peterburgsk. Bot. Sada. 13: 372. 1894.

植株

自然分布

特产中国甘肃、贵州、湖北、四川、西藏和云南。生于海拔1000～2200m的林下或灌丛中。

迁地栽培形态特征

- 🟠**植株** 常绿灌木或小乔木，高2～6m。
- 🟠**茎** 幼枝褐色，圆形皮孔凸起，2年生小枝灰褐色或黑色，无毛。芽鳞1对，大形，常宿存，被簇状毛。
- 🟠**叶** 叶亚革质至革质，倒披针形至长圆形，长5～15cm，顶端急尖至长渐尖，具短尾尖，基部楔形至钝形，边缘离基部1/3～1/2以上具疏浅锯齿，齿顶细尖而弯向内或向前，叶面深绿色有光泽，中脉

141

两面明显隆起，侧脉5～6对，弧形，在叶缘前互相网结，在叶面凹下，在背面凸起，小脉不明显；叶柄长5～15mm，紫红色。

🌸 **花** 圆锥花序顶生，长3～10cm，花序梗及苞片常为紫红色，果期更为显著，总花梗长2～7cm；花生于第一至第二级分枝上；萼筒筒状倒圆锥形，长约2mm，萼齿三角状卵形；花冠白色或淡红色，漏斗状，长6～8mm，裂片宽卵形，长约为筒的1/4；雄蕊花丝极短，花药紫红色，长圆形。

🍊 **果** 果实红色，后转黑色，宽椭圆形，长6～7mm，直径4～5mm；核扁，有1条宽广的深腹沟。

引种信息

成都市植物园 2002年自四川（崇州、峨眉山）以及重庆南川等地引种（无登录号）。目前该种园内有栽培，生长良好。

杭州植物园 2017年自四川成都市植物园引种（暂未编号）。目前该种在园内苗圃有栽培，尚为幼苗，有待观察。

上海辰山植物园 2008年自湖北利川鱼泉镇云泉口村五峰山引种（登录号20082021）。调查时未见活体。

武汉植物园 引种5次。2003年自湖南石门壶瓶山自然保护区引种小苗（登录号20032490）；2004年自湖北恩施白果镇龙潭村引种小苗（登录号20040147）；2013年自四川峨眉山万年寺村引种小苗（登录号20130009）；2013年自四川都江堰龙池镇引种小苗（登录号20130211）；2013年自贵州黔西百里杜鹃景区引种小苗（登录号20130347）。

其他 该种在国际植物园保护联盟（BGCI）中有7个迁地保育点。国内华南植物园有栽培记录。

物候信息

武汉植物园 2月底开始萌芽；3月初出现花蕾；3月中上旬开始展叶；4月初至4月中上旬开花；5月初果实颜色开始发生绿色–橙红色–红色的变化，5月底果实成熟，果熟相对统一。常绿。

迁地栽培要点

喜阴湿环境和排水良好的酸性土壤。不耐寒，亦不耐旱。半熟枝扦插或播种繁殖。

主要用途

果实繁密，红艳夺目，以观果为主。

花枝（徐文斌 摄）　　花枝（徐文斌 摄）
花序（徐文斌 摄）
花序（杜巍 摄）　　花枝（徐文斌 摄）
果枝（张金政 摄）　　果序（李策宏 摄）

33 短筒荚蒾

Viburnum brevitubum (P. S. Hsu) P. S. Hsu, Acta Phytotax. Sin. 17 (2): 80. 1979.

花枝（杜巍 摄）

自然分布

特产中国贵州、湖北、江西和四川。生于海拔1300~2300m的林缘或山谷林下。

迁地栽培形态特征

植株 落叶灌木，高达4m。

茎 幼枝浅灰绿色，无毛，散生皮孔，2年生小枝浅灰褐色。冬芽鳞片1对，浅褐色，长圆形。

叶 叶纸质，椭圆状长圆形至狭长圆形，长3~7.5cm，顶端渐尖，基部钝圆，边缘离基部1/3以上有浅锯齿，叶面深绿色有光泽，背面淡绿色，脉腋集聚簇状毛，有趾蹼状小孔，中脉和侧脉散生簇状短毛，侧脉约5对，直达齿端或近叶缘前互相网结，在背面略凸起；叶柄长7~10mm。

花 圆锥花序生于具1对叶的小枝之顶，宽3~4cm，总花梗长2~3.5cm；花大多生于第二级分枝上，无梗；萼筒筒状，长约3mm，齿宽三角形；花冠白色，筒状钟形，筒长约4mm，裂片宽卵形，长约2.5mm；雄蕊生于花冠筒顶端，花药紫褐色，长圆形，长约1mm，稍外露。

🟠**果** 果实红色，椭圆形，长约8mm；核扁，有1条宽广深腹沟。

引种信息

武汉植物园 引种2次。2004年自湖北恩施新塘乡龚家村引种小苗（登录号20040068）；2004年自湖北鹤峰走马镇宜山村5组大洪洞引种小苗（登录号20045399）。目前已无活体。

其他 该种在国际植物园保护联盟（BGCI）中有1个迁地保育点。

物候信息

野生状态 5月上中旬开花；7月果实变为红色，并成熟。

迁地栽培要点

喜阴湿环境和排水良好的酸性土壤。不耐寒，亦不耐旱。半熟枝扦插或播种繁殖。

主要用途

稀有植物，按照IUCN红色名录等级和标准（2001），该种可被评为易危（VU）植物，具有科研价值。红色果实亦可观赏，目前仍少见栽培。

叶背（杜巍 摄）
叶面（杜巍 摄）

果枝（杜巍 摄）

果序（杜巍 摄）

34 红荚蒾

Viburnum erubescens Wall., Pl. Asiat. Rar. 2: 29. 1831.

花枝（刘旭 摄）

自然分布

产甘肃、贵州、湖北、陕西、四川、西藏和云南。不丹、印度、缅甸和尼泊尔也有。生于海拔1500~3500m的林下或灌丛中。

迁地栽培形态特征

植株 落叶灌木或小乔木，高达6m。

茎 幼枝被簇状毛至无毛。冬芽有1对鳞片。

叶 叶薄纸质，椭圆形、卵形、倒卵形至长圆形，长3~12cm，顶端渐尖至钝，基部楔形至圆心形，边缘具细锐锯齿或钝锯齿，背面中脉和侧脉被簇状毛，侧脉4~7对，直达齿端，在叶面略凹陷，在背面凸起；叶柄长1~2.5cm。

花 圆锥花序生于仅具2叶的短枝上，长1.5~10cm，常下垂，有微毛，总花梗长2~6cm；花生于第一至第三级分枝上；萼筒筒状，无毛，萼齿卵状三角形；花冠白色或淡红色，高脚碟状，筒长5~6mm，裂片开展，长2~3mm；雄蕊生于花冠筒顶端，稍高出花冠筒，花丝极短，花药黄白色或堇紫色，微外露。

果 果实紫红色，后转黑色，椭圆形，长达10mm；核扁，有1腹沟。

引种信息

成都市植物园 2002年自四川峨眉山引种（无登录号）。目前该种园内有栽培，生长良好。

重庆市药物种植研究所 自重庆金佛山引种，具体信息不详（无登录号）。目前该种园内有栽培，生长良好。

上海辰山植物园 2008年自陕西宁陕广货街镇蒿沟引种（登录号20081938）；2009年自安徽芜湖欧标公司引种（登录号20090372）。调查时未见该种活体。

武汉植物园 引种3次。2005年1月自云南宜良引种；2009年自湖北保康大水林场引种小苗（登录号20090694）；2014年11月自湖北五峰引种。有活体，不耐热，生长较差。

中国科学院植物研究所北京植物园 引种2次。1991年陈伟烈赠送种子（登录号1991-5196）；2002年唐宇丹自西藏波密多吉乡引种（登录号2002-2501）。现无活体。

其他 该种在国际植物园保护联盟（BGCI）中有23个迁地保育点。国内昆明植物园和西双版纳热带植物园有栽培记录。

物候信息

重庆市药物种植研究所 5月下旬为盛花期。

武汉植物园 2月开始萌芽；3月展叶并出现花蕾；4月上旬开花；5月中下旬果实颜色开始发生绿色-红绿色-红色-黑色的变化，7月果实成熟，过程统一。观察到8月因天气炎热而落叶；12月落叶。

迁地栽培要点

喜温暖湿润气候，要求有持续稳定的湿润环境。不耐旱，亦不耐寒。要求排水良好的酸性土壤。栽培较为困难。半熟枝扦插或播种繁殖。

主要用途

花果均美观，是良好的观花和观果灌木，但栽培较困难，目前还很少有应用。

枝叶（徐文斌 摄） 花序
花序（王英伟 摄） 花序（朱鑫鑫 摄） 花序（朱鑫鑫 摄） 花序（陈彬 摄）
花序（徐文斌 摄） 花序（徐文斌 摄） 果序（郗厚诚 摄）
果序 果序

35
短序荚蒾

Viburnum brachybotryum Hemsl. ex F. B. Forbes & Hemsl., J. Linn. Soc., Bot. 23: 349. 1888.

植株（徐文斌 摄）

自然分布

产重庆、广西、贵州、湖北、湖南、江西、四川和云南。生于海拔600～1900m的山谷密林中或山坡灌丛中。

迁地栽培形态特征

- 植株 常绿小乔木或大灌木，高可达8m。植株幼嫩部分被黄褐色簇状毛。
- 茎 幼枝红褐色，散生圆形皮孔。冬芽有1对鳞片。
- 叶 叶革质，阔长圆形至倒卵形，长7～20cm，宽3～7cm，顶端圆或钝，常具尾尖，基部宽楔形至近圆形，边缘基部除外疏生尖锯齿，稀近全缘，叶面深绿色有光泽，背面淡绿色或苍白色，侧脉5~7对，弧形，近叶缘前互相网结，在叶面凹陷，在背面凸起，小脉横列，在背面明显；叶柄长1~2cm，常呈红褐色。

🌸 圆锥花序尖塔形，顶生或生于无叶短枝上，常弯垂，长5~20cm；花生于第二至第三级分枝上；萼筒筒状钟形，长约1.5mm，萼齿卵形；花冠白色，辐状，直径4~6mm；雄蕊长于或短于花冠裂片，花药黄白色，宽椭圆形；柱头明显3裂。

🍎 果实幼时绿色，后变黄色或鲜红色，最后变紫黑色，卵圆形，顶端渐尖，基部圆形，长约1cm，直径约6mm；核稍扁，有1条深腹沟。

引种信息

成都市植物园 2002年自四川成都引种（无登录号）。目前该种园内有栽培，生长良好。

重庆市药物种植研究所 自重庆金佛山引种，具体信息不详（无登录号）。目前该种园内有栽培，生长良好。

杭州植物园 2010年自湖南张家界自然保护区引种（登录号10C22006-053）。目前该种在系统园忍冬区有栽培，生长良好，尚未开花结果。

华南植物园 2000年引种（登录号20000626）；2017年自湖北利川谋道镇引种（登录号20171583）。目前该种在珍稀濒危植物繁育中心有栽培，生长良好，尚未开花结果。

上海辰山植物园 2006年自湖南桑植引种（登录号20060202）。目前该种园内尚有栽培，生长良好。

武汉植物园 引种7次。2003年自湖南桑植五道水镇朱家湾引种小苗（登录号20032407）；2004年自广西龙胜温泉引种小苗（登录号20049429）；2010年自贵州三都拉揽镇尧人山森林公园引种小苗（登录号20104457）；2012年自广西凤山金牙乡坡茶村引种小苗（登录号20120396）；2012年自云南镇沅引种小苗（登录号20120542）；2015年自湖北五峰后河保护区白沙溪长坡村引种小苗（登录号20159028）。目前展区有数处定植，生长良好，已持续稳定开花结果。

西双版纳热带植物园 引种3次。2000年自美国引种种子（登录号29,2000,0078）；2001年自越南引种小苗（登录号13,2001,0036），存活；2002年自云南绿春引种插条（登录号00,2002,3741）。目前未见该种活体。

中国科学院植物研究所北京植物园 1986年李振宇采集自湖南新宁紫云山（1986-446），现已无活体。

其他 该种在国际植物园保护联盟（BGCI）中有8个迁地保育点。

物候信息

重庆市药物种植研究所 2月上中旬为盛花期；3月中下旬萌发红色新梢；6月果实变为红色；6月底至7月果实成熟。

武汉植物园 前一年10月中旬现蕾；当年2月中旬开始萌芽；2月底展叶；1月至3月中旬开花；5月底果实颜色开始发生绿色–茶色–橙色–橙红色–红色的变化；6月底至7月果实成熟，过程不统一，有一株可挂果至9月。

迁地栽培要点

喜温暖湿润的半阴环境和排水良好的酸性土壤，但全日照下也生长良好。不耐干旱，亦不耐寒，较耐热。半熟枝扦插或播种繁殖。

主要用途

花果繁密，但藏于枝叶下，不甚显著。枝叶繁茂，耐修剪，可修剪为造型树、绿篱或绿墙。

36 巴东荚蒾

Viburnum henryi Hemsl., J. Linn. Soc., Bot. 23: 353. 1888.

自然分布

产福建、广西、贵州、湖北、江西、陕西、四川和浙江。生于海拔900~2600m的密林或湿草坡。

迁地栽培形态特征

植株 灌木或小乔木，常绿或半常绿，高达7m。全株无毛或近无毛。

茎 幼枝绿色，2年生小枝灰褐色，有皮孔。冬芽鳞片1对，外被黄色簇状毛。

叶 叶亚革质，长圆形至倒卵状长圆形，长5~10cm，顶端急尖至渐尖，基部楔形至圆形，边缘具浅锐锯齿，齿常具硬凸头，叶面深绿色有光泽，侧脉5~7对，部分直达齿端，在背面凸起；叶柄长1~2cm，常带紫红色。

花 圆锥花序顶生，长4~9cm，总花梗纤细，长2~4cm；花芳香，生于第二至第三级分枝上；萼筒筒状至倒圆锥筒状，长约2mm，萼齿微小；花冠白色，辐状，直径约6mm，裂片卵圆形；雄蕊超出花冠裂片，花药黄白色，长圆形。

果 果实红色，后变紫黑色，椭圆形；核稍扁，有1条深腹沟。

引种信息

成都市植物园 1997年自重庆南川以及湖北等引种（无登录号）。目前该种园内有栽培，生长良好。

杭州植物园 2010年自湖南张家界自然保护区引种（登录号10C22006-057）。目前该种在系统园忍冬区有栽培，生长良好，尚未开花结果。

华南植物园 引种2次。2010年自重庆石柱黄水镇黄水村油草河引种（登录号20102999）；2010年自湖北宣恩长潭乡后河斑竹园引种（登录号20103013）。目前该种在药园和珍稀濒危植物繁育中心有栽培，生长一般，尚未开花结果。

上海辰山植物园 2006年自湖南桑植引种（登录号20060200）。目前该种在苗圃有栽培，未见开花结果。

武汉植物园 引种5次。2004年自湖北竹溪十八里长峡引种小苗（登录号20042379）；2005年自湖北五峰后河村引种小苗（登录号20053442）；2012年自重庆石柱黄水镇黄水村油草河引种小苗（登录号20125003）；2013年自广西恭城平安乡引种小苗（登录号20130644）；2013年自湖北宣恩长潭镇后河村引种小苗（登录号20135034）。有活体，生长一般，尚未进入花果期。

中国科学院植物研究所北京植物园 引种4次。最早于1977年自德国交换种子（登录号1977-1016）；最近一次引种为1985年自英国交换种子（登录号1985-3489）。未见该种活体。

其他 该种在国际植物园保护联盟（BGCI）中有49个迁地保育点。

物候信息

杭州植物园 基本同武汉植物园。

武汉植物园　2月底开始萌芽；3月中上旬展叶；尚未观察到开花结果。
野生状态　6月中旬开花；8月果实成熟。

迁地栽培要点

喜温暖湿润气候和排水良好的酸性土壤。应栽培于半阴或遮阴环境。长势不强，耐寒、耐热、耐旱性均一般。半熟枝扦插或播种繁殖。

主要用途

目前主要是植物园为迁地保育而栽培。花不甚醒目，叶翠绿有光泽，果红艳夺目，可观叶和观果。

37 腾越荚蒾

别名： 长圆荚蒾

Viburnum tengyuehense (W. W. Sm.) P. S. Hsu, Acta Phytotax. Sin. 11 (1): 72.1966.
Viburnum oblongum P. S. Hsu, Acta Phytotax. Sin. 11 (1): 71. 1966.

果枝（叶建飞 摄）

自然分布

产贵州、西藏和云南。缅甸可能也有。生于海拔1500~2300m的林下。

迁地栽培形态特征

植株 落叶灌木，高可达7m。

茎 小枝黄白色，散生凸起圆形皮孔。冬芽鳞片1对，被柔毛。

叶 叶厚纸质，椭圆状长圆形或倒卵状长圆形，长7~10cm，宽3~6cm，顶端具尾尖，基部宽楔形或钝，边缘基部除外有浅的尖锯齿，侧脉5~6对，弧形，近叶缘前互相网结，在叶面凹陷，在背面凸起；叶柄长约1cm，带紫红色。

花 圆锥花序常生于具1对叶的侧生短枝上，花序梗幼时被茸毛，常为紫红色，总花梗果时可达

5cm，甚扁；萼筒筒状，长约2.5mm，无毛，萼齿三角形；花冠白色，辐状，直径约4.5mm，裂片宽卵形；雄蕊与花冠几等长，花药椭圆形。

果 果实红色，卵状椭圆形，长5~6mm；核扁，有1条宽广深腹沟。

引种信息

昆明植物园　2003年自云南泸水志本山引种（登录号23-C-1）。目前该种在苗圃有栽培，生长一般。

西双版纳热带植物园　引种1次。2015年自云南景东徐家坝山门口引种（登录号00,2015,2226）。未见活体。

其他　该种在国际植物园保护联盟（BGCI）中有3个迁地保育点。

物候信息

野生状态　4月开花；10月果实成熟。

迁地栽培要点

喜温暖湿润气候和排水良好的酸性土壤。栽培于半阴或全日照环境。半熟枝扦插或播种繁殖。

主要用途

目前主要是植物园为引种保育而引种栽培。花繁茂，果实红艳夺目，是良好的观花和观果灌木。

果序（赖阳均 摄）　果序　叶背（赖阳均 摄）　叶面　果序（赖阳均 摄）

38 横脉荚蒾

Viburnum trabeculosum C. Y. Wu ex P. S. Hsu, Acta Phytotax. Sin. 17 (2): 79.1979.

植株　　枝叶

自然分布

特产中国云南（金平、绿春）。生于海拔2000~2200m的林缘灌丛或草坡。

迁地栽培形态特征

植株　落叶乔木，高达6m。全体近无毛，幼嫩部分散生红褐色微细腺点。

茎　小枝粗壮，灰黄褐色，具皮孔。

叶　叶纸质，椭圆形至长圆形，长10~20cm，宽4~8cm，顶端短渐尖，基部楔形或钝，边缘具浅锯齿，叶面有光泽，背面淡绿色，侧脉7~8对，在叶面凹陷，在背面明显凸起，小脉横列，纤细，在背面明显凸起；叶柄粗壮，长2.5~5cm。

花　圆锥花序生枝顶，尖塔形，密被灰黄色簇状短毛；总花梗长4.5~6cm。花极多，生于序轴的第一至第四级分枝上。萼筒筒状，长约2mm，萼齿卵形或卵状三角形，长约为萼筒的1/4。花冠不详。

果　果实紫红色，略扁。核倒卵圆形，有1条深腹沟。

引种信息

华南植物园 2017年自云南永德乌木镇大雪山保护区银厂街干龙塘引种（登录号20171818）。目前该种在珍稀濒危植物繁育中心有栽培，尚为幼苗，生长良好。

物候信息

华南植物园 未开花结果。

野生状态 5月开花；9月果实成熟。

迁地栽培要点

目前在大棚温室内盆栽，保持正常浇水。栽培要点有待观察。

主要用途

稀有植物，按照IUCN红色名录等级和标准（2001），该种可被评为易危（VU）植物，具有科研价值。

叶面

叶背

花枝（陈彬 摄）

39 伞房荚蒾

Viburnum corymbiflorum P. S. Hsu & S. C. Hsu, Acta Phytotax. Sin. 11: 73. 1966.

植株（李方文 摄）

自然分布

产福建、广东、广西、贵州、湖北、湖南、江西、四川、云南和浙江。生于海拔1000～2400m的林下或灌丛中。

迁地栽培形态特征

植株 半常绿灌木或小乔木，高达5m以上。

茎 树皮灰白色。幼枝绿色，小枝黄白色。冬芽鳞片1对。

叶 叶皮纸质，狭椭圆形至长圆状披针形，长6～15cm，顶端急尖至尾尖，基部圆形至宽楔形，边缘基部1/3以上具尖锯齿，叶面深绿色有光泽，背面淡绿色，侧脉4～6对，直达齿端，在叶面凹陷，在背面凸起；叶柄长约1cm，常为紫红色。

花 圆锥花序伞房状，生于有1对叶的侧生短枝上，长3～8cm，直径4～6cm；总花梗紫红色，长

2~5cm；花芳香，生于第三级分枝上；萼筒筒状，长约2mm，具腺点，萼齿狭卵形；花冠白色，辐状，直径约8mm，裂片长圆形；雄蕊长约1.5mm，花药黄色。

果 果实红色，椭圆形，长7~10mm；核倒卵圆形，有1条深腹沟。

引种信息

成都市植物园 1998年自湖南引种（无登录号）。目前该种园内有栽培，生长良好，已经开花结果。

华南植物园 2014年自湖北恩施引种（登录号20140288）。记载该种在珍稀濒危植物繁育中心栽培，调查时未见活体。

武汉植物园 2010年12月自四川凉山盐源引种。有活体，生长一般。

其他 该种在国际植物园保护联盟（BGCI）中有2个迁地保育点。

物候信息

成都市植物园 前一年已有花蕾；2月初花开始萌芽，并出现粉红色花蕾；3月开花；花后开始展叶和枝条生长；6月果实开始由绿色变为红色，并逐渐成熟；老叶常可留存至新叶长出后才脱落。

武汉植物园 前一年12月中旬现蕾；当年2月中旬开始萌芽；2月底展叶；花蕾容易受冻害，未见开花结果。

迁地栽培要点

喜温暖湿润的气候和排水良好的肥沃酸性土壤。喜全日照，也可栽培于半阴环境。生长较旺盛，抗性强。半熟枝扦插或播种繁殖。

主要用途

花果繁茂，是优良的观花和观果灌木。

植株（李方文 摄） 叶（李方文 摄） 花枝（李方文 摄） 果序（李方文 摄）

39a 苹果叶荚蒾

Viburnum corymbiflorum P. S. Hsu & S. C. Hsu subsp. ***malifolium*** P. S. Hsu, Acta Phytotax. Sin. 11: 74. 1966.

自然分布

特产中国云南。生于海拔1700~2400m的山谷或山坡疏林中。

迁地栽培形态特征

植株 半常绿小乔木，高达5m以上。

茎 树皮灰白色，皮孔小而显著。幼枝绿色，小枝淡灰褐色。冬芽鳞片1对。

叶 叶纸质，椭圆形至倒卵形，长6~15cm，顶端急尖至尾尖，基部圆形至宽楔形，边缘基部1/3以上具尖锯齿，叶面深绿色有光泽，背面淡绿色，侧脉4~6对，直达齿端，在叶面凹陷，在背面凸起；叶柄长约1cm，常为紫红色。

花 圆锥花序伞房状，生于有1对叶的侧生短枝上，长3~8cm，直径4~6cm，总花梗长2~5cm；花芳香，生于第三级分枝上；萼筒筒状，长约2mm，具腺点，萼齿狭卵形；花冠白色，辐状，直径约8mm，裂片长圆形；雄蕊长约1.5mm，花药黄色。

果 果实红色，椭圆形，长7~10mm；核倒卵圆形，有1条深腹沟。

引种信息

该变种尚未见引种信息。

物候信息

野生状态 4月开花；6~7月果实成熟。

迁地栽培要点

栽培于半阴环境和排水良好的土壤上。

主要用途

稀有植物，具有科研价值。花果繁茂，是良好的观花和观果灌木。

枝叶

中国迁地栽培植物志·五福花科·荚蒾属

162

圆锥组常见园艺杂交种介绍

粉花荚蒾（*Viburnum × bodnantense* Aberc. ex Stearn） 落叶灌木，为香荚蒾（*Viburnum farreri* Stearn）和大花荚蒾（*Viburnum grandiflorum* Wall. ex DC.）之间的杂交种，形态介于二者之间，主要特征在于花极芳香，花冠长筒状，粉红色，花序具总花梗。北京植物园、上海辰山植物园和中国科学院植物研究所北京植物园等有引种栽培。大花荚蒾与该杂种相类似，产喜马拉雅山区，花冠也是粉红色的，但花序紧缩成近簇状，生于无叶短枝之顶，并且苞片幼时密被银白色茸毛，上海辰山植物园有引种记录（2009年自安徽芜湖欧标公司引种，登录号20090375），但调查时未见活体。

粉花荚蒾花枝

粉花荚蒾花序近照

威特荚蒾（*Viburnum × hillieri* Stearn） 半常绿灌木，为红荚蒾（*Viburnum erubescens* Wall.）和巴东荚蒾（*Viburnum henryi* Hemsl.）之间的杂交种，形态特征与短筒荚蒾［*Viburnum brevitubum* (P. S. Hsu) P. S. Hsu］类似，主要区别在于本杂种叶、花和果实都比较大，冬芽被簇状毛。上海植物园、上海辰山植物园和成都市植物园有引种栽培（2007年自上海植物园引种，登录号20071072；2007年自法国引种，登录号20070483）。

组8　球核组

Sect. *Tinus* (Miller) C. B. Clarke

　　常绿灌木或小乔木。植物体无毛或薄被簇状毛。冬芽有1对鳞片。叶革质，无毛或近无毛，全缘或有齿，具离基三出脉、三出脉或羽状脉，侧脉近叶缘前互相网结；无托叶。聚伞花序复伞形式，顶生；花冠辐状。果实蓝黑色或由蓝色转为黑色；核卵圆形，有1条极狭细的线形浅腹沟或无沟；胚乳嚼烂状。

　　本组约8种，中国原产5种。迁地栽培6种，其中中国原产5种均有迁地栽培记录，并引进栽培外来种地中海荚蒾（*Viburnum tinus* L.）。地中海荚蒾栽培广泛，品种繁多。此外本组中国还引入栽培一个园艺杂交种，见本组之后的简要介绍。

球核组分种检索表

1a. 叶具羽状脉。
  2a. 叶薄革质，全缘，边缘和背面常被长毛；聚伞花序大，直径4~9cm；花蕾粉红色 ·· 40. **地中海荚蒾** *V. tinus*
  2b. 叶厚革质，边缘常疏生浅齿，稀近全缘；聚伞花序小，直径2~4cm；花蕾黄绿色。
    3a. 叶卵状披针形或菱状椭圆形，长3~10cm，顶端钝而有小凸尖，边缘常有不规则小尖齿 ··· 45. **蓝黑果荚蒾** *V. atrocyaneum*
    3b. 叶圆宽卵形或倒卵形，较小，长0.8~6cm，顶端钝至圆形或微凹缺而有小凸尖，全缘或有不规则锯齿 ·· 45a. **毛枝荚蒾** *V. atrocyaneum* subsp. *harryanum*
1b. 叶具三出脉或离基三出脉。
  4a. 叶顶端钝至圆形，长2~6cm，全缘；总花梗长约1cm ············ 43. **三脉叶荚蒾** *V. triplinerve*
  4b. 叶顶端急尖、渐尖至尾尖；总花梗长1.5~4cm。
    5a. 花冠外面紫红色，内面白色；老叶厚革质，叶面因小脉深凹陷而呈明显的皱纹状 ·· 41. **川西荚蒾** *V. davidii*
    5b. 花冠外面不为紫红色，内面黄白色或淡黄绿色；老叶革质，有时叶面小脉略凹陷，但不为明显的皱纹状。
      6a. 花序大而松散，直径6~15cm；叶长6~15cm，全缘或近顶端偶有少数锯齿 ·· 44. **樟叶荚蒾** *V. cinnamomifolium*
      6b. 花序小，直径4~5cm，无毛；叶长3~11cm，边缘常有锯齿。
        7a. 叶卵形至椭圆形，宽2~4.5cm，基部近圆形至楔形 ············ 42. **球核荚蒾** *V. propinquum*
        7b. 叶条状披针形或倒披针形，宽1~1.5cm，基部楔形 ··· 42a. **狭叶球核荚蒾** *V. propinquum* var. *mairei*

40
地中海荚蒾

Viburnum tinus L., Sp. Pl. 1: 267.1753.

花期植株（汪远 摄）

自然分布

原产地中海地区，葡萄牙、西班牙、法国、意大利、塞尔维亚、黑山、马其顿、斯洛文尼亚、克罗地亚、波黑、阿尔巴尼亚、希腊、利比亚、突尼斯、阿尔及利亚、摩洛哥、土耳其、以色列、黎巴嫩均有分布。常生于地中海沿岸茂密的灌木丛林中。

迁地栽培形态特征

植株 常绿灌木，多分枝，高可达7m。树冠常呈球形，冠径可达2.5~3m。

茎 小枝无毛或被疏柔毛，微具棱角。

叶 叶薄革质，卵圆形至卵状披针形，长3~10cm，宽1.5~7cm，顶端钝或急尖，基部圆形或钝，边缘全缘，有时具缘毛，叶面无毛，深绿色有光泽，背面淡绿色，被疏长柔毛或渐变无毛，侧脉5~8对，羽状，近叶缘前互相网结；叶柄长5~15mm，无托叶。

花 聚伞花序复伞形状，直径4~9cm，总花梗长0.5~2.5cm，第一级辐射枝5~7条；花常生于第二级辐射枝上；萼筒倒圆锥形，长约1mm，萼齿宽三角形；花冠辐状，花蕾时粉红色，盛开时白色，直径5~9mm，裂片卵圆形；雄蕊稍短于花冠，花药卵圆形。

果 果实成熟时深蓝色，近球形，长约8mm；核卵形，有1浅而窄的腹沟，胚乳嚼烂状。

引种信息

北京植物园 曾有引种栽培，无引种信息。

成都市植物园 2007年自上海引种（无登录号）；2007年自上海引种威廉地中海荚蒾（*Viburnum tinus* 'Gwenllian'，无登录号）。目前该种园内有栽培，生长良好。

华南植物园 2009年自上海奉贤帮业锦绣树木种苗服务社引种（登录号20090388）。目前该种在珍稀濒危植物繁育中心有栽培，生长良好，可正常开花结果。

南京中山植物园 引种11次。1958年引种（登录号EI107-541）；1964年自苏联引种（登录号E1025-092）；1982年引种（登录号82E41-161）；1992年引种（登录号92E2104-7）；1997年自法国引种（登录号97E14001-5）；1999年自法国引种（登录号99E14040-3）；2000年自上海植物园引种（登录号00I51007-5）；2008年自湖南中南林业科技大学植物园引种（登录号2008I-0071）；2014年自德国引种（登录号2014E-0324）；2014年自苏格兰引种（登录号2014E-0218）。目前园区有定植栽培，生长良好，能正常开花。

上海辰山植物园 引种5次（含品种）。2007年自上海植物园引种（登录号20070991）；2007年自法国引种（登录号20072304、20070488）；2008年自荷兰引种（登录号20080694）；2008年自美国引种（登录号20081556）。目前相关品种在展区有栽培，生长良好，花果繁茂。

武汉植物园 无引种记录，园地管理部零星栽培，应该购买自浙江虹越园艺公司。

西双版纳热带植物园 引种1次。1985年自西班牙引种种子（登录号44,1985,0011）。已无活体。

中国科学院植物研究所北京植物园 引种45次。最早于1956年交换种子（登录号1956-1311）；最近一次引种为2012年自德国交换种子（登录号2012-630）。未见活体。

其他 该种在国际植物园保护联盟（BGCI）中有143个迁地保育点。国内赣南树木园、昆明植物园和浙江农林大学植物园有栽培记录。

物候信息

上海辰山植物园 前年10月初便已有花蕾；花蕾期较长，可持续至3月下旬至4月初开花；10月果实变为深蓝色，并逐渐成熟；常绿。

迁地栽培要点

喜全日照，也耐阴。能耐-10~-15℃的低温，在上海地区可安全越冬，亦耐夏季高温。对土壤要求不严，较耐旱，忌土壤过湿。注意防治叶斑病和粉虱。

主要用途

殷红色花蕾持续时间长，远望似红云，具有重要观赏价值；花后深蓝色的果实也很特别。适于庭院或建筑物边丛植或群植观赏。

41
川西荚蒾

Viburnum davidii Franch., Nouv. Arch. Mus. Hist. Nat., sér. 2. 8: 251. 1885.

自然分布

特产中国四川。生于海拔1800～2400m的山地。

迁地栽培形态特征

植株 常绿灌木或小乔木，高可达10m。全体几无毛。

茎 小枝粗壮，紫褐色，有凸起皮孔，老枝灰白色。

叶 叶厚革质，椭圆状倒卵形至狭椭圆形，长6～14cm，顶端短渐尖，基部宽楔形至近圆形，具基部3出脉，全缘或具细小牙齿，叶面有光泽，常因小脉深凹陷而呈明显的皱纹状，背面各脉凸起；叶柄粗壮，长0.8～3cm，带紫色。

花 聚伞花序稠密，直径4～6cm，总花梗长1～4cm，第一级辐射枝5～6条，长1～3cm，花生于第二级辐射枝上；萼筒钟形，长约1mm，萼齿披针形；花冠辐状，花蕾时紫红色，盛开后内面白色，直径约5mm，裂片圆形；雄蕊长达花冠之半，花药红黑色，长不到1mm。

果 果序梗紫红色；果实蓝色，卵圆形，长约6mm；核有1条狭细浅腹沟。

引种信息

成都市植物园 2002年自四川雅安引种（无登录号）。目前该种园内有栽培，生长良好。

上海辰山植物园 2008年自德国引种（登录号20081262）。调查时未见该种活体。

武汉植物园 2005年10月自四川大全引种。未存活。

中国科学院植物研究所北京植物园 引种8次。最早于1979年自荷兰引种（登录号1979-4259）；最近一次为2008年自法国引种（登录号2008-868）。现已经找不到活体。

其他 该种在国际植物园保护联盟（BGCI）中有83个迁地保育点，在许多地区栽培时均生长良好，花果繁茂，很受欢迎。

物候信息

其他 4～5月开花；9～10月果实成熟。

迁地栽培要点

要求夏季凉爽湿润的气候条件。栽培于全日照或半阴环境。要求排水良好的酸性土壤。嫩枝扦插或播种繁殖。

主要用途

花序硕大，蓝色果实极别致，引人注目，是优良的观花和观果灌木。容易修剪成球形灌木。适于庭院孤植观赏。

植株（徐晔春 摄）
叶面（陈又生 摄）
花序（Plantaholic Sheila 摄）
果序（Curiosity thrills. https://www.flickr.com/ 摄）

42 球核荚蒾

Viburnum propinquum Hemsl., J. Linn. Soc., Bot. 23: 355. 1888.

植株（刘旭 摄）

果枝

自然分布

产重庆、福建、甘肃、广东、广西、贵州、湖北、湖南、江西、陕西、四川、台湾、云南和浙江。菲律宾也有。生于海拔400~1300m的山谷林中或灌丛中。

迁地栽培形态特征

植株 常绿灌木，高达2m。全体无毛。

茎 幼枝红褐色，光亮，具凸起小皮孔，2年生小枝灰色。

叶 幼叶带紫色；老叶革质，卵形至椭圆形，长3~11cm，宽2~4.5cm，顶端渐尖，基部宽楔形至近圆形，边缘疏生浅锯齿，基部以上两侧各有1~2枚花外蜜腺，具离基三出脉，脉近叶缘前互相网结；叶柄纤细，长1~2cm。

花 形态特征基本同狭叶球核荚蒾，但花序较大，宽4~5cm。

果 果序可长达7cm；果实蓝黑色，有光泽，卵状圆球形，长3~6mm；核近球形，胚乳嚼烂状。

引种信息

成都市植物园 2001年自重庆南川和浙江杭州引种（无登录号）；2007年自上海引种（无登录号）。目前该种园内有栽培，生长良好。

重庆市药物种植研究所　自重庆金佛山引种，具体信息不详（无登录号）。目前该种园内有栽培，生长良好。

杭州植物园　引种信息不详。目前该种在园内有栽培，生长一般，可正常开花结果。

华南植物园　2014年自湖北恩施引种（登录号20140162）。目前该种在珍稀濒危植物繁育中心有栽培，生长良好，可正常开花结果。

南京中山植物园　引种3次。1982年自杭州植物园引种（登录号II96-76）；2004年自浙江金华引种（登录号2004I-0346）；2017年自神农架引种（登录号2017I275）。目前园区有定植栽培，生长良好，能正常开花结果。

上海辰山植物园　2008年自福建政和佛子岩风景区引种（登录号20081724）。目前该种在展区有栽培，生长良好，花果繁茂。

武汉植物园　引种4次。2005年自贵州石阡佛顶山引种小苗（登录号20051775）；2009年自福建龙岩上杭古田镇大源村1组引种小苗（登录号20090880）；2010年自贵州镇远铁溪风景区引种小苗（登录号20101182）；2012年自广西河池肯莫镇引种小苗（登录号20120328）。

中国科学院植物研究所北京植物园　引种2次。1964年自陕西西安植物园引种（登录号1964-348）；1989年引种（登录号1989-4449）。未见活体。

其他　该种在国际植物园保护联盟（BGCI）中有42个迁地保育点。国内桂林植物园和浙江农林大学植物园有栽培记录。

物候信息

重庆市药物种植研究所　3月出现花蕾；4月中下旬开花。

武汉植物园　2月下旬开始萌芽，展叶并出现花蕾；4月初至4月中下旬开花；8月底至9月初果实颜色开始发生绿色–蓝色–蓝黑色的变化，11月中下旬果实成熟；常绿。

迁地栽培要点

喜温暖湿润的气候和排水良好的酸性深厚土壤。栽培于全日照或半阴环境。耐湿热，但不耐寒，也不耐旱。半熟枝扦插或播种繁殖。

主要用途

花果繁密，尤其是成串蓝色果实极引人注目，是优良的观果灌木。

叶背
叶面

果（徐文斌 摄）

果序（徐文斌 摄）

果实

果实

42a
狭叶球核荚蒾

Viburnum propinquum Hemsl. var. **mairei** W. W. Sm., Notes Roy. Bot. Gard. Edinburgh. 9: 140. 1916.

植株

自然分布

特产中国贵州、湖北、四川和云南。生于海拔400~500m的山坡灌丛中。

迁地栽培形态特征

植株、茎形态特征同狭叶球核荚蒾。

🌿 叶狭窄，条状披针形至倒披针形，长3~8cm，宽1~1.5cm，顶端急尖或渐尖，基部楔形，边缘疏生小锐齿。

🌸 聚伞花序复伞形状，直径2~4cm，总花梗纤细，长1~2cm，第一级辐射枝通常7条；花甚小，生于第三级辐射枝上；萼筒长约0.6mm，萼齿宽三角状卵形；花冠绿白色，辐状，直径约4mm，裂片宽卵形；雄蕊常稍高出花冠，花药近圆形。

🟠 果 形态特征基本同球核荚蒾，直径3~4mm。

引种信息

成都市植物园 1996年自重庆南川引种（无登录号）。目前该种园内有栽培，生长良好。

华南植物园 引种3次。2010年自湖北鹤峰走马镇五里乡南渡江引种（登录号20103034）；2014年自湖北恩施引种（登录号20140425、20140334）。目前该种在珍稀濒危植物繁育中心有栽培，生长良好，可正常开花结果。

武汉植物园 2009年12月自湖北长阳引种小苗。生长良好，已经开花结果。

其他 该变种在国际植物园保护联盟（BGCI）中有5个迁地保育点。

物候信息

武汉植物园 2月中下旬开始萌芽；2月底开始展叶并出现花蕾；4月初到4月中旬开花；8月底到9月初果实颜色开始发生绿色–蓝色–蓝黑色的变化，11月中下旬果实成熟。常绿。

迁地栽培要点

同球核荚蒾。

主要用途

同球核荚蒾。

果枝（徐文斌 摄） 叶面 叶背
花序（徐文斌 摄） 花序（徐文斌 摄） 果序（徐文斌 摄）

43 三脉叶荚蒾

Viburnum triplinerve Hand.-Mazz., Sinensia. 5: 15. 1934.

植株

自然分布

特产中国广西。生于海拔约550m的喀斯特山地。

迁地栽培形态特征

植株 常绿灌木,高可达2m。全体无毛。

茎 幼枝纤细,绿色至褐色,微有棱角,皮孔显著,老枝灰褐色或灰白色。

叶 叶革质,卵圆形、椭圆形至近圆形,长2~6cm,顶端钝或圆形,基部宽楔形至近圆形,边缘全缘,稍反卷,具离基3出脉,脉弧形上升,近叶缘前互相网结,小脉横列,不明显;叶柄长7~15mm。

花 聚伞花序直径1.5~3.5cm,总花梗长约1cm,纤细,第一级辐射枝5~7条;花生于第二级辐射枝上;萼筒宽钟形,长不到1mm,萼齿微小;花冠辐状,裂片近圆形;雄蕊约与花冠等长,花药球形。

果 果序可长达10cm;果实近圆形,直径4~5mm,熟时紫褐色。

引种信息

桂林植物园 引自广西。目前园内有幼苗栽培,生长一般。

武汉植物园 无引种记录。有幼苗,生长一般,未开花结果。

其他 该种在国际植物园保护联盟(BGCI)中有1个迁地保育点。

物候信息

野生状态 春季开花,9月果实开始变为蓝色并逐渐成熟;常绿。

迁地栽培要点

适应温暖湿润的热带亚热带气候,不耐寒。原生境为喀斯特山地,应创造相应的土壤条件。半熟枝扦插或播种繁殖。

主要用途

稀有植物,在《中国物种红色名录·第一卷 红色名录》(汪松和解焱,2004)中该种被评为极危(CR)植物,后在《中国生物多样性红色名录——高等植物卷》(2013)被评为易危(VU)等级,具有科研价值。蓝色果实可供观赏。

果枝

叶背 / 叶面

果序

44 樟叶荚蒾

Viburnum cinnamomifolium Rehder, Trees & Shrubs [Sargent] ii: 31. 1907.

植株（徐晔春 摄）

自然分布

特产中国四川和云南。生于海拔1000~1800m的山坡灌丛中。

迁地栽培形态特征

植株 常绿灌木或小乔木，高可达6m。全体近无毛（芽和花序除外）。

茎 幼枝较粗壮，圆筒状，绿色或带紫红色，皮孔显著。

叶 幼叶带紫色；老叶革质，椭圆状长圆形，长6~15cm，顶端渐尖至尾尖，稀钝圆，基部楔形至宽楔形，全缘或具疏浅锯齿，具离基三出脉，小脉横列，不为明显的皱纹状；叶柄粗壮，长1.5~3.5cm，常为紫红色。

花 聚伞花序大而疏散，直径6~15cm，总花梗长1.5~4cm，第一级辐射枝5~8条，花生于第三至第四级辐射枝上；萼筒倒圆锥形，萼齿微小；花冠黄白色，辐状，直径4~5mm，裂片宽卵形，反曲；雄蕊高出花冠，花药紫红色，长圆形；子房黄绿色。

果 果实蓝色，卵圆形，长约5mm，直径约3mm；核有1条狭细的浅腹沟或几无沟。

引种信息

成都市植物园 2002年自四川崇州、宝兴引种（无登录号）。目前该种园内有栽培，生长良好。

武汉植物园 引种2次。2010年自四川峨眉山引种小苗（登录号20100290）；2010年自四川宝兴陇东镇新江村贾家沟引种小苗（登录号20104976）。目前该组在园内有幼苗栽培，生长较差。

西双版纳热带植物园 引种1次。2015年自四川峨眉山生物资源实验站引种种子（登录号00,2015,0531）。调查未见活体。

中国科学院植物研究所北京植物园 引种2次。1991年陈伟烈赠送种子（登录号1991-5224）；1999年自伊朗引种（登录号1999-1827）。现已经找不到活体。

其他 该种在国际植物园保护联盟（BGCI）中有39个迁地保育点。该种在国外一些植物园栽培生长良好，花果繁茂。

物候信息

野生状态 5~6月开花；9~10月果实成熟并变为蓝色。

迁地栽培要点

要求夏季凉爽湿润的气候条件。栽培于全日照或半阴环境。要求排水良好的酸性土壤。嫩枝扦插或播种繁殖。

主要用途

树姿宽阔圆整，花果繁密，花序硕大，蓝色果实引人注目，是优良的观花和观果灌木。适于草坪边开阔处孤植观赏。

叶面　　叶面　　果序（陈又生 摄）

花序　　花序（饶晔春 摄）

45 蓝黑果荚蒾

Viburnum atrocyaneum C. B. Clarke, J. D. Hooker, Fl. Brit. India. 3: 7. 1880.

自然分布

产重庆、四川、西藏和云南。不丹、印度、缅甸和泰国也有。生于海拔1000~3200m的山坡或山脊疏林、密林或灌丛中。

迁地栽培形态特征

植株 常绿灌木，多分枝，高可达3m。

茎 幼枝初时带紫色，后变浅灰黄色。

叶 叶厚革质，卵状披针形或菱状椭圆形，长3~10cm，顶端钝或急尖，基部宽楔形，两侧不对称，边缘疏生浅齿或近全缘，叶面深绿色有光泽，背面苍白色或淡绿色，侧脉5~8对，羽状，近叶缘前互相网结；叶柄长6~12mm。

花 聚伞花序复伞形状，直径2~4cm，总花梗长0.6~2cm，第一级辐射枝5~7条；花常生于第二级辐射枝上；萼筒倒圆锥形，长约1mm，萼齿宽三角形；花冠白色，辐状，直径约5mm，裂片卵圆形；雄蕊稍短于花冠，花药卵圆形。

果 果序长可达8cm，总果梗长可达6cm；果实成熟时深蓝色，卵圆形，顶端稍尖，长5~6mm；核卵形，有1浅而窄的腹沟，胚乳嚼烂状。

引种信息

武汉植物园 2004年自广西龙胜温泉引种小苗（登录号20049403）。

中国科学院植物研究所北京植物园 引种5次。最早于1964年自昆明植物园引种（登录号1964-775）；最近一次引种为2012年自西藏波密易贡茶场引种（登录号2012-1178）；期间还有自西藏错那勒乡引种（登录号1995-450）。现已经找不到活体。

其他 该种在国际植物园保护联盟（BGCI）中有23个迁地保育点。国内上海辰山植物园有栽培记录。

物候信息

野生状态 4~5月开花；9月果实开始变为蓝色；10~11月果实成熟。

迁地栽培要点

要求夏季温暖而持续湿润的亚热带气候。不耐寒，稍耐旱。栽培于全日照或半阴环境。要求排水良好的钙质土壤。扦插或播种繁殖。

主要用途

目前主要是植物园为迁地保育而有引种栽培。蓝色果实可供观赏。

45a
毛枝荚蒾

Viburnum atrocyaneum C. B. Clarke subsp. **harryanum** (Rehder) P. S. Hsu, Fl. Reipubl. Popul. Sin. 72: 38. 1988.

植株

自然分布

特产中国广西、贵州、四川和云南。生于海拔1000~3200m的山坡疏林或开阔灌丛中。

迁地栽培形态特征

植株 常绿灌木，高1~2m。

茎 幼枝密被灰褐色簇状短毛至完全无毛。

叶 叶常三叶轮生，小型，常为圆卵形或倒卵形，长0.8~6cm，顶端圆钝至凹缺，有小凸尖，全缘或有不规则锯齿；叶柄长可达2cm，无毛。

花、果形态特征基本同蓝黑果荚蒾。果实较原变种稍小，长5mm。

引种信息

上海辰山植物园 2009年自安徽芜湖欧标公司引种（登录号20090376）。调查时未见活体。

武汉植物园 2015年自广西乐业穿洞天坑附近引种小苗（登录号20150024）。目前该种在苗圃有栽培，生长良好，尚未开花结果。

其他 该种在国际植物园保护联盟（BGCI）中有6个迁地保育点。

物候信息

野生状态 3~4月开花；果期秋冬季。

迁地栽培要点

同蓝黑果荚蒾。

主要用途

同蓝黑果荚蒾。

球核组常见园艺杂交种介绍

球冠荚蒾（*Viburnum* × *globosum* 'Jermyns Globe'） 常绿灌木，为川西荚蒾（*Viburnum davidii* Franch.）和蓝黑果荚蒾（*Viburnum atrocyaneum* C. B. Clarke ＝ *Viburnum calvum* Rehder）之间的杂交种，主要形态特征为树形紧凑，分枝多，常呈圆球形；叶片狭椭圆形，顶端钝或急尖；聚伞花序近平顶伞房状；花辐状，白色，果实卵球形，蓝色，具金属光泽。北京植物园和上海辰山植物园有引种栽培。

植株（汪远 摄）

果序（汪远 摄）

组9 大苞组

Sect. *Mollotinus* Winkworth & Donoghue

落叶灌木。叶边缘有花外蜜腺。红色有柄腺点存在植株多个部位,如叶柄、叶片、小枝或花序分枝上。冬芽有2对鳞片。叶薄纸质,卵状椭圆形至近圆形,边缘具不规则粗牙齿,羽状脉显著,直伸达齿端;托叶线形,宿存。聚伞花序具苞片;花序梗分枝轮生;花冠辐状。果实蓝黑色;核椭圆形,具浅沟,稍扁。

本组约5种,均原产北美洲。中国主要引入栽培1种大苞荚蒾(*Viburnum bracteatum* Rehder)。此外,中国科学院植物研究所北京植物园还曾经交换得该组的一些种类,如短毛荚蒾(*Viburnum molle* Michx.,登录号1956-2133、1986-269)以及拉菲荚蒾(*Viburnum rafinesquianum* J. A. Schultes,登录号1982-91、1986-270),但均未成功繁殖出种苗。

46 大苞荚蒾

Viburnum bracteatum Rehder, Trees & Shrubs [Sargent] 1: 135, pl. 68. 1903.

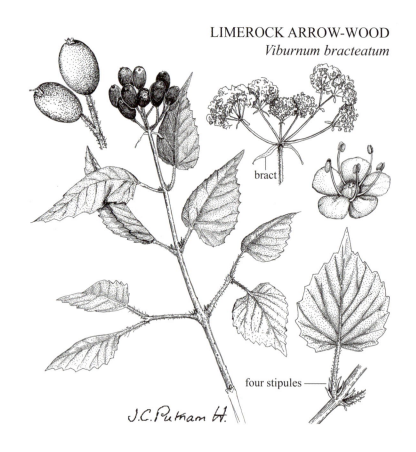

自然分布

原产美国东南部（佐治亚、亚拉巴马、田纳西、阿肯色、密苏里、俄克拉何马）。生于具石灰岩露头、岩脊或悬崖的湿润白垩山坡，常处于溪流边上。

迁地栽培形态特征

植株 落叶灌木，高可达3m。植株各幼嫩部位常被红色有柄腺点。

茎 树皮不剥落。嫩枝圆筒状，红褐色或灰褐色，无毛；2年生小枝灰褐色，无毛；老枝分枝弓形，开展。冬芽卵形，顶端急尖，鳞片顶端具短尖，红褐色，背面无毛至被稍密的伏贴细刚毛，边缘具纤毛。

叶 叶片薄纸质，卵形至近圆形，长5~12cm，宽4~11cm，顶端短渐尖至急尖，基部圆形至心形，有时宽楔形，边缘具波状粗牙齿和缘毛，齿每边8~18个，圆形、阔三角形或锐三角形，叶面沿脉密被柔毛，脉间有伏贴细刚毛，背面沿脉密被柔毛和红腺点，侧脉4~6对，连同分枝直达齿端，在叶面凹陷，在背面显著凸起；叶柄平展，长0.5~3.3cm，叶面具沟槽，绿褐色至红褐色，被红腺点和簇状毛；托叶4枚生于叶柄基部，红褐色，线形，宿存，长2～10mm。

🌼 **花** 聚伞花序复伞形状，直径4～8cm，总花梗长2～6cm，第一级辐射枝6～7条；苞片多数，直立，花期显著，线形至倒披针形，边缘具缘毛，长达20mm；花常生于第三至第四级辐射枝上；萼筒杯状，长约1mm，萼齿宽圆三角形；花冠乳白色，辐状，直径7～8.5mm，裂片圆形或倒卵形；雄蕊远超出花冠，长约7mm。

🟠 **果** 果实卵球形，成熟时蓝黑色，被疏腺点，长9～14mm；核具浅沟，稍扁。

引种信息

中国科学院植物研究所北京植物园 引种2次。1981年自美国引种（登录号1981-20013）；1989年自法国引种（登录号1989-4400）。1981-20013号至少存活至2008年，但生长一般，冬季有枯梢，需要有较好的小环境才能存活，目前园内已经没有该种活体。

其他 该种在国际植物园保护联盟（BGCI）中有36个迁地保育点。

物候信息

中国科学院植物研究所北京植物园 3月初开始萌芽；4月开始展叶，并出现花蕾；5月上中旬开花；8月果实开始由绿色变为蓝色；9月果实成熟；11月落叶。

迁地栽培要点

喜全日照或半阴环境和湿润但排水良好的深厚偏酸性土壤。耐寒性较差，在北京栽培需有庇护小环境条件方可越冬。嫩枝扦插或播种繁殖。

主要用途

株形圆整，开花繁密，果实蓝色引人注目，是良好的观花和观果灌木。适合草坪边空旷地栽培观赏。

组 10　北美齿叶组

Sect. *Dentata* (Maxim.) Hara

　　落叶灌木。叶边缘有花外蜜腺。冬芽有2对鳞片。叶薄纸质，狭卵形至近圆形，基部圆形至心形，边缘具不规则粗牙齿，羽状脉显著，直伸达齿端；叶柄较长，托叶不存在。聚伞花序具苞片；花序梗分枝轮生；花冠辐状。果实蓝黑色；核椭圆形，具浅沟，稍扁。

　　约2~3种，均产北美洲。齿叶荚蒾（*Viburnum dentatum* L.）在中国有较多的引种栽培记录，本书加以收录。此外，平滑荚蒾（*Viburnum recognitum* Fernald）在中国科学院植物研究所北京植物园虽然也有过引入栽培记载（登录号 1983-4006、1999-815、1999-2412），但存活时间很短。

47 齿叶荚蒾

Viburnum dentatum L., Sp. Pl. 1: 268.1753.

自然分布

原产美国东部（北至缅因，南至佛罗里达，西至得克萨斯）。生于开阔林地、林缘、河流岸边、湖边或沼泽地。

迁地栽培形态特征

植株 落叶灌木，高1~3m。株型圆形，分枝多，弓形，展幅有时可达2.5m。

茎 树皮灰色，平滑。嫩枝细长，绿色，有棱角，有时被茸毛，后变无毛。老枝灰白色，圆筒形，具疣状凸起皮孔。冬芽绿色至褐色，卵形，顶端急尖，鳞片数对，红褐色。

叶 叶片厚纸质或薄革质，卵形、长圆形、倒卵形至椭圆形，长4~10cm，宽4~8cm，顶端钝、急尖至渐尖，基部圆形、心形至宽楔形，边缘具规则粗牙齿，齿每边12~18个，三角形，齿具突尖或圆形，叶面无毛，深绿色，有光泽，背面淡绿色，至少被稀疏簇状毛，侧脉5~8对，连同分枝直达齿端，在叶面凹陷，在背面显著凸起；叶柄具沟槽，长1~2cm，被稀疏簇状毛；托叶不存在。

花 聚伞花序复伞形状，平顶，生于当年生新枝顶端，直径5~12cm，总花梗长2~6cm，第一级辐射枝5~7条；苞片和小苞片多数，小型，绿色；花常生于第三至第四级辐射枝上；萼筒绿色，杯状，长约1mm，萼齿宽圆三角形；花冠乳白色，辐状，直径7~8.5mm，裂片圆形或倒卵形；雄蕊远超出花冠，长约7mm；柱头3裂。

果 果实卵球形，幼时绿色，成熟时蓝黑色，被疏腺点，长7~8mm；核具浅沟，稍扁。

引种信息

上海辰山植物园 2008年自美国引种（登录号20081671）。调查时未见该种活体。

西双版纳热带植物园 引种1次。2007年自美国引种种子（登录号29,2007,0067）。已无活体。

中国科学院植物研究所北京植物园 引种17次。最早于1955年开始引种（登录号1955-1003）；最近一次引种为2008年自美国引种（登录号2008-1446）；但植物园定植存活时间较长的为1981年自美国史密斯大学植物园引种的种子后代（登录号1981-4489），至少存活至2002年。目前已找不到活体。

其他 该种在国际植物园保护联盟（BGCI）中有155个迁地保育点。国内杭州植物园早年有栽培记录。

物候信息

中国科学院植物研究所北京植物园 3月初开始萌芽；4月开始展叶，并出现花蕾；5月上中旬开花；8月果实开始由绿色变为蓝色；10月果实成熟；11月落叶。

迁地栽培要点

喜半阴环境，在全日照下也能生长。喜中性或偏酸的肥沃土壤以及湿润的气候。但也适应较为干燥或潮湿的土壤。种植后第三年可开始结果。播种或扦插繁殖，种子需要沙藏以打破休眠。移栽容易成活，少病虫害。偶尔修剪有利于复壮和塑形。必要时可修剪基部萌条以限制生长。荚蒾叶甲（*Pyrrhalta viburni*）可危害多种荚蒾属植物的叶片，可用化学等手段进行防治。

主要用途

迷人的景观灌木，具有密集的叶丛，成簇的白花和深蓝色的果实。秋季叶子变黄色或红色，果实繁密。适于作花境背景种植。果实还可以招鸟。

组11　裂叶组

Sect. *Opulus* DC.

　　落叶灌木，植株近无毛。冬芽有1~2对合生鳞片。叶纸质，掌状3~5裂，具掌状3~5脉；花外蜜腺极显著，2~4枚生于叶柄顶端或叶片基部；托叶2枚，钻形。聚伞花序复伞形式，顶生或生于具1对叶的短枝上，边缘有或无大型不孕花；花冠白色或带紫红色；花药紫红色或黄白色。果实成熟后红色；核扁，有1条宽广腹沟和2条浅背沟或无沟。

　　本组约3~5种，中国原产2种。中国迁地栽培2种，均为中国原产种类。鉴于欧洲荚蒾（*Viburnum opulus* L.）复合体分类的复杂性，本书采用广义概念，而将其相关亚种和园林上栽培较多的品种放在种下进行介绍。此外，中国科学院植物研究所北京植物园还曾经数次引入过食用荚蒾 [*Viburnum edule* (Michx.) Raf.] 的种子（登录号1977-783、1980-846、1991-2396、1993-2125、2009-710），该种原产美国和加拿大，目前未见到确切的活体。

裂叶组分种检索表

1a. 花序无大型不孕花；叶3~5裂；叶柄短，最长不超过2.5cm ·················· **48. 朝鲜荚蒾 *V. koreanum***
1b. 花序周围有大型不孕花；叶常3裂或同时存在不裂叶；叶柄长2~4cm ··· **49. 欧洲荚蒾 *V. opulus***

48 朝鲜荚蒾

Viburnum koreanum Nakai, J. Coll. Sci. Imp. Univ. Tokyo. 42 (2): 42. 1921.

自然分布

产黑龙江和吉林（长白山）。朝鲜和日本也有。生于海拔约1400m的林下或林缘。

迁地栽培形态特征

植株 落叶灌木，高1～2m。

茎 幼枝绿色或红褐色，散生皮孔，后变灰白色，无毛。冬芽有1对合生的外鳞片。

叶 叶纸质，轮廓卵圆形，长6～13cm，宽5～10cm，3～5裂，具掌状3～5出脉，基部圆形、宽楔形至浅心形，近叶柄两侧各有花外蜜腺1枚，裂片顶端渐尖至尾尖，边缘有不规则牙齿；叶柄短，长0.5～2.5cm，基部有2枚钻形托叶。

花 聚伞花序复伞形式，生于具1对叶的短枝上，直径2～4cm，花少数，总花梗纤细，长1.5～4cm，第一级辐射枝5～7条，花生于第一至第二级分枝上；萼齿三角形，微小，紫红色，无毛；花冠乳白色，辐状，直径6～8mm；雄蕊极短，花药黄白色。

果 果序具少数果实；果实成熟时暗红色，近椭圆形，长7～11mm，直径5～7mm；核卵状长圆形，有1条宽腹沟和2条浅背沟。

引种信息

中国科学院植物研究所北京植物园 引种3次。1961年自沈阳树木园引种（登录号1961-1066）；1985年自吉林长白山采集（登录号1985-4520）；1993年唐永丹再次自吉林长白山采集（登录号1993-1859）。现已经找不到活体。

其他 该种在国际植物园保护联盟（BGCI）中有4个迁地保育点。国内沈阳树木园曾有栽培记录。

物候信息

长白山 5月中下旬开始萌芽；6月上旬开始展叶，并出现花蕾；6月下旬开花；8月果实开始变为红色；10月果实成熟；11月落叶。

迁地栽培要点

喜冷凉湿润气候和排水良好的肥沃土壤。耐阴，适合栽培于林下。耐寒，但不耐热，夏季应遮阴喷水以降温。嫩枝扦插或播种繁殖。

主要用途

《中国生物多样性红色名录——高等植物卷》（2013）将该种评为近危（NT）等级，具有科研价值，应进行迁地保育。

植株（徐晔春 摄）

花枝（徐晔春 摄）　　芽（周海成 摄）　　花序（徐晔春 摄）

花序（周海成 摄）　　果实（周海成 摄）

49
欧洲荚蒾

Viburnum opulus L., Sp. Pl. 1: 268. 1753.

自然分布

产安徽、甘肃、河北、黑龙江、河南、湖北、江苏、江西、吉林、辽宁、宁夏、陕西、山东、山西、四川、新疆和浙江。日本、朝鲜、蒙古、俄罗斯和欧洲地区也有。生于海拔1000~2200m的疏林下或灌丛中。

迁地栽培形态特征

植株 落叶灌木，高达1.5~4m。植株各部位常无毛。

茎 树皮稍纵裂。幼枝有棱；2年生小枝常红褐色，具凸起皮孔；老枝暗灰色。冬芽卵圆形，外对鳞片合生，内对鳞片膜质，基部合生成筒状。

叶 叶纸质，轮廓圆卵形，长6~12cm，3~5裂，具掌状脉，基部圆形、截形或浅心形，裂片顶端渐尖，边缘具不整齐粗牙齿或近全缘；叶柄粗壮，长1~2cm，上部有2~4或多枚明显长盘形的花外蜜腺，基部有2枚钻形托叶。

花 聚伞花序复伞形式，直径5~10cm，周围有大型不孕花，总花梗粗壮，长2~5cm，第一级辐射枝6~8条；花生于第二至第三级辐射枝上；萼筒倒圆锥形，长约1mm，萼齿三角形；花冠白色，辐状，裂片近圆形，内被长柔毛；雄蕊长至少为花冠的1.5倍，花药黄白色；不孕花白色，直径1~2.5cm，有长梗，裂片不等。

果 果实红色，近圆形，直径8~12mm；核扁，近圆形，灰白色，稍粗糙，无纵沟。

引种信息

北京植物园 引种13次（包括5次鸡树条引种、2次三裂荚蒾引种）。1980年引种（登录号1980-0006z）；1983年自加拿大引种（登录号1983-0061z）；1983年自波兰引种（登录号1983-0070z）；1989年自新疆引种（登录号1988-0085z）；2001年自荷兰引种（登录号2001-1475）；2005年自荷兰引种（登录号2005-1000）；1975年引种（登录号1975-0005m）；1983年自加拿大引种（登录号1983-0062z）；1983年自北京西南郊苗圃引种（登录号1983-0194z）；1986年自沈阳树木园引种（登录号1986-0005z）；2005年自甘肃引种（登录号2005-1255）；1983年引种（登录号1983-0065z）；1989年自加拿大引种（登录号1988-0029z）。目前园内有多处定植，生长良好，花繁密。

成都市植物园 1998年自吉林长春引种（无登录号）；2001年自四川成都和江苏引种（无登录号）；2001年自浙江杭州引种（无登录号）；2002年自北京引种（无登录号）；2002年自北京和新疆引种（无登录号）；2003年自河北承德引种（无登录号）；2007年自上海引种（无登录号）。目前该种园内有栽培，生长一般。

杭州植物园 2017年自四川成都市植物园引种（暂未编号）。目前该种在园内苗圃有栽培，尚为幼苗，有待观察。

华南植物园 引种3次。2009年自江苏南京中山植物园引种（登录号20090334）；2009年自吉林长白山引种（登录号20091427）；2014年自湖北恩施引种（登录号20140397）。记载该种在高山极地室和珍稀濒危植物繁育中心栽培，调查中未见活体。

南京中山植物园 引种87次。1959年引种（登录号EI131-037、EI24-241）；1959年自苏联引种（登录号EI132-156）；1964年自荷兰莱顿植物园引种（登录号E1506-018）；1964年自苏联引种（登录号E1068-037）；1965年自匈牙利引种（登录号E602-085）；1979年引种（登录号79E207-060、79E31014-036）；1980年引种（登录号80E807-0043、80E807-042）；1981年引种（登录号81E1401-011、81E31021-009）；1985年引种（登录号85E19010-17、85E19010-18、85E2013-5、85E41063-10、85E8014-2）；1987年引种（引种51次，登录号84E101-24、84E101-25、87E1001-13、87E8026-60等）；1988年引种（登录号88E1010-22、88E17012-35、88E605-15）；1990年引种（登录号90E1205-6、90E14010-25）；1992年引种（登录号92E13033-1、92E3023-16、92E3023-17、92E3033-1、92E3033-2、92E3033-3、92E3033-4、92E3033-5）；2009年自荷兰引种（登录号2009E-0007）；2009年自北京植物园引种（登录号2009I-0017）；2013年自辽宁沈阳市植物园引种（登录号2014I-0055）；2014年自奥地利引种（登录号2014E-0096）；2014年自波兰引种（登录号2014E-0284）；2017年自沈阳市植物园引种（登录号2017I116）。目前园区有定植栽培，生长良好，花果繁茂。

银川植物园 2008年自宁夏六盘山引种（鸡树条）。目前该种展区有栽培，生长良好，可正常开花结果。

上海辰山植物园 2005年自浙江昌化龙塘山清凉峰引种（登录号20050213）；2007年自上海植物园引种（登录号20071085）。目前该种在展区有栽培，生长一般，能正常开花结果。

沈阳树木园 1960年自沈阳东陵引种（登录号19600019）；1997年自中国科学院植物研究所北京植物园引种（登录号19970028）。

武汉植物园 2011年9月自湖北神农架引种（原始鉴定为鸡树条 *Viburnum opulus* var. *sargentii*）。

西双版纳热带植物园 引种4次。1990年自英国邱园引种种子（登录号04,1990,0022）；1992年自捷克引种种子（登录号51,1992,0012）；2011年自云南昆明引种苗（登录号00,2011,0318）；2015年自广东华南植物园引种种子（登录号00,2015,0373）。仅有一株，生长状态一般，未开花结果。

中国科学院植物研究所北京植物园 引种170次（包括种下等级和品种的引种）。最早于1952年引种（登录号1952-1589）；最近一次为2010年自美国的引种（登录号2010-3）。期间重要的引种记录尚有：引自波兰华沙大学植物园（1963-717、1963-718、1963-719、1963-720）、引自加拿大埃德蒙顿阿尔伯达大学植物园（登录号1986-942）、引自瑞士隆德大学植物园（登录号1988-485）、引自法国斯特拉斯植物园（登录号1988-3215）、引自英国温特沃斯城堡花园（登录号2003-1644）等。目前该种及其品种在园内有多处定植，生长良好。

其他 该种在国际植物园保护联盟（BGCI）中有222个迁地保育点。国内赣南树木园、黑龙江省森林植物园、庐山植物园和浙江农林大学植物园有栽培记录。

物候信息

中国科学院植物研究所北京植物园 3月中下旬开始萌芽；3月底至4月初开始展叶，并出现花蕾，一般为绿色并持续一段时间；4月下旬至5月上旬为盛花期，花量多；9月果实开始由绿色变为红色；10月果实成熟；11月中下旬落叶。

迁地栽培要点

性强健，适应性广泛。喜全日照，亦耐阴；喜冷凉湿润气候，耐寒，也能耐受夏季高温；土壤要求不严；根系发达。播种、扦插或分株繁殖。

主要用途

该种适应性强，叶绿、花繁、果艳，是北方地区重要的观花和观果灌木之一，应用十分广泛。

花期植株（Kirill Tkachenko 摄）　冬芽　叶柄腺体　叶面　叶背　花序　花药　果序（Kirill Tkachenko 摄）

欧洲荚蒾分布广泛，不同地理居群在一些分类性状上存在一定的过渡变化，导致分类较为困难，如东亚地区产的该种居群过去被作为一个独立的物种鸡树条（*Viburnum sargentii* Koehne）看待，此外三裂叶荚蒾（*Viburnum trilobum* Marshall）也曾被认为独立物种。上述2种目前均已并入欧洲荚蒾。此外，欧洲荚蒾栽培历史悠久，国外已经培育出了许多品种，英国皇家园艺学会栽培植物数据库（https://apps.rhs.org.uk/horticulturaldatabase/）中和欧洲荚蒾有关的记录达40条（检索日期2019年12月29日）。这些品种的变异性状包括了植株大小、株型、叶形、叶色、花形、花色以及果色等方面。中国目前园林运用上也引入栽培了其中一些优良品种，为方便准确识别欧洲荚蒾原种、亚种以及相关品种，这里对欧洲荚蒾重要的种下等级和常见品种编制了检索表，并附典型识别特征图片。

欧洲荚蒾种下等级及常见品种检索表

1a. 花序全部为大型不孕花，绣球状；不结果 ·················· 欧洲雪球 *V. opulus* 'Roseum'
1b. 花序具可孕花，平顶状；可结果。
　2a. 花蕾紫红色 ·· 红蕾欧洲荚蒾 *V. opulus* 'Onondaga'
　2b. 花蕾黄绿色。
　　3a. 果实成熟时黄色 ··· 黄果欧洲荚蒾 *V. opulus* 'Xanthocarpum'
　　3b. 果实成熟时红色。
　　　4a. 嫩叶金黄色 ··· 金叶欧洲荚蒾 *V. opulus* 'Aureum'
　　　4b. 嫩叶绿色。
　　　　5a. 叶显著三裂，裂片近无锯齿 ·················· 三裂叶荚蒾 *V. opulus* subsp. *trilobum*
　　　　5b. 叶不为上述性状。
　　　　　6a. 花药紫红色。
　　　　　　7a. 小枝、叶柄和总花梗均无毛 ·················· 鸡树条 *V. opulus* subsp. *calvescens*
　　　　　　7b. 幼枝、叶片背面和总花梗均被长柔毛 ·················· 毛叶鸡树条 *V. opulus* f. *puberulum*
　　　　　6b. 花药黄白色 ·· 49. 欧洲荚蒾 *V. opulus*

欧洲雪球花期植株（李东 摄）

欧洲雪球花序　　欧洲雪球花序　　欧洲雪球花序

红蕾欧洲荚蒾植株　　红蕾欧洲荚蒾花序　　红蕾欧洲荚蒾花蕾

中国迁地栽培植物志·五福花科·荚蒾属

鸡树条植株（Kirill Tkachenko 摄）　　鸡树条果枝（Kirill Tkachenko 摄）

鸡树条花序（叶建飞 摄）

鸡树条花序　　鸡树条果序

毛叶鸡树条花序　　毛叶鸡树条叶

组12 革叶组

Sect. *Coriacea* (Maxim.) J. Kern

常绿灌木或小乔木。植株幼嫩部位常被微细鳞腺。冬芽具1对分离的鳞片。花外蜜腺显著生于叶片背面近边缘处。叶革质，背面腺点显著，对折后折痕显著，具羽状脉，侧脉近叶缘时互相网结，无托叶。聚伞花序复伞形式，顶生；花冠白色，筒状，裂片短而直立；花药紫红色。果实红色或后转紫黑色；核扁，有1条浅腹沟和2条浅背沟；胚乳坚实。

约3种，中国原产1种，迁地保育1种，即水红木（*Viburnum cylindricum* Buch.-Ham. ex D. Don）。

50
水红木

Viburnum cylindricum Buch.-Ham. ex D. Don, Prodr. Fl. Nepal. 142. 1825.

自然分布

产甘肃、广东、广西、贵州、湖北、湖南、陕西、四川、西藏和云南。不丹、印度、印度尼西亚、缅甸、尼泊尔、巴基斯坦、泰国和越南也有。生于海拔500～3300m的阳坡疏林或灌丛中。

迁地栽培形态特征

植株 常绿灌木或小乔木，高可达8m以上。植株幼嫩部位常被微细鳞腺。

茎 嫩枝圆筒状，紫红色，2年生以上小枝红褐色，均散生小皮孔。冬芽有1对鳞片。

叶 叶革质，椭圆形至卵状长圆形，长8～16cm，宽3～10cm，顶端渐尖至短尾尖，基部楔形，两侧不对称，边缘全缘或具数个不整齐浅齿，两面无毛，背面明显散生小腺点，近基部两侧各有1至数个花外蜜腺，侧脉3～5对，弧形，彼此疏远，在近叶缘前网结；叶柄长1～5cm。

花 聚伞花序复伞形式，近平顶，直径4～18cm，总花梗长1～6cm，第一级辐射枝通常7条；花通常生于第三级辐射枝上；萼筒倒圆锥形，长约1.5mm，有微小腺点；花冠白色，筒状，长4～6mm，被微细鳞腺，裂片圆卵形，直立，长约1mm；雄蕊高出花冠，花药紫色，长圆形，长1～2mm。

果 果实先红色，后变紫黑色，卵圆形，长约5mm，被微细鳞腺；核扁，有1条浅腹沟和2条浅背沟。

引种信息

成都市植物园 1997年自重庆南川和四川雅安引种（无登录号）；2007年自上海引种（无登录号）。目前该种园内有栽培，生长良好。

杭州植物园 2017年自四川成都市植物园引种（暂未编号）。目前该种在园内苗圃有栽培，尚为幼苗，生长良好。

昆明植物园 1956年自云南丽江引种（登录号56.176）。目前该种在观叶观果区、濒危植物区、温室群周边以及苗圃有栽培，生长良好，可正常开花结果。

上海辰山植物园 2006年自湖南桑植引种（登录号20060201）。调查时未见该种活体。

武汉植物园 2017年3月自广西大化引种。生长良好，尚未开花结果。

西双版纳热带植物园 引种6次。1978年自云南景洪龙帕龙陵引种种子（登录号00,1978,0662）；1997年自中国云南盈江拉邦引种苗（登录号00,1997,0223）；1999年自云南普洱勐先引种苗（登录号00,1999,0351）；2006年自云南勐腊南贡山引种小苗（登录号00,2006,0391）；2008年自云南勐腊望乡台引种小苗（登录号00,2008,0589）；2008年自云南勐腊望香台引种小苗（登录号00,2008,0733）；2009年自云南武定白路乡引种小苗（登录号00,2009,0303）；2013年自云南大理宾川鸡足山引种种子（登录号00,2013,0229）。展区有定植，生长良好，未开花结果。

中国科学院植物研究所北京植物园 引种13次。最早于1957年开始引种（登录号1957-234）；最近一次为2010年自西藏吉隆热望村引种（登录号2010-1410）。各次引种均存活时间不长，目前园内未见活体。

其他 该种在国际植物园保护联盟（（BGCI））中有23个迁地保育点。国内赣南树木园、贵州省植物园和华南植物园有栽培记录。

物候信息

昆明植物园 2月开始萌芽；3月开始展叶和枝条生长；3月下旬出现花蕾；4月下旬至6月开花；9月下旬果实开始绿色-红褐色-蓝黑色的变化；10~11月果实成熟；常绿。

武汉植物园 2月开始萌芽；3月开始展叶和枝条生长，并出现花蕾；5~6月开花；10月开始果实开始绿色-红褐色-蓝黑色的变化；11月果实成熟；常绿。

迁地栽培要点

喜温暖湿润的热带亚热带气候。要求排水良好的酸性土壤。喜全日照，但栽培于半阴或遮阴环境也可生长。稍耐寒，但不耐旱。扦插或播种繁殖。

主要用途

花果虽繁茂，但观赏性一般，目前主要是植物园为迁地保育而引种栽培。

组13　接骨组

Sect. *Sambucina* J. Kern

　　常绿乔木或灌木。冬芽具1对分离的鳞片。花外蜜腺生于叶片背面近边缘处，常大而显著。叶全缘，稀有少数大牙齿，皮纸质，具羽状脉，侧脉在近叶缘时互相网结；托叶通常存在。聚伞花序复伞形式，顶生，常大型，平顶；花冠白色，辐状；雄蕊花丝丝状，在花蕾中折叠。果实成熟时红色，或变蓝黑色；核卵圆形，具1~3条腹沟和2条背沟；胚乳坚实。

　　本组约10种，其中中国原产4种，其中毛叶接骨荚蒾（*Viburnum sambucinum* Reinw. ex Blume var. *tomentosum* Hallier f.）为中国分布新记录。中国迁地栽培4种1变种。

接骨组分种检索表

1a. 叶片背面毛被不显著；萼筒无毛；果实成熟时鲜红色。
　　2a. 叶通常3枚轮生；叶片近无毛；托叶有时明显···51. 三叶荚蒾 *V. ternatum*
　　2b. 叶对生；叶片背面通常被疏短毛；托叶常早落···52. 光果荚蒾 *V. leiocarpum*
1b. 叶片背面毛被通常显著；叶片萼筒和花序均密被柔毛；果实成熟时暗红色或蓝黑色。
　　3a. 叶片背面被厚绒状簇状毛，并夹杂腺点···53. 厚绒荚蒾 *V. inopinatum*
　　3b. 叶片背面被软茸毛或仅脉上有毛，无腺点······················54. 毛叶接骨荚蒾 *V. sambucinum* var. *tomentosum*

51 三叶荚蒾

Viburnum ternatum Rehder, Trees & Shrubs [Sargent] ii. 37. 1907.

自然分布
特产中国贵州、湖北、湖南、四川和云南。生于海拔600~1400m的林中。

迁地栽培形态特征
植株 落叶灌木或小乔木，高可达6m。

茎 树皮黑褐色，皮孔显著。幼枝粗壮，茶褐色，圆筒形，皮孔细小；2年生小枝黑褐色。冬芽披针状卵圆形，鳞片1对，分离，被黄色簇状毛。

叶 叶3枚轮生；叶片皮纸质，椭圆形至倒卵状披针形，长8~24cm，顶端急尖至短尾尖，基部宽楔形至楔形，全缘或有时顶端具少数大牙齿，两面近无毛，花外腺体多枚生于叶片边缘内侧，较大，圆形，侧脉4~7对，弧形上升，在近叶缘时互相网结，在背面明显凸起，小脉横列，在背面形成明显的长方格；叶柄圆筒状，长2~6cm，具皮孔；托叶2，披针形，长4~5mm，常脱落而不存在。

花 聚伞花序复伞形式，松散，近平顶，直径10~18cm，几无总花梗，第一级辐射枝5~7条；花生于第二至第六级辐射枝上；萼筒倒圆锥形，长约1.8mm，萼齿微小；花冠白色，辐状，直径约3mm，裂片半圆形，略短于筒；雄蕊长约6mm，花丝丝状，在花蕾中折叠，开放后远高出花冠，花药黄白色。

果 果实红色，宽椭圆状长圆形，长约7mm；核扁，灰白色，有1条腹沟和2条浅背沟。

引种信息
成都市植物园 1997年自重庆金佛山引种（无登录号）。目前在园区有栽培，生长良好，花果繁密。

重庆市药物种植研究所 自重庆金佛山引种，具体信息不详（无登录号）。目前该种园内有栽培，生长良好。

杭州植物园 2017年自四川成都市植物园引种（暂未编号）。目前该种在园内苗圃有栽培，生长一般，尚未开花结果。

上海辰山植物园 2008年自湖北利川毛坝镇马鹿村引种（登录号20081999）。调查时未见活体。

武汉植物园 引种2次。2013年自四川峨眉山万年寺村引种小苗（登录号20130003）；2014年自贵州雷山雷公山方祥乡阔叶林引种小苗（登录号20149433）。目前该种在园内苗圃有栽培，生长一般，尚未开花结果。

其他 该种在国际植物园保护联盟（BGCI）中有5个迁地保育点。

物候信息
成都市植物园 6月上中旬开花；10~11月果实成熟，过程一致；常绿。

重庆市药物种植研究所 3月底至4月初开始展叶；6月中下旬为盛花期；9月果实变为红色，

10月中旬果实成熟。

武汉植物园 2月底开始萌芽并出现花蕾；3月底开始展叶；3月开少量花，5月出现二次花蕾；6月中下旬为盛花期；9月上旬果实颜色开始发生绿色–橙黄色–红色的变化，10月中旬果实成熟，过程一致；常绿。

迁地栽培要点

喜温暖并持续湿润的亚热带气候。不耐寒，也不耐旱。要求排水良好的酸性土壤。栽培于全日照或半阴环境。半熟枝扦插或播种繁殖。

主要用途

本种3叶轮生，在荚蒾属中极为特别，具科研价值。花序极为硕大，果实繁密，熟时红艳夺目，是优良的观花和观果灌木。适宜庭院开阔处孤植观赏。

植株（徐文斌 摄）

52 光果荚蒾

Viburnum leiocarpum P. S. Hsu, Acta Phytotax. Sin. 11: 76. 1966.

自然分布
特产中国广西、海南和云南。生于海拔1000~1600m的山谷疏林或灌丛中。

迁地栽培形态特征
植株 常绿灌木或小乔木，高达10m。

茎 树皮红褐色，皮孔显著。小枝粗壮，稍四棱状，嫩时疏被柔毛，老后变无毛；老枝圆筒状，灰褐色，有皮孔。冬芽披针状卵圆形，鳞片1对，分离，疏被簇状毛或近无毛。

叶 叶厚纸质，椭圆形至倒卵状长圆形，长10~20cm，顶端急尖至渐尖，基部宽楔形至钝，边缘全缘，叶面有光泽，背面被短柔毛，花外腺体多枚生于叶片边缘内侧，较大，凹陷，圆形，侧脉5~7对，弧形，在背面显著凸起，小脉横列，在背面明显形成长方格；叶柄长2.5~5cm。

花 聚伞花序复伞形式，直径约9cm，总花梗粗壮，长1.5~3cm，第一级辐射枝4~5条；萼筒筒状倒圆锥形，长约1mm，无毛，萼齿极小；花冠白色，辐状，直径约3.5mm，裂片圆卵形，略短于筒；雄蕊长约6mm，花丝丝状，在花蕾中折叠，开放后远高出花冠，花药长圆形，长约1mm。

果 果实成熟时红色，卵圆形，长5~7mm；核有2条背沟和3条腹沟。

引种信息
昆明植物园 2000年自云南金平引种。目前该种在苗圃有栽培，生长一般。

其他 该种在国际植物园保护联盟（BGCI）中有2个迁地保育点。

物候信息
昆明植物园 2月开始萌芽；3月开始展叶和枝条生长；4月开始出现花蕾；6月为盛花期；10月果实颜色开始发生绿色-红色的变化，11月果实成熟，过程一致；常绿。

迁地栽培要点
喜温暖并持续湿润的亚热带山地气候。不耐寒，也不耐旱。要求排水良好的酸性土壤。栽培于全日照或半阴环境。半熟枝扦插或播种繁殖。

主要用途
较为少见，目前主要是植物园为迁地保育而引种栽培。该种花繁果茂，果实熟后艳红夺目，是很好的观花和观果灌木。

53
厚绒荚蒾

Viburnum inopinatum Craib, Bull. Misc. Inform. Kew 1911 (10): 385. 1911.

植株（徐文斌 摄）

自然分布

产广西和云南。老挝、缅甸、泰国和越南也有。生于海拔700~1400m的山坡密林中。

迁地栽培形态特征

植株 常绿小乔木或灌木，高可达10m。植株各部常密被黄褐色簇状茸毛。

茎 树皮灰褐色。嫩枝黄白色或黄褐色；2年生小枝灰褐色，圆筒状，无毛，散生小型圆皮孔。冬芽披针形，鳞片1对，分离，密被黄褐色簇状毛。

叶 叶革质，椭圆状长圆形至长圆状披针形，长10~18cm，宽4~8cm，顶端渐尖至尾尖，基部楔形至钝，全缘，叶面毛脱落，背面被厚茸毛，并夹杂腺点，花外腺体多枚生于叶片边缘内侧，较大，下凹，侧脉4~8对，弧形，连同小脉在叶面深凹陷而呈极度皱纹状，背面明显凸起，长方形网格显著；叶柄长2~5cm；托叶2，早落。

花 聚伞花序复伞形式，平顶，直径12~20cm，总花梗粗壮，长1~3cm，第一级辐射枝5~7条；花数朵成圆球状簇生于第三至第五级辐射枝上；常萼筒倒圆锥形，长约0.7mm，被长柔毛状簇状毛，萼齿极小；花冠淡黄白色，辐状，直径约3.5mm，裂片卵形，比筒略短；雄蕊长约5mm，在花蕾中折叠，开放后远高出花冠，花药宽椭圆形。

果 果实红色，卵圆形，长4~5mm，多少被毛；核扁，有2条背沟和3条腹沟。

引种信息

武汉植物园 引种2次。2014年自广西那坡德浮村引种小苗（登录号20140507）；2015年自云南麻栗坡南温江乡引种小苗（登录号20150311）。

西双版纳热带植物园 引种2次，1次无引种记录。2009年自云南景洪大渡岗引种苗（登录号00,2009,0233）。此前展区有定植，生长良好，可正常开花结果，但2019年秋季再次调查时已基本枯死，仅基部尚有嫩叶萌发。此外，登录号00,2002,2793（2002年自中国广西靖西三方村引种小苗）也被鉴定为该种，但经实地调查，该号不是荚蒾属植物，更可能是豆腐柴属（*Premna*）植物，但目前无花无果，尚不能确定究竟是何种。

其他 该种在国际植物园保护联盟（BGCI）中有3个迁地保育点。

物候信息

西双版纳热带植物园 物候期不定；营养生长一年四季均可进行；4月、5月、6月均观测到开花；冬季果实成熟。

迁地栽培要点

喜温暖湿润的热带亚热带气候。要求排水良好的酸性土壤。栽培于全日照或半阴环境均可。生长迅速，但寿命较短。扦插或播种繁殖。

主要用途

该种目前主要是植物园为迁地保育而引种栽培。该种的花序几乎是整个荚蒾属中最大的，但排列较为稀疏，而果实熟后颜色偏暗，观赏性不如相近种类。

54 毛叶接骨荚蒾

Viburnum sambucinum Reinw. ex Blume var. *tomentosum* Hallier f., Med. Rijksherb. 14: 36. 1912.

自然分布

产云南西双版纳景洪悠乐山（中国新分布记录）。印度尼西亚、柬埔寨、马来西亚、泰国、新加坡和越南也有。生于海拔800～1200m的开阔原始林、次生林、灌丛或林缘，偶见于低地沼泽。

迁地栽培形态特征

植株 常绿小乔木或灌木，高可达15m。

茎 树皮灰白色。嫩枝绿色，具棱和沟槽，密被簇状毛。冬芽披针形，鳞片1对，分离，密被簇状毛。

叶 叶多少革质，椭圆状长圆形至长圆状披针形，长10～25cm，宽5～10cm，顶端渐尖至短尾尖，基部楔形，全缘，叶面无毛，背面被由单毛、分叉毛和簇状毛组成的软茸毛，花外腺体多枚生于叶片边缘内侧，不显著，侧脉5～7对，弧形，在近叶缘前网结，连同小脉在叶面凹陷，在背面明显凸起，方形网格显著；叶柄长3～5cm；托叶2，线形，早落。

花 聚伞花序复伞形式，平顶，直径15～18cm，总花梗粗壮，长4～6cm，第一级辐射枝6～8条；苞片和小苞片小型，线状披针形，被簇状毛；花极芳香，生于第三至第五级辐射枝上；萼筒倒圆锥形，萼齿极小，卵状三角形；花冠乳白色，辐状或钟形，直径3～4mm，筒长1mm，裂片平展，卵圆形，常比筒略长；雄蕊长5～7mm，花丝丝状，在花蕾中折叠，开放后远高出花冠，花药椭圆形至长圆形。

果 果实成熟后蓝黑色，卵圆形，较扁，幼时被薄毛，渐变无毛，长7～9mm；核扁，有2条背沟和3条腹沟。

引种信息

西双版纳热带植物园 引种1次。2001年自云南景洪悠乐山引种小苗（登录号00,2001,1067）。目前该种在园内C40区有定植，生长良好，尚未开花结果。

其他 该种在国际植物园保护联盟（BGCI）中有1个迁地保育点。

物候信息

西双版纳热带植物园 营养生长一年四季均可进行；6月下旬观测到开花；未见结果；常绿。

迁地栽培要点

喜温暖湿润的热带亚热带山地气候。要求排水良好的酸性土壤。栽培于山地雨林中。扦插或播种繁殖。

主要用途

稀有植物，按照IUCN红色名录等级和标准（2001），该种可被评为易危（VU）植物，具科研价值，目前主要是植物园为迁地保育而引种栽培。该种树形高大，较为特殊。

组14　掌叶组

Sect. *Lobata* sect. nov.

落叶灌木。冬芽有2对分离的鳞片。叶纸质，掌状分裂，具掌状脉；花外蜜腺不明显，生于叶片背面近边缘处；托叶2枚，钻形。聚伞花序复伞形式，无大型不孕花，具长总花梗；花蕾粉红色；花冠辐状；雄蕊略长于花冠。果实成熟后红色或为紫黑色；核扁，有2条浅背沟和3条浅腹沟。

3种，中国原产1种，迁地栽培2种，自国外引进栽培1种槭叶荚蒾（*Viburnum acerifolium* L.）。此外，东方荚蒾（*Viburnum orientale* Pall.）原产阿塞拜疆、格鲁吉亚和土耳其，中国科学院植物研究所北京植物园曾先后数次自美国、匈牙利等地引入过种子（登录号1955-1310、1990-50、1996-76），但未见活体栽培记录。

掌叶组分种检索表

1a. 叶3～5裂，边缘牙齿少数，粗大不规则；花序较小，直径2～4cm，具少数较大的花；果实成熟后红色··55. 甘肃荚蒾 *V. kansuense*
1b. 叶常上部3浅裂，边缘牙齿多而密集；花序较大，直径5～10cm，具多数较小的花；果实成熟后紫黑色··56. 槭叶荚蒾 *V. acerifolium*

55 甘肃荚蒾

Viburnum kansuense Batal., Trudy Imp. S.-Peterburgsk. Bot. Sada. 13: 372. 1894.

自然分布

特产中国甘肃、陕西、四川、西藏和云南。生于海拔2400~3600m的冷杉林下、杂木林或灌丛中。

迁地栽培形态特征

植株 落叶灌木，高1~3m。

茎 嫩枝微四棱；老枝灰色或灰褐色，散生皮孔。冬芽具2对分离的鳞片。

叶 叶纸质，轮廓宽卵形至长圆状卵形，长3~5cm，3或5裂至中部或中部以上，基部近截形，上部中裂片最大，顶端渐尖，各裂片边缘具不规则粗牙齿，叶面疏被簇状短伏毛，背面脉上被长伏毛，掌状3~5出脉，连同分枝直达齿端；叶柄紫红色，长1~3cm，基部常有2枚钻形托叶。

花 聚伞花序复伞形式，直径2~4cm，无大型不孕花，总花梗长2~3cm，第一级辐射枝5~7条，较短；花生于第一至第二级辐射枝上，常紧密簇生成圆球状；萼筒紫红色，无毛，萼齿微小；花冠辐状，外面花蕾时直至开花时淡红色，内面白色，微带粉红色，直径约6mm，裂片近圆形，边缘稍啮蚀状；雄蕊长于花冠，花药黄白色。

果 果实成熟时红色，椭圆形，长8~10mm；核扁，椭圆形，有2条浅背沟和3条浅腹沟。

引种信息

武汉植物园 2005年5月自陕西太白引种。未存活。

中国科学院植物研究所北京植物园 引种4次。1991年陈伟烈赠送种子（登录号1991-4956）；2002年从西藏林芝色季拉山口（登录号2002-2478）、西藏米林（登录号2002-2565、2012-1144）等地采集种子；2012年自西藏米林派镇松林口引种（2012-1144）。其中2002-2565号至少存活至2008年，现园内已无该种活体，有待今后引种恢复。

其他 该种在国际植物园保护联盟（BGCI）中有10个迁地保育点。

物候信息

野生状态 6~7月开花；9~10月果实成熟。

迁地栽培要点

喜冷凉而昼夜温差较大的气候。要求全日照或半阴环境和排水良好的土壤。喜光又不耐热，栽培较困难。播种繁殖。

主要用途

《中国生物多样性红色名录——高等植物卷》（2013）将该种受威胁等级评为易危（VU）等级，且该种形态分布亦较为特别，具有科研价值。

56
槭叶荚蒾

别名： 枫叶荚蒾

Viburnum acerifolium L., Sp. Pl. 1: 268. 1753.

植株（郗厚诚 摄）

自然分布

原产美国和加拿大。生丘陵或溪谷山坡的阔叶林下或海湾岸边落叶林下。

迁地栽培形态特征

植株 落叶灌木，常丛生，高1~3m。

茎 树皮光滑，灰褐色。嫩枝绿色，圆筒状，被柔毛；老枝灰色，散生皮孔。冬芽具2对分离的鳞片。

叶 叶纸质，轮廓近卵圆形，长7~12cm，常上部具3浅裂，基部圆形或微心形，中部以上3浅裂，中裂片较大，顶端渐尖，边缘具密集粗牙齿，叶面被短柔毛，背面被柔毛，并有细小黑腺点，基出掌状3出脉，连同多数平行分枝的支脉直达齿端；叶柄具沟槽，被柔毛，长2~3cm，基部有2枚钻形托叶。

🌼 **花** 聚伞花序复伞形式，平顶，直径5~10cm，无大型不孕花，总花梗长3~5cm，第一级辐射枝5~7条；花生于第二至第三级辐射枝上；萼筒白色，无毛，萼齿微小；花冠辐状，外面花蕾时粉红色，内面白色，微带粉红色，直径约5mm，裂片近圆形；雄蕊长于花冠，花药黄白色。

🍒 **果** 果实先红色，后变紫黑色，近圆球形，长7~9mm。

引种信息

成都市植物园 2003年自北京引种（无登录号）。目前该种园内有栽培，生长一般。

北京植物园 引种4次。1983年自英国安德鲁斯大学树木园引种（登录号1983-0106z）；1989年自加拿大引种（登录号1988-0014z）；1991年自美国引种（登录号1991-0039z）；2005年自美国史密斯学院植物园引种（登录号2005-0197）；2006年自上海引种（登录号2006-0408）。目前该种还有少量栽培，生长一般。

上海辰山植物园 2009年自安徽芜湖欧标公司引种（登录号20090370）。调查时未见活体。

中国科学院植物研究所北京植物园 引种42次。最早于1975年自美国纽约交换种子（登录号1975-114）；最近一次为2002年自加拿大引种（登录号2002-2081）；但存活最长时间的是1982年自罗马尼亚交换来的种子繁殖后代（登录号1982-346），记录显示该号植物在2008年时仍有活体，但因后期管理不善，现已经找不到活体。

其他 该种在国际植物园保护联盟（BGCI）中有103个迁地保育点。

物候信息

中国科学院植物研究所北京植物园 3月中旬开始开始萌芽；4月中上旬开始展叶和枝条生长；4月下旬开始出现花蕾；5月下旬至6月上旬开花；8月下旬果实开始由绿色变为红褐色，最后变为黑色；9~10月果实成熟；11月落叶。

迁地栽培要点

喜半阴环境和排水良好的湿润土壤。耐酸性土壤，稍干燥或浓荫环境。栽培后2~3年可开花结果。播种、扦插或分株繁殖。

主要用途

叶子秋天变粉红色，可观赏。

叶背（郗厚诚 摄）

花序

果序（郗厚诚 摄）

果实（郗厚诚 摄）

组15 齿叶组

Sect. *Succotinus* Winkworth & Donoghue

落叶灌木，少数种类常绿。植物体被簇状毛或无毛。冬芽有2对鳞片。花外蜜腺生于叶柄或叶片背面近边缘处，常显著；叶片边缘常有锯齿或牙齿，极少近全缘或浅裂，侧脉通常直达齿端，最下一对有时作离基3出脉；托叶存在或无。聚伞花序复伞形式；花冠白色，稀粉红色，辐状；花药黄白色。果实红色，稀黑色；核扁，胚乳坚实，常有3条腹沟及2条浅背沟。

本组约30～37种，中国原产22种（本书数据）。《中国植物志》（徐炳声，1988）记载中国产本组植物23种，排除甘肃荚蒾（*Viburnum kansuense* Batal.，应置于掌叶组）、短柄荚蒾（*Viburnum brevipes* Rehder，应并入荚蒾 *Viburnum dilatatum* Thunb.）以及台中荚蒾（*Viburnum formosanum* Hayata，应并入吕宋荚蒾 *Viburnum luzonicum* Rolfe）三种后，实际记载本组种类20种。Flora of China（杨亲二 等，2011）记载中国产本组植物22种，较《中国植物志》少了浙皖荚蒾（*Viburnum wrightii* Miq.），多了榛叶荚蒾（*Viburnum corylifolium* Hook. f. & Thomson），在排除台中荚蒾后，实际记载本组种类21种。上述二志书均未包括产浙江舟山群岛的日本荚蒾（*Viburnum japonicum* Spreng.），该种在中国不仅有野生，上海、江苏、浙江等地园林上还有引种栽培。此外，根据王建皓（2015）的相关研究，直角荚蒾［*Viburnum foetidum* var. *rectangulatum* (Graebn.)

本组植物不同种类之间形态特征常较为相似，而广泛分布的同一种类一些形态特征又常可塑而多变，因此分类较为困难。反映在植物园迁地栽培上，常表现为无论是引种记录还是植物园定植标牌经常出现名实不符的情况。通过检查各植物园的引种记录，我们发现该组许多种类均有过引种栽培记录。通过仔细的名实比对研究，最终我们决定收录17种，均为中国原产植物。垂花荚蒾（*Viburnum phlebotrichum* Siebold & Zucc.）原产日本，在中国科学院植物研究所北京植物园有多达13次的通过种子交换渠道的引种记录，但未见活体栽培记录。

本书未收录的5种中国原产种类分别为：1. 海南荚蒾（*Viburnum hainanense* Merr. & Chun）产中国广东、广西和海南以及越南北部，和常绿荚蒾很类似，中国科学院华南植物园和西双版纳热带植物园有引种记录（1960年自云南勐腊勐仑引种插条，登录号00,1960,0598），但未见准确活体；2. 全叶荚蒾（*Viburnum integrifolium* Hayata）特产台湾中高山地区，无迁地保育信息；3. 小叶荚蒾（*Viburnum parvifolium* Hayata），特产台湾中央山脉，与臭荚蒾近缘，但叶子及植株均小得多，中国科学院植物研究所北京植物园有种子交换引种记录（登录号2001-1142），但未见活体植株；4. 瑶山荚蒾（*Viburnum squamulosum* P. S. Hsu），特产广西瑶山地区，无相关引种栽培信息；5. 西域荚蒾（*Viburnum mullaha* Buch.-Ham. ex D. Don）产喜马拉雅地区，在个别植物园虽然有引种栽培记录，但我们无法确认该物种的确切形态以及在植物园的引种栽培情况。《中国植物志》认为西域荚蒾同吕宋荚蒾最相似，并与南方荚蒾（*Viburnum fordiae* Hance）相比较；*Flora of China* 未明确提及该种与哪种最为近似，但在检索表中该种与粤赣荚蒾（*Viburnum dalzielii* W. W. Sm.）等放在了一起。最近的分子系统学研究（Winkworth & Donoghue, 2005; Landis *et al.*, 2020）结果显示，西域荚蒾与臭荚蒾亲缘关系最近。谷歌图片搜索（日期2019年12月30日）结果显示，检索到的西域荚蒾图片数量不多，并且许多名称标为西域荚蒾的栽培植物图片实际上看起来更像是臭荚蒾，这某种程度支持了上述观点。我们又进一步比较了西域荚蒾和臭荚蒾（包括相关异名）的模式标本图片，结果发现二者叶片形态变异存在一定的过渡现象；进一步的标本搜索（http://www.cvh.ac.cn，日期2019年12月30日）结果显示，西域荚蒾的标本记录同样很少，仅有12份，形态不尽一致，并且大多与该种模式存在显著差异，存在错误鉴定的可能性。综上所述，西域荚蒾与臭荚蒾的确切分类关系及在植物园的栽培情况还有待进一步研究。如果二者确实为同一物种，按照国际植物命名法规，则现有植物园常见栽培的臭荚蒾（*Viburnum foetidum* Wall.）应改名为西域荚蒾（*Viburnum mullaha* Buch.-Ham. ex D. Don）。

齿叶组分种检索表

1a. 叶的侧脉2~4对，基部1对作离基或近离基三出脉状；幼枝圆柱状，纵有棱角亦不为四棱形；叶至少背面有簇状毛。

  2a. 叶中部以上边缘常有少数浅齿或有时全缘。叶长3~6cm，背面脉腋有簇聚毛；果核有3条腹沟 ··· **57. 臭荚蒾 *V. foetidum***

  2b. 叶边缘有不规则、圆或钝的粗牙齿或缺刻，大多倒卵状椭圆形，长2~5cm ·······················
··· **57a. 珍珠荚蒾 *V. foetidum* var. *ceanothoides***

1b. 叶的侧脉5对以上，羽状，少数具离基三出脉但叶常绿。

  3a. 幼枝四方形；叶常绿，革质、亚革质或皮纸质。

    4a. 叶狭披针形至长圆状披针形；侧脉多数，羽状，7~14对 ·········· **67. 披针叶荚蒾 *V. lancifolium***

    4b. 叶不为狭披针形；侧脉少数，最下一对作离基三出脉状，3~5对。

5a. 花冠长筒状；叶片背面有金黄色和红褐色两种腺点 ·················· 69. 金腺荚蒾 *V. chunii*
5b. 花冠辐状；叶片背面仅有黑色或栗褐色腺点。
 6a. 叶较狭长，全缘或顶部具少数锯齿；幼枝无毛或散生簇状短毛；花序苞片小而不显著。
  ·· 68. 常绿荚蒾 *V. sempervirens*
 6b. 叶较宽阔，上部具较明显的锯齿；幼枝常密被簇状短毛；花序大而显著，有时叶状
  ··· 68a. 具毛常绿荚蒾 *V. sempervirens* var. *trichophorum*
3b. 幼枝常不为四方形；叶通常落叶，纸质，稀为革质常绿。
 7a. 叶革质，常绿，无毛，卵形、近圆形或宽倒卵形；幼枝圆柱形······ 60. 日本荚蒾 *V. japonicum*
 7b. 叶纸质，落叶，通常有毛。
  8a. 花冠外面无毛，极少蕾时有毛而花开后变秃净。
   9a. 果序下垂；叶片背面中脉、侧脉以及花序被浅黄色贴生长纤毛··· 70. 茶荚蒾 *V. setigerum*
   9b. 果序不下垂。
    10a. 总花梗长5～10cm；叶有时顶端浅3裂或不规则分裂····62. 衡山荚蒾 *V. hengshanicum*
    10b. 总花梗通常长不超过5cm；叶不分裂。
     11a. 叶片背面在放大镜下可见透亮腺点·················61. 浙皖荚蒾 *V. wrightii*
     11b. 叶片背面无上述腺点。
      12a. 总花梗的第一级辐射枝通常7出；花生于第3～5级辐射枝上；果实成熟时红色
       ··· 58. 桦叶荚蒾 *V. betulifolium*
      12b. 总花梗的第一级辐射枝通常5出；花生于第2～4级辐射枝上。
       13a. 果实成熟时酱黑色；叶柄长1～3cm，无托叶 ··· 59. 黑果荚蒾 *V. melanocarpum*
       13b. 果实成熟时红色；叶柄长3～5mm，托叶宿存·········· 66. 宜昌荚蒾 *V. erosum*
  8b. 花冠外面被疏或密的簇状短毛。
   14a. 叶片背面有透亮腺点，或有时腺点呈鳞片状。
    15a. 幼枝和叶柄被簇状毛或简单毛，毛短于1mm；叶柄长1～3cm；萼筒被簇状毛；花芳香 ·· 63. 荚蒾 *V. dilatatum*
    15b. 幼枝和叶柄密被黄褐色刚毛状糙毛；叶柄长0.5～1mm；萼筒被简单毛；花无香气
     ·· 64. 榛叶荚蒾 *V. corylifolium*
   14b. 叶片背面无腺点。
    16a. 叶面有无柄透明腺点；总花梗极短或几无 ··············· 72. 吕宋荚蒾 *V. luzonicum*
    16b. 叶片背面无腺点；总花梗明显或罕有极短。
     17a. 叶片两面近无毛，卵状披针形或卵状椭圆形，顶端常长渐尖 ·················
      ·· 71. 粤赣荚蒾 *V. dalzielii*
     17b. 叶片背面密被毛，叶形不如上述。
      18a. 叶片背面密被白色簇状糙毛，顶端短尖至短渐尖；托叶不存在 ·················
       ··· 73. 南方荚蒾 *V. fordiae*
      18b. 叶片背面被黄褐色茸毛或簇状毛，顶端急尾尖；托叶存在·····················
       ··· 65. 长伞梗荚蒾 *V. longiradiatum*

57 臭荚蒾

别名： 直角荚蒾

Viburnum foetidum Wall., Pl. Asiat. Rar. 1: 49. 1830.
Viburnum foetidum Wall. var. *rectangulatum* (Graebn.) Rehder in Trees & Shrubs. [Sargent] ii: 114. 1908.

植株

自然分布

产广东、广西、贵州、湖北、湖南、江西、陕西、四川、台湾、西藏和云南。孟加拉国、不丹、印度、老挝、缅甸和泰国也有。生于海拔600~3100m的林缘灌丛中。

迁地栽培形态特征

植株 落叶灌木，高可达4m。植株常攀缘状，株型宽阔。植株幼嫩部位常被簇状短毛。
茎 枝条常披散，分枝基部常与主枝呈直角状，上部常伸长呈弯曲；2年生小枝紫褐色，无毛。

🍃 叶纸质至厚纸质，卵形、椭圆形至长圆状披针形，长3~10cm，宽1.5~2.5cm，顶端尖，基部楔形，边缘有浅齿数个或近全缘，背面疏被簇状毛，花外蜜腺数个生叶片近基部两侧近边缘，侧脉2~4对，弧形上升达齿端或近叶缘前互相网结，基部一对离基3出脉状，小脉横列；叶柄长5~10mm，无托叶。

🌸 聚伞花序复伞形式，顶生，直径5~8cm，总花梗极短或长至5cm，第一级辐射枝4~8条；花生于第二至第三级辐射枝上；萼筒筒状，长约1mm，萼齿极短；花冠黄白色，辐状，直径约5mm，裂片圆卵形，超过筒；雄蕊与花冠等长或明显超出，花药黄白色。

🍒 果实红色，圆球形，长6~8mm；核椭圆形，扁，有2条浅背沟和3条浅腹沟。

引种信息

成都市植物园 1998年自重庆南川引种（无登录号）。目前该种园内有栽培，生长良好。

桂林植物园 引种信息不详。目前园内有栽培，生长良好，可开花结果。

杭州植物园 2010年自湖南张家界自然保护区引种（登录号10C22006-056）。目前该种在系统园忍冬区有栽培，生长良好，已经多年开花结果。

华南植物园 引种2次。2011年自福建武平梁野山引种（登录号20112112）；2014年自湖北恩施引种（登录号20140194）。目前该种在珍稀濒危植物繁育中心有栽培，生长良好，可正常开花结果。

南京中山植物园 1992年引种（登录号92I67203-7）。目前该种在展区有定植，生长良好，能正常开花结果。

上海辰山植物园 2005年自安徽黄山汤口镇猴谷浮溪引种（登录号20050135）；2008年自湖北利川毛坝镇跃进村引种（登录号20081993）。目前该种在园内有栽培，生长良好。

武汉植物园 引种8次：2003年自湖北利川沙溪镇引种小苗（登录号20032266）；2003年自湖北宣恩长潭镇后河村七组七姊妹山引种小苗（登录号20035273）；2004年11月自湖南桑植引种；2009年自江西吉安井冈山茨坪镇荆竹山引种小苗（登录号20094295）；2010年自四川甘孜藏族自治州康定日地村引种小苗（登录号20100584）；2011年自云南镇雄芒部镇引种小苗（登录号20110338）；2015年自云南富宁里达镇引种小苗（登录号20150212）；2018年自云南永平博南山引种小苗（登录号20180143）。

西双版纳热带植物园 引种4次。2001年自云南澜沧引种小苗（登录号00,2001,2296）；2014年自云南景东引种（登录号00,2014,2693、00,2014,2696）；2016年引种（登录号00,2016,2253）；2016年自云南景东都拉后山引种（登录号00,2016,2331）。目前展区有定植，生长良好，能正常开花结果。

其他 该种在国际植物园保护联盟（BGCI）中有42个迁地保育点。国内贵州省植物园有栽培记录。

物候信息

武汉植物园 3月中下旬开始萌芽；4月初展叶；5月初出现花蕾；5月底至6月中下旬开花；10月开始果实颜色发生绿色-黄绿色-红色的变化，11~12月果实成熟，但常不结果；12月中下旬为落叶期。

迁地栽培要点

喜温暖湿润的热带亚热带气候。要求排水良好的酸性土壤。稍耐寒，不耐旱。栽培于全日照或半阴环境。嫩枝扦插或播种繁殖。

主要用途

红色果实可在落叶后仍长久留存枝头，是优良的观果灌木。

中国迁地栽培植物志·五福花科·荚蒾属

枝条　叶背　叶面　花序（刘兴剑 摄）　花序（刘兴剑 摄）　果序（朱鑫鑫 摄）　果序（朱鑫鑫 摄）

57a
珍珠荚蒾

Viburnum foetidum Wall. var. **ceanothoides** (C. H. Wright) Hand.-Mazz., Symb. Sin. 7: 1038. 1936.

花期植株

自然分布

特产中国贵州、四川和云南。生于海拔900~2600m的山坡密林或灌丛中。

迁地栽培形态特征

植株、茎、花、果形态特征基本同臭荚蒾。分枝较细长，侧枝较短。

叶 叶密集，质薄，轮廓倒卵形，长2~5cm，基部狭楔形，边缘上部常具数个粗牙齿或缺刻，背面常散生棕色腺点，侧脉2~3对。

引种信息

成都市植物园 2003年自四川雅安泥巴山以及云南昆明等地引种（无登录号）。目前该种园内有栽培，生长良好。

杭州植物园 2017年自四川成都市植物园引种（暂未编号）。目前该种在园内苗圃有栽培，生长良好，尚未开花结果。

昆明植物园　2000年自云南昆明双龙引种。目前在观叶观果区和苗圃有栽培，有时修剪为绿篱，生长良好，可正常开花结果。

武汉植物园　引种4次。2005年自云南宜良汤池镇老爷山村村引种小苗（登录号20058553）；2005年自云南宜良九乡镇村引种小苗（登录号20058598）；2010年自贵州贵定云雾镇引种小苗（登录号20104640）；2012年自云南陇川户撒乡引种小苗（登录号20120749）。

西双版纳热带植物园　引种6次。2003年自云南普洱勐先引种小苗（登录号00,2003,0158）；2008年自云南普洱勐先老陶寨引种小苗（登录号00,2008,0466），存活；2009年自云南景洪大渡岗引种小苗（登录号00,2009,0240），存活；2010年自云南普洱把边江引种小苗（登录号00,2010,0485）；2014年自贵州紫云引种种子（登录号00,2014,0444）；2017年引种种子（登录号00,2017,3042），未播种。目前展区有定植，生长良好，能持续稳定开花结果。

中国科学院植物研究所北京植物园　引种4次。最早于1979年自英国交换种子（登录号1979-4598）；最近一次引种为2012年自西藏林芝色季拉山鲁朗采集种子（登录号2012-1170）。未见露天成年活体。

其他　该种在国际植物园保护联盟（BGCI）中有9个迁地保育点。

物候信息

西双版纳热带植物园　全年均有营养生长；花期不定，观测到9月下旬还在开花；未见结果；近常绿。

昆明植物园　3月开始萌芽展叶，并出现花蕾；4月下旬至5月开花；未见结果；12月落叶。

武汉植物园　2月中下旬开始萌芽和展叶；未见开花结果；12月全株约1/3老叶开始掉落，大部分不落叶。

迁地栽培要点

基本同臭荚蒾。光适应性更广泛，全日照、半阴或林下环境均可种植。

主要用途

枝叶繁密，耐修剪，适合修剪为绿篱或圆球状灌木。

58 桦叶荚蒾

别名： 湖北荚蒾、阔叶荚蒾

Viburnum betulifolium Batalin, Trudy Imp. S.-Peter-burgsk. Bot. Sada. 13: 371. 1894.
Viburnum hupehense Rehder, Trees & Shrubs [Sargent] 2. 116. 1908.
Viburnum lobophyllum Graebn., Bot. Jahrb. Syst. 29(5): 589. 1901.

自然分布

特产安徽、北京、甘肃、广西、贵州、河北、河南、湖北、湖南、江西、宁夏、山西、陕西、四川、台湾、西藏、云南和浙江（其中本种在北京、河北、山西的分布在 Flora of China 中没有记载）。生于海拔1000～3500m的山谷林中或山坡灌丛中。

迁地栽培形态特征

植株 落叶灌木至小乔木，高2～5m。

茎 基出萌条常粗壮，圆筒形，节间长，被白粉，皮孔细而少。嫩枝细短，绿色或变紫褐色；2年生枝紫褐色，有光泽，具少数皮孔；老茎紫褐色或黑褐色。冬芽具芽鳞，多少有毛。

叶 叶厚纸质，卵形、卵状长圆形或近菱形，长4～13cm，顶端急尖、渐尖至尾尖，基本圆形、宽楔形至楔形，边缘具不规则浅波状牙齿，两面无毛或叶面有叉毛，背面密生白色簇状毛，近基部两侧有少数花外蜜腺；侧脉4～7对，平行，伸达齿端；叶柄长1～3cm，近基部常有1对钻形小托叶。

花 花序复伞形式，直径5～12cm，近无毛至密生簇状毛；总花梗初时短，果时可伸长达3.5cm；第一级辐射枝通常7条，花生于第三至第五级辐射枝上；萼筒长约1.5mm，具腺点至密生簇状毛，萼檐具5微齿；花冠白色，辐状，直径约4mm，外面无毛，裂片圆卵形；雄蕊常高出花冠，花药宽椭圆形。

果 果实红色，近球形，直径6～7mm；核扁，有1～3条浅腹沟和2条深背沟。

引种信息

北京植物园 引种7次。1986年引种（登录号1986-0037z）；1996年自陕西秦岭太白山引种（登录号1996-0047）；2000年自甘肃天水麦积山植物园引种（登录号2000-0611）；2002年自湖北神农架引种（登录号2002-0564）；2005年自甘肃引种（登录号2005-1209、2005-1231、2005-1264）。目前展区有栽培，生长良好，可开花结果。

成都市植物园 1997年自重庆南川引种（无登录号）；1998年自重庆南川引种（无登录号）；2002年自重庆南川和四川峨眉山等引种（无登录号）。目前该种园内有栽培，生长良好。

杭州植物园 2018年自湖北恩施冬升公司引种（暂未编号）。目前该种在园内有栽培，尚为幼苗，生长良好。

华南植物园 2008年自湖北神农架温水河林场引种（登录号20082494）。记载该种在高山极地室栽培，调查时未见活体。

昆明植物园 2001年自云南丽江引种；2003年自云南彝良小草坝引种（登录号23-C-135、23-C-136）；2003年自云南大关三江口引种（登录号23-C-143）。目前该种在苗圃和濒危植物区有栽培，生长一般，可正常开花结果。

上海辰山植物园 2006年自陕西西安周至引种（登录号20061049）。调查时未见活体。

武汉植物园 引种2次。2003年3月自湖北利川引种（原始鉴定为阔叶荚蒾 *Viburnum lobophyllum*）；

2009年9月自陕西汉中引种。生长良好，已经开花结果。

西双版纳热带植物园 引种1次。2002年自广西那坡引种小苗（登录号00,2002,2679）。未见活体。

中国科学院植物研究所北京植物园 引种65次（包括异名引种记录）。最早于1951年开始引种（登录号1951-1180）；最近一次为2009年自俄罗斯圣彼得堡植物园引种（登录号2009-1325）；现植物园定植存活的为1985年自陕西引种的种子后代（登录号1985-4831）。目前该种在展区有定植，生长一般，能正常开花结果，但结果量不大。

其他 该种在国际植物园保护联盟（BGCI）中有116个迁地保育点。国内成都市植物园、赣南树木园、庐山植物园和西安植物园有栽培记录。

物候信息

昆明植物园 5月上旬开花；9月下旬果实变色；11月果实成熟；12月落叶。

武汉植物园 3月初开始萌芽，同时分化出花芽；3月中下旬开始展叶；4月中下旬至5月上旬起进入盛花期；10月果实颜色开始发生绿色-黄绿-橙黄色-红色的变化；11月果实成熟，果熟统一；12月落叶。

中国科学院植物研究所北京植物园 3月中下旬开始萌芽；4月上中旬开始展叶，同时分化出花芽；4月上旬出现花蕾；5月上旬为盛花期；9月果实颜色开始发生绿色-黄绿-橙黄色-红色的变化；10月果实成熟，过程一致，在叶子脱落后尚可留存较长时间；10月底至11月落叶。

迁地栽培要点

喜全日照或半阴环境和排水良好的疏松土壤。耐寒亦耐热，适应性广泛。对土壤要求不严。嫩枝扦插或播种繁殖。

主要用途

秋季红果鲜艳夺目，在落叶后仍可长久留存枝条，是优良的观果灌木。

植株

果枝

59 黑果荚蒾

Viburnum melanocarpum P. S. Hsu, Chen *et al*. Observ. Fl. Hwangshan. 181. 1965.

自然分布

特产中国安徽、河南、江苏、江西和浙江。生于海拔800~1100m的山坡林中或山谷灌丛。

迁地栽培形态特征

植株 落叶灌木，高1~3m。

茎 嫩枝绿色，被黄色簇状毛；2年生小枝灰白色，无毛。冬芽长圆形，密被黄白色细短毛。

叶 叶纸质，倒卵形或宽椭圆形，长6~10cm，顶端骤短渐尖，基部圆形、浅心形或宽楔形，边缘有尖齿，叶面有光泽，近无毛，背面中脉及侧脉被长伏毛，侧脉通常6~7对，平行，直达齿端，小脉横列，长方网格状显著；叶柄长1~3cm；托叶钻形，早落。

花 聚伞花序复伞形式，生于短枝之上，直径4~6cm，总花梗纤细，长1.5~3cm，第一级辐射枝通常5条，花生于第二至第三级辐射枝上；萼筒筒状倒圆锥形，长约1.5mm，萼齿宽卵形；花冠白色，辐状，直径约5mm，无毛，裂片宽卵形；雄蕊高出花冠，花药宽椭圆形。

果 果实暗紫红色，后变为黑色，有光泽，椭圆状圆形，长8~10mm；核扁，腹面中央有1条纵向隆起的脊。

引种信息

成都市植物园 2001年自浙江杭州引种（无登录号）。目前该种园内有栽培，生长良好。

杭州植物园 1977年自浙江杭州引种（登录号77C11001S-266）。目前该种在系统园忍冬区有栽培，生长良好，已经多年持续开花结果。

上海辰山植物园 2005年自浙江天目山自然保护区引种（登录号20050242）。目前该种在展区有栽培，生长良好。

武汉植物园 2009年11月自江西吉安引种。未存活。

中国科学院植物研究所北京植物园 引种2次。1980年自浙江杭州植物园引种（登录号1980-1257）；1991年自江西庐山引种（登录号1991-155）。现已经找不到该种活体。

其他 该种在国际植物园保护联盟（BGCI）中有10个迁地保育点。国内庐山植物园和浙江农林大学植物园有栽培记录。

物候信息

杭州植物园 3月开始萌芽，同时分化出花芽；3月中下旬开始展叶；4月中下旬开花；9月果实颜色开始发生绿色-褐红色-黑色的变化；10月中下旬果实成熟，过程统一；12月落叶。

迁地栽培要点

喜温暖湿润的亚热带气候。要求排水良好的酸性土壤。耐热，稍耐寒，不耐旱。栽培于全日照或半阴环境。嫩枝扦插或播种繁殖。

主要用途

稀有植物,《中国生物多样性红色名录——高等植物卷》(2013)将该种受威胁等级评为近危(NT)等级,具有科研价值。该种果实成熟后呈黑色而有光泽,在荚蒾属中亦较为特殊。

植株(施晓梦 摄)

60 日本荚蒾

Viburnum japonicum Spreng., Syst. Veg., ed. 16 [Sprengel] 1: 934. 1824.

自然分布
产台湾和浙江（舟山群岛），日本也有。生海边山坡松林下、灌丛中或乱石堆中。

迁地栽培形态特征

植株 常绿灌木，高1~2m。植株有臭味。

茎 嫩枝圆柱状，绿色或灰白色，具腺点；2年生枝红褐色，无毛，具少数皮孔。冬芽卵圆形，无毛。

叶 叶近革质，质厚，卵形、近圆形或宽倒卵形，长7~20cm，宽5~17cm，顶端骤急尖，基部宽楔形或圆形，边缘具波状牙齿，两面无毛，叶面深绿色，有光泽，具细小腺点，花外蜜腺不明显；侧脉5~8对，平行，伸达齿端；叶柄长1.5~5cm。

花 花序复伞形式，生于短枝上，直径8~15cm，具腺点；总花梗短；苞片和小苞片膜质，花后脱落；第一级辐射枝通常7条，花生于第四和第五级辐射枝上；萼筒长约1.5mm，具腺点，萼檐具5微齿；花冠辐状，花蕾时外面带紫红色，开放后乳白色，直径约5mm，外面无毛，裂片圆卵形；雄蕊高出花冠，花药宽椭圆形。

果 果实红色，卵圆形，长6~8mm。

引种信息

杭州植物园 2018年自浙江省林业科学研究院引种（暂未编号）。目前该种在园内苗圃有栽培，尚为幼苗，生长良好。

其他 该种在国际植物园保护联盟（BGCI）中有44个迁地保育点。国内上海植物园和上海辰山植物园有栽培记录。

物候信息

上海地区 3月萌芽；3月下旬展叶；4月中下旬开花；8月果实开始由绿色变为红色；9月果实成熟，结果不多；常绿。

迁地栽培要点

喜温暖湿润的亚热带气候。要求排水良好的疏松土壤。栽培于全日照或半阴环境。耐热，不耐寒。扦插或播种繁殖。

主要用途

稀有植物，按照IUCN红色名录等级和标准（2001），该种可被评为易危（VU）植物，有迁地保育和科研价值。枝叶繁密，可修剪为球状灌木或绿篱。开花繁密，可供观赏。

中国迁地栽培植物志·五福花科·荚蒾属

61 浙皖荚蒾

Viburnum wrightii Miq., Ann. Mus. Bot. Lugduno-Batavi 2: 267. 1866.

自然分布

安徽、江西、台湾和浙江四地可能有。日本和朝鲜也有。生山谷林下。

迁地栽培形态特征

植株 落叶灌木，高达3m。

茎 嫩枝被稀疏长伏毛；小枝细长，灰褐色，有皮孔。

叶 叶纸质，卵圆形，7~14cm，顶端渐尖至尾尖，基部圆形或宽楔形，边缘具有牙齿状粗尖齿，叶面稍皱，背面脉和侧脉上有少数短糙伏毛，脉腋集聚簇状毛，有透明腺点，近基部两侧有少数花外蜜腺；侧脉6~10对，伸达齿端，小脉横列，长方格显著；叶柄长1~2cm，无托叶。

花 花序复伞形式，直径4~10cm，被稀疏长伏毛；总花梗长0.5~2cm；第一级辐射枝通常5条，花生于第二至第三级辐射枝上；萼筒长筒形，具腺点，萼齿卵圆形；花冠辐状，花蕾外面带粉红色，开放后白色，直径约5mm，外面无毛，裂片卵圆形；雄蕊等于或稍高出花冠，花药宽椭圆形。

果 果实红色，卵圆形，直径5~6mm；核扁，有1~3条浅腹沟和2条深背沟。

引种信息

中国科学院植物研究所北京植物园 引种24次。最早于1964年自英国爱丁堡皇家植物园引种（登录号1961-994）；最近一次为2010年自日本引种（登录号2010-150）；期间1982年有自美国引种（登录号1982-92）并至少存活至2008年。现已经找不到活体。相关引种信息还有：自日本广岛植物园（登录号1981-21）、奥地利林茨植物园（登录号1986-4483）、美国史密斯植物园（登录号1990-4972）交换种子。

其他 该种在国际植物园保护联盟（BGCI）中有64个迁地保育点。

物候信息

野生状态 5~6月开花；8月果实开始由绿色变为红色；9~10月果实成熟。

迁地栽培要点

喜夏季冷凉并持续湿润的气候。要求排水良好的疏松土壤。栽培于半阴环境。扦插或播种繁殖。

主要用途

稀有植物，《中国生物多样性红色名录——高等植物卷》（2013）将该种受威胁等级评为近危（NT）等级，具有科研价值。果实熟后红艳夺目，亦可供观赏。

中国迁地栽培植物志 · 五福花科 · 荚蒾属

植株（郗厚诚 摄）

果枝（郗厚诚 摄） 叶面（郗厚诚 摄） 叶背（郗厚诚 摄）

花序（叶建飞 摄） 果序（郗厚诚 摄）

62
衡山荚蒾

Viburnum hengshanicum Tsiang ex P. S. Hsu, Chen *et al*. Observ. Fl. Hwangshan. 178. 1965.

自然分布
特产中国安徽、广西、贵州、湖南、江西和浙江。生于海拔600～1300m的林下或灌丛中。

迁地栽培形态特征
植株 落叶灌木，高达2.5m。全株几无毛。
茎 小枝淡灰褐色至灰白色，散生皮孔。冬芽长而尖，外鳞片远较内鳞片为短。
叶 叶纸质，卵圆形，长9～14cm，顶端常具短尾尖，有时3或2浅裂，基部圆形或浅心形，边缘具不整齐尖齿，叶面无毛，背面脉上疏被伏毛或近无毛，脉腋具少数簇状毛，侧脉5～7对，直达齿端，小脉横列；叶柄长2～4cm。
花 聚伞花序复伞形式，直径5～9cm，总花梗长5～10cm，第一级辐射枝常7条，花生于第三至第四级辐射枝上；萼筒圆筒状，长约1mm，萼齿宽卵形；花冠白色，辐状，直径约5mm，裂片近圆形；雄蕊长可达1cm以上，远高出花冠，花药长圆状宽椭圆形。
果 果实红色，长圆形至圆形；核扁，有2条浅背沟和3条浅腹沟。

引种信息
上海辰山植物园 2012年自浙江农林大学引种（登录号20121511）。目前该种在苗圃有栽培，未见开花结果。
其他 该种在国际植物园保护联盟（BGCI）中有1个迁地保育点。国内杭州植物园和庐山植物园早年有栽培记录。

物候信息
野生状态 观测到7月开花，记载9～10月果实成熟。

迁地栽培要点
喜温暖湿润的亚热带气候。要求排水良好的肥沃深厚土壤。栽培于半阴或遮阴环境。扦插或播种繁殖。

主要用途
稀有植物，按照IUCN红色名录等级和标准（2001），该种可被评为易危（VU）植物，具科研价值，主要是植物园为迁地保育而引种栽培。

花枝（李攀 摄）

花序（李攀 摄）

63
荚蒾

Viburnum dilatatum Thunb., Murray, Syst. Veg., ed. 14. 295. 1784.

植株　果枝（郁厚诚 摄）

自然分布

产安徽、福建、广东、广西、贵州、河南、湖北、湖南、江苏、江西、山东、陕西、四川、台湾、云南和浙江（《中国植物志》和 *Flora of China* 中记载的河北分布可疑，而山东在上述二志没有记载）。朝鲜和日本也有。生于海拔100～1000m的疏林下、林缘或灌丛中。

迁地栽培形态特征

植株　落叶灌木，高1.5～3m。植株幼嫩部位被刚毛状糙毛和簇状短毛，糙毛和簇状短毛短于1mm。

茎　嫩枝被粗毛；2年生小枝暗灰褐色，节部常凸起。冬芽长圆形，密被毛。

叶　叶纸质，宽倒卵形或宽卵形，长3～10cm，顶端骤急尖，基部圆形或微心形，边缘有牙齿状锯齿，齿端具突尖，叶面被叉状或简单伏毛，背面被带黄色叉状或簇状毛，有细小透亮腺点，近基部两侧有少数花外蜜腺，侧脉6～8对，连同分枝直达齿端；叶柄长1～3cm，无托叶。

花　聚伞花序复伞形式，直径4～10cm，总花梗长1～3cm，第一级辐射枝5条，花芳香，生于第三至第四级辐射枝上；萼筒和花冠外面均有簇状糙毛；萼筒狭筒状，长约1mm，有腺点，萼齿卵形；花冠白色，辐状，直径约5mm，裂片圆卵形；雄蕊明显高出花冠，花药宽椭圆形。

果 果实红色，椭圆状卵圆形，长7～8mm；核扁，有3条浅腹沟和2条浅背沟。

引种信息

成都市植物园 2002年自浙江杭州以及湖南引种（无登录号）。目前该种园内有栽培，生长良好。

杭州植物园 1995年自浙江杭州引种（登录号00C11074U95-1628）。目前该种在系统园忍冬区等地有栽培，生长良好，可正常开花结果。

华南植物园 引种2次。2014年自福建峨嵋峰引种（登录号20141423），自福建猫儿山引种（登录号20141464）。记载该种在珍稀濒危植物繁育中心栽培，调查时未见活体。

南京中山植物园 引种13次。1958年自四川成都引种（登录号II133-358）；1958年自武汉植物园引种（登录号II118-024）；1959年自武汉植物园引种（登录号II118-106）；1964年自日本京都引种（登录号E3108-019）；1980年引种（登录号80E41037-006）；1989年自本所分类系统园引种（登录号89S-73）；1989年自浙江引种（登录号89I54-12）；1995年自韩国引种（登录号95E32006-10）；2005年引种（登录号05XC-037）；2014年自日本引种（登录号2014E-0154、2014E-0169）；2018年自江苏南京老山兜帅寺引种（登录号2018I351）。目前该种在展区有定植，生长良好，正常开花结果。

上海辰山植物园 2005年自安徽黄山慈光阁附近引种（登录号20050119）。目前该种在园内有栽培，生长良好，能正常开花结果。

武汉植物园 引种3次。2004年自江西铜鼓港口镇华仙村引种小苗（登录号20042457）；2011年自甘肃两当云屏乡引种小苗（登录号20110036）；2017年自贵州省植物园引种（登录号00,2017,2515），未播种。未见活体。

西双版纳热带植物园 引种1次。2000年自美国引种种子（登录号29,2000,0336）；2017年引种种子（登录号00,2017,2515），未播种。未见活体。

中国科学院植物研究所北京植物园 引种41次。最早于1959年引种（登录号1959-464）；最近一次为2005年自日本引种（登录号2005-2258）。植物园有多次引种存活时间较长，包括：1984年自日本京都试验农园引种的后代（登录号1984-2287），存活至2008年；1998年自美国引种的后代（登录号1998-1313），存活至2008年；1998年自美国引种的后代（登录号1998-1328），该号现定植于展区，存活至今。其他引种记录尚有：美国史密斯大学植物园（登录号1981-4490）、比利时瓦斯兰树木园（登录号1985-2199）、东京药用植物园（登录号1987-1171）、朝鲜中央植物园（登录号2003-2058）等赠送种子；从湖南新宁紫云山（登录号1986-440）、四川泸定贡嘎山（登录号1990-252）、陕西秦岭地塘（登录号1991-5487）等地采集种子。该种生长一般，能正常开花结果，但花果量均不大。

其他 该种在国际植物园保护联盟（BGCI）中有117个迁地保育点。国内赣南树木园、昆明植物园、庐山植物园、厦门市园林植物园和浙江农林大学植物园有栽培记录。

物候信息

武汉植物园 3月初开始萌芽；3月中上旬展叶，同时出现花蕾；4月底至5月上旬开花；10月中旬果实颜色开始由绿色变为红色；10月底至11月果实成熟；11月至12月为落叶期。

中国科学院植物研究所北京植物园 3月底开始萌芽；4月中上旬展叶，同时出现花蕾；5月上中旬开花；8月中旬果实颜色开始由绿色变为红色；9月底至10月果实成熟；11月落叶。

迁地栽培要点

性强健，适应性较广泛。喜光，亦耐半阴。稍耐寒，北京地区栽培可越冬，但长势稍差。耐夏季高温。喜排水良好的肥沃湿润松软土壤,不耐瘠土和积水。嫩枝扦插和播种繁殖。

主要用途

花白色而繁密,果红色而艳丽,可丛植于庭园观赏。

64 榛叶荚蒾

Viburnum corylifolium Hook. f. & Thomson, J. Proc. Linn. Soc., Bot. 2: 174. 1858.

自然分布

产广西、贵州、湖北、陕西、四川、西藏和云南。印度也有。生于海拔约2000m的林下或灌丛中。

迁地栽培形态特征

植株 落叶灌木，高达2m。植株幼嫩部位密被较长的刚毛状糙毛和簇状短毛。

茎 嫩枝绿色至黄褐色，密被刚毛状糙毛；2年生小枝褐色，圆筒形。冬芽卵圆形，密被糙毛。

叶 叶纸质，宽倒卵形或宽卵形，长3~10cm，顶端骤急尖，基部圆形或微心形，边缘有牙齿状锯齿，齿端具突尖，叶面被叉状或简单伏毛，背面被带黄色叉状或簇状毛，有细小透亮腺点，近基部两侧有少数花外蜜腺，侧脉6~8对，连同分枝直达齿端；叶柄粗壮，长0.5~1cm，无托叶。

花 聚伞花序复伞形式，直径4~10cm，总花梗长1~3cm，第一级辐射枝5条，花芳香，生于第三至第四级辐射枝上；萼筒和花冠外面均有簇状糙毛；萼筒狭筒状，长约1mm，有腺点，萼齿卵形；花冠白色，辐状，直径约5mm，裂片圆卵形；雄蕊明显高出花冠，花药宽椭圆形。

果 果实红色，椭圆状卵圆形，长7~8mm；核扁，有3条浅腹沟和2条浅背沟。

引种信息

杭州植物园 无引种记录。目前植物园有栽培，生长良好，可正常开花结果。

中国科学院植物研究所北京植物园 引种9次。最早于1980年西安植物园引种（登录号1980-5239）；最近一次为2003年自爱尔兰国家植物园引种（登录号2003-2767）；期间还有自西藏错那勒乡引种（登录号1995-450）。现已无活体。

其他 该种在国际植物园保护联盟（BGCI）中有16个迁地保育点。国内庐山植物园早年有栽培记录。

物候信息

杭州植物园 3月下旬萌芽；4月上旬展叶，并出现花蕾；4月下旬开花；9月果实由绿色变为红色；11月果实成熟；12月落叶。

迁地栽培要点

同荚蒾。

主要用途

同荚蒾。

植株（郁厚诚 摄）

果枝（郁厚诚 摄）　叶背（郁厚诚 摄）　花枝

花序　花序（陈彬 摄）　幼果（郁厚诚 摄）

245

65 长伞梗荚蒾

Viburnum longiradiatum P. S. Hsu & S. W. Fan, Acta Phytotax. Sin. 11 (1): 78. 1966.

自然分布

特产中国四川和云南。生于海拔900~2300m的山坡林下或灌丛中。

迁地栽培形态特征

植株 落叶灌木，高达2.5m。

茎 嫩枝绿色或褐色，密被开展长糙毛；2年生小枝紫褐色。

叶 叶纸质，宽卵形，长5~10cm，宽4~5.5cm，顶端钝圆而具尾尖，尾突长5~10mm，基部宽楔形至圆形，边缘有波状牙齿，齿端突尖，叶面被糙毛，后仅脉上有毛，背面密被簇状糙毛，无腺点，近基部两侧有少数花外蜜腺，侧脉5~7对，连同分枝直达齿端，在背面明显凸起；叶柄长1~3cm，托叶钻形，长约2mm。

花 聚伞花序复伞形式，直径4~10cm，总花梗长0.5~1.5cm，第一级辐射枝5~7条，花生于第二至第三级辐射枝上；萼筒和花冠外面密被简单糙毛；萼筒圆筒状，长约2mm，萼齿三角形至圆形；花冠白色，辐状，直径6mm，裂片圆卵形；雄蕊与花冠等高或稍高出，花药宽椭圆形。

果 果实红色，椭圆状卵圆形，长8~9mm；核扁，有3条腹沟和2条背沟。

引种信息

成都市植物园 2002年自重庆南川引种（无登录号）。目前该种园内有栽培，生长良好。

昆明植物园 无引种信息。目前园区有活体栽培，生长一般，可正常开花结果。

中国科学院植物研究所北京植物园 1991年陈伟烈赠送种子（登录号1991-4925）。现已经找不到活体。

其他 该物种不在国际植物园保护联盟（BGCI）活植物数据库中。

物候信息

昆明植物园 3月初开始萌芽；3中下旬展叶，并出现花蕾；4月中下旬开花；9月果实开始由绿色变为红色；10~11月果实成熟；12月落叶。

迁地栽培要点

喜夏季凉爽湿润的气候。要求排水良好的酸性土壤。栽培于全日照或半阴环境。稍耐寒，不耐热，亦不耐旱。扦插或播种繁殖。

主要用途

稀有物种，《中国生物多样性红色名录——高等植物卷》（2013）将该种受威胁等级评为近危（NT）等级，具迁地保育和科研价值。该种也可作为观叶和观花灌木，适合栽培于岩石园。

果序（徐文斌 摄）

247

66 宜昌荚蒾

Viburnum erosum Thunb., Murray, Syst. Veg., ed. 14. 295. 1784.

自然分布

产安徽、福建、广东、广西、贵州、河南、湖北、湖南、江苏、江西、陕西、山东、四川、台湾、云南和浙江。日本和朝鲜也有。生于海拔300~1800m的林下或灌丛中。

迁地栽培形态特征

植株 落叶灌木，高达3m。植株幼嫩部位密被簇状短毛和长柔毛。

茎 幼枝密被簇状短毛和长柔毛；2年生小枝灰紫褐色，无毛。冬芽小而有毛。

叶 叶纸质，形状变化很大，卵形至卵状披针形，长3~11cm，顶端急尖至渐尖，基部常心形，边缘有波状小尖齿，叶面疏生有瘤基的叉毛，背面密被簇状茸毛，近基部两侧有少数花外蜜腺，侧脉6~10对，直达齿端；叶柄长3~5mm，基部有2枚宿存钻形托叶。

花 聚伞花序复伞形式，有毛，直径2~4cm，总花梗长1~2.5cm，第一级辐射枝通常5条，花生于第二至第三级辐射枝上；萼筒筒状，长约1.5mm，萼齿微小，均密被簇状毛；花冠白色，辐状，直径约6mm，无毛，裂片圆卵形；雄蕊略短于至长于花冠，花药近圆形。

果 果实红色，宽卵圆形，长6~7mm；核扁，具3条浅腹沟和2条浅背沟。

引种信息

成都市植物园 1997年自重庆金佛山引种（无登录号）。目前该种园内有栽培，生长良好。

重庆市药物种植研究所 自重庆金佛山引种，具体信息不详（无登录号）。目前该种园内有栽培，生长良好。

杭州植物园 2015年自浙江湖州安吉引种（登录号15C11002-002）。目前该种在园内苗圃有栽培，生长良好，尚未开花结果。

华南植物园 2014年自湖北恩施引种（登录号20140322）。记载该种在珍稀濒危植物繁育中心栽培，调查时未见活体。

上海辰山植物园 2005年自浙江天目山自然保护区引种（登录号20050232）。目前该种在园内有栽培，生长良好。

武汉植物园 引种3次。2009年自陕西汉中佛坪岳坝乡大古坪村引种小苗（登录号20094145）；2009年自江西吉安井冈山茨坪镇荆竹山引种小苗（登录号20094313）；2010年自四川峨眉山洪雅七里坪镇黑林村引种小苗（登录号20100262）。

西双版纳热带植物园 引种2次。2003年自日本京都府立植物园引种种子（登录号20,2003,0007）；2012年自重庆金佛山引种种子（登录号00,2012,0226）。未见活体。

中国科学院植物研究所北京植物园 引种31次。最早于1952年自华西引种（登录号1952-819）；最近一次为2005年自日本广岛植物园引种（登录号2005-2259）。其他主要引种信息包括：自上海植物园（登录号：1981-390、1981-391）、日本京都Takeda草本植物园（登录号1986-1311）、日本东京植物园（登录号2003-1545）、朝鲜中央植物园（登录号2003-2057）交换种子；从庐山（登录号1991-23）、陕西秦岭地塘（登录号1991-5489、1991-5493）等地采集植株。该种在北京地区小气候环境下可存活，但生长一般，2008年时园内还有活体，但目前已无活体，有待后续引种恢复。

其他 该种在国际植物园保护联盟（BGCI）中有70个迁地保育点。国内贵州省植物园、庐山植物园、南京中山植物园和浙江农林大学植物园有栽培记录。

物候信息

重庆市药物种植研究所 4月上旬为盛花期。

山东地区 3月底开始萌芽，同时出现花蕾；4月上中旬展叶；4月底至5月初开花；9月初果实开始由绿色变为红色；10月果实成熟；11月落叶。

武汉植物园 3月初开始萌芽，同时出现花蕾；3月下旬展叶；4月上旬开花；6月初果实颜色开始发生绿色–黄绿色–红色的变化；9月底至10月果实成熟；12月上旬为落叶期。

迁地栽培要点

要求全日照或半阴环境和排水良好的疏松土壤。较耐寒，山东地区栽培可越冬，亦耐热。对土壤要求不严。嫩枝扦插或播种繁殖。

主要用途

花洁白繁密，可供观赏；果实熟后红色，亦可供观赏，但较为稀疏，观赏性不如其他相似种类。

花枝

植株　花枝（陈彬 摄）　叶背　叶背（朱鑫鑫 摄）　花序　花序（陈彬 摄）　果序（朱鑫鑫 摄）

67 披针叶荚蒾

Viburnum lancifolium P. S. Hsu, Acta Phytotax. Sin. 11: 81. 1966.

自然分布

特产中国福建、广东、江西和浙江。生于海拔200～600m的疏林、林缘、灌丛或竹林中。

迁地栽培形态特征

植株 常绿灌木，高约2m。植株各部位常有红褐色微细腺点；幼嫩部位常被黄褐色簇状毛或单毛。

茎 嫩枝纤细，四棱形；2年生小枝浅紫褐色，圆柱形。

叶 叶皮纸质，披针形至长圆状披针形，长9～20cm，顶端长渐尖，基部圆形至楔形，边缘上部疏生浅尖锯齿，叶面有光泽，侧脉7～12对，小脉横列；叶柄长1～2cm。

花 聚伞花序复伞形式，顶生，直径约4cm，总花梗纤细，长1.5～4cm；花生于第三至第四级辐射枝上；萼筒筒状，长约1mm，萼齿小；花冠白色，辐状，直径约4mm，无毛，裂片圆卵形；雄蕊略高出花冠，花药宽椭圆形。

果 果实红色，圆形，直径7～8mm；核扁，有2条浅腹沟，背面无沟。

引种信息

武汉植物园 2012年3月自广东仁化引种。目前在园内苗圃有栽培，生长良好，可正常开花结果。

其他 该种在国际植物园保护联盟（BGCI）中有1个迁地保育点。赣南树木园和杭州植物园早年有栽培记录。

物候信息

武汉植物园 3月底开始萌芽；4月上中旬展叶，同时出现花蕾；4月下旬开花；9月初果实开始由绿色变为红色；10～11月果实成熟；常绿。

迁地栽培要点

喜温暖湿润的亚热带气候，不耐寒。要求阴湿环境，可栽培于较密的树林下。需要排水良好的肥沃酸性土壤。半熟枝扦插或播种繁殖。

主要用途

稀有植物，按照IUCN红色名录等级和标准（2001），该种可被评为近危（NT）植物，具科研价值，目前主要是植物园为迁地保育而引种栽培。

枝条（陈世品 摄） 花序（陈世品 摄）
叶（陈世品 摄） 花
果序（陈世品 摄）

68
常绿荚蒾

别名： 坚荚蒾

Viburnum sempervirens K. Koch, Hort. Dendrol. 300. 1853.

自然分布

特产中国安徽、福建、广东、广西、贵州、海南、湖南、江西、四川、云南和浙江。生于海拔100～1800m的山谷林下、溪边或丘陵灌丛中。

迁地栽培形态特征

植株 常绿灌木；高达2m。

茎 当年小枝四棱形，淡黄色；老枝褐色，近圆柱状。

叶 叶革质，椭圆形至倒披针形，长4～12cm，顶端急尖至渐尖，基部狭楔形，全缘或具少数浅齿，叶面有光泽，背面全面有微细褐色腺点，近基部两侧有少数花外蜜腺，侧脉3～5对，常近叶缘前互相网结，基部一对常作离基3出脉；叶柄长0.5～1.5cm。

花 聚伞花序复伞形式，顶生，无毛，直径3～5cm，有红褐色腺点，总花梗极短，第一级辐射枝4～5条，花生于第三至第四级辐射枝上；萼筒筒状倒圆锥形，长约1mm，萼齿短；花冠白色，辐状，直径约4mm，裂片约与筒等长；雄蕊稍高出花冠，花药宽椭圆形。

果 果实红色，卵圆形，长约8mm；核扁圆形，腹面深凹陷，背面凸起，其形如杓。

引种信息

成都市植物园 2001年自浙江杭州引种（无登录号）。目前该种园内有栽培，生长良好。

桂林植物园 2011年引自广西。目前园内有栽培，生长良好，可开花结果。

华南植物园 引种5次。2000年自广东连山引种（登录号20000414）；2001年自海南引种（登录号20011809）；2003年自广东英德引种（登录号20031375、20031393）；2004年自江苏南京中山植物园引种（登录号20041933）；2017年自云南泸水片马镇高黎贡山引种（登录号20171817）。目前该种在珍稀濒危植物繁育中心有栽培，生长良好，已经多次开花结果。

上海辰山植物园 2007年自江西赣南树木园引种（登录号20072391）。调查时未见活体。

武汉植物园 引种信息不详。有活体，生长良好，已多次开花结果。

深圳仙湖植物园 无引种记录，园区有栽培，生长良好，正常开花结果。

西双版纳热带植物园 引种5次。1964年自广东华南植物园引种种子（登录号00,1964,0189）；1981年自缅甸果敢芒东坝乡302K-1438m山上引种种子（登录号00,1981,0103）；2001年自广西桂林引种种子（登录号00,2001,1725）；2002年自广西那坡引种苗（登录号00,2002,2862）。目前园内未见该种活体，各次引种记录鉴定尚有疑问。

中国科学院植物研究所北京植物园 引种2次。1964年自广东华南植物园引种（登录号1964-402）；1979年自广东华南植物园引种（登录号1979-475）。现已无活体。

其他 该种在国际植物园保护联盟（BGCI）中有9个迁地保育点。国内赣南树木园、杭州植物园、庐山植物园和兴隆热带植物园有栽培记录。

物候信息

杭州植物园 3月初开始萌芽;3月下旬开始展叶;未见开花结果;常绿。

华南植物园 2月上中旬开始萌芽;3月上旬开始展叶和枝条生长;3月下旬新枝顶端出现花蕾;5月上旬开花;10月中旬果实开始由绿色变为红色;11~12月果实成熟;常绿。

武汉植物园 2月底开始萌芽;3月中下旬开始展叶和枝条生长;4月新枝顶端出现花蕾;5月中下旬开花;10月上旬果实开始由绿色变为红色;11月果实成熟;常绿。

迁地栽培要点

喜温暖湿润的热带亚热带气候,不耐寒。喜半阴或遮阴环境,可栽培林下或林缘。需要排水良好的肥沃酸性土壤。半熟枝扦插或播种繁殖。

主要用途

该种果实秋冬季成熟,艳红可爱,并可留存较久,为良好的冬季观果树种。

植株（彭彩霞 摄） 　　花枝（彭彩霞 摄）

68a 具毛常绿荚蒾

Viburnum sempervirens K. Koch var. *trichophorum* Hand.-Mazz., Beih. Bot. Centralbl., Abt. B. 56 (2): 465. 1937.

自然分布

特产中国安徽、福建、广东、广西、贵州、湖南、江西、四川、云南和浙江。生于海拔100~1400m的林下或灌丛中。

迁地栽培形态特征

植株、茎、叶、花、果形态特征基本同常绿荚蒾，主要特征在于幼枝、叶柄和花序均密被簇状短毛；叶上部边缘具较明显的锯齿，侧脉5~6对；果实较大，核长约7mm，直径约6mm，背面略凸起，腹面不明显凹陷。

引种信息

成都市植物园 2001年自浙江杭州引种（无登录号）。目前该种园内有栽培，生长良好。

杭州植物园 2000年自浙江引种（登录号00C11005U95-1630）。目前该种在系统园忍冬区有栽培，生长旺盛，已经开花结果。

上海辰山植物园 2007年自江西抚州马头山镇马核心头山保护区引种（登录号20071738）。调查时未见活体。

武汉植物园 引种4次。2004年自重庆南川金佛山引种小苗（登录号20042944）；2011年自四川古蔺黄荆镇引种小苗（登录号20110261）；2017年自贵州黄平上塘镇朱家山保护区引种小苗（登录号20173572）；2018年自福建周宁礼门乡滴水岩引种小苗（登录号20183395）。

其他 该种在国际植物园保护联盟（BGCI）中有9个迁地保育点。国内庐山植物园和南京中山植物园早年有栽培记录。

物候信息

杭州植物园 3月中旬开始萌芽；3月下旬开始展叶，同时分化出花芽；5月中下旬开花；10月上旬果实由绿色变为红色；10月下旬至11月果实成熟，果熟统一；常绿。

武汉植物园 3月初开始萌芽；3月下旬开始展叶，新枝顶端逐渐出现花蕾；5月上旬起进入盛花期；9月底至10月上旬果实颜色开始发生绿色-橙黄色-红色的变化；10月底至11月果实成熟，果熟统一；常绿。

迁地栽培要点

喜温暖湿润的热带亚热带气候，稍耐寒，杭州地区可露地越冬。喜半阴环境，可种植于林下或林缘。需要排水良好的肥沃酸性土壤。半熟枝扦插或播种繁殖。

主要用途

枝叶繁密，叶色浓绿，可成片栽植。花洁白，果艳红，均可供观赏。

植株（施晓梦 摄）

叶边腺体　　叶面　　叶面

花序（徐文斌 摄）　　花序（徐文斌 摄）　　果序（施晓梦 摄）

69 金腺荚蒾

Viburnum chunii P. S. Hsu, Acta Phytotax. Sin. 11: 82. 1966.

自然分布

特产中国安徽、福建、广东、广西、贵州、湖南、江西、四川和浙江。生于海拔100~1900m的密林、疏林或灌丛中。

迁地栽培形态特征

植株 常绿灌木，高1~2m。

茎 嫩枝四棱状，无毛；2年生小枝灰褐色。

叶 叶厚纸质或薄革质，狭卵圆形或椭圆状长圆形，长5~10cm，顶端渐尖，基部宽楔形；边缘中部以下常全缘，中部以上有数个疏锯齿，叶面有光泽，常散生金黄色及暗色腺点，背面密被细腺点，侧脉3~5对，近叶缘前互相网结，最下一对离基3出脉状；叶柄长4~8mm，常带紫红色。

花 聚伞花序复伞形式，顶生，直径1.5~2cm，具腺点和短糙伏毛，总花梗长0.5~1.8cm，花生于第一级辐射枝上；苞片和小苞片宿存；萼筒钟状，无毛，萼齿卵状三角形；花冠长筒状，花蕾时带紫红色，开放后黄白色，筒长4mm，花冠裂片不到1mm，直立；雄蕊稍高出花冠，花药黄色，长圆形，长2mm。

果 果实红色，近圆球形，直径6~7mm；核扁，背沟和腹沟均不明显。

引种信息

杭州植物园 引种信息不详。目前该种在系统园忍冬区有栽培，生长一般，有时可开花结果，但花果数量少。

华南植物园 2001年引种（登录号20011722），具体引种信息不详。目前该种在园内有栽培，调查时未见活体。

武汉植物园 2012年自浙江泰顺碑排乡大背岭村引种小苗（登录号20124287）。有活体，生长一般，未开花结果。

中国科学院植物研究所北京植物园 1986年李振宇采自湖南新宁紫云山（登录号1986-439），现已无活体。

其他 该种在国际植物园保护联盟（BGCI）中有12个迁地保育点。

物候信息

杭州植物园 3月初开始萌芽；3月中下旬开始展叶和枝条生长；4月下旬新枝顶端开始出现花蕾；6月下旬至7月初开花；9月果实由绿色变为红色；10~11月果实成熟；常绿。

迁地栽培要点

喜温暖湿润的亚热带气候，稍耐寒，杭州地区可露地越冬。喜半阴环境，应种植于林下或林缘。需要排水良好的肥沃酸性土壤。半熟枝扦插或播种繁殖。

主要用途

中国特有的稀有植物,按照IUCN红色名录等级和标准(2001),该种可被评为近危(NT)植物,具科研价值,目前主要是植物园为迁地保育而引种栽培。

70 茶荚蒾

别名： 饭汤子

Viburnum setigerum Hance, J. Bot. 20: 261. 1882.

花期植株（施晓梦 摄）

自然分布

特产中国安徽、福建、广东、广西、贵州、河南、湖北、湖南、江苏、江西、四川、云南和浙江（陕西、台湾无该种分布）。生于海拔800～1300m的山谷疏林下或山坡灌丛中。

迁地栽培形态特征

植株 落叶灌木，高达3m。

茎 幼枝无毛，有棱角，无毛，小枝淡黄色，后为灰褐色。冬芽长达6mm以上，无毛，最外一对芽鳞长为冬芽的1/2～2/3。

叶 叶纸质，卵圆形至卵状披针形，长7～12cm，顶端渐尖，基部圆形，边缘具尖锯齿，叶面渐无毛，背面仅中脉及侧脉被浅黄色贴生长纤毛，近基部两侧有少数花外蜜腺，侧脉6～8对，近平行而直，伸达齿端；叶柄长1~2cm，有时带紫红色。

🟠花 聚伞花序复伞形式，有细腺点，直径2.5~5cm，总花梗长1~3cm，第一级辐射枝通常5条；花芳香，生于第三级辐射枝上；萼筒长约1.5mm，萼齿卵形；花冠辐状，花蕾时微带粉红色，开后白色，直径4~6mm，无毛，裂片卵形；雄蕊与花冠几等长，花药圆形。

🟠果 果序弯垂，果实红色，卵圆形，长9~11mm；核甚扁，凹凸不平。

引种信息

成都市植物园 1997年自重庆金佛山引种（无登录号）；2001年自浙江杭州引种（无登录号）。目前该种园内有栽培，生长良好。

杭州植物园 1957年自浙江杭州临安区引种（登录号57C11002P95-1634）；1958年自浙江杭州临安区引种（登录号58C11002U95-1635）。目前该种在系统园忍冬区有栽培，生长旺盛，已经多年持续开花结果。

华南植物园 引种2次。2014年自湖北恩施引种（登录号20140349）；2018年自重庆金佛山引种（登录号20182161）。记载该种在珍稀濒危植物繁育中心栽培，调查时未见活体。

南京中山植物园 引种2次。1956年自杭州园林管理处引种（登录号II24-196）；2009年自比利时引种（登录号2009E-0056）。目前园区有定植栽培，生长良好，能正常开花结果。

上海辰山植物园 2005年自浙江西天目山告岭引种（登录号20050015）；2006年自浙江安吉灵峰寺引种（登录号20060951）。目前该种在展区有栽培，生长旺盛，花果繁茂。

武汉植物园 引种记录不详。有活体，生长良好，可开花结果。

西双版纳热带植物园 引种2次。1989年自湖北武汉植物园引种种子（登录号00,1989,0142）；2000年自美国引种种子（登录号29,2000,0305）。未见活体。

中国科学院植物研究所北京植物园 引种26次。最早于1961年自杭州植物园引种（登录号1961-186）；最近一次为1999年自法国引种（登录号1999-2583）；期间1986年自美国引种（登录号1986-179），该号至少存活至2008年；其他引种信息尚有自德国美因河畔法兰克福棕榈植物园（登录号1985-3732）、法国南特植物园（登录号1985-3949）、美国史密斯植物园（登录号1990-4971）、南京中山植物园（登录号1979-845）等交换种子。现已经找不到活体。

其他 该种在国际植物园保护联盟（BGCI）中有70个迁地保育点。国内贵州省植物园、庐山植物园和浙江农林大学植物园有栽培记录。

物候信息

重庆市药物种植研究所 4月上旬为盛花期。

杭州植物园 2月中下旬开始萌芽；3月初开始萌发新叶并出现花蕾；4月上旬为盛花期；10月果实成熟，并由绿色变为红色；12月上中旬为落叶期。

上海辰山植物园 4月下旬为盛花期；9月果实由绿色变为红色；10~11月果实成熟；12月落叶。

武汉植物园 2月中旬开始萌芽并出现花蕾；2月下旬开始展叶；3月中下旬至4月中旬开花；10月至11月下旬果实成熟，果实颜色发生绿色−橙黄色−橙色−红色的变化；12月中下旬为落叶期。

迁地栽培要点

喜温暖湿润的亚热带气候，稍耐寒，亦耐热，上海地区生长良好。适应全日照或半阴环境。需要排水良好的肥沃酸性土壤。嫩枝扦插或播种繁殖。

主要用途

本种适应性广泛，春季白花繁密如雪，秋季红果累累，是极优良的观花和观果灌木。

71 粤赣荚蒾

Viburnum dalzielii W. W. Sm., Notes Roy. Bot. Gard. Edinburgh. 9: 137. 1916.

花枝（曾云保 摄）

自然分布

特产中国广东和江西。生于海拔400~1100m的山坡灌丛或山谷林下。

迁地栽培形态特征

- 植株 落叶灌木，高1~2m。植株幼嫩部位常密被黄褐色刚毛或簇状毛。
- 茎 老枝灰褐色，无毛。
- 叶 叶纸质，卵状披针形或卵状椭圆形，长8~15cm，顶端长渐尖，基部浅心形或圆形，边缘具小尖齿，叶面无毛，背面脉上被黄褐色小刚毛，侧脉8~12对，小脉横列；叶柄长1~2cm。

🟠**花** 聚伞花序复伞形式，直径5~6cm，总花梗长1~2cm，第一级辐射枝通常5条；花芳香，生于第二至第三级辐射枝上；萼筒倒圆锥形，萼齿极短；花冠白色，辐状，直径约4mm，裂片近圆形；雄蕊明显高出花冠。

🟠**果** 果实成熟后红色；核卵形，具2条浅背沟和3条浅腹沟。

引种信息

华南植物园 2003年引种（登录号20033170），具体引种信息不详；2003年自广东连州引种（登录号20033198）。目前该种在珍稀濒危植物繁育中心有栽培，生长一般，尚未开花结果。

武汉植物园 2014年11月自贵州雷山引种。未存活。

西双版纳热带植物园 引种1次。2000年自美国引种种子（登录号29,2000,0119）。未见活体。

其他 该种在国际植物园保护联盟（BGCI）中有2个迁地保育点。

物候信息

野生状态 5月开花，11月果实成熟。

迁地栽培要点

喜温暖湿润的热带亚热带山地气候，不耐寒。适应半阴环境。需要排水良好的肥沃酸性土壤。嫩枝扦插或播种繁殖。

主要用途

稀有植物，按照IUCN红色名录等级和标准（2001），该种可被评为易危（VU）植物，目前主要是植物园为迁地保育而引种栽培。

花序（曾云保 摄）　叶面（曾云保 摄）　叶背（曾云保 摄）　花（曾云保 摄）

72 吕宋荚蒾

Viburnum luzonicum Rolfe, J. Linn. Soc., Bot. 21: 310. 1884.

植株

自然分布

产福建、广东、广西、江西、台湾、云南和浙江。印度尼西亚、马来西亚、菲律宾和越南也有。生于海拔100~700m的疏林、灌丛或路边。

迁地栽培形态特征

植株 落叶灌木，高1~2m。植株幼嫩部分被黄褐色簇状毛，老后渐无毛。

茎 萌枝密被黄褐色茸毛；嫩枝密被毛；2年生小枝黄褐色，被簇状毛。冬芽卵圆形，密被毛。

叶 叶纸质，叶形变化大，卵形、椭圆形至披针形，长4~9cm，顶端渐尖至急尖，基部宽楔形或近圆形，边缘有锯齿，有缘毛，叶面有无柄透明细腺点，背面被簇状毛，侧脉5~9对，伸达齿端；叶柄长0.5~1mm。

花 聚伞花序复伞形式，常生于侧生短枝上，直径3~5cm，总花梗常极短，第一级辐射枝5条；花生于第三至第四级辐射枝上；萼筒卵圆形，长约1mm，萼齿小；花冠白色，辐状，直径4~5mm，外被簇状短毛，裂片卵形；雄蕊短于或长于花冠，花药宽椭圆形。

果 果实红色，卵圆形，长5~6mm；核甚扁，有2条浅腹沟和3条极浅背沟。

引种信息

成都市植物园 2001年自浙江杭州引种（无登录号）；2007年自上海引种（无登录号）。目前该种园内有栽培，生长良好。

杭州植物园 2000年自浙江引种（登录号00C11005U95-1631）。目前该种在系统园忍冬区有栽培，生长良好，已经多年持续开花结果。

武汉植物园 2012年引种小苗，引种地不详（登录号20120910）。

西双版纳热带植物园 引种1次。2009年自台湾林业所引种种子（登录号00,2009,0966）。未见活体。

其他 该种在国际植物园保护联盟（BGCI）中有29个迁地保育点。国内庐山植物园、南京中山植物园、上海辰山植物园、台北植物园、台湾自然科学博物馆和浙江农林大学植物园有栽培记录。

物候信息

杭州植物园 3月上中旬开始萌芽；3月下旬展叶，同时出现花蕾；4月下旬开花；10月果实开始由绿色变为红色；11~12月果实成熟，可留存到落叶后；12月落叶。

武汉植物园 3月初开始萌芽；3月下旬展叶；未见开花结果；翌年1月初为落叶期。

迁地栽培要点

喜温暖湿润的亚热带气候，稍耐寒，杭州地区可露地越冬。适应全日照或半阴环境。需要排水良好的肥沃酸性土壤。嫩枝扦插或播种繁殖。

主要用途

本种秋冬季红果繁密，可留存到落叶后很久，是优良的观果灌木。

73 南方荚蒾

Viburnum fordiae Hance, J. Bot. 21: 321. 1883.

自然分布

特产中国安徽、福建、广东、广西、贵州、湖南、江西、云南和浙江。生于海拔100~1000m的疏林或灌丛中。

迁地栽培形态特征

植株 落叶灌木或小乔木，高可达5m。植株各部位均密被黄褐色簇状茸毛。

茎 幼枝黄褐色，密被毛；老枝灰褐色或黑褐色。

叶 叶纸质，常稍内卷而不平展，宽卵形或椭圆形，长4~10cm，顶端钝至短尖，基部圆形至宽楔形，边缘具小尖齿或近全缘，叶面散生有柄的红褐色微小腺点，毛渐脱落，背面无腺点，背面被茸毛或簇状毛，侧脉5~9对，直达齿端；叶柄长0.5~1.5cm。

花 聚伞花序复伞形式，顶生或生于侧生短枝上，直径3~10cm，总花梗短或长至3cm，第一级辐射枝通常5条；花生于第三至第四级辐射枝上；萼筒倒圆锥形，萼齿小；花冠辐状，花蕾黄绿色，开放后黄白色，直径3~4mm，裂片卵形；雄蕊与花冠等长或略超出。

果 果实红色，卵圆形，长6~7mm；核扁，有2条腹沟和1条背沟。

引种信息

成都市植物园 2002年自浙江杭州引种（无登录号）。目前该种园内有栽培，生长良好。

桂林植物园 引自广西。目前园内有栽培，生长良好，可开花结果。

杭州植物园 引种信息不详。目前该种在园内有栽培，生长良好，尚未开花结果。

华南植物园 引种3次。2002年自广东大埔丰溪自然保护区引种（登录号20020446）；2005年自广东郁南引种（登录号20051641）；2013年自湖南炎陵引种（登录号20130301）。目前该种在珍稀濒危植物繁育中心有栽培，生长良好，尚未开花结果。

南京中山植物园 引种信息不详。目前展区有定植，生长良好，正常开花结果。

上海辰山植物园 2005年自浙江临安东天目山东茅蓬平溪引种（登录号20050111）。目前该种在园内有栽培，生长良好。

仙湖植物园 无引种记录，园区办公楼周边有栽培，生长良好，正常开花结果。

武汉植物园 引种3次。2004年自湖南绥宁黄双乡老团村引种小苗（登录号20040881）；2005年自广西防城扶隆镇引种小苗（登录号20057813）；2012年自广东清远阳山南岭自然保护区引种小苗（登录号20124156）。生长良好，已经开花结果。

西双版纳热带植物园 引种2次。2002年自广西靖西引种苗（登录号00,2002,2972）。目前展区有定植，生长较差，不开花结果。

中国科学院植物研究所北京植物园 引种2次。1983年余树勋带回种子（登录号1983-498）；1986年李振宇采自湖南新宁紫云山（登录号1986-445）。现已无活体。

其他 该种在国际植物园保护联盟（BGCI）中有14个迁地保育点。国内赣南树木园、广西药用植物园和厦门市园林植物园有栽培记录。

物候信息

武汉植物园 3月初开始萌芽；3月中上旬展叶，同时出现花蕾；5月上旬至6月初开花，9月常再开一次；10月底至11月下旬果实成熟，果实颜色由绿色变为橙红色再变为红色；12月开始进入落叶期，3/5老叶掉落，2/5叶子不掉落。

迁地栽培要点

喜温暖湿润的亚热带气候，稍耐寒，南京地区可露地越冬。适应全日照或半阴环境。需要排水良好的肥沃酸性土壤。嫩枝扦插或播种繁殖。

主要用途

本种花序大，可多次开花，秋冬季红果繁密，可留存到落叶后很久，是优良的观花和观果灌木。

接骨木属

Sambucus L. Sp. Pl. 269. 1753.

灌木、小乔木或多年生草本，雌花两性花异株或雌雄同株，落叶，有时常绿，全株有时具花外蜜腺。分枝光滑，具条棱，或有显著皮孔，髓发达。叶对生，奇数羽状复叶，或不完整羽状分裂，稀撕裂状，小叶具锯齿或分裂，对生或互生；托叶叶状或退化成花外蜜腺。花序顶生，由聚伞合成顶生的复伞式或圆锥式，有总梗或无总梗；花小，辐状或有时候二型，白色或黄白色，有时候具蜜腺；花梗具关节；苞片大多不存在；小苞片1或无。萼筒短，萼齿3~5枚；花冠辐状，黄白色或白色，花蕾时有时带紫红色，3~5裂；雄蕊5，生于花冠基部，开展，花丝直立，花药外向，2室，长圆形，药室分离；子房3~5室，每室1胚珠；花柱坐垫状，柱头3~5。浆果状核果红色、橙红色、橙黄色至黑色，有时被蓝粉，具3~5枚核；种子三棱状或椭圆状；胚与胚乳近等长约10种，中国原产3种。该属分类困难，物种范畴不一，Bolli（1994）在该属目前唯一的世界性专著中只承认了9种，而将原来接受的超过30个物种名称处理为异名或亚种，但这种处理只被部分学者接受并存在争议（Applequist，2015）。至今该属分类仍有不少问题，不同著作中所承认物种数差异显著，比如在Catalogue of Life（http://www.catalogueoflife.org，查询日期2020年6月10日）数据库中接骨木属属下依然有18个接受名称。中国产的接骨木属植物同样存在一些问题：

1. 接骨木与总序接骨木的分类问题。《中国植物志》和 Flora of China 都将中国产的该类植物定名为接骨木（Sambucus williamsii Hance），但Bolli（1994）的分类处理中是不承认上述种类的，而是将该种包括在总序接骨木（Sambucus racemosa L.）中，并认为这是一个分布于欧洲、亚洲北部和北美洲的广布种。我们尚无对总序接骨木全部分布范围内的变异式样进行研究，但就目前对植物园栽培的总序接骨木和接骨木的比较，我们觉得二者还是可以区分的，本书暂时将这两种加以区分。

2. 接骨草与爪哇接骨草的分类问题。胡嘉琪（1988）在《中国植物志》中将中国产的接骨草定名为（Sambucus chinensis Lindl.），并讨论了其与爪哇接骨草（Sambucus javanica Reinw. ex Bl.）在果实颜色上的区别，认为前者果实红色，后者果实黑色；杨亲二等（2011）在 Flora of China 中将前者处理为后者的异名，本书作者赞同该种处理。据我们观察，接骨草的果实颜色确实存在红色和黑色两种类型，但其他方面没有区别，如果非要加以区分，红果类型定为变种也许更为恰当。

3. 裂叶接骨草的学名问题。此外，裂叶接骨草（Sambucus chinensis var. pinnatilobatus G. W. Hu）为接骨草的小叶细裂类型，在外观上区别还是非常明显的，作为变种是恰当的，本书将其学名组合为 Sambucus javanica var. pinnatilobatus (G. W. Hu) Q. W. Lin。

4. 西伯利亚接骨木的分类问题。此外，《中国植物志》及 Flora of China 都提及西伯利亚接骨木（Sambucus sibirica Nakai）与接骨木（Sambucus williamsii Hance）仅有毛被上的细小区别，很可能应该被并入后者，但目前我们还没有对此有明确研究结论，对此不作处理。

最终，本书收录中国迁地栽培接骨木属5种1亚种，其中中国原产3种，自国外引进2种1亚种。

此外，中国科学院植物研究所北京植物园还曾引入过蓝果接骨木（Sambucus caerulea Rafin.，引种5次）、朝鲜接骨木（Sambucus coreana Kom. & Aliss.，引种6次）、矮接骨木（Sambucus ebulus L.，引种34次，其中登录号1990-3791存活至2002年）、堪察加接骨木（Sambucus kamtschatica E.L.Wolf，引种2次）、宽叶接骨木（Sambucus latipinna Nakai，引种1次）、短毛接骨木（Sambucus pubens Michx.，引种11次）、库页接骨木（Sambucus sachalinensis Pojark.，引种3次）、西伯利亚接骨木（Sambucus sibirica Nakai，引种7次）、无梗接骨木（Sambucus sieboldiana (Miq.) Blume ex Graebn.，引种9次）、高加索接骨木（Sambucus tigranii Troitsky，引种1次）；西双版纳热带植物园还曾引入过澳大利亚接骨木［Sambucus australasica (Lindl.) Fritsch，1999年自爱尔兰引种枝条，登录号56,1999,0005］和矮接骨木（2009年自德国波恩大学植物园引种种子，登录号15,2009,0013）；上海辰山植物园也曾引入过高加索接骨木（2009年自荷兰引种，登录号20090357）。但鉴于该属分类存在的问题，这些种类本书均不收录。

接骨木属植物生态适应性广泛，对生境条件要求不严，自然广布于全球温带、亚热带地区和热带山地，在中国各地的栽培也十分广泛，北至黑龙江，南至云南西双版纳和海南均有栽培。该属植物还常被作为药用植物进行加工利用，此外该属植物还常具有引人注目的浆果，自然条件下主要靠鸟类进行种子传播，其浆果经过加工后可以制作饮料，目前国外已经有较多有关接骨木饮料的研究和利用，但在国内目前还较为少见。

接骨木属分种检索表

1a. 多年生草本；嫩枝具棱条；聚伞花序平散，伞形。
  2a. 全为两性花；小叶在轴上具退化成瓶状的托叶，顶生小叶片下延，常与第一对侧生小叶联合；根红色···74. **血满草** *S. adnata*
  2b. 具杯形不孕性花；小叶在叶轴上不具退化的托叶，侧生小叶片中部以下和基部有1~2对腺齿；根非红色。
    3a. 小叶片不分裂，具锯齿···75. **接骨草** *S. javanica*
    3a. 小叶片羽状细裂至近基部······················75a. **裂叶接骨草** *S. javanica* var. *pinnatilobatus*
1b. 灌木或小乔木；枝具明显的皮孔；聚伞花序平散伞形或圆锥形。
  4a. 枝髓部白色；聚伞花序平散，伞形；果实黑色。
    5a. 小叶锯齿常粗大；不具根状茎···76. **西洋接骨木** *S. nigra*
    5a. 小叶锯齿常细锐；常具根状茎··············76a. **美洲接骨木** *S. nigra* subsp. *canadensis*
  4b. 枝髓部浅褐色；聚伞花序圆锥形；果实红色或黑色。
    6a. 圆锥花序较松散，花序分枝及小果梗较长，浆果排列较松散············77. **接骨木** *S. williamsii*
    6a. 圆锥花序紧密，长显著大于宽，小果梗短，浆果排列紧密··········78. **总序接骨木** *S. racemosa*

74 血满草

Sambucus adnata Wall. ex DC., Prodr. 4: 322. 1830.

自然分布

产中国甘肃、贵州、湖北、宁夏、青海、陕西、四川、西藏、云南。不丹、印度也有分布。生于海拔1600～3600m的林缘、灌丛、山谷、阴湿山坡或高山草地。

迁地栽培形态特征

植株 多年生高大草本，有时亚灌木状，高1～2m，具根状茎。

茎 根和根茎红色，具红色汁液。茎草质，明显具棱。

叶 奇数羽状复叶；托叶叶状或条形；小叶3～5对，小叶片长椭圆形、长卵形或披针形，长4～15cm，宽1.5～2.5cm，顶端渐尖，基部钝圆，两边不等，边缘有锯齿，叶面疏被短柔毛，脉上毛较密，顶端一对小叶基部常沿柄相连，有时亦与顶生小叶片相连，其他小叶在叶轴上互生，亦有近于对生；小叶的托叶退化成瓶状凸起的花外蜜腺。

花 聚伞花序顶生，伞形式，具总花梗，3～5出分枝，直径12～15cm，初时密被黄色短柔毛，多少杂有腺毛；花小，直径4～5mm，有恶臭，萼被短柔毛；花冠白色；花丝基部膨大，花药黄色；子房3室，花柱极短或几乎无，柱头3裂。

果 果实橙色或红色，圆球形，直径3～4mm；果核卵球形，长约2mm，宽约1.5mm，表明有皱纹或光滑。栽培条件下常不结果。

引种信息

华南植物园 2009年自云南保山引种（登录号20090617）。记载该种在高山极地室有栽培，调查时未见活体。

中国科学院植物研究所北京植物园 引种5次。最早于1989年自昆明植物园引种（登录号1989-3234）；最近一次为2012年自西藏工布江达措高乡巴松湖引种（登录号2012-1128）；现植物园定植存活的为2011年自西藏林芝米林县派镇引种的种子后代（登录号2011-707）。目前该种在展区有定植，生长良好，能正常开花，但基本不结果。

其他 该种在国际植物园保护联盟（BGCI）中有10个迁地保育点。国内武汉植物园曾有栽培记录。

物候信息

中国科学院植物研究所北京植物园 3月下旬开始发芽钻出地面，随后开展枝条生长；4月下旬新枝顶端开始出现花蕾；4～5月为花蕾期；5月中下旬进入盛花期；6月中旬进入结实期；8～9月果实成熟。

迁地栽培要点

喜日照充足、昼夜温差大的大陆性山地气候。不耐夏季湿热。要求排水良好的砂质土壤，不耐涝。

分株或播种繁殖，但栽培条件下很少获得种子。

主要用途

根药用，活血散瘀，去风湿，利尿，治跌打损伤；果实可加工制作成饮料。春季白花繁密，可观赏。

75 接骨草

Sambucus javanica Blume, Bijdr. 657. 1825.
Sambucus chinensis Lindl., Trans. Hort. Soc. London 6: 297. 1826.

植株

自然分布

产中国安徽、福建、甘肃、广东、广西、贵州、海南、河南、湖北、湖南、江苏、江西、陕西、四川、台湾、西藏、云南、浙江。印度、印度尼西亚、日本、马来西亚、缅甸、菲律宾、泰国和越南也有分布。生于海拔300～2600m的山坡、林缘、溪边或草地。

迁地栽培形态特征

植株 高大草本或半灌木，高1～2m。

茎 茎显著具棱条，髓部白色，皮孔不显著。

叶 奇数羽状复叶；托叶叶状或有时退化成蓝色花外蜜腺；小叶2～3对，互生或对生，狭卵形，长6～13cm，宽2～3cm，嫩时叶面被疏长柔毛，顶端长渐尖，基部钝圆，两侧不等，边缘具细锯齿，近基部或中部以下边缘常有1枚或数枚腺齿；顶生小叶卵形或倒卵形，基部楔形，有时与第一对小叶相连，小叶无托叶，基部一对小叶有时有短柄。

花 复伞状聚伞花序顶生，大而疏散，总花梗基部具叶状总苞片，分枝3～5出，纤细，被黄色疏柔毛；杯形不孕性花不脱落，可孕性花小；萼筒壶状，萼齿三角形；花冠白色，基部联合，花药黄色或紫色；子房3室，花柱极短或几无，柱头3裂。

果 果实红色，近圆球形，直径3～4mm；分果核2～3粒，卵球形，长2.5mm，表面有小疣状凸起。

引种信息

北京植物园 引种1次。1992年自甘肃天水麦积山引种（登录号1992-0173z）。未见活体。

桂林植物园 引自广西。目前园内有栽培，生长旺盛，花果繁茂。

杭州植物园 2014年自江西吉安井冈山引种（登录号14C23024-001）。目前该种在本草园有栽培，生长良好，可正常开花结果。

华南植物园 引种3次。2003年自湖北武汉植物园引种（登录号20032955）；2005年自广西凭祥大连城引种（登录号20050623）；2005年自桂林植物园引种（登录号20050956）。目前该种在药园和珍稀濒危植物繁育中心有栽培，生长良好，可正常开花结果。

南京中山植物园 引种2次。1985年自江苏引种（登录号89152-903）；2018年引种（登录号2018I6252）。目前该种在展区有定植，生长良好，能正常开花结果。

上海辰山植物园 2009年自云南迪庆香格里拉小中甸红山引种（登录号20090353）。目前该种在园内有栽培，生长良好，正常开花结果。

仙湖植物园 无引种记录，园区有栽培，生长良好，正常开花结果。

西双版纳热带植物园 引种9次。1961年引种小苗（登录号00,1961,0162）；1964年自云南思茅引种插条（登录号00,1964,0301）；1977年自云南勐腊曼莪山引种小苗（登录号00,1977,0054）；1997年自云南盈江昔马引种小苗（登录号00,1997,0282），存活；1997年自中国云南勐腊茅草山引种苗（登录号00,1997,0597）；2001年自云南文山引种插条（登录号00,2001,2547）；2002年自云南勐腊引种种子（登录号00,2002,0933）；2003年自西藏墨脱引种种子（登录号00,2003,1858）；2009年自云南勐腊引种小苗（登录号00,2009,1785）；2014年自云南景东太忠三合引种（登录号00,2014,2569）。目前该种在展区有定植展示，生长良好，能正常开花结果。

中国科学院植物研究所北京植物园 引种12次。最早于1962年段俊喜等自陕西秦岭大巴山引种（登录号1962-662）；最近一次引种为2010年林秦文自四川泸州古蔺黄荆普照山公路边引种（登录号2010-1827）。目前该种已无活体。

其他 该种在国际植物园保护联盟（BGCI）中有22个迁地保育点。国内赣南树木园、广西药用植物园、贵州省植物园、昆明植物园、庐山植物园、厦门市园林植物园、武汉植物园、台北植物园、台湾自然科学博物馆、西安植物园和浙江农林大学植物园有栽培记录。

物候信息

南京中山植物园　3月初开始萌芽，随后开始地上枝条生长；花期不固定，5～9月均可开花；果期不固定，7～11月均可见到红色果实；11～12月地上部分逐渐枯萎。

迁地栽培要点

气候适应性广泛，自华北至整个中国南部均可栽培。北京栽培因时夏季高温高湿多不易见到果红即枯萎。半阴或全日照条件均可。喜酸性土壤，对水分要求不严，不过干或过涝均可生长。分株或播种繁殖。

主要用途

根药用，活血散瘀，去风湿，利尿，治跌打损伤。花繁密、果红艳，均可观赏。

75a 裂叶接骨草

Sambucus javanica Blume var. **pinnatilobatus** (G. W. Hu) Q. W. Lin comb.nov.
Sambucus chinensis Lindl. var. pinnatilobatus G. W. Hu, Novon 18 (1): 63-64, 2008.

自然分布
特产中国湖南（长沙和桃源）和湖北（石首）。生中低海拔地区的山坡旷野或湿地边缘。

迁地栽培形态特征
与原变种的区别主要在于小叶片羽状细裂至近基部，有时裂片再次羽状细裂，果实比原变种小，其他特征基本相同。

引种信息
武汉植物园　2011年自湖南湘西土家族苗族自治州吉首大学引种小苗（引种号20113360）。目前该种在园内有栽培，生长良好，可正常开花结果。

其他　该变种不在国际植物园保护联盟（BGCI）活植物数据库中。国内北京药用植物园也有栽培。

物候信息

武汉植物园 3月萌芽，随后开始枝叶生长；4~6月为苗期；7~8月开花，花期较长；9~11月果实逐渐变红并成熟。

迁地栽培要点

适应性强，半阴或全光照条件均可，喜酸性土壤。分株或播种繁殖。

主要用途

观赏用，羽状叶有别于接骨草，红色浆果亦可观赏。根药用，同接骨草。

叶（朱鑫鑫 摄）　　叶（朱鑫鑫 摄）

花序（朱鑫鑫 摄）　　花（朱鑫鑫 摄）

76

西洋接骨木

Sambucus nigra L., Sp. Pl. 1: 269. 1753.

自然分布

原产欧洲至亚洲西部地区。生于荒地、路边、林缘或村边。

迁地栽培形态特征

植株 落叶大灌木或小乔木，高4~10m。

茎 干单生或少数。幼枝具纵条纹，2年生枝黄褐色，具明显凸起的圆形皮孔；髓部发达，白色。

叶 奇数羽状复叶；托叶叶状或退化成腺形；小叶片1~3对，通常2对，具短柄，椭圆形或椭圆状卵形，长4~10cm，宽2~3.5cm，顶端尖或尾尖，边缘具粗大锯齿，基部楔形或阔楔形至钝圆而两侧不等，揉碎后有恶臭，中脉基部、小叶柄基部及叶轴均被短柔毛。

花 圆锥形聚伞花序平散，分枝5出，直径可达12cm；花小而多；萼筒长于萼齿；花冠黄白色，裂片长圆形；雄蕊花丝丝状，花药黄色；雌花子房3室，花柱短，柱头3裂。

果 果实圆球形，亮黑色。

引种信息

杭州植物园 1957年自上海引种（登录号57C13000P95-1639）。目前该种在园内有栽培，生长良好，可正常开花结果。

华南植物园 引种2次（含品种）。2004年自上海植物园引种（登录号20042105）；2009年自上海奉贤帮业锦绣树木种苗服务社引种（登录号20090370）。目前该种在药园、行道和珍稀濒危植物繁育中心有栽培，生长良好，可正常开花结果。

南京中山植物园 引种8次。1958年引种（登录号EI107-497）；1959年自捷克布拉格查理大学引种（登录号EI82-180）；1975年自法国引种（登录号E1409-0101、E1409-0102）；1981年引种（登录号81E1401-009）；1987年引种（登录号87E4101-45、87E41078-45、87E41081-45）。目前该种在展区有定植，生长良好，能正常开花结果。

上海辰山植物园 引种13次（包含多个品种）。2006年自荷兰引种（登录号20060758）；2007年自荷兰引种（登录号20070466、20070467、20072272）；2008年自安徽芜湖欧标公司引种（登录号20080572、20080577、20080884）；2008年自法国引种（登录号20080573）；2008年自荷兰引种（登录号20080575、20080576）；2009年自法国引种（登录号20090354、20090355）；2009年自荷兰引种（登录号20090356）。目前一些品种在园内有栽培，生长良好。

西双版纳热带植物园 引种2次。1990年自英国邱园引种种子（登录号04,1990,0012）；1997年自斯里兰卡引种种子（登录号16,1997,0014）。未见活体。

中国科学院植物研究所北京植物园 引种53次（含种下等级和品种）。最早于1951年开始引种（登录号1951-1039）；最近一次为2009年自俄罗斯引种（登录号2009-1849）；现植物园有多次引种存活，包括1983年引种后代（登录号1983-3710）、1985年自苏联引种后代（登录号1985-240）以及

2003年自立陶宛引种后代（登录号2003-2394）。目前该种在展区有定植，生长良好，花果繁茂。

其他　该种在国际植物园保护联盟（BGCI）中有186个迁地保育点。国内庐山植物园和厦门市园林植物园有栽培记录。

物候信息

中国科学院植物研究所北京植物园　3月中下旬开始萌芽；4月上中旬开始展叶，同时分化出花芽；4月中下旬出现花蕾；5月上中旬为盛花期；7月下旬至8月初果实开始由绿色变为黑色；8月下旬至9月初果实成熟；11月落叶。

迁地栽培要点

气候适应性广泛，自华北至西南地区均可栽培。全日照和半阴环境均生长良好。喜排水良好的酸性土壤，但微碱性土壤上亦生长良好。扦插、分株或播种繁殖。

主要用途

适应性广泛，株形美观，花大而醒目，为良好的春季观花植物。

植株

植株

76a
美洲接骨木

别名： 加拿大接骨木

Sambucus nigra L. subsp. *canadensis* (L.) Bolli, Dissertationes Botanicae 223: 168. 1994.

自然分布

原产北美大部分地区，南经墨西哥直达巴拿马。

迁地栽培形态特征

与原产欧洲的西洋接骨木在植株形态各方面极为相似而难以区分，唯独美洲接骨木小叶锯齿常细锐，明显具根状茎，植株常具丛生而具多数枝干，植株上部常在冬季枯死。园林上常见栽培的为其品种金叶接骨木（*Sambucus nigra* subsp. *canadensis* 'Aurea'）以及紫叶接骨木（*Sambucus nigra* subsp. *canadensis* Black Lace 'Eva'）。

引种信息

北京植物园　无引种信息。展区有金叶品种定植，生长良好，能开花结果。

西双版纳热带植物园　引种1次。2010年自加拿大魁北克引种种子（登录号41,2010,0004）。未见活体。

中国科学院植物研究所北京植物园　引种52次。最早于1955年开始引种（登录号1955-2692）；最近一次为2011年自德国引种（登录号2011-502）；现植物园有多次引种存活，包括1979年引种后代（登录号1979-5861）、1987年自加拿大引种后代（登录号1987-1706）以及1991年自瑞士引种后代（登录号1991-3209）。目前该种在展区有定植，生长良好，能正常开花结果。

其他　该种在国际植物园保护联盟（BGCI）中有103个迁地保育点。国内南京中山植物园、上海辰山植物园和西安植物园有栽培记录。

物候信息

中国科学院植物研究所北京植物园　3月中下旬开始萌芽；4月上中旬开始展叶，同时分化出花芽；4月中下旬出现花蕾；5月上中旬为盛花期；7月下旬至8月初果实开始由绿色变为黑色；8月下旬至9月初果实成熟；11月落叶。

迁地栽培要点

喜冷凉湿润气候，不太耐热，主要在华北和东北地区栽培。喜半阴环境和排水良好的土壤。分株、扦插或播种繁殖。

主要用途

春季开花繁密，为观赏植物。果实可制作果冻、果酱。

77 接骨木

Sambucus williamsii Hance, Ann. Sci. Nat., Bot., sér. 5. 5: 217. 1866.

自然分布

产安徽、福建、甘肃、广东、广西、贵州、河北、河南、黑龙江、湖北、湖南、吉林、江苏、江西、辽宁、内蒙古、陕西、山东、山西、四川、天津、云南、浙江。生于海拔500~1600m的路边、溪边、山坡、林下、灌丛或村边。

迁地栽培形态特征

植株 灌木至小乔木，高可达5~6m。

茎 老枝皮孔显著，髓心淡黄棕色。

叶 奇数羽状复叶；小叶常5~7，椭圆形至长圆状披针形，长5~15cm，宽1.5~5cm，顶端尖至渐尖，基部截形或圆形，常不对称，边缘有锯齿，揉碎后有臭味。

花 聚伞状圆锥花序顶生，长5~11cm，宽4~14cm，花序轴及各级分枝有时被疏毛，后变无毛；花与叶同时开放，花小，密集，白色至淡黄色；萼筒杯状，长约1mm，萼齿三角状披针形，稍短于萼筒；花冠辐状，裂片5，长约2mm；雄蕊5，平展，约与花冠等长；花丝基部稍膨大，花药黄色；子房3室，柱头短，3裂。

果 浆果状核果近球形，直径3~5mm，黑紫色或红色；分果核2~3，卵形至椭圆形，长2.5~3.5mm，略有皱纹。

引种信息

北京植物园 无引种信息。目前有栽培，生长良好，能开花结果。

桂林植物园 引自广西。目前园内有栽培，生长一般。

黑龙江省森林植物园 引种信息不详。目前该种在展区有栽培，生长良好，可正常开花结果。

华南植物园 引种7次。2004年自广西药用植物园引种（登录号20040974），自杭州植物园引种（登录号20041848）；2008年引种（登录号20085526）；2013年自广西龙胜引种（登录号20130773），自湖南炎陵引种（登录号20130379），自西藏引种（登录号20131802），自云南文山引种（登录号20130430）。目前该种在药园、珍稀濒危植物繁育中心、高山极地室和木兰园有栽培，生长良好，可正常开花结果。

上海辰山植物园 2008年自浙江马山引种（登录号20080580）。目前该种在园内有栽培，生长良好。

沈阳树木园 1962年自辽宁沈阳市植物园引种（登录号19620031）。

西双版纳热带植物园 引种4次。1997年自云南勐腊茅草山引种小苗（登录号00,1997,0597）；2001年自云南勐腊勐仑引种小苗（登录号00,2001,2118）；2002年自云南盈江芸允引种小苗（登录号00,2002,1405）；2015年自辽宁沈阳药学院药用植物园引种种子（登录号00,2015,0111）。未见活体。

中国科学院植物研究所北京植物园 引种14次。最早于1956年引种（登录号1956-111）；最近一次为2008年自瑞典引种（登录号2008-864）；现植物园有多次引种存活，包括1979年引种后代（登录号1979-5862）、1986年自东北引种的后代（登录号1986-5120）以及1992年自宁夏哈纳斯自然保护区引种的后代（登录号1992-2218）。目前该种在展区有定植，生长良好，能正常开花结果。

其他 该种在国际植物园保护联盟（BGCI）中有29个迁地保育点。国内赣南树木园、广西药用植物园、贵州省植物园和庐山植物园有栽培记录。

物候信息

中国科学院植物研究所北京植物园 3月初开始萌芽，同时分化出花芽；3月下旬开始展叶，同时出现花蕾；4月上中旬至4月下旬开花；6月上旬果实由绿色变为红色；7月中旬至8月中旬果实成熟并逐渐脱落；11月中下旬落叶。

黑龙江省森林植物园 5月中下旬至6月上旬开花；6月下旬至8月上旬果实成熟并逐渐脱落；10月下旬至11月上旬落叶。

沈阳树木园 4月初开始萌芽，同时分化出花芽；4月下旬开始展叶，同时出现花蕾；5月上中旬开花；7月中下旬果实由绿色变为红色，能持续较长时间；8~9月果实成熟；10月底至11月落叶。

迁地栽培要点

性强健，气候适应性广泛。耐寒、耐旱，强光或半阴均能生长。土壤要求不严。根系发达，萌蘖力及发枝力均强。分株、扦插或播种繁殖。无病虫害。

主要用途

枝叶繁茂，春季白花满树还有香气，夏末秋初红果娇艳，是良好的观花和观果灌木。为跌打损伤药。适合种植于庭院、草坪、林缘、林间空地或池畔溪岸。抗大气污染。枝、叶入药治跌打损伤。果实可加工为饮料。

植株

78 总序接骨木

Sambucus racemosa L., Sp. Pl. 1: 269.1753.

果枝（Kirill Tkachenko 摄）

自然分布

原产欧洲、亚洲北部和北美洲。生于海拔0~3500m的溪边、山谷、沼泽地、林缘、荒地等处。

迁地栽培形态特征

植株 丛生灌木，高达2~5m。

茎 嫩枝微红灰色至微绿灰色，具显著凸起皮孔；老茎灰色，具红色，皮孔常呈疣状；髓心海绵状。

叶 奇数羽状复叶；小叶常5~7，长圆状披针形，长5~15cm，宽1.5~5cm，叶面暗绿色，背面淡绿色，常具细毛，脉上毛较长，顶端尖至渐尖，基部截形或圆形，常不对称，边缘有锯齿，揉碎后有臭味。叶芽开放前粉红色。金羽接骨木（*Sambucus racemosa* 'Plumosa Aurea'）为常见栽培品种，叶金黄色，边缘不规则羽状细裂。

花 聚伞状圆锥花序顶生，狭半球形或圆锥状，长5~10cm，宽3~5cm；花与叶同时开放，花小，密集，白色至淡黄色；萼筒杯状，长约1mm，萼齿三角状披针形，稍短于萼筒；花冠辐状，裂片5，长约2mm；雄蕊5，平展，约与花冠等长；花丝基部稍膨大，花药黄色；子房3室，淡绿色，柱头短，3裂。花蕾开放前粉红色。

果 浆果状核果近球形，直径3~5mm，红色；分果核2~3，卵形，一面平坦，长2.5~3.5mm，略有皱纹。

引种信息

北京植物园 引种3次。1992年自法国引种（登录号1992-0031z）；1992年自意大利引种（登录号1992-0188z）；2005年自瑞典斯塔万格植物园引种（登录号2005-0004）。目前该种在展区有定植，生长良好，能正常开花结果。

上海辰山植物园 引种2次（包含品种）。2008年自荷兰引种（登录号20080578）；2008年自法国引种（登录号20080579）。目前相关品种在园内有栽培，生长良好。

中国科学院植物研究所北京植物园 引种42次。最早于1951年引种（登录号1951-254）；最近一次为2003年自法国引种（登录号2003-2120）；现植物园有多次引种存活，包括1988年自比利时引种（登录号1988-3851）和2003年自意大利引种（登录号2003-623）。目前该种在展区有定植，生长一般，能正常开花结果。

其他 该种在国际植物园保护联盟（BGCI）中有119个迁地保育点。

物候信息

中国科学院植物研究所北京植物园 3月上旬开始萌芽，同时分化出花芽；3月下旬开始展叶，同时出现花蕾；4月上中旬开花；幼果常未发育便大量脱落；6月底至7月初果实由绿色变为红色；8月果实成熟；11月中下旬落叶。

迁地栽培要点

喜冷凉湿润的寒温带气候。要求全日照或半阴环境和排水良好的肥沃深厚土壤。分株、扦插或播种繁殖。

主要用途

良好的观花和观果灌木，也可药用。果实可加工为饮料。

中国迁地栽培植物志·五福花科·接骨木属

果枝（Kirill Tkachenko 摄）
叶背
叶面
花序
花序
果序

金羽接骨木枝叶　　金羽接骨木枝叶　　植株　　金羽接骨木花序　　金羽接骨木果序

忍冬科（狭义）

Caprifoliaceae Juss., Genera Plantarum 210-211. 1789. nom. cons.

灌木或木质藤本，少数为小乔木，落叶或常绿，有时为多年生草本。木质松软，常有发达的髓部。叶对生，稀轮生，单叶，全缘、具齿或有时羽状分裂，具羽状脉；托叶常不存在。聚伞或轮伞花序，或由聚伞花序集合成伞房式或圆锥式复花序，有时因聚伞花序中央的花退化而仅具2朵花（双花花序，有时相邻两个子房合生），排成总状或穗状花序，极少花单生。花两性，通常两侧对称，稀辐射对称。苞片和小苞片有或否，极少小苞片增大成膜质的翅。萼筒贴生于子房，萼裂片或萼齿常5或4枚，稀少至2枚，宿存或脱落，较少于花开后增大。花冠合瓣，钟状、筒状或漏斗状，裂片5或4枚，覆瓦状排列，有时二唇形，上唇二裂，下唇三裂，或上唇四裂，下唇单一，常有蜜腺。花盘呈环状或为一侧生的蜜腺。雄蕊5枚，或4枚而二强，着生于花冠筒，花药背着，2室，纵裂，内向，内藏或伸出于花冠筒外。子房下位，2~5室，稀可多至7~10室，中轴胎座，每室含1至多数胚珠，部分子房室常不发育；花柱单一；柱头头状或浅裂。果实为浆果、核果或蒴果，具1至多数种子。种子具骨质外种皮，平滑或有槽纹，内含1枚直立的胚和丰富、肉质的胚乳。

14属约216种，中国原产12属约97种（特有39种），迁地栽培14属约87种（特有22种），外来引进6属24种（其中2属黄锦带属 *Diervilla* Mill.、艳条花属 *Vesalea* M.Martens & Galeotti 为外来引进属）。中国特有属有七子花属（*Heptacodium* Rehder）、猬实属（*Kolkwitzia* Graebn.）和双盾木属（*Dipelta* Maxim.）共3属，中国特有种有49种。

本书的忍冬科概念是狭义的，包括原传统忍冬科除去荚蒾属（*Viburnum* L.）和接骨木属（*Sambucus* L.）剩下的部分，其范围同汤彦承和李良干（1994，1996），但其范围也不同于APG IV系统（Angiosperm Phylogeny Group 2016）概念的忍冬科。后者还包括了川续断科（Dipsacaceae）和败酱科（Valerianaceae）这2个主要产草本植物的近缘科，所含属种数量也相应上升至41属约900种。

狭义忍冬科科下分类系统也有一些争议和变化，详细见概述一章讨论。此外，关于北极花亚科，Christenhusz（2013）曾提出扩大北极花属（*Linnaea* L.）的范围，将糯米条属 [*Abelia* R. Br., 不含六道木属*Zabelia* (Rehder) Makino]、双六道木属（*Diabelia* Landrein）、双盾木属（*Dipelta* Maxim.）、猬实属（*Kolkwitzia* Graebn.）和艳条花属（*Vesalea* M. Martens & Galeotti）全部并入其中。不过目前该方案显然很少有人接受和使用，大部分学者还是倾向于承认以上各小属概念（Landrein & Farjon，2020）。

忍冬科植物主要分布于北温带和热带高海拔山地，大部分资源集中在东亚和北美东部种类最多，欧洲和北非仅有少量种类，个别种类还可到达热带边缘。许多种类喜欢冷凉湿润气候，适合温带和亚热带地区迁地栽培，其中不少种类为著名的观花观果植物或药用植物。目前国内各地植物园均常见有忍冬科植物栽培，其中尤以中国科学院植物研究所北京植物园收集栽培种类较为丰富。

忍冬科（狭义）分属检索表

1a. 果实为两瓣裂开的蒴果，圆柱形。
 2a. 花序生幼枝顶端；花冠黄色；原产北美洲 ································ 3. 黄锦带属 *Diervilla*
 2b. 花序生幼枝下部叶腋；花冠粉红色至白色，稀黄色；原产东亚 ················ 4. 锦带花属 *Weigela*
1b. 果实不开裂。
 3a. 轮伞花序集合成小头状，再组成开展的圆锥花序；叶具3出脉；果实为革质瘦果状核果，顶端
  具宿存增大的萼裂片 ·· 5. 七子花属 *Heptacodium*
 3b. 花序非上述情况；叶具羽状脉。
  4a. 果实为浆果或浆果状核果。
   5a. 多年生草本 ·· 6. 莛子藨属 *Triosteum*
   5b. 灌木或藤本。
    6a. 果实为浆果，具少数至多数种子。
     7a. 花序不为穗状，通常无叶状苞片；花冠整齐至二唇形，基部常一侧肿大或具囊；
      枝条非绿色 ·· 7. 忍冬属 *Lonicera*
     7b. 穗状花序，常具大而显著的叶状苞片；花冠整齐，基部非一侧肿大或具囊；枝条常
      绿色 ·· 8. 鬼吹箫属 *Leycesteria*
    6b. 果实为浆果状核果；分核2枚；穗状花序 ················ 9. 毛核木属 *Symphoricarpos*
  4b. 果实为干燥的瘦果状核果或革质瘦果，顶端宿存萼裂片通常大而显著。
   8a. 花冠钟形或钟状漏斗形；叶柄基部不扩大亦不连合；枝节不膨大。
    9a. 常绿匍匐小灌木，高仅5~10cm；总花梗极纤细，小花成对生于小枝顶端 ··········
      ·· 10. 北极花属 *Linnaea*
    9b. 落叶直立灌木；花单生或集合成聚伞花序。
     10a. 花冠艳紫红色，长筒状或高脚碟状；小苞片钻形；叶小型，全缘；常绿或半常绿灌
      木；产墨西哥 ·· 11. 艳条属 *Vesalea*
     10b. 花冠不为艳紫红色，亦不为长筒状或高脚碟状；小苞片大型或小型；叶较大，通常
      有锯齿；落叶或半常绿灌木；产亚洲。
      11a. 聚伞花序腋生或顶生，常排成圆锥状花序或伞房状花序；花冠紫红色至白色。
       12a. 花序无大形翅状小苞片。
        13a. 果实无长刺刚毛；萼裂片花后增大 ················ 12. 糯米条属 *Abelia*
        13b. 果实密被长刺刚毛；萼裂片不增大 ················ 13. 猬实属 *Kolkwitzia*
       12b. 花序具宿存、大型的膜质翅状小苞片 ················ 14. 双盾木属 *Dipelta*
      11b. 双花花序顶生，花少数；花冠黄色、白色至红色 ···································
        ·· 15. 双六道木属 *Diabelia*
   8b. 花冠漏斗形，筒部圆柱形；雄蕊和花柱不伸出花冠外；叶柄基部扩大并连合；枝节膨大。
     ·· 16. 六道木属 *Zabelia*

黄锦带属

Diervilla Mill., Gard. Dict. Abr. (ed. 4) vol. 1. 1754.

　　落叶灌木，常具鞭匐枝。冬芽具数对鳞片，鳞片顶端尖。叶对生，边缘有锯齿，有毛或无毛，具柄或几无柄，无托叶。花3至数朵组成顶生或腋生的聚伞花序，有短总花梗和苞片，有时形成顶生的聚伞圆锥花序。花两性，稍不规则，具短花梗，有小苞片。萼筒和花冠筒部细长；萼裂片5，线状披针形，果期时宿存或脱落。花冠5裂，二唇形，上唇具4裂片，下唇以及花冠筒部内侧密被毛；筒基部一侧稍凸起，具一个大的近球形蜜腺。雄蕊5枚，生于花冠筒上部，常伸出，花丝有毛，花药线形，内向，背着药。子房伸长，2室，含多数胚珠，花柱细长，常伸出花冠筒外，下部密被毛，柱头头状。蒴果圆柱形，具薄壁，微开裂或缓慢2瓣裂，顶上具宿存花萼。种子小而多，卵圆形，种皮具网格；胚乳肉质；子叶大。

　　约3种，产美洲东北部。我国引进栽培3种。本属现有3种之间的形态差异微小，据Meeler (2018) 的研究结果显示，现有用来分类的性状存在变异和过渡而并不总是可靠，因而不能判断3个种是能明显区分的独立物种，确切的关系还有待研究。本书暂接受目前所接受的三个独立种的观点。此外，该属尚有一个园艺杂交种，壮丽黄锦带（*Diervilla* × *splendens* Carrière），为黄锦带（*Diervilla lonicera* P. Miller）和山地黄锦带（*Diervilla rivularis* Gattinger.）杂交所得，形态介于二者之间，仅仅叶柄长度中等，也没有山地黄锦带那样的柔毛，并有金叶或紫叶的品种类型，中国科学院植物研究所北京植物园曾引入过16次，上海辰山植物园引入过1次，但表现较差，目前未见活体。

黄锦带属分种检索表

1a. 叶柄长5～8mm；叶片边缘具缘毛；小枝横切面圆形 ················ 79. 黄锦带 ***D. lonicera***
1b. 叶柄长0～5mm；叶片边缘不具缘毛；小枝横切面稍四方形。
　　2a. 幼枝、叶、花梗和花萼密被柔毛；萼裂片长度不及2mm ············ 80. 山地黄锦带 ***D. rivularis***
　　2b. 幼枝、叶、花梗和花萼均无毛（枝腋夹角除外）；萼裂片长2～3mm ································· 81. 无柄黄锦带 ***D. sessilifolia***

79 黄锦带

Diervilla lonicera Mill., Gard. Dict., ed. 8. 1768.

自然分布

原产美国（阿巴拉契亚山脉，从佐治亚州到亚拉巴马州和弗吉尼亚州）和加拿大（纽芬兰岛至萨斯喀彻温省）。生于山区。

迁地栽培形态特征

植株 落叶小灌木，丛生，高可达0.9m。

茎 茎多数自基部生出，常不分枝；幼枝纤细，圆形，无毛。冬芽具数对鳞片，鳞片顶端尖。

叶 叶对生，披针形或长椭圆形，长5～10cm，顶端长渐尖，基部宽楔形至圆形，边缘有细锯齿和缘毛，两面近无毛；叶柄明显，长5～8mm。

花 花数朵形成顶生或腋生的聚伞花序；总花梗纤细，无毛，长1～2cm；小苞片披针形；萼筒无毛，细而长，长7～8mm，花冠筒部长约10mm；萼裂片5，线状披针形，长3～4mm，果期时宿存；花冠鲜黄色后变橙红色，直径约1.5cm，5裂，二唇形，内侧密被毛；筒基部一侧具蜜腺；雄蕊5枚，伸出花冠外；花柱细长，柱头头状。

果 果实长1～1.2cm，无毛，具薄壁，顶上宿存花萼线状披针形。

引种信息

黑龙江省森林植物园 引种信息不详。目前该种在珍稀濒危园有栽培，生长良好，可正常开花结果。

中国科学院植物研究所北京植物园 引种22次。最早于1956年引种（登录号1956-2025）；最近一次为2012年自爱沙尼亚引种（登录号2012-211）；期间存活的引种有1984年自爱沙尼亚的引种后代（登录号1984-3001），存活至2008年。目前该种在木本实验地有少量栽培，生长一般。

其他 该种在国际植物园保护联盟（BGCI）中有110个迁地保育点。国内杭州植物园和南京中山植物园早年有栽培记录。

物候信息

黑龙江省森林植物园 5月开始萌芽，随后进行枝叶生长；5～6月为苗期；7月开花；9月果实成熟；10月底至11月落叶，地上部分大部分枯萎。

迁地栽培要点

喜冷凉湿润的寒温带气候，不耐夏季高温高湿。要求半阴或全日照环境和排水良好的土壤。分株、扦插或播种繁殖。

主要用途

观花灌木，目前应用少，主要是植物园有少量引种栽培。

80 山地黄锦带

Diervilla rivularis Gatt., Bot. Gaz. 13: 191. 1888.

自然分布

原产美国东部（北卡罗来纳州、田纳西州、佐治亚州和亚拉巴马州）。生于山区的开阔林地或溪流边。

迁地栽培形态特征

植株 落叶小灌木，丛生，高0.6~1.5m。

茎 茎多数自基部生出；幼枝纤细，稍四方形，密被柔毛。

叶 叶对生，卵状披针形或长椭圆形，长5~10cm，顶端长渐尖，基部宽楔形至圆心形，边缘有细锯齿，不具缘毛，两面密被柔毛；叶柄无或极短，少数可长至5mm。

花 花常多数形成顶生聚伞圆锥花序；总花梗纤细，密被柔毛；萼筒密被柔毛，长4~6mm，花冠筒部长约10mm；萼裂片5，线状披针形，长不到2mm，果期时宿存；花冠鲜黄色后变橙红色，直径约1.5cm，5裂，二唇形，内侧密被毛；雄蕊5枚，伸出花冠外；花柱细长，柱头头状。

果 果实长1~1.2cm，被柔毛，宿萼紫红色，线状披针形。

引种信息

中国科学院植物研究所北京植物园 引种22次。最早于1957年引种（登录号1957-5304）；最近一次为2012年自爱沙尼亚引种（登录号2012-212）；期间存活的引种有1984年自爱沙尼亚的引种后代（登录号1984-3002），存活至2008年。目前该种在木本实验地有少量栽培，生长一般。

其他 该种在国际植物园保护联盟（BGCI）中有52个迁地保育点。国内南京中山植物园早年有栽培记录。

物候信息

中国科学院植物研究所北京植物园 3月开始萌芽，随后进行枝叶生长；3~4月为苗期；5月中下旬开花；果期未观测；11月落叶，地上部分大部分枯萎。

迁地栽培要点

喜冷凉湿润的寒温带山地气候，不耐夏季高温高湿。要求半阴或全日照环境和排水良好的砂质土壤。分株、扦插或播种繁殖。

主要用途

同黄锦带。

植株(刘冰 摄)
花枝(刘冰 摄)
花枝(刘冰 摄)
花序(刘冰 摄)
花

81
无柄黄锦带

Diervilla sessilifolia Buckley, Amer. J. Sci. Arts 45: 174. 1843.

自然分布

原产美国（亚拉巴马州、佐治亚州、北卡罗来纳州、南卡罗来纳州、田纳西州）。生于山区。

迁地栽培形态特征

植株 落叶小灌木，丛生，高约0.6m。

茎 茎多数自基部生出，少分枝；幼枝纤细，稍四方形，无毛。

叶 叶对生，卵状披针形或长椭圆形，长5~10cm，顶端长渐尖，基部宽楔形至圆心形，边缘有细锯齿，不具缘毛，两面近无毛；叶柄无或极短，稀长至5mm。

花 花数朵形成顶生或腋生的聚伞花序；总花梗纤细，无毛；萼筒无毛，长4~6mm，花冠筒部长约10mm；萼裂片5，线状披针形，长2~3mm，果期时宿存；花冠鲜黄色后变橙红色，直径约1.5cm，5裂，二唇形，内侧密被毛；雄蕊5枚，伸出花冠外；花柱细长，柱头头状。

果 果实长1~1.2cm，无毛，宿萼紫红色，线状披针形。

引种信息

上海辰山植物园 2007年自荷兰引种（登录号20070561）。目前该种在园内有栽培，生长良好，可正常开花结果。

中国科学院植物研究所北京植物园 引种26次。最早于1956年引种（登录号1956-1087）；最近一次为2005年自波兰引种（登录号2005-1806）；期间存活的引种有1984年自爱沙尼亚的引种后代（登录号1984-3003），存活至2002年。目前已无活体。

其他 该种在国际植物园保护联盟（BGCI）中有98个迁地保育点。

物候信息

上海辰山植物园 3月开始萌芽，随后进行枝叶生长；4~5月为苗期；6月开花；果期和落叶期未观测。

迁地栽培要点

较前两种耐热，上海地区可栽培。要求全日照或半阴环境和排水良好的土壤。分株、扦插或播种繁殖。

主要用途

同黄锦带。

锦带花属

Weigela Thunb., Kongl. Vetensk. Akad. Nya Handl. 1 (2): 137. 1780.

落叶灌木；幼枝稍呈四棱形，多少被柔毛。冬芽具数枚鳞片。叶对生，边缘有锯齿，具柄或近无柄，无托叶。花单生或2~6花组成聚伞花序，生于侧生短枝上部叶腋或枝顶。萼筒长圆柱形，萼檐二唇形或5裂，裂片深达中部或基部。花冠淡黄色、白色、粉红色至深红色，钟状漏斗形，5裂，不整齐或近整齐，筒长于裂片；雄蕊5枚，生于花冠筒中部，内藏，花药内向；子房上部一侧生1球形蜜腺，子房2室，含多数胚珠，花柱细长，柱头头状或微2裂，常伸出花冠筒外。蒴果圆柱形，2瓣裂，革质或木质，中轴与花柱基部宿存。种子小而多，无翅或有狭翅。

约11种，主产东亚地区，尤其日本种类最多。中国原产3种。早锦带花［*Weigela praecox* (Bunge) A. DC.］，该种不仅在山东山区有野生，在华北地区也有栽培，并和锦带花［*Weigela florida* (Bunge) A. DC.］明显可分，尽管该种在 *Flora of China* 中被归并于锦带花。此外，半边月［*Weigela japonica* var. *sinica* (Rehder) L.H. Bailey］在 *Flora of China* 中已经被并入原变种（*Weigela japonica* Thunb.），中文名保持不变。

锦带花属在温带地区是非常流行的园林灌木，既可观花也可观叶。许多原种在园林上有栽培，一些种类常被用于栽培品种的选育，加上本属种间杂交极为普遍，目前全球已经记录超过200个品种。锦带花属无论是原种还是品种都大量地被引入中国，但国内相关的资料文献很少。《中国植物志》（胡嘉琪，1988）和 *Flora of China*（杨亲二 等，2011）均只记载野生种类，海仙花（*Weigela coraeensis* Thunb.）等栽培种类及品种仅在少量的书籍中有提及，而许多种类和品种尚缺乏相关资料。在植物园中，锦带花属原种和品种常栽培在一起，想要准确地进行分类鉴定是非常困难的事情。本书作者通过实地调查中国各大植物园栽培的锦带花活植物，并参考 *Flora of Japan*（Ohba，1993）等志书对锦带花属的分类处理以及国外对锦带花属品种分类文章（Hoffman，2008），最终确定中国引种栽培有锦带花属原种约8种（包括3个中国本土种，5个外来引入种），栽培品种超过20个。此外，短梗锦带花［*Weigela subsessilis* (Nakai) L.H.Bailey］在中国科学院植物研究所北京植物园也曾有引种记录（引种12次，登录号1984-2215存活至2002年，登录号2016-854可能存活至今），但因缺乏相关资料，本书未加以收录。为方便实际应用，本书在重点介绍锦带花属原种

锦带花属分种检索表

1a. 花淡黄色，有梗；萼檐二唇形，果期时宿存 ·················· **82. 远东锦带花 W. middendorffiana**
1b. 花淡红色或白色；萼檐不为二唇形，5深裂或5浅裂。
  2a. 萼檐裂至基部，萼齿条形；种子多少具翅。
    3a. 花冠外面无毛；萼筒无毛或被疏伏毛。
      4a. 叶片背面无毛或脉上具短糙毛。
        5a. 叶较大，长8~15cm，宽4~10cm，两面无毛或近无毛；花冠筒上半部突然扩大
          ·················· **83. 海仙花 W. coraeensis**
        5b. 叶较小，长6~10cm，宽3~6cm，背面脉上被短柔毛；花冠筒上半部逐渐扩大
          ·················· **84. 美丽锦带花 W. decora**
      4b. 叶片背面密被白色短柔毛；花冠桃红色 ·················· **85. 桃红锦带花 W. hortensis**
    3b. 花冠外面有毛；萼筒密被毛。
      6a. 子房、幼枝和叶片背面被斜生柔毛；花开放时常为白色，后渐变淡红色；叶柄长5~12mm
        ·················· **86. 半边月 W. japonica**
      6b. 子房、幼枝和叶片背面被开展柔毛；花开放时常为淡红色；叶柄长1~5mm ··················
        ·················· **87. 路边花 W. floribunda**
  2b. 萼檐裂至中部，萼齿不等大，披针形；种子有棱，无翅。
    7a. 花冠开放时粉红色或紫红色，上部逐渐扩大，外面被长柔毛 ·················· **88. 锦带花 W. florida**
    7b. 花冠开放时常为白色，后渐变粉红色，上部突然扩大，外面近无毛 ··················
      ·················· **89. 早锦带花 W. praecox**

82
远东锦带花

Weigela middendorffiana (Carr.) K. Koch, Hort. Dendrol. 298. 1854.

自然分布

原产俄罗斯和日本。生高山灌丛或山坡上。

迁地栽培形态特征

植株 落叶灌木，高1~2m。

茎 树皮剥落；幼枝节间有2列柔毛。

叶 叶椭圆形或狭卵圆形，长5~15cm，宽4~8cm，顶端急尖至短尾尖，基部阔楔形至圆形，边缘有尖锯齿，叶面脉上被短柔毛，背面被糙毛，尤其脉上更明显；叶柄极短，长0~8mm。

花 花1~2朵生于侧生短枝的叶腋或枝顶；萼筒深二裂，上唇裂片阔倒披针形，具3齿，下唇裂片较狭窄，全缘或二浅裂；花冠长3.5~4cm，白色或淡黄色，内面栊下唇一侧有黄褐色斑块，外面疏生短柔毛，裂片不整齐，近二唇形，开展；花丝短于花冠，花药黄色；花柱细长，柱头盘状，稍伸长花冠。

果 果实狭纺锤状长圆形，长1.5~2cm，具纵棱，无毛，顶端具宿存萼裂片。

引种信息

北京植物园 引种2次。2002年自荷兰引种（登录号2002-0480）；2005年自荷兰引种（登录号2005-1067）。目前还有少量栽培，生长较差。

上海辰山植物园 2008年自荷兰引种（登录号20080710）。调查时未发现该种活体。

中国科学院植物研究所北京植物园 引种30次。最早于1955年引种（登录号1955-2718）；最近一次为2009年自英国引种（登录号2009-346）。目前已无该种活体。

其他 该种在国际植物园保护联盟（BGCI）中有55个迁地保育点。

物候信息

原产地 3月中下旬萌芽；4月展叶，并逐渐出现花蕾；5月开花。

迁地栽培要点

喜冷凉湿润的海洋性温带气候。不耐夏季高温高湿。要求半阴环境和排水良好的土壤。分株或扦插繁殖。

主要用途

该种花黄色，在锦带花属中较为特别，具科研价值，也可供观赏。

植株（徐晔春 摄）　叶（徐晔春 摄）　花序（徐晔春 摄）　花（徐晔春 摄）

307

83 海仙花

Weigela coraeensis Thunb., Trans. Linn. Soc. London 2: 331.1794.

自然分布

原产朝鲜和日本。生于海岸附近。

迁地栽培形态特征

植株 落叶灌木，高1~2m。全株近无毛。

茎 分枝粗壮，灰褐色，光滑无毛；嫩枝绿色，有稀疏皮孔。

叶 叶质厚，阔椭圆形至倒卵状椭圆形，长8~15cm，宽4~10cm，顶端短渐尖或尾尖，基部阔楔形，边缘具细钝锯齿，两面无毛或背面幼时沿脉被柔毛，叶面有光泽，侧脉4~6对；叶柄长5~15mm。

花 聚伞花序数个生于短枝叶腋或顶端；萼筒长圆柱形，长达1.5cm，萼裂片狭线形，长约8mm，近无毛，基部完全分离；花冠外面无毛，漏斗状钟形，长3~4cm，初开时白色或淡黄色，后变粉红色或带紫色，花冠筒下部1/3呈狭筒形，中部以上骤然扩大，裂片开展；子房光滑无毛，花柱细长，柱头盘状，稍伸出花冠外。

果 果实棍棒状，无毛，长2~3cm，顶端有短柄状喙；种子无翅。

引种信息

北京植物园 引种1次。2005年自日本新宿植物研究所引种（登录号2005-1267）。目前展区数个地方有定植，生长良好，花果繁茂。

杭州植物园 1955年自浙江杭州引种（登录号55C11074P95-1627）。目前该种在系统园忍冬区有栽培，生长良好，可正常开花结果。

昆明植物园 1950年自云南昆明引种；1976年自江西庐山植物园引种。目前该种在苗圃、木兰园和茶花园有栽培，生长良好，可正常开花结果。

南京中山植物园 引种4次。1955年自江西庐山引种（登录号II1-183）；1979年引种（登录号89S-68）；1989年自浙江引种（登录号89I54-10）；1990年引种（登录号90E31025-31）。目前展区有定植，生长良好，正常开花结果。

武汉植物园 无引种信息，成立引种驯化部、植物园有引种记录前已栽培。

中国科学院植物研究所北京植物园 引种24次。最早于1952年引种（登录号1952-823）；最近一次为1995年自捷克引种（登录号1995-1593）；期间存活的引种有1984年自苏联基辅植物园引种的后代（登录号1984-3257），存活至2008年。目前展区有数个地方有定植展示，生长良好，花果繁茂。

其他 该种在国际植物园保护联盟（BGCI）中有58个迁地保育点。国内庐山植物园、上海辰山植物园和浙江农林大学植物园有栽培记录。

物候信息

杭州植物园 2月底开始萌芽；3月上旬开始展叶，随后进行枝条生长；3月中下旬开始出现花蕾；

4月下旬至5月上旬为盛花期，随后不时可见到少量开花；果实逐渐脱落，常不结实；12月落叶，枝条末梢常枯死，夏季高温时叶片也常枯萎。

中国科学院植物研究所北京植物园 3月下旬开始萌芽；4月上旬开始展叶，随后进行枝条生长；4月中下旬开始出现花蕾；5月中下旬为盛花期，随后不时可见到少量开花；果实逐渐脱落，常不结实；11月落叶，枝条末梢常枯死。

迁地栽培要点

适应寒温带气候。喜光，稍耐阴。耐寒性不如锦带花，北京仍能露地越冬。喜排水良好的湿润肥沃土壤，不耐涝。扦插或分株繁殖。

主要用途

主要作为观花灌木，枝叶较粗大，着花较少，色也浅淡，不及锦带花，但一些品种具有多种花色。

84 美丽锦带花

Weigela decora (Nakai) Nakai, J. Jap. Bot. 12: 74. 1936.

自然分布

原产日本（本州、四国、九州）。

迁地栽培形态特征

植株 落叶灌木，高1~2m。

茎 分枝灰褐色；嫩枝绿色，无毛或具两列柔毛。

叶 叶倒卵状椭圆形，长6~10cm，宽3~6cm，顶端短渐尖，基部急尖，边缘具细钝锯齿，叶面近无毛，稍微有光泽，背面沿脉被短柔毛，侧脉4~6对；叶柄长约10mm，近无毛。

花 花2~3朵生于短枝叶腋或顶端，常具短梗；萼筒长圆柱形，长1~1.5cm，萼裂片狭线形，稍被毛，基部完全分离；花冠外面无毛，漏斗状钟形，长3~4cm，初开时白色或淡黄色，后变淡红色，花冠筒下部1/3呈狭筒形，中部以上骤然扩大，裂片开展；子房无毛或散生柔毛，花柱细长，柱头盘状，伸出花冠外。

果 果实棍棒状，无毛或稍被毛。

引种信息

上海辰山植物园 2008年自荷兰引种（登录号20080700）。目前该种在园区有栽培，生长一般。

中国科学院植物研究所北京植物园 引种14次。最早于1957年引种（登录号1957-2232）；最近一次为2016年自美国阿诺德树木园引种（登录号2016-855）；期间存活的引种有1984年自日本引种的后代（登录号2001-886），存活至今。目前展区有定植展示，生长良好，可开花结果。

其他 该种在国际植物园保护联盟（BGCI）中有53个迁地保育点。

物候信息

中国科学院植物研究所北京植物园 3月下旬开始萌芽；4月上旬开始展叶，随后进行枝条生长；4月中下旬开始出现花蕾；5月上中旬为盛花期；果实逐渐脱落，常不结实；11月落叶，枝条末梢常枯死。

迁地栽培要点

适应寒温带气候。喜半阴环境，全日照下栽培也可生长。喜排水良好的湿润肥沃土壤，不耐涝。扦插或分株繁殖。

主要用途

开花繁密，颜色丰富，是良好的观花灌木。

85
桃红锦带花

Weigela hortensis (Siebold & Zucc.) K. Koch, Hort. Dendrol. 298. 1854.

自然分布
原产日本（北海道、本州）。

迁地栽培形态特征
植株 落叶灌木，高1~2m。
茎 分枝灰褐色；嫩枝绿色，常被疏松柔毛或无毛。
叶 叶卵状椭圆形、卵状长圆形至倒卵形，长6~10cm，宽2.5~5cm，顶端渐尖，基部急尖，边缘具浅锯齿，叶面近无毛，背面密被白色短柔毛；叶柄长4~8mm。
花 花2~3朵生于短枝叶腋或顶端，常具短梗；萼筒长圆柱形，长1~1.2cm，萼裂片披针状线形，长3~7mm，稍被柔毛，基部完全分离；花冠外面无毛，漏斗状钟形，长3~3.5cm，桃红色，花冠筒下部1/3呈狭筒形，中部以上逐渐扩大，裂片开展；子房无毛或散生柔毛，花柱细长，柱头盘状，稍伸出花冠外。
果 果实棍棒状，无毛稍被毛。

引种信息
西双版纳热带植物园 引种1次。2003年自日本京都府立植物园引种种子（登录号20,2003,0020）。未见活体。

中国科学院植物研究所北京植物园 引种16次。最早于1984年引种（登录号1984-3485）；最近一次为2009年自斯洛文尼亚引种（登录号2009-738）；期间存活的引种有1985年自奥地利引种的后代（登录号1985-4102），存活至2008年后。目前该种可能还有活体，但调查过程中没有发现。

其他 该种在国际植物园保护联盟（BGCI）中有55个迁地保育点。

物候信息
中国科学院植物研究所北京植物园 3月下旬开始萌芽；4月上旬开始展叶，随后出现花蕾；5月中下旬为盛花期；果期未观测；11月落叶。

迁地栽培要点
喜冷凉湿润的寒温带气候，耐寒，不耐热。喜全日照或半阴环境和排水良好的深厚肥沃土壤。怕水涝。扦插、分株、压条或播种繁殖。

主要用途
花色较特别，是美丽的观花灌木。

植株（Kirill Tkachenko 摄）

花枝（汪远 摄）

花序（Kirill Tkachenko 摄）

花（Kirill Tkachenko 摄）

86 半边月

别名： 水马桑

Weigela japonica Thunb., Kongl. Vetensk. Acad. Nya Handl. 1: 137. 1780.
Weigela japonica var. *sinica* (Rehder) L.H. Bailey, Gentes Herb. 2 (1): 49 1929.

自然分布

产安徽、福建、广东、广西、贵州、湖北、湖南、江西、四川和浙江。日本和朝鲜半岛也有。生于海拔400～1800m的林缘或灌丛中。

迁地栽培形态特征

植株 落叶灌木，高达3m。

茎 小枝灰褐色，幼时被柔毛，后变光滑，稍四棱形。冬芽小，有多对芽鳞。

叶 叶长椭圆形至倒卵状圆形，长5～15cm，宽3～8cm，顶端渐尖至尾尖，基部阔楔形至圆形，边缘具细锯齿，叶面疏被短柔毛，脉上毛较密，背面被柔毛至短柔毛，脉上尤其显著；叶柄长5～12mm，有柔毛。

花 花单生或3朵排成聚伞花序，生于短枝叶腋或枝顶；萼筒长10～12mm，被柔毛，萼裂片条形，长7～10mm，被柔毛，裂至萼檐基部；花冠漏斗状钟形，长2.5～3.5cm，初开时白色或淡红色，开后逐渐变红色，筒内一侧有黄斑，外面被短柔毛，筒下部呈狭筒形，中部以上扩大，裂片开展；花药黄色；子房被疏柔毛，花柱细长，柱头盘状，伸出花冠外。

果 果实棍棒状，疏生柔毛，长1.5～2cm，顶端有短柄状喙；种子具狭翅。

引种信息

桂林植物园 2011年引种。目前该种在苗圃有栽培，生长良好。

华南植物园 引种3次。2005年引种（登录号20051281）；2009年自江苏南京中山植物园引种（登录号20090312）；2014年自香港引种（登录号20140079）。目前该种在珍稀濒危植物繁育中心有栽培，生长良好。

上海辰山植物园 2005年自浙江西天目山告岭引种（登录号20050024）；2006年自浙江绍兴马山引种（登录号20060062）。目前该种在园内有栽培，生长良好。

武汉植物园 无引种信息。目前该种在园内有活体栽培，生长良好。

中国科学院植物研究所北京植物园 引种17次。最早于1984年自上海植物园引种（登录号1987-645）；最近一次为1994年自江西庐山引种（登录号1994-4708）；期间存活的引种有1985年自上海植物园引种的后代（登录号1985-3195），存活至2002年后。目前没有找到该种活体。

其他 该种在国际植物园保护联盟（BGCI）中有41个迁地保育点。国内福州植物园、贵州省植物园、杭州植物园、庐山植物园、南京中山植物园和浙江农林大学植物园有栽培记录。

物候信息

中国科学院植物研究所北京植物园 3月下旬开始萌芽；4月上旬开始展叶，随后出现花蕾；5月上中旬开花；果实10月成熟后开裂；11月落叶。

迁地栽培要点

喜温暖湿润的亚热带山地气候，耐热，亦稍耐寒。喜半阴环境和排水良好的深厚土壤。扦插、分株、压条或播种繁殖。

主要用途

美丽的观花灌木。

87 路边花

Weigela floribunda (Siebold & Zucc.) K. Koch, Hort. Dendrol. 298. 1854.

自然分布

原产日本（本州和四国）。

迁地栽培形态特征

植株 落叶灌木，高达3m。

茎 小枝密被柔毛，稍四棱形。冬芽小，有多对芽鳞。

叶 叶椭圆形、卵状长圆形或卵圆形，长6~12cm，宽2.5~6cm，顶端渐尖，基部圆形至微心形，边缘具锯齿，叶面被疏柔毛，脉上毛较密，背面密被开展柔毛，脉上尤其明显；叶柄极短，长0~5mm。

花 花1~3朵生于短枝上部叶腋或枝顶，无梗或近无梗；萼筒长10~12mm，被柔毛，萼裂片条形，长7~10mm，被柔毛，裂至萼檐基部；花冠漏斗状钟形，长3~3.5cm，开放时淡红色，外面被短柔毛，筒下部呈狭筒形，中部以上扩大，裂片开展；花药黄色；子房被疏柔毛，花柱细长，柱头盘状，稍伸出花冠外。

果 果实棍棒状，疏生柔毛，长1~2cm，顶端有短柄状喙；种子具狭翅。

引种信息

杭州植物园 2000年自法国引种（登录号00E52024S95-1641）。目前该种在系统园忍冬区有栽培，生长良好，可正常开花结果。

中国科学院植物研究所北京植物园 引种9次。最早于1963年自英国邱园引种（登录号1963-5673）；最近一次为1995年自捷克引种（登录号1995-1594）；期间存活的引种有1984年自昆明植物园引种的后代（登录号1984-1163），存活至今。目前展区有定植展示，生长良好，可开花结果。

其他 该种在国际植物园保护联盟（BGCI）中有40个迁地保育点。国内浙江农林大学植物园有栽培记录。

物候信息

杭州植物园 3月中旬开始萌芽；3月下旬开始展叶，随后出现花蕾；4月下旬开花；9~10月果实成熟开裂；11月中下旬落叶，部分枝条末梢常枯死。

中国科学院植物研究所北京植物园 3月下旬开始萌芽；4月上旬开始展叶，随后出现花蕾；5月上旬开花；9~10月果实成熟开裂；11月落叶，部分枝条末梢常枯死。

迁地栽培要点

气候适应性较广泛，华北至华东地区均可栽培。喜半阴环境和排水良好的深厚土壤。扦插、分株、压条或播种繁殖。

主要用途

枝叶繁茂，花色艳丽，是美丽的花灌木。

植株

中国迁地栽培植物志·忍冬科（狭义）·锦带花属

88 锦带花

Weigela florida (Bunge) DC., Ann. Sci. Nat., Bot., sér. 2. 11: 241. 1839.

自然分布

产北京、河北、黑龙江、吉林、辽宁、内蒙古、山西和天津（该种在河南、江苏、陕西、山东等地的分布可疑，可能是早锦带花的误订）。日本、朝鲜和俄罗斯也有。生于海拔100~1500m的灌丛或杂木林中。

迁地栽培形态特征

植株 落叶灌木，高1~3m。

茎 树皮灰色；幼枝稍四棱形，节间有2列短柔毛。冬芽尖，具3~4对鳞片，常无毛。

叶 叶椭圆形、倒卵形至倒卵状椭圆形，长4~10cm，宽2~4cm，顶端渐尖，基部阔楔形至圆形，边缘有锯齿，叶面近无毛或疏生短柔毛，脉上更为明显，背面密生短柔毛或茸毛；叶柄无或极短，长0~3mm。

花 花单生或排成聚伞花序，生于侧生短枝的叶腋或枝顶；萼筒长圆柱形，长约2cm，疏被柔毛，萼裂片长8~12mm，披针形，不等大，裂至萼檐中部；花冠紫红色或玫瑰红色，长3~4cm，直径2厘米，外面疏生短柔毛，裂片不整齐，开展，内面浅红色或有时白色；花丝短于花冠，花药黄色；子房上部的蜜腺黄绿色，花柱细长，柱头2裂。

果 果实棍棒状，疏生柔毛，长1.5~2.5cm，顶端具短柄状喙；种子无翅。

引种信息

北京植物园 曾有引种栽培记载。未见活体。

桂林植物园 引自江苏。未见活体。

杭州植物园 2000年自国内引种（登录号00L00000U95-1643）。记载该种尚有栽培，但调查时没有发现确切活体。

黑龙江省森林植物园 无引种记录。目前该种在展区有栽培，生长良好，花果繁茂。

昆明植物园 早年有栽培记录，实地调查未发现活体。

上海辰山植物园 记载引种19次，主要为2007—2009年通过商业途径自国外引入的品种，不是真正的锦带花原种。目前园内无锦带花原种活体。

沈阳树木园 1979年自辽宁丹东引种（登录号19790011）。目前该种在老园区有栽培，生长良好，花果繁茂。

中国科学院植物研究所北京植物园 记载引种39次。最早于1952年引种（登录号1952-143）；最近一次为2016年自山东青岛引种（登录号2016-1068）。但是，多数引种均为锦带花属品种或其他种类的误订，而不是真正的锦带花原种。目前园内找不到真正的锦带花原种活体。

其他 该种在国际植物园保护联盟（BGCI）中有114个迁地保育点。国内赣南树木园、华南植物园、西安植物园和厦门市园林植物园有栽培记录。

物候信息

黑龙江省森林植物园 4月下旬开始萌芽；5月上中旬开始展叶，随后出现花蕾；5月下旬开花；9月底果实成熟开裂；10月底落叶。

沈阳树木园 4月上旬开始萌芽；4月中下旬开始展叶，随后出现花蕾；5月上中旬开花；9~10月果实成熟开裂；10月底至11月落叶。

迁地栽培要点

适应冷凉湿润的寒温带气候，耐寒，耐热性较差。喜全日照或半阴环境和排水良好的深厚肥沃土壤，亦稍耐瘠薄土壤。怕水涝。扦插、分株、压条或播种繁殖。生长迅速，寿命较长。病虫害少。

主要用途

枝叶繁茂，花色艳丽，适于庭园角隅、湖畔群植或作花篱。实际上该种很少在园林上应用。

89

早锦带花

Weigela praecox (Lemoine) Bailey, Gentes Herb. 2(1): 54 1929.

自然分布

产山东。朝鲜也有。生于海拔1000m以下的山谷沟边灌丛中。

迁地栽培形态特征

植株 落叶灌木，高1~3m。

茎 树皮灰色；幼枝稍四棱形，节间有2列短柔毛。冬芽尖，具3~4对鳞片，常无毛。

叶 叶倒卵状长圆形至椭圆形，长4~10cm，宽2~4cm，顶端渐尖，基部阔楔形至圆形，边缘有锯齿，叶面中脉被疏毛，背面沿脉密生柔毛，淡绿色；叶柄无或极短，长1~5mm。

花 花常1~2朵生于叶腋。萼筒圆柱形，长约2cm，被柔毛，萼裂片长8~12mm，披针形，不等大，裂至萼檐中部。花冠开放时白色，后渐变粉红色，长3~4cm，外面近无毛，上部突然扩大，裂片不整齐，开展。花丝短于花冠，花药黄色。子房上部的蜜腺黄绿色，花柱细长，柱头2裂。

果 果实棍棒状，被疏毛，长1.5~2.5cm，顶端具短柄状喙；种子无翅。

引种信息

中国科学院植物研究所北京植物园 引种20次。最早于1964年引种（登录号1964-5889）；最近一次为2005年自波兰引种（登录号2005-1814）；期间存活的引种有1984年自苏联基辅植物园引种（登录号1984-1588，存活至2002年）、1985年自苏联符拉迪沃斯托克植物园引种（登录号1985-2908，存活至2002年）、1993年自爱沙尼亚引种（登录号1993-1783，存活至2008年）。该种适应北京气候，生长良好，可正常开花结果。

其他 该种在国际植物园保护联盟（BGCI）中有77个迁地保育点。国内北京林业大学校园、山东潍坊植物园和浙江农林大学植物园等有栽培。该种常被误订为锦带花［*Weigela florida* (Bunge) A. DC.］。

物候信息

中国科学院植物研究所北京植物园 3月中下旬开始萌芽；4月上旬开始展叶，同时出现花蕾；4月下旬至5月初开花；10月上旬果实成熟开裂；11月落叶。

迁地栽培要点

适应寒温带气候，较锦带花耐热，亦耐寒。喜全日照环境，稍耐阴。喜排水良好的深厚土壤，亦稍耐瘠薄。移植易成活。春季要及时浇返青水，入冬前浇封冻水，雨季注意排涝。扦插、分株、压条或播种繁殖。

主要用途

枝叶繁茂，花色艳丽，适于庭园角隅、湖畔群植或作花篱。该种园林应用较多。

中国迁地栽培植物志·忍冬科（狭义）·锦带花属

锦带花属栽培品种分类系统和重要品种介绍

锦带花属栽培品种超过200个，中国引种超过20个。依据最近的锦带花属栽培品种分类系统（Hoffman, 2008），这些品种根据株型、花叶特征可分为8个组，这里简要介绍如下：

1. 紫叶组（*Weigela* Purpurea Group） 叶紫红色或（褐）红色。植株通常矮生或半矮生；成年植株通常高0.5~1.5m。花色多样，但通常紫色或红色。标准品种：紫叶锦带花（*Weigela* 'Foliis Purpureis'）。本组中国引进约2个品种。

引进代表品种：紫叶锦带花（*Weigela* 'Foliis Purpureis'）。

2. 矮生组（*Weigela* Dwarf Group） 叶绿色、花叶或黄色。植株矮生，成年植株通常高度和展幅均小于1m。但植物生长易受气候和土壤影响，在良好条件下成年植株的高度或展幅有时可以达到1.5m。花色多样。标准品种：小步舞锦带花（*Weigela* 'Minuet'）。本组中国引进约2个品种。

引进代表品种：莫奈锦带花（*Weigela* 'Verweig' Monet）。

3. 花叶组（*Weigela* Variegata Group） 花叶。成年植株高度或展幅通常大于1m。花色多样。标准品种：金边锦带花（*Weigela* 'Praecox Variegata'）。本组中国引进约3个品种。

引进代表品种：金边锦带花、花边锦带花（*Weigela* 'Praecox Variegata'）。

4. 金叶组（*Weigela* Aurea Group） 叶（绿）黄色。成年植株高度或展幅通常大于1m。花色多样。标准品种：金叶锦带花（*Weigela* 'Looymansii Aurea'）。本组中国引进约2个品种。

引进代表品种：金亮锦带花（*Weigela* 'Olympiade' Briant Rubidor）。

5. 白花组（*Weigela* White-Flowered Group） 叶绿色。成年植株高度或展幅通常大于1m。花白色或几乎为白色。标准品种：白花锦带花（*Weigela* 'Candida'）。本组中国引进约2个品种。

引进代表品种：白花锦带花（*Weigela* 'Candida'）。

6. 红花组（*Weigela* Red-Flowered Group） 叶绿色。成年植株高度或展幅通常大于1m。花红色或紫红色。标准品种：红宝石锦带（*Weigela* 'Bristol Ruby'）。本组中国引进约4个品种。

引进代表品种：红王子锦带（*Weigela* 'Red Prince'）。

7. 粉花组（*Weigela* Pink-Flowered Group） 叶绿色。成年植株高度或展幅通常大于1m。花粉红色或紫色。标准品种：罗莎贝拉锦带（*Weigela* 'Rosabella'）。本组中国引进约5个品种。

引进代表品种：安息香锦带（*Weigela* 'Abel Carrière'）、施蒂锦带花（*Weigela* 'Styriaca'）。

8. 双色组（*Weigela* Bicolor Group） 叶绿色。成年植株高度或展幅通常大于1m。同一时间生于同一植株上的花明显具2种或更多种不同的颜色（比如白红、白紫或黄红等组合）。标准品种：嘉年华锦带（*Weigela* 'Courtalor' Carnaval）。本组中国引进约1个品种。

引进代表品种：变色锦带花（*Weigela* 'Versicolor'）。

红王子锦带花 *Weigela* 'Red Prince'

安息香锦带 *Weigela* 'Abel Carrière' （赖阳均 摄）

施蒂锦带花 *Weigela* 'Styriaca' （Kirill Tkachenko 摄）

变色锦带花 *Weigela* 'Versicolor' （Kirill Tkachenko 摄）

七子花属

Heptacodium Rehder, Pl. Wilson. (Sargent) 2 (3): 617. 1916.

　　落叶灌木或小乔木。分枝具条纹，髓部发达。冬芽具数对鳞片。叶对生，全缘，有离基三出脉，无托叶。花序由多轮紧缩的小头状聚伞花序组成顶生圆锥花序。小头状聚伞花序常具1轮由1对3花组成的聚伞花序及1朵顶生单花，共7朵花（有时具2轮共13朵花），花无梗。小头状聚伞花序基部的总苞片2对，交互对生，大而圆，卵形，宿存，无毛或被绢毛，长过并覆盖苞片和子房。苞片6枚或12枚，两两交互对生，鳞片状，匙形，常互相联合，密被绢毛，第二轮花的苞片较小并常缺失；小苞片细小。萼筒陀螺状，密被刚毛，萼裂片5，长圆形，稍伸出总苞片，花后增大而宿存。花冠白色，筒状漏斗形，筒基部明显弯曲，基部两侧不等，内侧具一个浅囊状蜜腺，檐部5裂，稍呈二唇形，裂片长圆形，上唇直立，3裂，下唇开展或反卷，2裂。雄蕊5枚，伸出花冠，花丝着生于花冠筒中部，花药长椭圆形。子房3室，其中两室含多数不育的胚珠，另一室含1枚能育的胚珠；花柱被毛，柱头圆盘形。瘦果状核果革质，长椭圆状，顶端具宿存增大的萼裂片，3室，2室空而扁，第三室含1枚种子；种子近圆柱形，上部扁，外种皮膜质；胚乳肉质，胚短圆柱形，生于种子基部。

　　单种属，特产中国安徽、湖北和浙江。七子花（*Heptacodium miconioides* Rehder）在国内外植物园均有迁地栽培。

90
七子花

Heptacodium miconioides Rehder, Pl. Wilson. (Sargent) 2 (3): 618. 1916.

自然分布
特产安徽、湖北和浙江。生于海拔600~1000m的悬崖、灌丛或林中。

迁地栽培形态特征
植株 落叶灌木或小乔木，株高可达7m。
茎 树皮灰白色，常片状剥落；幼枝稍四棱形，红褐色，疏被短柔毛。
叶 叶厚纸质，卵形或长圆状卵形，长8~15cm，宽5~9cm，常扭曲不平，顶端长尾尖，基部钝圆至近心形，边缘全缘，叶面无毛，微有光泽，背面脉上有稀疏柔毛；叶柄长1~2cm。
花 圆锥花序近塔形，长8~15cm，宽5~9cm，具2~3节；花序分枝开展，长1.5~4cm；小花序头状，各对苞片形状大小不等；花白色，芳香；萼裂片长2~2.5mm，与萼筒等长，密被刺刚毛；花冠长1~1.5cm，外面密生倒向短柔毛。
果 果实长1~1.5cm，突出总苞片外，具10条棱，疏被刺刚毛状绢毛，宿存萼裂片开展，长7~10mm，有明显主脉；种子长5~6mm。

引种信息
杭州植物园 1953年自浙江台州天台县引种（登录号53C11003P95-1637）。目前该种在系统园忍冬区有栽培，生长良好，可正常开花结果。
华南植物园 2004年自江苏南京中山植物园引种（登录号20041947）。目前该种在地带性植被园暨广州第一村有栽培，生长一般。
昆明植物园 无引种信息。目前该种在濒危植物区有栽培，生长良好，可开花结果。
上海植物园 无引种信息。目前该种在展区有栽培，生长良好，可开花结果。
上海辰山植物园 2006年自浙江宁波宁海岔路镇干坑村引种（登录号20060054）。目前该种在园区有栽培，生长良好。
武汉植物园 无引种信息，在武汉植物园成立引种驯化部开始引种记录前已栽培。生长状况良好。
西双版纳热带植物园 引种1次。1990年自美国夏威夷引种（登录号29,1990,0057）。未见活体。
中国科学院植物研究所北京植物园 引种4次。1980年、1987年自杭州植物园引种（登录号1980-1253、1987-69）；2002年自英国切尔西花园引种（登录号2002-1055），自德国引种（登录号2002-2052）。该种在温室盆栽，在2006年时还有活体，并能开花，但目前已经找不到。
其他 该种在国际植物园保护联盟（BGCI）中有137个迁地保育点。国内赣南树木园、庐山植物园、南京中山植物园、上海植物园和浙江农林大学植物园有栽培记录。

物候信息
杭州植物园 3~6月为枝叶生长期；6月下旬枝条顶端开始出现花蕾；7月下旬至8月上旬开花。

武汉植物园 3月初开始萌芽；3中下旬开始展叶；4～6月为枝叶生长期；6月下旬枝条顶端开始出现花蕾；8月下旬至9月底开花；10～11月为果期，宿存萼裂片变为红色；12月落叶。

迁地栽培要点

喜温暖湿润的亚热带气候，不耐寒，亦不耐旱。要求半阴环境和排水良好、多腐殖质的深厚肥沃土壤。常用扦插繁殖。播种繁殖时种子需沙藏后春播。

主要用途

中国特有植物，《中国生物多样性红色名录——高等植物卷》（2013）将该种受威胁等级评为濒危（EN）物种，具有重要科研价值。树皮白而光洁，花有香气，果红艳别致，为园林中观赏佳品。适宜配植于半阴处或疏林下。

莛子藨属

Triosteum L. Sp. Pl. 176. 1753.

多年生草本，具地下根状茎。茎直立，不分枝；髓白色，后变中空。单叶对生，倒卵形，基部常相连，全缘、波状浅裂至深裂。花无梗，6朵轮生于叶腋，或在枝顶集合成穗状花序。苞片或小苞片披针形，短于花。萼檐5裂，裂片叶状，宿存。花冠黄绿色、黄色或紫红色，筒状钟形，密被腺毛，基部一侧膨大成囊状蜜腺，裂片5枚，不等，覆瓦状排列，二唇形，上唇四裂，下唇单一，开花时反卷。雄蕊5枚，生于花冠筒内，花药内向，内藏。子房3~5室，每室具1枚悬垂的胚珠，花柱丝状，柱头盘形，5~3裂。浆果状核果近球形或梨形，多少肉质；分核2~4个，黑色，内果皮厚石质，有时候肋状；胚乳肉质。胚小。

约6~7种，产亚洲中部至东部和北美洲。中国原产3种，均有迁地栽培。另3~4种产北美东部。本属尚未见引入过非国产种类。

莛子藨属分种检索表

1a. 聚伞花序腋生；叶全缘或具1~3对波状大圆齿；果实成熟时绿色 …… 93. 腋花莛子藨 **T. sinuatum**
1b. 聚伞花序集合成顶生穗状花序。
  2a. 叶全缘，基部成对相连，茎贯穿其中；果实成熟时红色 ………… 91. 穿心莛子藨 **T. himalayanum**
  2b. 叶羽状深裂，基部不相连；果实成熟时白色 ………… 92. 莛子藨 **T. pinnatifidum**

91
穿心莛子藨

Triosteum himalayanum Wall., Roxburgh, Fl. Ind. 2: 180. 1824.

自然分布

产湖北、湖南、陕西、四川、西藏和云南。不丹、印度和尼泊尔也有。生于海拔1800~4100m的高山山坡、针叶林边、溪边或草地。

迁地栽培形态特征

植株 多年生草本，密集丛生，高40~60cm。

茎 茎多数自基部发出，不分枝，圆柱形，密生刺刚毛和腺毛。

叶 叶对生，基部连合，倒卵状椭圆形至倒卵状长圆形，长8~16cm，宽5~10cm，顶端急尖或渐尖，边缘全缘，叶面显著皱褶，被长刚毛，背面脉上毛较密，并夹杂腺毛。

花 花序具花2~5轮，顶生，穗状花序状；苞片披针形；萼裂片三角状圆形，被刚毛和腺毛，萼筒与萼裂片间缢缩；花冠黄绿色，筒内紫红色，长1.6cm，外有腺毛，筒基部弯曲，一侧膨大成囊；雄蕊生于花冠筒中部，花丝细长，淡黄色，花药黄色，长圆形；花柱伸出花冠外，柱头头状。

果 果实红色，近圆球形，直径10~12mm，被刚毛和腺毛，宿萼极短。

引种信息

昆明植物园 2002年自云南香格里拉格咱引种。目前该种在苗圃有栽培，生长一般。

中国科学院植物研究所北京植物园 引种10次。最早于1964年自罗马尼亚引种（登录号1964-5052）；最近一次为2012年自西藏工布江达措高乡巴松湖东引种（登录号2012-1105）；期间还有1991年陈伟烈赠送（登录号1991-4986），1993年自德国引种（登录号1993-1395），1995年自西藏鲁朗引种（登录号1995-1062），2002年自西藏林芝江达引种（登录号2002-2466）等。现无活体。

其他 该种在国际植物园保护联盟（BGCI）中有31个迁地保育点。

物候信息

野生状态 6月下旬至7月底开花；8~9月果实变为红色并逐渐成熟。

迁地栽培要点

喜强光照而又凉爽潮湿的高山亚高山气候和排水良好的深厚疏松土壤。不耐干旱和湿热，栽培较困难。分株或播种繁殖。

主要用途

枝叶别致，果实鲜红，可供观赏。也具有科研价值。

92 莛子藨

Triosteum pinnatifidum Maxim., Acad. Imp. Sci. Saint-Pétersbourg. 27: 476. 1881.

自然分布

产甘肃、河北、河南、湖北、宁夏、青海、陕西、山西和四川。日本也有。生于海拔1800~2900m的山坡草地、针叶林下和沟边向阳处。

迁地栽培形态特征

植株 多年生草本，高30~60cm。

茎 茎少数或多数自基部发出，不分枝，中空，被白色刚毛及腺毛，具白色的髓部，开花后顶部具1对分枝。

叶 叶对生，近无柄，叶片羽状深裂，倒卵形至倒卵状椭圆形，长8~20cm，宽6~18cm，基部宽楔形，裂片1~3对，顶端渐尖，两面被刚毛。

花 花序具花2~4轮，顶生，穗状花序状；花每轮6朵，无总花梗；苞片线状披针形；萼筒被刚毛和腺毛，萼裂片三角形；花冠筒部黄绿色，狭钟状，长1cm，筒基部弯曲，一侧膨大成浅蜜囊，被腺毛，裂片圆短，内面具紫色斑点；雄蕊着生于花冠筒中部以下，花丝短，花药长圆形，花柱基部被长柔毛，柱头头状。

果 果实成熟时白色，卵圆形，肉质，长约10mm，宿存萼齿短；分核3枚，扁，亮黑色；种子凸平，腹面具2条槽。

引种信息

黑龙江省森林植物园 引种信息不详。目前该种在珍稀濒危园内有栽培，生长良好，可正常开花结果。

武汉植物园 引种3次：2005年自陕西太白黄柏塬洞长沟村引种小苗（登录号20050212）；2009年自陕西佛坪长角坝乡三官庙引种小苗（登录号20090458）；2014年自陕西凤县红花铺引种小苗（登录号20140312）。目前园内已无活植物。

西双版纳热带植物园 引种1次。2010年自挪威引种种子（登录号68,2010,0013）。未见活体。

中国科学院植物研究所北京植物园 引种11次。最早于1980年自陕西宁西秦岭引种（登录号1980-4983）；最近一次为2012年自德国引种（登录号2012-631）。现无活体。

其他 该种在国际植物园保护联盟（BGCI）中有47个迁地保育点。国内西安植物园有栽培记录。

物候信息

黑龙江省森林植物园 4月出开始萌芽生长；5月下旬至6月初开花；7月上旬果实变为白色；7~8月果实成熟。

迁地栽培要点

喜冷凉湿润的寒温带山地气候，不耐干旱和湿热。喜阴湿环境，适合栽培于林下或半阴处。要求排水良好的疏松肥沃土壤。分株或播种繁殖。

主要用途

　　花果均可供观赏。

93
腋花莛子藨

Triosteum sinuatum Maxim., Bull. Acad. Imp. Sci. Saint-Pétersbourg. 15: 373. 1871.

自然分布
产黑龙江、辽宁、吉林和新疆。日本和俄罗斯也有。生于海拔800~900m的林下和溪边。

迁地栽培形态特征
植株 多年生草本，丛生，高达60cm。
茎 茎多数自基部发出，不分枝，圆柱状，密被刚毛和腺毛。
叶 叶对生，椭圆形或长圆形，长10~25cm，宽6~10cm，顶端渐尖，近基部约1/3处突然变狭而呈匙状卵圆形或长圆形，基部常抱茎，边缘全缘或羽状浅裂，两面散生刚伏毛，边缘或脉上密生纤毛。
花 花2~6朵轮生于茎中上部叶腋，无柄；萼筒长筒状，萼裂片披针形，长6~10mm，外被刚毛或腺毛，花后宿存；花冠筒部黄绿色，内面紫褐色；雄蕊二枚较长，三枚相等，花药长圆形；花柱丝状，柱头头状，伸出花冠筒外。
果 果实成熟时绿色，梨形，直径1~1.5cm，密被刚毛，顶端宿萼显著，披针形；分核3，显著具5~6肋。

引种信息
中国科学院植物研究所北京植物园 2008年前自中国辽宁引种，无引种登录信息，存活至2017年，期间生长良好，可正常开花结果，后因管理不善而死亡。
其他 该种在国际植物园保护联盟（BGCI）中有3个迁地保育点。

物候信息
中国科学院植物研究所北京植物园 3月下旬开始萌芽生长；5月上中旬开花；7~8月果实成熟。

迁地栽培要点
喜冷凉湿润的寒温带山地气候，稍耐湿热，北京地区栽培可越夏。喜阴湿环境，适合栽培于林下或半阴处。要求排水良好的疏松肥沃土壤。分株或播种繁殖。

主要用途
该种主要是植物园为迁地保育而引种栽培，具有科研价值。

忍冬属

Lonicera L. Sp. Pl. 173. 1753.

直立灌木、矮灌木或缠绕藤本，稀小乔木，落叶或常绿。小枝髓部白色或褐色，有时中空；老枝树皮常作条状剥落。冬芽圆形或具锐四棱，有1至多对鳞片，内鳞片有时增大而反折，有时顶芽退化而代以2侧芽，偶尔具副芽。叶对生，稀3~4枚轮生，纸质、厚纸质至革质，全缘，极少具齿或分裂，一般无托叶，极少具柄间托叶或线状凸起，有时花序下的1~2对叶相连成盘状总苞。花序聚伞圆锥状，顶生或腋生，聚伞花序常对生，经常简化成具2朵花，通常称为"双花"，稀仅具1朵花，有时具3朵花；花序有时具总花梗，聚伞花序无梗，有时排成头状，或呈轮状排列于小枝顶，每轮3~6朵。每个聚伞花序有1对苞片和2对小苞片；苞片通常小，有时叶状；小苞片通常离生，有时连合成杯状或坛状壳斗而包被萼筒，稀缺失。"双花"的相邻两萼筒分离、部分连合至全部连合，萼檐5裂，稀4裂，有时截形，基部偶尔向下延伸成帽边状凸起。花冠白色、黄色、淡红色或紫红色，花后颜色常发生明显变化（看起来双色或多色），钟状、筒状或漏斗状，整齐或近整齐5裂，稀4裂，或为二唇形而上唇4裂，花冠筒长或短，腹面一侧近基部常具深浅不一的囊状凸起，稀基部有长距，偶尔成5个整齐部分，稀花柱基部肿大。雄蕊5，花药丁字着生。子房2或3室，稀5室，花柱纤细，有毛或无毛，柱头头状。果实为浆果（有时因连合而成复果），红色、蓝黑色、黑色、绿色或白色，有时被粉霜，小苞片有时在果期增大而包被双果。种子1粒至多数，表面光滑、有凹痕或具颗粒状凸起，胚浑圆。

忍冬属自建立以来，属下分类系统一直存在不少问题。Nakaji *et al.* (2015)系统整理比较了该属至今五个重要的分类系统著作所采用的分类系统（Maximowicz, 1877; Rehder, 1903, 1913; Nakai, 1938; Hara, 1983; 徐炳声和王汉津，1988），从中可见各个系统之间差异十分显著，远未统一。中国忍冬属植物相关的另一重要著作 *Flora of China*（杨亲二 等，2011）没有提出新的分类系统。本书在参考前人分类系统的基础上，结合近年的分子系统学研究（Theis et al., 2008; Nakaji *et al.*, 2015）结果，并以方便运用为准则，对忍冬属的分类系统重新作了相应调整，保留该属的2个亚属，对分组进行调整，并取消了原来的亚组等级，最终将世界忍冬属植物归为2亚属13组（见表2）。

表2　忍冬属属下分类系统变化情况表

序号	本书采用亚属和组名称	与此前的分类系统的差异
亚属1	轮花亚属 Subgen. *Lonicera*	同徐炳声和王汉津(1988)。Rehder (1903)使用 Subgen. *Periclymenum* L.。按照命名法规，此处亚属名称应该用 *Lonicera* subgen. *Lonicera*，后面不加命名人。
组1	欧忍冬组 Sect. *Lonicera*	源自 Rehder (1903) 的同名亚组。
组2	弯花组 Sect. *Cypheolae* (Raf.) Q. W. Lin	源自 Rehder (1903) 的同名亚组。
组3	红黄花组 Sect. *Phenianthi* (Rehder) Q. W. Lin	源自 Rehder (1903) 的同名亚组。
组4	格氏忍冬组 Sect. *Thoracianthae* (Rehder) Q. W. Lin	源自 Rehder (1903) 的同名亚组。
亚属2	忍冬亚属 Subgen. *Chamaecerasus* L.	采纳 Rehder (1903) 的处理。不同的是，Hara (1983) 的该组学名为（Subgen. *Lonicera* L.）。
组5	长距组 Sect. *Calcaratae* (Rehder) Q. W. Lin	基于长距忍冬（*Lonicera calcarata* Hemsl.）而建立，在系统树上位于该亚属基部，因而本书将长距亚组（Subsect. *Calcaratae* Rehder）从忍冬组（Sect. *Nintooa* DC.）中分出，独立为长距组（Sect. *Calcaratae* Rehder）。
组6	大苞组 Sect. *Bracteatae* Hook. f. & Thomson	该组自建立后，在不同著作中所包含种类常又不同，Rehder(1903)将其作为亚组置于囊管组。这里的大苞组范围较大，包括了原置于其他位置的一些组或亚组，包括郁香组或郁香亚组［Subsect. *Fragrantissimae* (Rehder) Nakai / Sect. *Fragrantissimae* (Rehder) Nakai］、葱皮组或葱皮亚组［Subsect. *Vesicariae* Komar. / Sect. *Vesicariae* (Komar.) Nakai］、假多枝亚组（Subsect. *Pararamosissimae* Nakai）、具苞亚组（Subsect. *Eubracteatae* Nakai）以及早花组（Sect. *Praeflorentes* Nakai）。
组7	蓝果组 Sect. *Caeruleae* (Rehder) Q. W. Lin	源自 Rehder (1903) 的同名亚组，原置于囊管组下。汪矛和谷安根(1988)基于蓝靛果忍冬（*Lonicera edulis* Turcz. ex Freyn）建立蓝靛果属（*Metalonicera* M. Wang & A. G. Gu），但现有证据不支持该属的成立，应该予以归并。
组8	囊管组 Sect. *Isika* DC.	名称同 Rehder (1903)，但包含种类有不少变化，不包括 Rehder (1903) 原来的大苞亚组（Subsect. *Bracteatae*）、郁香亚组（Subsect. *Fragrantissimae*）、蓝果亚组（Subsect. *Caeruleae*）、红花亚组（Subsect. *Rhodanthae*）以及蕊被忍冬（*Lonicera gynochlamydea* Hemsl.），包括以下各组和亚组：紫花亚组（Subsect. *Purpurascentes* Rehder）、薄叶亚组（Subsect. *Cerasinae* Rehder）、蕊帽亚组（Subsect. *Pileatae* Rehder）、葱皮亚组（Subsect. *Chlamydocarpi* Jaub. & Spach.）、比利亚组（Subsect. *Pyrenaicae* Rehder）、熊果亚组（Subsect. *Distegiae* Rehder）、长圆亚组（Subsect. *Oblongifoliae* Rehder）、高山亚组（Subsect. *Alpigenae* Rehder）、山地组或山地亚组［Sect. *Monanthae* Nakai / Subsect. *Monanthae* (Nakai) Hara］、拟红花组（Sect. *Pararhodanthae* Nakai）、多枝组（Sect. *Ramosissimae* Nakai）。
组9	直管组 Sect. *Isoxylosteum* Rehder	名称和范围均同 Rehder (1903)，但系统位置发生变化，并合并原有两个亚组，微柱亚组（Subsect. *Microstylae* Rehder）和棘枝亚组（Subsect. *Spinosae* Rehder）。Pusalkar (2011) 将该组独立为杯忍冬属（*Devendraea* Pusalkar），但该组实际上嵌在其他忍冬属植物中间，如果将该组分出为属，其他各组势必也要拆分为属，这样会造成传统忍冬属的分裂和大量名称变化，而不利于实际应用，因此应将以上属名降为异名。
组10	红花组 Sect. *Rhodanthae* Maxim.	此前已在一些系统中得到承认，但 Rehder(1903) 将其作为亚组置于囊管组，该组还包括（Subsect. *Eurhodanthae* Nakai）和（Subsect. *Terramerae* Nakai）。
组11	蕊被组 Sect. *Gynochlamydeae* Q. W. Lin sect. nov.	基于蕊被忍冬（*Lonicera gynochlamydea* Hemsl.）建立，该组原置于蕊帽亚组（Subsect. *Pileatae* Rehder）之中。
组12	空枝组 Sect. *Coeloxylosteum* Rehder	名称和范围均同 Rehder (1903)，包含以下各组或亚组：赭黄花亚组或赭黄花组［Subsect. *Ochranthae* Zabel / Sect. *Ochranthae* (Zabel) Nakai］、金花亚组（Subsect. *Euochranthae* Nakai）、轮组（Sect. *Rotatae* Nakai）、金银亚组（Subsect. *Subsessiliflorae* Nakai）和新疆亚组（Subsect. *Tataricae* Rehder）。
组13	忍冬组 Sect. *Nintooa* DC.	名称同 Rehder (1903)，而范围有变化，排除长距亚组（Subsect. *Calcaratae* Rehder）后，范围相当于缠绕亚组（Subsect. *Volubilis* P. S. Hsu & H. J. Wang）。Rehder (1903) 所分的短花亚组（Subsect. *Breviflorae* Rehder）和长花亚组（Subsect. *Longiflorae* Rehder）在系统树上实际上是嵌在一起的，不能分开。

约143种，中国原产67种（27种特有），迁地栽培53种，外来引进栽培11种。具体数据见表3所示，该表数据是在整理了全世界忍冬属植物名录、中国各相关志书资料以及各植物园相关名录资料之后所得的最新结果。各组植物的详细情况还可参见各组介绍。据本书最新统计，世界忍冬属种数实际上少于荚蒾属（164种），尽管许多志书资料都认为忍冬属是传统忍冬科的第一大属。忍冬属植物广布于北半球的温带和亚热带地区，包括非洲北部、欧洲、亚洲和北美洲，在中国广布于全国各省区，而以西南部种类最多。该属植物不少种类在园林上作为重要的观花、观果或藤蔓植物而广为栽培。此外，金银花作为目前用途广泛的重要药用植物之一，其生产栽培也较为普遍，一些相似种类也常被栽培为金银花的代用品。

表3 忍冬属各亚属和各组种类及引种栽培状况统计

序号	组	世界种数	中国原产数	中国栽培数	外来引进数
亚属1	轮花亚属 Lonicera	23	3	5	3
1	欧忍冬组 Sect. *Lonicera*	7	1	3	2
2	弯花组 Sect. *Cypheolae*	9	1	0	0
3	红黄花组 Sect. *Phenianthi*	6	1	2	1
4	格氏忍冬组 Sect. *Thoracianthae*	1	0	0	0
亚属2	忍冬亚属 Chamaecerasus	120	61	48	8
5	长距组 Sect. *Calcaratae*	1	1	1	0
6	大苞组 Sect. *Bracteatae*	23	16	7	1
7	蓝果组 Sect. *Caeruleae*	1	1	1	0
8	囊管组 Sect. *Isika*	36	12	11	4
9	直管组 Sect. *Isoxylosteum*	7	5	2	0
10	红花组 Sect. *Rhodanthae*	14	7	5	1
11	蕊被组 Sect. *Gynochlamydeae*	1	1	1	0
12	空枝组 Sect. *Coeloxylosteum*	12	5	7	2
13	忍冬组 Sect. *Nintooa*	25	16	13	0
	总计	143	67	53	11

忍冬属分亚属检索表

1a. 花通常无梗，排成具3花的聚伞花序，2对6朵成1轮，再于枝顶排成轮状花序或穗状花序；枝条上部对生叶基部常相连成盘状；果实红色，离生；通常为缠绕藤本，枝条常中空。
  ·················· 1. **轮花亚属 Subgen. *Lonicera***
1b. 花通常排成具双花的聚伞花序，腋生，具总花序梗，稀近无梗，有时簇生于枝条顶端；对生二叶的基部均不相连成盘状；果实红色、蓝色或黑色等，有时合生；灌木或藤本，枝条坚实或中空·················· 2. **忍冬亚属 Subgen. *Chamaecerasus***

亚属1 轮花亚属
Subgen. *Lonicera*

缠绕藤本，稀为丛生灌木，常绿或落叶；枝中空。花序下的1至数对叶的基部常相连成盘状。花生于分枝顶端，排成具3朵花的无梗聚伞花序，稀简化成仅有1朵花，成对排成1至数轮的顶生穗状花序或头状花序，生于苞片状叶或合生盘状苞叶的叶腋；苞片小；小苞片通常离生，有时缺失；子房离生，3室；萼齿短小；花冠二唇形或有时具短而近相等的裂片，花冠管狭长或短而具囊凸；花柱无毛或有毛。果实红色。种子光滑，黄白色。

约4组23种，中国原产3组3种，迁地栽培约2组5种，外来引进栽培3种。杯苞组（Sect. *Thoracianthae*）仅有1种格氏忍冬（*Lonicera griffithii* Hook. f. & Thomson），特产阿富汗，至今仅有模式标本，分类地位可疑，更无迁地保育。弯花组（Sect. *Cypheolae*）约有9种，其中云南忍冬（*Lonicera yunnanensis* Franch.）特产中国四川和云南，较为少见，目前未见有迁地保育，其余8种均产北美地区。中国科学院植物研究所北京植物园曾引入过其中一些种类：北美忍冬（*Lonicera dioica* L.），引种34次，登录号1987-1489、1991-3088存活至2002年，1991-778存活至2008年；橙黄忍冬（*Lonicera flava* Sims），引种7次，均为20世纪引种，近年无引种记录；多毛忍冬（*Lonicera hirsuta* Eat.），引种3次，登录号1959-499、1979-3818、1989-1751，近年未再引种；细毛忍冬 [*Lonicera hispidula* (Lindl.) Dougl. ex Torr. & Gray]，引种1次，登录号1988-4066；葡萄忍冬（*Lonicera reticulata* Raf.），引种13次，登录号1991-2325存活至2002年。但这些种类均缺乏其他相关资料，现今也找不到确切活体，因此未能收录。

此外，本亚属园艺上有许多杂交种和品种，中国至少引进栽培4个杂交种以及一些相关品种，本书在原种之后对其进行简要介绍。

轮花亚属分组检索表

1a. 花冠深二唇形，下唇裂片反折或反卷，筒细长，长于裂片，至基部渐狭，常为黄白色或染带其它颜色；雄蕊生于花冠裂片基部；花序下常有1或多对叶子连合或有时不连合···1. 欧忍冬组 Sect. *Lonicera*

1b. 花冠具短而近等大的裂片或不显著二唇形，下唇稍开展，筒中部以下多少一侧肿大或具囊凸，内面被毛，常为猩红色；雄蕊生于花冠裂片基部下方；花序下一对叶子总是连合···2. 红黄花组 Sect. *Phenianthi*

组1 欧忍冬组

Sect. *Lonicera*
——Subsect. *Caprifolium* Spach.

缠绕藤本，常绿或落叶。花序下的1至数对叶的基部常相连成盘状。顶生轮状的花序通常排成紧密的穗状花序或头状花序，通常不间断，除非生于盘状合生叶的叶腋；小苞片存在，有时与子房等长，或缺失；萼齿短小；花冠二唇形，长3~8cm，白色或黄白色，外面常染带粉红色或紫色，稀黄色；管细长，内面通常无毛；柱头通常无毛。

约7种，中国原产1种，其余6种产地中海地区至欧洲北部和高加索地区。中国迁地栽培3种，2种自国外引种。此外，意大利忍冬（*Lonicera etrusca* G. Santi）原产欧洲，记载国内曾有引种，包括中国科学院植物研究所北京植物园（引种22次，来自德国的登录号2002-2053存活至2008年）以及中国科学院西双版纳热带植物园（引种1次，1991年自日本热川植物园引种插条，登录号20,1991,0075）；地中海忍冬（*Lonicera implexa* Aiton）原产地中海地区，也记载曾引种，主要在中国科学院植物研究所北京植物园（引种13次，来自葡萄牙的登录号2001-688存活至2002年）。上述种类缺乏其他相关资料，未能收录。

欧忍冬组分种检索表

1a. 花序通常具1~2轮花，均生于连合盘状叶的叶腋；花冠白色，外面带粉红色或紫色，筒内面和花柱无毛；小苞片缺失或细小 ·········· 94. 羊叶忍冬 *L. caprifolium*
1b. 轮生的花生于离生苞片状叶的叶腋，常排成顶生密集的头状或穗状花序；小苞片存在。
  2a. 花序下一对叶子总是连合成盘状；花冠长7~8cm，鲜黄色；小苞片长约为萼筒的三分之一；叶子长6~14cm ·········· 95. 盘叶忍冬 *L. tragophylla*
  2b. 所有叶子离生，有柄，长4~6cm；花序密集成头状花序，有多轮花；小苞片与萼筒近等长，被腺毛；花冠长4~5cm，黄白色而常带其他颜色，被腺毛 ·········· 96. 香忍冬 *L. periclymenum*

94 羊叶忍冬

别名： 蔓生盘叶忍冬

Lonicera caprifolium L., Sp. Pl. 1: 173.1753.

自然分布

原产欧洲中部和亚洲西部地区。生于海拔 0~1200m 的海岸或山地丘陵地区。

迁地栽培形态特征

植株 落叶缠绕藤本，长可达 6m。

茎 幼枝无毛，中空，常被白粉。

叶 叶纸质，卵形至椭圆形，长 5~10cm，顶端钝或急尖，基部心形、截形或渐狭，边缘全缘，有时带紫红色，两面无毛或近无毛，枝条上部 2~3 对叶常连合成椭圆形或卵圆形的盘，盘两端通常急尖，具短尖头；叶柄无或存在于枝条下部叶片。

花 花序生于分枝顶端；小花无梗，3 朵组成小聚伞花序，对生而成每轮 6 朵花，通常 1~2 轮生于总苞状连合盘状叶的叶腋。小苞片缺失或极小。萼筒壶形，萼齿小。花冠二唇形，白色，外面常染带粉红色或紫红色，长 4~5cm，外面无毛或被柔毛，筒细长，长 2~3 倍于唇瓣，内面无毛。雄蕊着生于唇瓣基部，约与唇瓣等长，无毛；花柱伸出，无毛。

果 果实成熟时红色，近球形，直径 6~10mm。种子淡白色，扁椭圆形。

引种信息

上海辰山植物园 引种 2 次（含品种）。2008 年自德国引种（登录号 20081235）；2009 年自安徽芜湖欧标公司引种（登录号 20090299）。目前该种在园内有栽培，生长一般。

中国科学院植物研究所北京植物园 引种 28 次。最早于 1957 年开始引种（登录号 1957-730）；最近一次为 2003 年自俄罗斯引种（登录号 2003-58）并存活。目前该种有少量栽培，生长一般，能正常开花结果。

其他 该种在国际植物园保护联盟（BGCI）中有 69 个迁地保育点。

物候信息

中国科学院植物研究所北京植物园 3 月下旬开始萌芽；4 月上中旬展叶并开始枝条生长，并逐渐在新枝上出现花蕾；4 月底至 5 月上旬开花；果实 8 月成熟并变为红色，一般不结果；11 月落叶。

迁地栽培要点

适应寒温带气候。喜全日照或半阴环境和排水良好的湿热土壤，对土壤质地要求不严。栽培时需搭棚架。扦插繁殖。

主要用途

观花藤蔓植物，适合攀爬于棚架上。

植株(张金政 摄)
花序(Kirill Tkachenko 摄)
果枝(Kirill Tkachenko 摄)
果序(Kirill Tkachenko 摄)

95
盘叶忍冬

Lonicera tragophylla Hemsl. ex F. B. Forbes & Hemsl., J. Linn. Soc., Bot. 23: 367. 1888.

自然分布

特产安徽、甘肃、贵州、河北、河南、湖北、宁夏、陕西、山西、四川和浙江。生于海拔700~2000m的林下、灌丛或河滩。

迁地栽培形态特征

植株 落叶缠绕藤本，长1~2m。

茎 幼枝无毛，中空，常被白粉。

叶 叶纸质，长圆形、披针形或卵圆形，长4~12cm，宽2~3cm，顶端钝或稍尖，基部渐狭并下延至叶柄，边缘软骨质，背面粉绿色，被白色短糙毛，有时中脉下部两侧密生淡黄色髯毛状短糙毛，很少无毛，中脉基部有时带紫红色，花序下方1~2对叶连合成近圆形或圆卵形的盘，盘两端通常钝形或具短尖头；叶柄很短或不存在。

花 花序生于分枝顶端；花序梗长3~11cm。连合盘状总苞叶直径4~10cm，两端急尖；花无梗，轮生，每轮具6花，2~4轮簇生成头状。苞片狭卵形，长约1mm；小苞片细小，无毛。萼筒壶形，长约3mm，萼齿小，三角形或卵形。花冠二唇形，黄色至橙黄色，有时上部外面略带红色，长5~9cm，外面无毛，筒稍弓弯，长2~3倍于唇瓣，内面疏生柔毛。雄蕊着生于唇瓣基部，约与唇瓣等长，无毛；花柱伸出，无毛，基部具膨大蜜腺。

果 果实成熟时由黄色变为红黄色，最终深红色，近球形，直径约1cm。种子淡白色，扁椭圆形，长约2mm，表面具麻点。

引种信息

北京植物园 引种3次。1973年自陕西秦岭太白山蒿坪平安寺引种（登录号1973-0032m）；1973年引种（登录号1973-0107z）；1981年自黑龙江哈尔滨植物园引种（登录号1981-0005m）。目前该种有少量栽培，生长良好，能正常开花，少结果。

上海辰山植物园 2007年自陕西宝鸡眉县营头镇太白山蒿坪寺烟筒沟引种（登录号20071591）。目前该种在园内有栽培，生长一般。

武汉植物园 引种5次。2003年自湖南石门壶瓶山自然保护区引种小苗（登录号20032482）；2003年自四川峨眉山药学院引种小苗（登录号20034110）；2010年自四川南江光雾山镇魏家林场引种小苗（登录号20100374）；2011年自云南镇雄芒部镇引种小苗（登录号20110289）；2014年自陕西凤县红花铺引种小苗（登录号20140308）。

中国科学院植物研究所北京植物园 引种12次。最早于1952年开始引种（登录号1952-458）；最近一次为2010年自宁夏六盘山引种（登录号2010-1497），存活至今；期间还有1961年自杭州植物园引种（登录号1961-169），存活至今。目前该种在展区有定植，生长良好，能正常开花，少结果。

其他 该种在国际植物园保护联盟（BGCI）中有26个迁地保育点。国内杭州植物园、昆明植物园和西安植物园有栽培记录。

物候信息
　　中国科学院植物研究所北京植物园　3月下旬开始萌芽；4月上旬开始展叶，随后进行枝条生长；4月中下旬新枝顶端出现花蕾；5月中旬开花；6月下旬果实变为红色并成熟。

迁地栽培要点
　　适应温暖湿润的温带气候，稍耐寒，华北地区可露地越冬。喜全日照和半阴环境和深厚肥沃、富含腐殖质的壤土。播种和扦插繁殖。

主要用途
　　花繁密而美丽，可用作棚架、花廊等垂直绿化材料。

96
香忍冬

Lonicera periclymenum L., Sp. Pl. 1: 173.1753.

自然分布

原产欧洲和北非。生于低海拔地区的林地、矮木树篱或海岸。

迁地栽培形态特征

植株 落叶缠绕藤本，长1~6m。

茎 幼枝无毛，中空，常被白粉。

叶 全部叶离生，有柄，叶片卵形、椭圆型或长圆形，长4~6cm，顶端尖，基部截形或楔形，边缘全缘，两面无毛或具腺毛；叶柄存在，极短。

花 花序生于分枝顶端；小花无梗，3朵组成小聚伞花序，对生而成每轮6朵花，通常具多轮花，排成基部明显有梗的头状或穗状花序，生于苞片状离生叶的叶腋。小苞片存在，与萼筒近等长，具腺毛。萼筒壶形，萼齿小。花冠二唇形，初开乳黄色，盛开淡黄色，外面常因品种不同而为不同颜色，如紫红色（比利时香忍冬 *Lonicera periclymenum* 'Belgica'，自17世纪开始栽培，花期春末至夏初和夏末）、鲜黄色（格雷姆香忍冬 *Lonicera periclymenum* 'Graham Thomas'，1960年选育，花期长）或深紫红色（晚花香忍冬 *Lonicera periclymenum* 'Serotina'，花期7~10月），长4~5cm，具浓香，外面被腺毛，筒细长，长2~3倍于唇瓣，内面无毛。雄蕊着生于唇瓣基部，显著伸出，无毛；花柱伸出，无毛。

果 果实成熟时红色，近球形，直径6~10mm。种子淡白色，扁椭圆形。

引种信息

北京植物园 引种2次。2001年自英国威斯利花园引种（登录号2001-1814）；2005年自德国法兰克福大学引种（登录号2005-0121）。目前该种有少量定植，生长一般。

华南植物园 引种4次（含品种）。2009年自上海奉贤帮业锦绣树木种苗服务社引种（登录号20090372）；2011年自市场购买（登录号20111833）；2018年自网络购买（登录号20181536、20181541）。记载该种在珍稀濒危植物繁育中心有栽培，调查时未见活体。

上海辰山植物园 引种6次（含品种）。2007年自荷兰引种（登录号20070620）；2008年自德国引种（登录号20081239、20081240）；2009年自安徽芜湖欧标公司引种（登录号20090303、20090304、20090305）。目前该种在园内有少量栽培，生长一般。

中国科学院植物研究所北京植物园 引种92次（含品种）。最早于1952年引种（登录号1952-577）；最近一次为2016年自山东青岛引种（登录号2016-1111）；现植物园有多次引种存活，包括1990年自冰岛引种（登录号1990-4862）、2001年自德国引种（登录号2001-20129）、2002年自德国引种（登录号2002-2721）以及2010年多次自国外引种（登录号2010-1479、2010-1480、2010-1489、2010-1499）等。目前该种在展区有少量定植，生长一般，管理得当能正常开花结果。

其他 该种在国际植物园保护联盟（BGCI）中有102个迁地保育点。国内赣南树木园、杭州植物园和庐山植物园有栽培记录。

物候信息

　　上海辰山植物园　7月观测到开花。

　　中国科学院植物研究所北京植物园　3月底开始萌芽；4月展叶和枝条生长；5月中旬为盛花期，此后直到9月底仍可间断开少量花；一般不结果；11月落叶。

迁地栽培要点

　　适应寒温带气候。喜全日照或半阴环境和排水良好的湿热土壤，对土壤质地要求不严。栽培时需搭棚架。扦插繁殖。

主要用途

　　花繁密，有香气，是优良的观花藤蔓，适合作垂直绿化材料。

组2　红黄花组
Sect. *Phenianthi* (Rehder) Q. W. Lin
——Subsect. *Phenianthi* Rehder

缠绕木质藤本，落叶或常绿。至少花序下的一对叶子连合成盘状。花排成顶生头状或穗状花序，有时简化至仅具1轮花。苞片和小苞片小，有时长达萼筒的一半。花冠长3～6cm，黄色、猩红色至紫色，筒下部一侧多少肿大或具囊凸，为上部裂片的3～6倍长，花冠裂片近等大或为二唇形。雄蕊生于裂片基部下方。花柱通常无毛。

6种，中国原产1种，其余5种均产北美地区。中国迁地栽培约2种，1种自国外引进。此外，北美橙色忍冬 [*Lonicera ciliosa* (Pursh) Poir.]，中国科学院植物研究所北京植物园曾引种过8次（登录号1982-2189存活至2002年，2004-134号存活至2008年），但缺乏其他相关资料，未能收录。

红黄花组分种检索表

1a. 花猩红色，长3.5～5cm，排成具总花梗的穗状或头状花序；花冠裂片近相等；雄蕊生于裂片基部下方较远处；花丝长于花药；叶卵形至长圆形 ················97. **贯月忍冬 *L. sempervirens***

1b. 花鲜黄色，长2.5～3.5cm，排成无总花梗的轮状花序；花冠裂片不显著二唇形；雄蕊生于裂片基部稍下外；花丝与雄蕊等长；叶卵形至长圆状倒卵形 ················98. **川黔忍冬 *L. subaequalis***

97 贯月忍冬

Lonicera sempervirens L., Sp. Pl. 1: 173 1753.

自然分布

原产北美洲。生低海拔地区的林地或灌丛。

迁地栽培形态特征

植株 常绿藤本，全体近无毛，长2~4m。

茎 幼枝、花序梗和萼筒常有白粉。

叶 叶椭圆形、卵形至长圆形，长3~7cm，顶端钝，常具短尖头，基部截形或楔形，叶面绿色，无毛，背面粉白色，有时被短柔伏毛，小枝顶端的1~2对叶基部相连成盘状；叶柄短或不存在。

花 花无梗，轮生，每轮通常6朵，2至数轮组成顶生穗状花序，花序梗长2~3cm；花冠细长漏斗状，外面猩红色，内面黄色，长3.5~5cm，筒细，中部向上逐渐扩张，中部以下一侧略肿大，长为裂片的5~6倍，裂片直立，近整齐，卵形，近等大。雄蕊和花柱稍伸出，花药远比花丝短。

果 果实红色，直径约6mm。

引种信息

华南植物园 1986年引种（登录号19860253），详细引种信息不详。目前该种在园区有栽培，生长较差。

昆明植物园 2004年自美国引种（登录号24-F-4）。目前该种在苗圃有栽培，生长一般。

武汉植物园 无引种记录，园地管理部零星栽培，应该购买自浙江虹越花卉股份有限公司。

中国科学院植物研究所北京植物园 引种9次。最早于1958年开始引种（登录号1958-1841）；最近一次为2010年自比利时引种（登录号2010-1501），并存活至今。目前该种在展区有定植，生长良好，开花繁茂，但因缺乏传粉者而不结果。

其他 该种在国际植物园保护联盟（BGCI）中有74个迁地保育点。国内沈阳树木园和厦门市园林植物园有栽培记录。

物候信息

中国科学院植物研究所北京植物园 3月初开始萌芽；3月下旬开始展叶；4月新枝生长；5月上中旬为盛花期，此后偶有少量开花；很少结果；11月落叶。

迁地栽培要点

喜温暖气候，较耐寒，北京可露地越冬。喜全日照环境和深厚肥沃、富含腐殖质的土壤。栽培时需搭棚架。扦插或播种繁殖，但一般不结果。

主要用途

花繁色艳，经久不绝，宜丛植于篱栏上观赏。

98 川黔忍冬

Lonicera subaequalis Rehder, Rep. (Annual) Missouri Bot. Gard. 14: 172. 1903.

自然分布
特产贵州、四川和云南。生于海拔1500~2450m的山坡林下阴湿处或灌丛中。

迁地栽培形态特征
植株 攀缘状小灌木,长达1m。

茎 小枝无毛;小枝顶端最后一节较其他各节细而长,花莛状。

叶 叶椭圆形、卵状椭圆形至长圆形,长6~11cm,顶端钝,基部渐狭而下延于短叶柄,两叶基部相连而抱茎,边缘具软骨质边缘,常反卷,两面无毛,叶面暗绿色,背面被白粉而呈苍白色,侧脉纤细,在背面稍凸起。小枝顶端的一对叶子与其下方各节上的叶子明显不同而小,合生成船形,类似总苞,两端尖。

花 花序生于船形总苞状合生叶的顶端,无总花梗;小花无梗,6朵轮生,1~3轮密集成头状花序;小苞片和萼齿短小;花冠黄色,狭漏斗状,长2.5~3.5cm,外面疏被长糙毛和腺毛,内面有柔毛,裂片近整齐,稍不相等,卵形,长7~8mm,顶端圆;雄蕊着生于花冠裂片基部稍下处,花丝约与花药等长;花柱无毛,伸出。

果 果实成熟时红色,近圆形,直径约7mm;种子带白色,椭圆形,长约2mm,具细网纹。

引种信息
中国科学院植物研究所北京植物园 2015年自云南麻栗坡引种小苗(无登录号)。该种栽培于大棚温室,能正常生长,后因管理不善死亡。

其他 该种在国际植物园保护联盟(BGCI)中有1个迁地保育点。欧美园林中偶见栽培,生长良好,可正常开花结果。

物候信息
野生状态 5~6月开花;8~9月果实成熟。

迁地栽培要点
适应温暖而又长久湿润的亚热带山地气候。要求半阴环境和排水良好的疏松肥沃土壤,或在温室盆栽。扦插或播种繁殖。

主要用途
稀有植物,按照IUCN红色名录等级和标准(2001),该种可被评为易危(VU)植物,具科研价值。株型和花果奇特,可栽培观赏。

轮花亚属常见栽培杂交种介绍

杂交类型的藤本忍冬无论是适应性和观赏性都远远优于野生原种，栽培的广泛性和普遍性更是野生原种所无法企及的。中国园林上大量栽培的也主要是杂种或品种，这些类型容易与迁地保育的原种混淆，这里对常见园艺杂交种简单介绍如下：

布朗忍冬 [*Lonicera* × *brownii* (Regel) Carrière] 半常绿藤本，为贯月忍冬（*Lonicera sempervirens* L.）与多毛忍冬（*Lonicera hirsuta* Eaton）的杂交种，植株形态整体接近贯叶忍冬，主要区别在于花冠明显二唇形，常为鲜橘红色（有时为其他颜色），叶面、花柱、花丝和花冠外面常被柔毛。中国华北至华东地区引种栽培。布朗忍冬具有多季开花的特点，北京栽培时通常1月落叶，花期4～9月，第一次盛花为4月下至5月中旬，花后3～4周又出现较整齐的2次花；以后花不太整齐。要求湿润，适宜在全光照下栽培，亦适半阴。栽培品种垂红忍冬（*Lonicera* × *brownii* 'Dropmore Scarlet'）花冠细长下垂，猩红色而艳丽，花期长，适应性和观赏性良好。中国科学院植物研究所北京植物园多次引种栽培（登录号1988-3303、2010-1491、2010-1500等）；北京植物园1981年自美国明尼苏达大学树木园引种（登录号1981-0035m）；华南植物园2018年自网络购买（登录号20181502）。

植株（张金政 摄）　花序　花序　花序　花序　果实

意大利杂交忍冬（*Lonicera × italica* Schm.） 落叶藤本，是羊叶忍冬（*Lonicera caprifolium* L.）与意大利忍冬（*Lonicera etrusca* Santi）的杂交种，性状介于两个亲本之间并容易发生混淆，主要特征在于花序下部1~2轮生于合生叶的叶腋，上部各轮则生于苞片状叶的叶腋，小苞片大约为萼筒的一半长，花颜色以及叶子质地、性状和大小介于两个亲本之间。欧美经常栽培，有多个品种，中国主要引进栽培的品种为：小丑忍冬（*Lonicera × italica* Harlequin = *Lonicera × italica* 'Sherlite'），为一花叶品种，上海辰山植物园有栽培。

花枝（blasjaz/www.flickr.com）

植株

京红久忍冬（*Lonicera × heckrottii* Rehder） 落叶或半常绿大型藤本，最早，是贯月忍冬与意大利杂交忍冬的杂交种，形态与后者更接近，主要特征在于叶长圆形、卵形或椭圆形，深绿色，长15cm，花序下的对生叶片合生成盘状，花狭长漏斗状，二唇形，长约4cm，外面粉红色，内面橘黄色，芳香，果实红色。花期7~9月。栽培品种很多，在欧美广为栽培应用，较常见的品种有：金焰忍冬（*Lonicera × heckrottii* 'Golden Flame'）和美国丽人忍冬（*Lonicera × heckrottii* 'American Beauty'），适应性和观赏性良好。北京植物园2001年自荷兰引种（登录号2001–1258）；华南植物园2018年自网络购买（登录号20181543）；上海辰山植物园2007年自法国引种（登录号20070510），2008年自德国引种（登录号20080842）；中国科学院植物研究所北京植物园也有引种栽培（登录号1987–681、2010–1481、2010–1482）。

花枝　花序　植株

台尔曼忍冬（*Lonicera* × *tellmanniana* Magyar ex H. L. Späth） 落叶藤本，是盘叶忍冬（*Lonicera tragophylla* Hemsl. ex F. B. Forbes & Hemsl.）与贯月忍冬的杂交种，大约1920年在欧洲培育形成，整体形态更接近盘叶忍冬，主要特征在于叶子长圆形，顶端钝，花序有明显总花梗，常具2轮花，花冠深黄色，二唇形，筒部长约3cm，唇部长约为筒部的一半。台尔曼忍冬在中国北方地区栽培较多，中国科学院植物研究所北京植物园有引种栽培（登录号1981-20009、1985-4161、2010-1483）、沈阳树木园（1992年自沈阳药学院引种，登录号19920128）。银川植物园等有引种栽培，适宜在半阴至全光照下栽培，适应性和观赏性良好，在北京栽培时，盛花期5～6月，盛花期过后，随着新梢的生长陆续仍不断有花盛开。

亚属2 忍冬亚属

Subgen. *Chamaecerasus* L.

藤本或灌木，落叶或常绿。枝条坚实或中空。对生两叶基部不连合。花通常排成具双花的聚伞花序，腋生，具总花序梗，稀近无梗，有时簇生于枝条顶端；子房3~2（5）室。果实红色、蓝黑色或黑色等，有时合生。

9组约120种，中国原产9组约61种，迁地栽培9组48种，外来引进栽培8种。

忍冬亚属分组检索表

1a. 花冠筒基部有长距；常绿藤本，无毛 ·· 3. **长距组 Sect. Calcaratae**
1b. 花冠筒基部无长距；灌木或藤本。
  2a. 直立或匍匐灌木，决非缠绕。
    3a. 小枝具白色坚实髓。
      4a. 花冠整齐或二唇形，黄白色至红色，花冠筒长而显著，基部有囊或无囊；苞片常显著；小苞片形态各异。
        5a. 花冠筒基部一侧肿大，明显具袋囊。
          6a. 植株常被刚毛或硬毛；花常先叶开放；苞片大，常比萼筒长；小苞片无；花冠整齐或近整齐 ·· 4. **大苞组 Sect. Bracteatae**
          6b. 植株一般无刚硬毛；苞片小或大；小苞片形态各异；花冠整齐或二唇形。
            7a. 小苞片合生成坛状壳斗，完全包被萼筒，果熟时变肉质；花冠黄白色，稍不整齐；复果蓝黑色 ··· 5. **蓝果组 Sect. Caeruleae**
            7b. 小苞片形态各异，但决不变肉质；花冠整齐或二唇形；果实红色或黑色 ·· 6. **囊管组 Sect. Isika**
        5b. 花冠整齐，花冠筒基部一侧不肿大，亦无袋囊；小苞片常合生成杯状 ·· 7. **直管组 Sect. Isoxylosteum**
      4a. 花冠二唇形，常紫红色，稀黄白色，花冠筒短，基部具囊；苞片小；小苞片合生成杯状。
        8a. 萼檐不下延成帽边状凸起；果实成熟时不透明 ·········· 8. **红花组 Sect. Rhodanthae**
        8b. 杯状小苞为萼檐下延而成的帽边状凸起所覆盖；果实成熟时透明 ·· 9. **蕊被组 Sect. Gynochlamydeae**
    3b. 小枝具褐色髓，后因髓消失而变中空；小苞片常分离；相邻两萼筒分离；花冠显著二唇形，通常黄白色，稀紫红色 ·· 10. **空枝组 Sect. Coeloxylosteum**
  2b. 缠绕或匍匐藤本；花冠二唇形，常具细长的花冠筒；小苞片和相邻两萼筒均分离 ·· 11. **忍冬组 Sect. Nintooa**

组3　长距组

Sect. *Calcaratae* (Rehder) Q. W. Lin
——Subsect. *Calcaratae* Rehder

木质藤本，全体无毛。花序腋生，具双花。苞片叶状。相邻两萼筒合生。花冠二唇形，基部有1枚长距。子房5室。

99 长距忍冬

Lonicera calcarata Hemsl., Hooker's Icon. Pl. 27: t. 2632. 1900.

自然分布

特产广西、贵州、四川、西藏和云南。生于海拔1200~2500m的林缘或灌丛中。

迁地栽培形态特征

植株 常绿大型木质藤本，全体无毛，长可达6m。

茎 小枝棕褐色，常变中空。冬芽具数对阔鳞片，副芽常存在。

叶 叶革质，长圆形、卵状披针形至卵形，长8~20cm，宽2.5~8cm，顶端急狭而具短渐尖，叶尖常微弯，基部近圆形或阔楔形，叶面暗绿色，背面淡绿色，侧脉纤细，在背面微凸起；叶柄长1~2cm。

花 花序腋生，具双花；总花梗直而扁，长1.5~3cm，上部稍增粗。叶状苞片2枚，卵状披针形至圆卵形，长1.5~2.5cm；小苞片短小，合生成两对，顶端圆或微凹。相邻两萼筒合生，萼齿微小。花冠先白色而具黄斑，后变橙红色或猩红色，长约3cm，二唇形，筒长约1cm，基部有1枚长达1cm以上的弯距，上唇直立，阔方形，裂片4，宽而短，不等形，下唇窄带状，反卷成圈。雄蕊和花柱伸出花冠筒，短于花冠上唇，花丝下半部有短柔毛。花柱高出雄蕊，下部被短毛，柱头头状，子房5室。

果 果实成熟时黄色后变红色，直径约1.5cm，基部具宿存叶状苞片。种子多数，极扁，边缘增厚。

引种信息

中国科学院植物研究所北京植物园 2014年林秦文采自云南红河麻栗坡中寨（登录号2014-24）。目前该种在塑料大棚内栽培，生长良好，可正常越冬，2019年首次开花，未见结果。

其他 该种在国际植物园保护联盟（BGCI）中有4个迁地保育点。

物候信息

中国科学院植物研究所北京植物园 3月初开始萌芽；3~4月为新枝生长期；4月中旬出现花蕾；5月上中旬开花；未见结果；冬季部分落叶。

迁地栽培要点

适应温暖而又长久湿润的亚热带山地气候。要求半阴环境和排水良好的疏松肥沃土壤，或在温室大棚盆栽。扦插或播种繁殖。

主要用途

花形花色奇特，具科研价值，亦可供观赏。

组4　大苞组

Sect. *Bracteatae* Hook. f. & Thomson

　　落叶或半常绿灌木，常被刚毛或硬毛。冬芽有1至数对鳞片，最下一对有时连合成帽状、有纵褶皱的外鳞片，顶芽常退化而为2侧芽所代替。叶大都质地坚实，边缘常具刚睫毛。花常先叶开放或与叶同时开放，少数叶后开放；苞片比萼筒长，有时甚大而掩盖萼筒；小苞片无或极小；相邻两萼筒分离至全部合生；花冠白色或黄白色，整齐、近整齐至唇形，筒有深或浅的囊。果实红色，很少蓝黑色或黑褐色。

　　约23种，中国原产14~16种，迁地栽培约7种，均为中国原产种类。非国产种类主要分布在日本、俄罗斯至中亚地区。由于本组种类大都生于高纬度或高海拔地区，喜冷凉气候而不耐湿热，故而多数种类栽培较为困难，园林上应用的也较少，目前栽培较为广泛的种类主要是郁香忍冬（*Lonicera fragrantissima* Lindl. & Paxt.）复合体类群。此外，中国科学院植物研究所北京植物园还曾引种过以下一些种类：截萼忍冬（*Lonicera altmannii* Regel & Schmalh.），产新疆，引种12次（登录号1959-1274、2011-140等），该种在 *Flora of China*（杨亲二 等，2011）中被并入矮小忍冬（*Lonicera humilis* Kar. & Kir.）；奥尔忍冬（*Lonicera olgae* Regel & Schmalh.），产中亚地区，引种5次，其中登录号1985-2555曾存活至2002年，但目前已经找不到该种活体；藏西忍冬（*Lonicera semenovii* Regel），引种2次；齿叶忍冬（*Lonicera setifera* Franch.），引种1次。但这些种类或未能繁育成功或缺乏其他相关资料，未能收录。

大苞组分种检索表

1a. 冬芽有1对连合成帽状、有纵褶皱的外鳞片；花序苞片大而显著；花冠大而近整齐，常为黄绿色。
  2a. 果实红色；萼筒常有刚毛和腺毛；植株幼嫩各部位常被刚毛和微糙毛，至少叶片背面无微糙毛。
    3a. 雄蕊高出花冠筒；花冠长 1.5~3cm；萼檐不十分宽大 ················ 100. 刚毛忍冬 *L. hispida*
    3b. 雄蕊不高出花冠筒；花冠较长，长 3~4cm；萼檐宽大，长 4~5mm ··············
      ··· 101. 冠果忍冬 *L. stephanocarpa*
  2b. 果实蓝黑色；萼筒无毛；植株幼嫩各部位均密被肉眼难见的微糙毛 ···············
    ··· 102. 微毛忍冬 *L. cyanocarpa*
1b. 冬芽有数对分离、交互对生的鳞片，无纵褶皱；花序苞片较小而不显著；花冠较小，二唇形或近整齐，常为白色而带紫色或粉红色。
  4a. 花冠显著二唇形；双花的相邻两萼筒连合至中部或全部连合；复合果实裤裆状；植物体的毛被具瘤基 ··· 103. 郁香忍冬 *L. fragrantissima*
  4b. 花冠漏斗状，近整齐或稍不整齐；双花的相邻两萼筒分离；果实椭圆状或圆球状；植物体的毛被不具瘤基。
    5a. 花与叶同时开放或开于叶后；花冠筒比花冠裂片长2倍；雄蕊不高出花冠裂片，花药黄色。
      6a. 双花因退化而只有单花；花冠黄色，苞片仅1枚发育；萼檐极短 ··············
      ··· 104. 单花忍冬 *L. subhispida*
      6b. 双花及其2苞片均发育；萼檐长 1~2mm，有钝齿 ········ 105. 北京忍冬 *L. elisae*
    5b. 花先于叶开放；花冠裂片比花冠筒长2倍；雄蕊高出花冠裂片，花药紫红色 ·········
    ·· 106. 早花忍冬 *L. praeflorens*

100
刚毛忍冬

Lonicera hispida Pall. ex Schult., Syst. Veg., ed. 15 bis [Roemer & Schultes] 5: 258. 1819.

植株

自然分布

产甘肃、河北、宁夏、青海、陕西、山西、四川、新疆、西藏、云南。阿富汗、印度、克什米尔地区、哈萨克斯坦、吉尔吉斯斯坦、蒙古、尼泊尔以及西南亚也有。生于海拔1700~4200m的林缘、灌丛或高山草地。

迁地栽培形态特征

植株 落叶灌木，高可达2m。

茎 幼枝常带紫红色，常被刚毛和微糙毛。冬芽大，有1对具纵槽的外鳞片。

叶 叶厚纸质，卵圆形、椭圆形至条状长圆形，长1~9cm，宽0.5~3.5cm，顶端急尖或钝，基部楔形至微心形，近无毛或有刚伏毛和短糙毛，边缘有刚睫毛；叶柄长1.5~6mm。

花 总花梗粗短，有时稍扁，长0.5~2cm；苞片大，宽卵形，长1~4cm；相邻两萼筒分离，常具刚毛和腺毛，稀无毛。萼檐杯状，长1~4mm。花冠淡黄色，漏斗状，近整齐，长1.5~3.5cm，外面常有糙毛或刚毛，筒基部具囊凸，裂片直立，卵圆形，短于筒。雄蕊短于或与花冠近等长；花柱常伸出，至少下半部有糙毛。

果 果实成熟时红色，卵圆形，长1~1.5cm。种子淡褐色，不规则三角状长圆形，稍扁，长4~5mm。

引种信息

上海辰山植物园 2006年自云南中甸植物园引种（登录号20060741）。调查时未见该种活体。

中国科学院植物研究所北京植物园 引种20次。最早于1952年开始引种（登录号1952-457）；最近一次为2008年自冰岛引种（登录号2008-321）；期间国内引种的有1985年自山西管岑山引种（登录号1985-4904）。该种栽培较困难，各次引种均存活较短时间，目前已无活体。

其他 该种在国际植物园保护联盟（BGCI）中有34个迁地保育点。

物候信息

野生状态 5~6月开花；7~9月果实成熟。

迁地栽培要点

喜夏季凉爽、昼夜温差较大的温带亚高山气候。要求强日照环境和排水良好的疏松肥沃土壤。播种繁殖。栽培较困难。

主要用途

优良的观花观果灌木。

果枝　花序　叶（朱鑫鑫 摄）　果实

101 冠果忍冬

Lonicera stephanocarpa Franch., J. Bot. (Morot). 10: 316. 1896.

自然分布
特产中国甘肃、宁夏、陕西和四川。生于海拔2000~3200m的林下、林缘或灌丛。

迁地栽培形态特征
植株 落叶灌木，高达2m。幼嫩各部位常具倒生刚毛。

茎 小枝具小瘤状凸起。冬芽有1对大型外鳞片，长达2.2cm，具深纵槽。

叶 叶厚纸质，卵状披针形、长圆状披针形至长圆形，长3~9cm，顶端尖或钝，基部楔形至圆形，两面均密被刚伏毛，背面还夹杂短糙毛，边缘有刚睫毛；叶柄长3~8mm。

花 总花梗长1~1.8cm；苞片极大，宽卵形，长3~4cm，顶端具短尖头，下半部连合，外面被刚伏毛和短糙毛。相邻两萼筒分离，卵圆形，密被淡黄褐色刚毛，萼檐宽大，长约4mm，果时增大。花冠黄白色，宽漏斗形，整齐，长3~4cm，外面被刚毛和腺毛，筒基部有囊凸，裂片直立，卵形，长约为筒的1/3~1/4。雄蕊生于花冠筒中部，内藏；花柱比雄蕊长，下半部有糙毛。

果 果实成熟时橙红色或鲜红色，椭圆形，长15~18mm，略叉开。

引种信息
中国科学院植物研究所北京植物园 引种7次。最早于1958年引种（登录号1958-5506）；最近一次为2016年自陕西秦岭太白山引种（登录号2016-92）；期间1990年自宁夏贺兰山引种（登录号1990-5224），存活至2002年。现已经找不到活体，有待恢复。

其他 该种在国际植物园保护联盟（BGCI）中有3个迁地保育点。国内昆明植物园、南京中山植物园和武汉植物园有栽培记录。

物候信息
野生状态 5~6月开花；8~9月果实成熟。

迁地栽培要点
喜夏季凉爽、昼夜温差较大的温带亚高山气候。要求强日照环境和排水良好的疏松肥沃土壤。播种繁殖。栽培较困难。

主要用途
花硕大，果奇特，是优良的观花观果灌木。

102 微毛忍冬

Lonicera cyanocarpa Franch., Journ. de Bot. 10: 314. 1896.

果枝

自然分布

产四川、西藏和云南。印度和尼泊尔也有。生于海拔3500～4300m的山脊、灌丛或多石草地。

迁地栽培形态特征

植株 落叶灌木，高达1m。幼嫩各部分被微糙毛。
茎 幼枝有棱，紫褐色，老枝灰黄色。冬芽长5～8mm，有1对外鳞片。
叶 叶稍革质，通常长圆形，有时椭圆形，长1～5cm，两端近圆形，顶端具微凸尖，有少数短硬毛；叶柄长2～6mm。

花 总花梗粗壮，略扁，长0.5～1.5cm；苞片宽卵形，长1～1.5cm。相邻两萼筒分离，无毛，萼檐短，萼齿不明显。花冠黄绿色，漏斗状，长1.5～2cm，近整齐，筒基部有浅囊，裂片直立，宽卵形或卵形，长5～7mm。雄蕊和花柱与花冠几等长，花柱下半部有糙毛。

果 果实蓝黑色，卵圆形，长约1cm。种子不整齐三角状长圆形，深褐色，光亮，长4～5mm。

引种信息

中国科学院植物研究所北京植物园 2012年自西藏多雄拉山采集种子，无登录号，未进行播种。

其他 该种在国际植物园保护联盟（BGCI）中有5个迁地保育点。

物候信息

野生状态 7月下旬至8月上旬开花；10下旬至11月上旬果实成熟。

迁地栽培要点

喜夏季凉爽、昼夜温差较大的高山亚高山气候。要求强日照环境和排水良好的疏松肥沃土壤。播种繁殖。栽培较困难。

主要用途

稀有植物，按照IUCN红色名录等级和标准（2001），该种可被评为近危（NT）植物，具科研价值，花果可供观赏。

枝叶　花序　果实（赖阳均 摄）

103 郁香忍冬

Lonicera fragrantissima Lindl. & Paxton, Paxton's Fl. Gard. 3: 75. 1852.

植株

自然分布

产安徽、北京、甘肃、贵州、河北、河南、湖北、湖南、江苏、江西、陕西、山东、山西、四川、台湾和浙江。朝鲜、韩国和日本也有。生于海拔200~2700m的山坡林缘和灌丛中。

迁地栽培形态特征

植株 落叶或半常绿灌木，栽培时高一般不到2m。

茎 幼枝红褐色，无毛、被短腺毛或被倒刚毛，老枝灰褐色。冬芽有1对顶端尖的外鳞片。

叶 叶厚纸质或稍革质，形态变异大，近卵圆形、椭圆形至狭披针形，长3~8.5cm，顶端渐尖、急尖至圆钝而具小凸尖，基部圆形或阔楔形，两面无毛、稍被毛至两面密被刚伏毛，叶面深绿色，背面淡绿色，侧脉纤细，有时在背面凸起，网脉纤细，在一些类型中显著；叶柄长2~5mm，有毛或无毛。

花 花生于幼枝基部苞腋，早春时先于叶或与叶同时开放，芳香，总花梗长1~15mm；苞片披针形至叶状，长7~10mm。相邻两萼筒约连合至中部或有时更靠上，长1~3mm，萼檐杯状、截形或微5裂。花冠二唇形，白色或淡粉红色，长1~1.5cm，外面无毛或有疏糙毛，筒长4~5mm，内面密生柔毛，基部有浅囊，上唇长7~8mm，裂片深达中部，下唇舌状，反卷，长8~10mm。雄蕊和花柱伸出花冠筒，花丝近等长，花柱无毛。

果 合生复果裤裆状，成熟时鲜红色，长约1cm，表面无毛或被疏毛。种子褐色，长圆状，长约3.5mm，扁，有细凹点。

引种信息

北京植物园 1992年引种（登录号1992-0026z）。目前该种在展区有多处定植，生长良好，能正常开花，但很少结果。

杭州植物园 2000年自国内引种（登录号00L00000U95-1640）。目前该种在园内有栽培，生长良好，可正常开花结果。

华南植物园 引种3次（含种下等级）。2004年自江苏南京中山植物园引种（登录号20041942、20041946）；2014年自湖北恩施引种（登录号20140414）。记载该种在珍稀濒危植物繁育中心栽培，调查时未见活体。

南京中山植物园 引种10次（包含种下等级）。1957年自苏联塔什干分院植物园引种（登录号EI87-59、EI87-167）；1958年引种（登录号EI107-425、EI107-433）；1962年自斯洛伐克引种（登录号EI170-044）；1964年自苏联引种（登录号E1068-025）；1982年、1990年引种（登录号82E6014-018、90E3030-6）；1999年自瑞士引种（登录号99E18002-2）；2014年自冰岛引种（登录号2014E-0306）。目前该种在展区有多处定植，生长良好，能正常开花，但很少结果。

上海辰山植物园 引种3次（含种下等级）。2007年自上海植物园引种（登录号20071063）；2008年自陕西宝鸡眉县营头镇大湾村太白山低山区引种（登录号20082158）；2012年自浙江农林大学引种（登录号20121501）。目前该种在园内多处有栽培，生长良好，能正常开花结果。

武汉植物园 引种10次。2004年自湖北鹤峰走马镇走马林场引种小苗（登录号20042272）；2004年自湖南石门太平镇白果村引种小苗（登录号20045430）；2004年自湖北房县桥上乡杜家川村引种小苗（登录号200445476）；2009年自重庆城口北平镇引种小苗（登录号20090095）；2009年自陕西佛坪岳坝乡大古坪村引种小苗（登录号20090532）；2009年自陕西汉中佛坪长角坝乡东河台村引种小苗（登录号20094073）；2011年自甘肃两当云屏乡引种小苗（登录号20110069）；2011年自甘肃康县阳坝镇引种小苗（登录号20110118）；2014年自陕西凤红花铺引种小苗（登录号20140256）；2014年自陕西凤县留侯镇引种小苗（登录号20140329）。

中国科学院植物研究所北京植物园 引种26次（包含种下等级）。最早于1957年引种（登录号1957-1396）；最近一次为2014年自河北青龙祖山引种（登录号2014-122）；现植物园有多次引种存活，包括1957年引种的后代（登录号1957-5581）和2001年自河南引种的后代（登录号2001-20057）。目前该种在展区有多处定植，生长良好，能正常开花，但很少结果。

其他　该种在国际植物园保护联盟（BGCI）中有132个迁地保育点。国内庐山植物园有栽培记录。

物候信息

南京中山植物园　2月上中旬开始萌芽，同时分化出花芽；3月上旬开花；果期未观测；冬季逐渐落叶，部分叶子可留存至翌年开花时仍不脱落。

上海辰山植物园　2月下旬开始萌芽，同时分化出花芽；3月下旬至4月上旬开花，同时展叶。

中国科学院植物研究所北京植物园　3月初开始萌芽，同时出现花蕾；3月下旬至4月上旬开花，花后开始展叶和新枝生长；4月下旬至5月上旬果实成熟变为红色，结果量很小；11月落叶。

迁地栽培要点

喜温暖湿润气候，也耐寒，华北地区生长良好。喜强日照环境，也耐阴，林下栽培也能生长。喜排水良好的砂质土壤，较耐旱，但不耐涝。扦插或播种繁殖，但很少结果。

主要用途

早春开花，馥郁芳香，宜丛植于庭园观赏。

郁香忍冬分布广泛，不同地理居群在一些分类性状（主要是叶形和毛被）上存在一系列的过渡变化，不同学者对这些性状变化的处理也各不相同。Rehder（1903）将其确认的郁香亚组（Subsect. *Fragrantissimiae* Rehder）分为了4个独立的物种，包括苦糖果（*Lonicera standishii* Carr.）、郁香忍冬（*Lonicera fragrantissima* Lindl. & Paxt.）、樱桃忍冬（*Lonicera phyllocarpa* Maxim.）、短尖忍冬（*Lonicera mucronata* Rehder）。徐炳声和王汉津（1988）在《中国植物志》仅承认郁香忍冬和短尖忍冬两种，而将另两种降为郁香忍冬的亚种并作了组合，即苦糖果[*Lonicera fragrantissima* subsp. *standishii* (Carr.) P. S. Hsu & H. J. Wang]和樱桃忍冬[*Lonicera fragrantissima* subsp. *phyllocarpa* (Maxim.) P. S. Hsu & H. J. Wang]。杨亲二等（2011）在*Flora of China*也承认郁香忍冬和短尖忍冬两种，但未接受苦糖果和樱桃忍冬两个亚种，而是将郁香忍冬中叶子狭长的类型（基名*Lonicera standishii* f. *lancifolia* Rehder）组合为变种苦糖果[*Lonicera fragrantissima* var. *lancifolia* (Rehder) Q. E. Yang]。值得注意的是，上述研究均未提及中国大陆以外范围的该组植物，也未提及郁香忍冬在朝鲜半岛的分布情况。实际上，中国台湾产有一种瘤基忍冬（追分忍冬*Lonicera oiwakensis* Hayata），其花果与郁香忍冬基本一致，显然也是该组植物的成员，因缺乏研究材料，在《中国植物志》被放在了紫花亚组（Subsect. *Purpurascentes* Rehder）中，在*Flora of China*更是被并入了形态差异显著并且分布区相隔甚远的小叶忍冬（*Lonicera microphylla* Willd. ex Roem. & Schult.）中，该种目前在台湾地区文献中还是接受名。此外，朝鲜半岛和日本产的对马忍冬（*Lonicera harae* Makino）也明显是该组植物的成员，其形态特征与狭义（Rehder, 1903）的郁香忍冬基本一致，目前在日本文献中已被处理为郁香忍冬的异名（http://mikawanoyasou.org/data/suikazura.htm）。再有，Rehder（1923）还发表了一种（*Lonicera purpusii* Rehder），后被认为是狭义的郁香忍冬和苦糖果之间的杂交种，该类型植物在园林上目前还有不少栽培，一般称为冬丽郁香忍冬（*Lonicera* × *purpusii* 'Winter Beauty'）。

在充分研究不同类型个体的变异规律后，我们得出以下结论：（1）上述所提及的各种类型在花果的差异十分微小，可以处理为一个广布种郁香忍冬（或复合体）；（2）该广布种下有4种类型，即樱桃忍冬、苦糖果、追分忍冬以及狭义的郁香忍冬，相互之间在枝叶形态以及地理上大致可以区分，可以处理为广义郁香忍冬的4个地理亚种，而短尖忍冬（*Lonicera mucronata* Rehder）与对马忍冬（*Lonicera harae* Makino）叶形和毛被情况与狭义的郁香忍冬基本一致，可以并入其中作为异名；（3）鉴于郁香忍冬和苦糖果应该合并为一个种，杂交种（*Lonicera* × *purpusii* Rehder）不能成立，应该并入郁香忍冬，但作为郁香忍冬经过选育后具有明显性状差异的一个栽培类型，为园林上的应用方便，应该给予独立的栽培名称，可按照栽培植物命名法改称为冬丽郁香忍冬（*Lonicera fragrantissima* 'Winter Beauty'）。综合以上信息，为方便应用，这里将郁香忍冬种下分为4个亚种和1个栽培品种，并编制了相应的检索表，提供了其中部分类型的典型识别特征图片。

郁香忍冬种下等级及常见品种检索表

1a. 小枝和叶无毛或仅背面中脉有少数刚伏毛。
  2a. 植株上花较为稀疏而整体不显著，与叶近同时开放，花黄白色，产中国（安徽、河北、河南、湖北、江西、四川和浙江）、朝鲜半岛和日本···郁香忍冬 L. fragrantissima subsp. fragrantissima
  2b. 植株上花繁密而整体明显，先叶开放，花冠黄白色常带粉红色，园艺栽培品种··冬丽郁香忍冬 L. fragrantissima 'Winter Beauty'
1b. 叶两面或至少背面中脉密被刚伏毛，有时夹杂短糙毛或短柔毛。
  3a. 叶较小，质厚，椭圆形，长2~3cm，叶面深绿色，网脉显著，两面被具瘤基的硬毛，特产中国台湾。···追分忍冬 L. fragrantissima subsp. oiwakensis
  3b. 叶较大，质薄，卵圆形至狭披针形，长度一般3cm以上，叶面绿色，网脉不显著，两面除被刚伏毛外，还常夹杂短糙毛或短柔毛。
    4a. 叶常为卵圆形至椭圆形，两面常密被长而开展的刚伏毛，叶片背面还常夹杂短柔毛；小枝也常被密而开展的刚伏毛，产安徽、北京、河北、河南、江苏、山东、山西和陕西··樱桃忍冬 L. fragrantissima subsp. phyllocarpa
    4b. 叶常为卵状披针形至狭披针形，两面常被稀疏的短糙毛，叶片背面被较密的短柔毛；小枝被较稀疏的刚伏毛或近无毛，产安徽、甘肃、贵州、河南、湖北、湖南、江西、山东、陕西、四川、云南和浙江等地··苦糖果 L. fragrantissima subsp. standishii (Lonicera fragrantissima var. lancifolia)

短尖忍冬的叶

短尖忍冬的叶

冬丽郁香忍冬的植株

樱桃忍冬的枝叶　樱桃忍冬的枝叶　樱桃忍冬的花　樱桃忍冬的果实

苦糖果的果枝（刘兴剑 摄）

苦糖果的叶　苦糖果的花　苦糖果的果实

104
单花忍冬

Lonicera subhispida Nakai, J. Coll. Sci. Imp. Univ. Tokyo xlii. 92. 1921.

自然分布

产吉林和辽宁。朝鲜和俄罗斯也有。生于海拔700~900m的林下。

迁地栽培形态特征

植株 落叶灌木，高约1m。

茎 幼枝红褐色，被糙毛或无毛；2年生小枝灰褐色。冬芽卵圆形，有数对鳞片。

叶 叶卵状长圆形至近圆形，长4~7cm，宽2.5~5cm，顶端具短尖头或尖，基部钝或近圆形，边缘具缘毛，叶面被疏糙毛，背面带粉绿色，脉上有糙毛；叶柄长3~7mm。

花 花与叶在早春同时开放，总花梗生于幼枝基部叶腋，长0.5~1.5cm，有开展疏腺毛。双花仅一朵发育，另一花连同苞片退化。苞片1枚（有时还有1枚小型退化苞片），披针形，有糙毛和腺毛。小苞片无。萼筒无毛，萼檐高0.3~0.5mm，口缘截形或波状。花冠黄色，漏斗状，长1.5~2cm，花冠筒基部有囊凸，裂片整齐，外面有微糙毛。雄蕊和花柱光滑，与花冠近等长。

果 果实鲜红色，椭圆状，长约1cm，无毛。种子扁椭圆形，长3.5~4mm。

引种信息

沈阳树木园 2018年自辽宁丹东白云山引种（登录号2018-0031）。目前该种在园内有栽培，生长良好。

中国科学院植物研究所北京植物园 引种4次。目前已无活体。

其他 该种在国际植物园保护联盟（BGCI）中有3个迁地保育点。

物候信息

沈阳树木园 4月中旬开始萌芽；4月下旬至5月上旬展叶并开花；6月中下旬果实成熟变红色；10月下旬至11月上旬开始落叶。

迁地栽培要点

适应冷凉湿润气候，耐寒，不耐夏季高温高湿。喜遮阴或半遮阴的环境。要求疏松肥沃、排水良好的土壤。

主要用途

稀有植物，按照IUCN红色名录等级和标准（2001），该种可被评为易危（VU）植物，具科研价值。花奇特，果鲜艳，可栽培供观赏。

开花植株（张粤 摄）
叶背（张粤 摄）
花（周繇 摄）
叶面（张粤 摄）
花（周繇 摄）
果实（周繇 摄）

105 北京忍冬

Lonicera elisae Franch., Nouv. Arch. Mus. Hist. Nat., sér. 2. 6: 32. 1883.

自然分布

特产中国安徽、甘肃、河北、北京、河南、湖北、宁夏、陕西、山西、四川和浙江。生于海拔500~1600m的林下或灌丛中。

迁地栽培形态特征

植株 落叶灌木，高约1.5m。植株各幼嫩部位常被短糙毛、刚毛或腺毛。

茎 幼枝纤细；老枝黄褐色，近无毛。冬芽近卵圆形，外鳞片数对，亮褐色，圆卵形。

叶 叶纸质，卵状椭圆形至椭圆状长圆形，长3~6cm，顶端急尖或渐尖，两面被短硬伏毛，背面密被绢丝状长毛和短糙毛，侧脉6~8对，在背面凸起，网脉不明显；叶柄长3~7mm。

花 花与叶在早春同时开放，总花梗生于幼枝基部芽鳞以上第一对真叶的叶腋，花期长约0.5cm（果期可伸长至3cm）；苞片宽卵形至披针形，长5~10mm。相邻两萼筒分离，常有腺毛，萼檐具不整齐钝齿。花冠长漏斗状，长1.5~2cm，外被稀疏的长纤毛，白色，上部裂片常带粉红色，筒细长，基部一侧有浅囊，裂片稍不整齐，卵圆形，长约为筒的1/3。雄蕊稍伸出花冠，花柱长于雄蕊而明显伸出，无毛或有毛。

果 果实鲜红色，椭圆状，长约1cm，疏被长而细的蛛丝状纤毛。种子黄褐色，长圆形或卵圆形，稍扁，长3.5~4mm，平滑。

引种信息

北京植物园 引种1次。2018年自吉林长白山引种。目前尚为幼苗，生长良好。

上海辰山植物园 2012年自安徽皖西学院引种（登录号20121364）。调查时未见活体。

西双版纳热带植物园 引种1次。2014年自北京植物园引种种子（登录号00,2014,0289）。该号引种记录仍存活，生长状态一般，但鉴定较为可疑，尚未经核实，暂记录于此。

中国科学院植物研究所北京植物园 引种8次。最早于1987年开始引种（登录号1987-5762），存活至今；最近一次为2016年自北京延庆玉渡山引种（登录号2016-20）。其他引种存活的还有1990年自德国交换种子（登录号1990-2539），2008年自北京怀柔引种幼苗（登录号2008-2052）以及2016年自北京密云云岫谷景区引种小苗（登录号2016-19）等。目前该种在展区有定植，生长良好，能正常开花结果，花繁盛，但结果量不大。

其他 该种在国际植物园保护联盟（BGCI）中有15个迁地保育点。国内武汉植物园曾有栽培记录。

物候信息

中国科学院植物研究所北京植物园 3月初开始萌芽，同时出现花蕾；3月上中旬开花，花后展叶和新枝生长；4月中旬果实开始由绿色变为红色；5月上旬果实成熟；11月落叶。

迁地栽培要点

喜冷凉湿润气候，耐寒，稍耐热。喜半阴或遮阴环境，林下栽培生长最好。喜排水良好的深厚肥沃土壤，不耐旱，也不耐涝。扦插或播种繁殖。

主要用途

花期早，花繁密，果实红艳，可观花观果。果实成熟后味稍甜，可食用。

106 早花忍冬

Lonicera praeflorens Batalin, Trudy Imp. S.-Peterburgsk. Bot. Sada. 12: 169. 1892.

自然分布

产黑龙江、吉林和辽宁。朝鲜、日本和俄罗斯也有。生于海拔200~600m的林下或灌丛中。

迁地栽培形态特征

植株 落叶灌木，高可达2m。植株各幼嫩部位常密被开展糙毛、短硬毛和疏腺毛。

茎 幼枝黄褐色或红褐色，老枝灰褐色。冬芽卵形，顶端尖，有数对鳞片。

叶 叶纸质，宽卵形、菱状宽卵形或卵状椭圆形，长3~7.5cm，顶端急尖或短尖，基部宽楔形至圆形，两侧不对称，两面密被绢丝状糙伏毛，背面苍白色，侧脉及网脉显著，边缘有长睫毛；叶柄长3~5mm，密被毛。

花 花先叶开放，生于当年幼枝基部叶腋，总花梗极短，常为芽鳞所覆盖，果时可长达12mm；苞片宽披针形至狭卵形，初时带红色，长5~7mm。相邻两萼筒分离，近圆形，无毛，萼檐盆状，萼齿宽卵形，不等大。花冠漏斗状，长约1cm，外面无毛，白色带淡紫色，近整齐，裂片长圆形，长6~7mm，顶端钝，比筒长2倍，反卷。雄蕊和花柱均显著伸出，花丝带紫红色，花药紫色，花柱无毛，柱头绿色。

果 果实红色，近圆球形，直径6~8mm。种子长圆形，长达4.5mm，扁而有棱，淡褐色，表面光滑。

引种信息

北京植物园 引种1次。2018年自吉林长白山引种。目前有少量种植，生长良好，已开花结果。

黑龙江省森林植物园 无引种信息。目前园内有活体栽培，生长良好，已经开花结果。

沈阳树木园 1962年自吉林长白山引种（登录号19620026）。

中国科学院植物研究所北京植物园 引种6次。最早于1986年自东北小兴安岭引种（登录号1986-5091）；最近一次为1993年自朝鲜引种（登录号1993-59），存活至2008年。现已经找不到活体，该种在北京别处现在仍有栽培，有待以后恢复。

其他 该种在国际植物园保护联盟（BGCI）中有26个迁地保育点。国内北京奥林匹克森林公园和辽宁熊岳树木园有栽培。

物候信息

北京植物园 3月初开始萌芽，同时出现花蕾；3月上中旬开花，花后展叶和新枝生长；5月上中旬果实成熟并变为红色；11月落叶。

黑龙江省森林植物园 4月中下旬开始萌芽，同时出现花蕾；4月底至5月上中旬开花，花后展叶和新枝生长；5月底至6月上中旬果实成熟并变为红色；11月落叶。

迁地栽培要点

喜冷凉湿润气候，耐寒，稍耐热。喜半阴或全日照环境。喜排水良好的深厚肥沃土壤，不耐旱，也不耐涝。扦插或播种繁殖。

主要用途

花期极早，果实红艳，可栽培观赏。

组5　蓝果组

Sect. *Caeruleae* (Rehder) Q. W. Lin

落叶灌木。冬芽叉开，有1对船形外鳞片，有时具副芽，顶芽存在。壮枝有大形叶柄间托叶。小苞片合生成坛状壳斗，完全包被2枚分离的萼筒，果熟时变肉质。花冠稍不整齐。复果蓝黑色。

1种，泛北极分布，中国既有野生也有栽培。该组植物形态多变化，不同著作对该组种类的分类处理差异很大，本书按照Rehder（1903）的处理，仅承认蓝果忍冬（*Lonicera cearulea* L.）1种，其余均作为其种下分类等级。

107
蓝果忍冬

别名： 蓝靛果

Lonicera caerulea L., Sp. Pl. 1: 174. 1753.
Lonicera caerulea var. *edulis* Turcz. ex Herder, Bull. Soc. Imp. Naturalistes Moscou 37(1): t. 3, fig. 1-2a. 1864.

自然分布

产甘肃、河北、黑龙江、吉林、辽宁、内蒙古、宁夏、青海、陕西、山西、四川、新疆和云南。泛北极地区均有分布。生于海拔2600~3500m的落叶林下或灌丛中。

迁地栽培形态特征

植株 落叶灌木，高0.5~1m。

茎 枝条髓坚实；幼枝有长、短两种硬直糙毛或刚毛，老枝棕色。冬芽叉开，长卵形，有1对船型外鳞片，顶端急尖。

叶 叶纸质，长圆形，长2~5cm，顶端急尖或钝圆，基部楔形，两面疏生短硬毛，边缘有纤毛，侧脉5~8对，纤细，在背面稍凸起；叶柄长2~3mm；叶柄间托叶有时存在，肾形并连合，长至6mm。

花 花生于幼枝基部叶腋，与叶同时开放，总花梗长2~10mm；苞片条形，长为萼筒的2~3倍。小苞片合生成一坛状壳斗，完全包被相邻两萼筒，果熟时变肉质。花冠黄白色，筒状漏斗形，稍不整齐，长1~1.3cm，外面有柔毛，基部具浅囊，筒比裂片长1.5~2倍；雄蕊的花丝上部伸出花冠外；花柱无毛，伸出。

果 复果蓝黑色，被白粉，椭圆状至长圆状，长1~2cm。

引种信息

北京植物园 引种2次（包含种下等级）。1988年自瑞典厄厄普撒拉大学植物园引种（登录号1988-0039z）；1996年自陕西秦岭太白山引种（登录号1996-0055）。目前该种有少量栽培，不耐热，生长较差。

黑龙江省森林植物园 引种信息不详。目前园内有栽培，生长良好，可正常开花结果。

银川植物园 2011年自黑龙江勃利引种。目前该种展区有栽培，生长良好，可正常开花结果。

中国科学院植物研究所北京植物园 引种90次（包含种下等级）。最早于1957年引种（登录号1957-5134）；最近一次为2015年自吉林长白山引种（登录号2015-144）。其他主要引种记录有1993年自吉林长白山引种（登录号1993-1868）；2003年自拉托维亚引种（登录号2003-2680），存活至2002年；1990年自宁夏哈纳斯自然保护区引种（登录号1990-4604）等。目前该种在木本实验地有少量栽培，不耐热，生长较差。

其他 该种在国际植物园保护联盟（BGCI）中有97个迁地保育点。

物候信息

黑龙江省森林植物园 4月初期开始萌芽，同时出现花蕾；5月上旬至5月下旬开花，同时展叶并开始新枝生长；果实7月上中旬开始成熟，并由绿色变为蓝黑色；10月底至11月落叶。

中国科学院植物研究所北京植物园 3月中旬开始萌芽，同时出现花蕾；3月底至4月初开花，同时展叶并开始新枝生长；未见结果；11月落叶。

迁地栽培要点

喜冷凉湿润的寒温带气候，较不耐热，也不耐旱。要求全日照或半阴环境和充分湿润的肥沃土壤。扦插或播种繁殖。

主要用途

蓝色浆果味道酸甜，富含氨基酸和维生素，可生食，又可提取色素，亦可酿酒、做饮料和果酱。

组 6　囊管组

Sect. *Isika* DC.

　　落叶灌木，稀常绿灌木。小苞片分离或合生，有时无。相邻两萼筒合生或分离，有时为杯状小苞所包围。花冠近整齐至二唇形，筒较短，筒基部多少一侧肿大或有明显的袋囊。花柱常有毛。果实通常红色，稀紫色半透明。

　　约36种，欧亚大陆至北美洲均有分布，中国原产约12种。中国引种栽培约11种，其中7种原产中国，4种自国外引进。该组国产种中，桠枝忍冬（*Lonicera simulatrix* Pojark.）产新疆和中亚地区，《中国植物志》和 *Flora of China* 均未记载；黏毛忍冬（*Lonicera fargesii* Franch.）产中国西部，中国科学院植物研究所北京植物园曾引种过4次，但未见活体；异叶忍冬（*Lonicera heterophylla* Decne.）产新疆天山，中国科学院植物研究所北京植物园曾引种5次，也未见活体。国外种类较多，资源丰富，值得将来加以引种，中国科学院植物研究所北京植物园就曾引种过一些种类：墨西哥忍冬（*Lonicera mexicana* Rehder），原产墨西哥，花鲜红色，极为美观，引种5次；加拿大忍冬（*Lonicera canadensis* Muhl. ex Roem. & Schult.），原产加拿大，引种19次，登录号1987-1671存活至2002年；细梗忍冬（*Lonicera gracilipes* Miq.），原产日本，引种7次；犹他忍冬（*Lonicera utahensis* S. Watson），原产美国犹他州，引种1次；波斯忍冬（*Lonicera iberica* M. Bieb.），原产中亚地区，引种18次。遗憾的是这些种类至今已无活体，未能收录。

囊管组分种检索表

1a. 叶小型，长4cm以下；花梗纤细；小苞片小或无，常不包围萼筒，稀显著；花冠黄白色或稍带紫色；子房2室；。
  2a. 花冠显著二唇形，唇瓣与花冠筒近等长；叶膜质，两面被微柔伏毛···108. **小叶忍冬** *L. microphylla*
  2b. 花冠5裂片近相等，或略不等大，但决不为唇形，比花冠筒短。
    3a. 小苞片无或者小型，长度很少达到萼筒三分之一··············109. **唐古特忍冬** *L. tangutica*
    3b. 小苞片大而显著，合生成浅杯状；苞片卵状长圆形，长为萼筒二倍；萼筒分离；叶卵圆形··110. **多枝忍冬** *L. ramosissima*
1b. 小苞片显著存在，形态各异；子房3室。
  4a. 小苞片合生成杯状或坛状壳斗，完全包被双花的相邻两萼筒，随果实生长而增大，开裂或不开裂；花冠二唇形，黄白色；植株常被硬刚毛··············111. **葱皮忍冬** *L. stephanocarpa*
  4b. 小苞片不为上述形态；植株亦不被硬刚毛。
    5a. 花冠近整齐。
      6a. 小苞片小，不增大；苞片小，不为叶状；总花梗纤细。
        7a. 小苞片分离；萼檐无下延的帽边状凸起··············112. **比利牛斯忍冬** *L. pyrenaica*
        7b. 小苞片合生；萼檐有下延的帽边状凸起。
          8a. 叶大，卵状披针形至披针形，长2～8cm；果实红色·······113. **女贞叶忍冬** *L. ligustrina*
          8b. 叶小，近圆形至长圆形，长0.4～2cm；果实透明紫色。
            9a. 叶面中脉凹陷不凸起··············113a. **亮叶忍冬** *L. ligustrina* var. *yunnanensis*
            9b. 叶面中脉明显凸起··············113b. **蕊帽忍冬** *L. ligustrina* var. *pileata*
      6b. 小苞片后期增大包围整个果实；苞片大，叶状；总花梗粗大··114. **总苞忍冬** *L. involucrata*
    5b. 花冠显著二唇形。
      10a. 小苞片2对，分离；冬芽有3对以上外芽鳞；叶两面被长糙毛和疏腺毛。
        11a. 双花的相邻两萼筒合生；花冠淡黄色或绿黄色，带紫褐色·····115. **高山忍冬** *L. alpigena*
        11b. 双花的相邻两萼筒分离；花冠紫红色或绛红色··············116. **华西忍冬** *L. webbiana*
      10b. 小苞片合生成杯状；冬芽有2对外芽鳞；叶两面被疏毛、短腺毛或无毛。
        12a. 双花的相邻两萼筒合生；幼枝散生腺毛或无毛；叶倒卵形至椭圆状长圆形，长显著大于宽；叶柄显著短于叶片··············117. **倒卵叶忍冬** *L. hemsleyana*
        12b. 双花的相邻两萼筒分离；幼枝被短腺毛；叶三角状宽卵形至菱状宽卵形，长宽近相等；叶柄与叶片近等长··············118. **丁香叶忍冬** *L. oblata*

108 小叶忍冬

Lonicera microphylla Willd. ex Roem. & Schult., Syst. Veg. 5: 258. 1819.

自然分布

产甘肃、河北、内蒙古、宁夏、青海、山西、新疆和西藏。阿富汗、印度、哈萨克斯坦、吉尔吉斯斯坦、蒙古、巴基斯坦和俄罗斯也有。生于海拔1100~4100m的多石山坡、草地、灌丛、疏林或林缘。

迁地栽培形态特征

植株 落叶灌木，高1~2m。

茎 枝条具坚实髓。幼枝纤细，侧枝极短，近无毛，老枝灰白色。冬芽具3~6对鳞片，顶端圆或尖。

叶 叶纸质，倒卵形至长圆形，长0.5~2.2cm，宽0.5~1.3cm，顶端钝圆或急尖，有时圆形至截形而具小凸尖，基部楔形，边缘具缘毛，两面常被微柔伏毛或近无毛，背面常带灰白色，下半部脉腋常有趾蹼状鳞腺；叶柄长1~2mm。

花 总花梗成对生于幼枝下部叶腋，长0.5~1.2cm，稍弯曲或下垂；苞片钻形，长超过萼檐；无小苞片。相邻两萼筒近全部合生，无毛，萼檐浅环状或波状。花冠二唇形，长7~15mm，黄色或白色，有时带粉红色，筒长7~10mm，外面疏生短糙毛或无毛，基部一侧具囊凸，裂片长3~7mm，上唇直立，长圆形，下唇反卷。雄蕊生于花冠裂片基部，与花柱均伸出，花丝和花柱有开展糙毛或无毛。子房3室，每室4~5胚珠。

果 果实红色或橙黄色，圆球形，直径5~6mm。种子淡黄褐色，光滑，长圆形或卵状椭圆形，长2.5~3mm。

引种信息

银川植物园 自宁夏贺兰山引种，无详细引种信息。

中国科学院植物研究所北京植物园 引种33次。最早于1956年引种（登录号1956-3551）；最近一次为2010年自德国引种（登录号2010-489）；期间1987年自甘肃岩昌岷江林场引种（登录号1987-5971）的种苗存活至2008年。现已经找不到活体。

其他 该种在国际植物园保护联盟（BGCI）中有38个迁地保育点。国内黑龙江省森林植物园有栽培记录。

物候信息

野生状态（贺兰山） 5月开花；6月下旬果实变为红色；8月果实成熟。

迁地栽培要点

适应昼夜温差大的大陆性温带山地气候，耐寒、耐旱，但不耐热，也不耐涝。要求全日照环境和排水良好的砂质土壤。扦插或播种繁殖。

主要用途

叶子小而繁密，开花多，秀丽可爱，果实红艳，可栽培观赏。

109 唐古特忍冬

别名： 毛药忍冬

Lonicera tangutica Maxim., Bull. Acad. Imp. Sci. Saint-Petersbourg 24 (1): 48. 1878.
Lonicera serreana Hand.-Mazz., Oesterr. Bot. Z. 83: 234. 1934.

自然分布

产安徽、甘肃、贵州、河北、河南、湖北、湖南、宁夏、青海、陕西、山西、四川、台湾、西藏和云南。不丹、印度和尼泊尔也有。生于海拔800~4500m的林下、草地、溪边或山坡灌丛。

迁地栽培形态特征

植株 落叶小灌木，高达1.5m。

茎 枝条具坚实髓。幼枝纤细，侧枝常节间短。冬芽具2~4对鳞片。

叶 叶质薄，倒卵形至披针形，长2~4cm，顶端钝或急尖，基部楔形，边缘常具睫毛，两面无毛或被柔毛，背面常带灰白色，侧脉和网脉纤细，在背面明显，下半部脉腋常有趾蹼状鳞腺；叶柄长1~2mm。

花 花序生于幼枝下部叶腋；总花梗细长，下垂，长1.5~3cm；苞片狭窄，通常长于萼筒；小苞片有时存在，分离或合生，极小或长至萼筒的1/4。相邻两花的萼筒2/3以上至全部合生，椭圆形至长圆形，长约2mm，常无毛；萼檐杯状，长至2mm，截形或具卵形至三角形裂片。花冠筒状漏斗形至半钟状，长8~12mm，黄色、白色或带粉红色，筒部外面无毛，里面常被长柔毛，基部一侧具浅囊，裂片5，直立，圆卵形。雄蕊5，生于花冠筒中部，花药达花冠裂片基部至稍伸出花冠之外；花柱伸出花冠之外。

果 果实橙红色至鲜红色，直径5~6mm。种子褐色，卵圆状或长圆状，长2~2.5mm，光滑。

引种信息

昆明植物园 2003年自云南香格里拉引种。目前该种在濒危植物区、岩石园有栽培，生长一般。

银川植物园 2010年自宁夏六盘山引种。目前该种展区有栽培，生长良好，可正常开花结果。

上海辰山植物园 2007年自河南南阳内乡宝天曼化石尖景区引种（登录号20071346）；2008年自陕西户县涝峪乡东河朱雀森林公园引种（登录号20081934）。调查时未见该种活体。

武汉植物园 引种4次。2004年自陕西太白黄柏塬引种小苗（登录号20047597）；2010年自四川峨眉山洪雅七里坪镇黑林村引种小苗（登录号20100269）；2010年自四川雅安天全两路乡老川藏公路引种小苗（登录号20100380）；2014年自陕西太白黄柏塬引种小苗（登录号20140219）。目前园内未见活植物。

中国科学院植物研究所北京植物园 引种16次。最早于1958年开始引种（登录号1958-2181）；最近一次为2016年自陕西秦岭太白山引种（登录号2016-29）；现植物园定植存活的为1990年自陕西秦岭引种（登录号1990-5445）。目前展区定植的该种已经死亡，但木本实验地仍有该种，长势较弱，但仍能正常开花结果。

其他 该种在国际植物园保护联盟（BGCI）中有20个迁地保育点。

物候信息

中国科学院植物研究所北京植物园　3月中下旬开始萌芽；4月上旬展叶，随后进行新枝生长；5月开始出现花蕾；6月上旬开花；未见结果；11月落叶。

迁地栽培要点

适应温暖湿润、昼夜温差大的温带或亚热带山地气候，耐寒、耐旱，稍耐热，不耐涝。要求半阴环境和排水良好的砂质土壤。扦插或播种繁殖。

主要用途

叶子小而繁密，开花多，秀丽可爱，果实红艳，可栽培观赏。

110 多枝忍冬

Lonicera ramosissima Franch. & Sav. ex Maxim., Bull. Acad. Imp. Sci. Saint-Pétersbourg 24: 47 1878.

植株

自然分布

原产日本本州和四国。生于海拔600~1750m的灌丛或林下，常生于石灰岩山坡。

迁地栽培形态特征

植株 落叶丛生灌木，高可达2m。

茎 枝条具坚实髓。分枝多，幼枝纤细，黄绿色或红褐色，无毛。冬芽小，具数对鳞片。

叶 叶质薄，椭圆形至卵圆形，长1~2cm，顶端钝圆或急尖，基部近圆形，两面被柔毛，侧脉纤细，在叶面凹下，在背面凸起，网脉在背面稍明显；叶柄长2~3mm。

花 花序生于当年生枝条上部叶腋；总花梗细长，下垂，长1~2cm，被短柔毛；苞片卵状长圆形，为分离萼筒长度的两倍长，常宿存至果实成熟；小苞片大，合生成一个具裂片的壳斗，与萼筒近等高。相邻两花的萼筒分离，椭圆形，长约2mm。花冠细长，筒状漏斗形，长12~16mm，黄白色，筒部外面被开展的长细丝状腺毛，里面常被长柔毛，基部一侧具浅囊，裂片5，直立，圆卵形，长约为筒部的1/4。雄蕊5，花药达花冠裂片基部；花柱稍伸出花冠之外。

果 果实成熟时鲜红色，圆球形，直径5~6mm，基部小苞片合生而成的壳斗圆盘状，成熟时亦为鲜红色。

引种信息

中国科学院植物研究所北京植物园 引种11次。最早于1959年自瑞典引种（登录号1959-502）；最近一次为2003年自德国引种（登录号2003-1350），至2011年时仍然存活。目前该种可能仍有活体。

其他 该种在国际植物园保护联盟（BGCI）中有13个迁地保育点。国内杭州植物园和南京中山植物园有栽培记录。

物候信息

原产地 4月中下旬开花；6月果实成熟。

迁地栽培要点

适应冷凉湿润的寒温带气候，不耐夏季高温高湿。要求半阴环境和排水良好的深厚肥沃土壤。扦插或播种繁殖。

主要用途

稀有植物，目前主要是植物园为迁地保育而引种栽培。花果美丽，可栽培观赏。

叶背

叶面

111 葱皮忍冬

Lonicera ferdinandi Franch., Nouv. Arch. Mus. Hist. Nat., sér. 2. 6: 31. 1883.

植株

树皮

自然分布

产甘肃、河北、河南、黑龙江、辽宁、内蒙古、宁夏、青海、陕西、山西、四川和云南。朝鲜北部也有。生于海拔200~2000m的向阳山坡林中或林缘灌丛中。

迁地栽培形态特征

植株 落叶灌木，高可达3m。

茎 老茎茎皮常呈长条状剥落。幼枝粗壮，红褐色，常具刺刚毛和腺毛，老枝粗糙。壮枝具盘状叶柄间托叶。冬芽叉开，具2枚舟形外鳞片。

🍃 叶 叶厚纸质，卵形至长圆状披针形，长3~10cm，顶端尖，基部圆形至截形，边缘有睫毛，通常两面疏生刚伏毛或叶面近无毛，稀背面生毡毛，叶面有时因侧脉和网脉凹下而极为皱褶不平；叶柄极短。

🌸 花 花序生于当年生枝条上部及顶端叶腋，总花梗极短；苞片大，叶状，披针形至卵形；小苞片合生成坛状壳斗，完全包被相邻两萼筒，宿存而随果实发育而增大，外面密生糙毛，内面有贴生长柔毛；萼齿三角形。花冠显著二唇形，长1.5~2cm，白色后变淡黄色，外面生柔毛并杂有腺毛或倒生小刺刚毛，内面有长柔毛，筒比唇瓣稍长或近等长，基部一侧肿大，上唇浅4裂，下唇细长反曲。雄蕊和花柱伸出花冠，花柱上部有柔毛。

🍒 果 果实红色，卵圆形，长可达1cm，外面包以撕裂的壳斗，各内含2~7颗种子。种子扁平，椭圆形，长6~7mm，密生锈色小凹孔。

引种信息

北京植物园 1991年自吉林长春引种（登录号1991-0005z）。目前该种在展区有多处定植，生长良好，能正常开花结果。

黑龙江省森林植物园 引种信息不详。目前该种在展区有栽培，生长良好，可正常开花结果。

银川植物园 2008年自宁夏六盘山引种。目前该种展区有栽培，生长良好，花果繁茂。

上海辰山植物园 2007年自陕西太白鹦鸽镇汶家村引种（登录号20071382）；2007年自上海植物园引种（登录号20071083）。目前该种在园内有栽培，生长良好。

沈阳树木园 1962年自辽宁沈阳园林科学研究所引种（登录号19620023）。

西双版纳热带植物园 引种1次。2008年自加拿大引种种子（登录号41,2008,0009）。未见活体。

中国科学院植物研究所北京植物园 引种54次。最早于1952年引种（登录号1952-409）；最近一次为2011年自拉脱维亚引种（登录号2011-597）；现植物园有多次引种存活，包括1981年自美国引种的后代（登录号1981-4372）和2003年自波兰引种的后代（登录号2003-1408）。目前该种在展区有多处定植，生长良好，能正常开花结果。

其他 该种在国际植物园保护联盟（BGCI）中有48个迁地保育点。国内吐鲁番沙漠植物园、西安植物园和武汉植物园有栽培记录。

物候信息

黑龙江省森林植物园 4月中旬开始萌芽；4月下旬展叶；5月上旬出现花蕾；5月下旬至6月下旬开花；9~10月果实成熟；10月中下旬落叶。

沈阳树木园 4月初开始萌芽；4月中旬展叶；4月下旬出现花蕾；5月中下旬开花；9~10月果实成熟；10月下旬落叶。

中国科学院植物研究所北京植物园 3月中旬开始萌芽；3月底至4月初展叶；4月中旬开始出现花蕾；4月下旬至5月上旬开花；10月果实成熟，常不开裂就变干，有时可开裂露出红色果实，果实干后可留存至翌年春季；11月落叶。

迁地栽培要点

性强健，耐寒，耐寒，气候适应性较广泛，中国东北、华北和西北地区均可栽培。要求全日照或半阴环境和排水良好的深厚土壤。扦插或播种繁殖。

主要用途

株型高大强壮，干皮层层不规则剥落，花果繁密，是优良的观干、观花和观果灌木。

中国迁地栽培植物志·忍冬科（狭义）·忍冬属

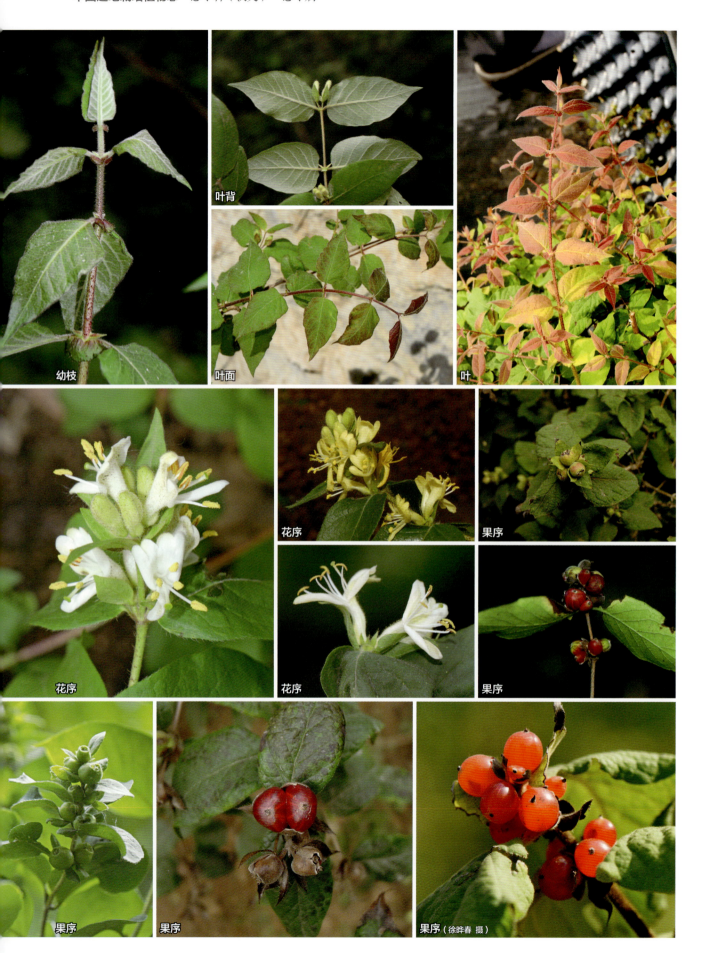

果序（徐晔春 摄）

112
比利牛斯忍冬

Lonicera pyrenaica L., Sp. Pl. 1: 174. 1753.

自然分布

原产欧洲法国与西班牙交界处的比利牛斯山脉东部以及西班牙的巴利阿里群岛。生于海拔1600~1900m的石灰岩山地多石灌丛中。

迁地栽培形态特征

植株 落叶丛生多分枝小灌木，高不到1m。

茎 幼枝纤细，紫红色，无毛；老枝质脆，灰白色。顶生冬芽存在。

叶 叶近革质，长圆形至狭倒卵形，长3~5cm，顶端急尖或钝，基部渐狭，两面近光滑无毛，稍被白粉，叶面绿色，背面灰绿色，侧脉和网脉纤细，不显著；叶柄极短。

花 花序生于幼枝中部或上部叶腋，有时候生于枝条顶端；总花梗纤细，倾斜或下垂，长0.5~2cm。苞片大，叶状，长圆形，远长于萼筒。小苞片完全分离，狭披针形，顶端急尖。相邻两花的萼筒离生，椭圆形，长约2mm，无毛；萼齿小，狭三角形。花冠近钟状，长8~12mm，芳香，白色，裂片顶端稍带粉红色，筒部外面无毛，基部一侧具浅囊，冠檐开阔，裂片5，平展，圆卵形。雄蕊5，无毛，显著伸出花冠之外；花柱伸出花冠之外，基部有毛，柱头头状，绿色。子房3室。

果 果实鲜红色，圆球形，直径5~6mm。

引种信息

中国科学院植物研究所北京植物园 引种15次。最早于1984年自挪威引种（登录号1984-228）；最近一次为2007年自法国引种（登录号2007-127）；期间植物园引种存活的有1981年余树勋带回的种子后代（登录号1981-4431），存活至2002年。目前已无该种活体，有待日后恢复。

其他 该种在国际植物园保护联盟（BGCI）中有34个迁地保育点。

物候信息

英国邱园 5月下旬至6月上旬开花。

迁地栽培要点

喜夏季凉爽的气候，耐寒，但不耐夏季高温高湿。要求全日照或半阴环境和排水良好的砂质土壤。扦插或播种繁殖。

主要用途

枝叶秀丽，开花繁密，适合栽培于岩石园观赏。

中国迁地栽培植物志·忍冬科（狭义）·忍冬属

植株（徐晔春 摄）

枝叶（徐晔春 摄）

花序（徐晔春 摄）

花序（徐晔春 摄）

113 女贞叶忍冬

Lonicera ligustrina Wall., Fl. Ind. (Carey & Wallich ed.) 2: 179. 1824.

自然分布
产广西、贵州、湖北、湖南、四川和云南。不丹、印度和尼泊尔也有。生于海拔1000~2000m的灌丛或常绿阔叶林中。

迁地栽培形态特征
植株 常绿灌木，高0.4~1.5m。
茎 幼枝被灰黄色卷曲短糙毛，后变灰褐色。冬芽有数对鳞片，鳞片顶端急尖。
叶 叶近革质，披针形或卵状披针形，长4~8cm，宽0.5~1.5cm，顶端渐尖，基部楔形，叶面光亮，无毛或有少数微糙毛。
花 栽培者未见开花。
果 栽培者未见结果。

引种信息
华南植物园 2003年引种（登录号20033027）；2014年自湖北恩施引种（登录号20140418、20140586）。目前该种在珍稀濒危植物繁育中心有栽培，生长良好，可正常开花结果。

上海辰山植物园 2008年自湖北恩施咸丰丁寨乡黄泥塘村三角岩（登录号20082146）。目前该种在苗圃有栽培，生长一般。

中国科学院植物研究所北京植物园 引种14次。德国（登录号1991-4301）、陈伟烈送来（登录号1991-5155）等。目前已经没有栽培。

其他 该种在国际植物园保护联盟（BGCI）中有8个迁地保育点。国内福州植物园和武汉植物园有栽培记录。

物候信息
野生状态 4~6月开花；9~10月果实成熟。

迁地栽培要点
喜温暖湿润的亚热带山地气候，不耐寒，亦不耐旱。要求半阴环境和排水良好的肥沃酸性土壤。扦插或播种繁殖。

主要用途
开花繁密，果实别致，可栽培观赏。

中国迁地栽培植物志·忍冬科（狭义）·忍冬属

113a
亮叶忍冬

Lonicera ligustrina Wall. var. *yunnanensis* Franch., J. Bot. (Morot). 10: 317. 1896.

自然分布
特产中国甘肃、陕西、四川和云南。生于海拔1600~3000m的山谷林中或灌丛。

迁地栽培形态特征
植株 常绿或半常绿灌木，高0.4~1.5m。匍枝亮叶忍冬（*Lonicera ligustrina* var. *yunnanensis* 'Maygreen Maigrun'），植株低矮，分枝匍匐状。

茎 幼枝被灰黄色卷曲短糙毛，后变灰褐色。冬芽有数对鳞片，鳞片顶端急尖。

叶 叶近革质，近圆形至宽卵形，长0.4~1cm，宽0.2~0.5cm，顶端渐尖而具钝头或尖头，很少圆头，基部圆形或楔形，叶面光亮，无毛或有少数微糙毛，中脉平整或下陷。根据叶子形状及颜色变化，可区分一些品种，常见的有：巴格森金亮叶忍冬（*Lonicera ligustrina* var. *yunnanensis* 'Baggesen's Gold'），叶倒卵形，上半部及边缘黄色至白色；柠檬丽人亮叶忍冬（*Lonicera ligustrina* var. *yunnanensis* 'Lemon Beauty'），叶长圆形，具黄色或白色宽边，中部不规则绿色斑块约占1/3；银色丽人亮叶忍冬（*Lonicera ligustrina* var. *yunnanensis* 'Silver Beauty'），叶长圆形，具银白色窄边，中部不规则绿色斑块占据大部分。

花 总花梗成对生于幼枝中下部叶腋，极短，被短毛。苞片披针形，长1.5~7mm。小苞片合生成杯状，包围子房，外面有疏腺毛，顶端为由萼檐下延而成的帽边状凸起所覆盖。相邻两萼筒分离，萼齿大小不等，卵形，顶端钝，有缘毛和腺毛。花冠绿黄色或白色，稀紫红色，漏斗状，长4~7mm，筒外面密生红褐色短腺毛，基部有浅囊肿，内面有长柔毛，裂片稍不相等，卵形，顶端钝，长1~2mm；花丝伸出。花柱伸出，基部被长柔毛，柱头头状，半圆形。

果 果实蓝紫色、紫色、紫红色、红色或白色，稍透明，圆球形，直径3~4mm。种子卵圆形或近圆球形，长2~3mm，淡褐色，光滑。

引种信息
北京植物园 无引种信息。目前有少量栽培，生长一般，很少开花。

华南植物园 引种4次（含品种）。2008年引种（登录号20085520）；2009年自上海奉贤帮业锦绣树木种苗服务社引种（登录号20090387）；2017年自四川宝兴蜂桶寨锅巴岩大分水引种（登录号20171801）；2018年自网络购买（登录号20181539）。目前该种在珍稀濒危植物繁育中心和高山极地室有栽培，生长一般，未见开花结果。

昆明植物园 引种信息不详。展区有栽培，生长良好，可正常开花。

上海辰山植物园 引种6次（含品种）。2007年自上海植物园引种（登录号20071080）；2007年自陕西宁强五丁关镇引种（登录号20071466）；2008年自荷兰引种（登录号20080424、20080426、20080427、20080428）。目前该种在展区各处有栽培，生长良好，可正常开花，但很少结果。

中国科学院植物研究所北京植物园 引种11次。最早于1951年开始引种（登录号1957-1400）；最近一次为2005年自丹麦引种（登录号2005-624）。该种在北京地区生长较差，露天越冬有困难，只在大棚内才容易存活，目前已无活体。

其他 该种在国际植物园保护联盟（BGCI）中有66个迁地保育点。国内赣南树木园、南京中山植物园和浙江农林大学植物园有栽培记录。

物候信息

北京植物园 3月初开始萌芽；3月中下旬开始展叶和新枝生长；4月上旬出现花蕾；4月下旬开花；未见结果；冬季叶子干枯后不脱落。

昆明植物园 4～5月开花；未见结果；常绿。

上海辰山植物园 4月下旬开花；9月中旬果实成熟并变为蓝紫色；半常绿。

迁地栽培要点

性强健，气候适应性较广泛，自秦岭北坡以南地区均可露地越冬，华北地区稍加庇护也可成活。要求全日照或半阴环境和排水良好的深厚土壤，土壤质地要求不严。扦插繁殖为主，也可播种繁殖，但很少结果。

主要用途

枝叶繁密，叶色因品种而异，适合片植观赏，还可修剪为绿篱或相应形状。

06c 匍枝亮叶忍冬 *Lonicera ligustrina* var. *yunnanensis* 'Maygreen Maigrun'

06d 巴格森金亮叶忍冬 *Lonicera ligustrina* var. *yunnanensis* 'Baggesen's Gold'

06e　柠檬丽人亮叶忍冬 Lonicera ligustrina var. yunnanensis 'Lemon Beauty'

06f　银色丽人亮叶忍冬 Lonicera ligustrina var. yunnanensis 'Silver Beauty'

113b
蕊帽忍冬

Lonicera ligustrina Wall. var. *pileata* (Oliv.) Franch., J. Bot. (Morot). 10: 317. 1896.

植株

自然分布

特产中国广东、广西、贵州、湖北、湖南、陕西、四川和云南。生于海拔300~2200m的灌丛、常绿阔叶林下、水边沙质山坡或疏林中湿润处。

迁地栽培形态特征

植株 常绿或半常绿灌木，高0.5~2.5m。

茎 幼枝被灰黄色卷曲短糙毛，后变灰褐色。冬芽具数对鳞片，鳞片顶端急尖。

叶 叶薄革质，叶形变化大，圆卵形至披针形，长0.4~8cm，宽0.2~2cm，顶端渐尖而具钝头或尖头，基部楔形或圆形，叶面有光泽，无毛或被疏毛，中脉在叶面明显凸出。

花 总花梗成对生于幼枝中下部叶腋，极短，被短毛；苞片披针形，长1.5~7mm；小苞片合生成杯状壳斗，包围整个萼筒，外面有疏腺毛，顶端为由萼檐下延而成的帽边状凸起所覆盖。相邻两萼筒分离，萼齿大小不等，卵形，顶端钝，有缘毛和腺毛。花冠绿黄色或白色，稀紫红色，漏斗状，长4~10mm，筒外面有短柔毛和腺毛，基部有浅囊肿，内面有长柔毛，裂片稍不相等，卵形，顶端钝，长1~2mm；雄蕊5，花丝伸出。花柱伸出，基部被长柔毛，柱头头状，半圆形。

果 果实透明蓝紫色或白色，圆球形，直径7~8mm。种子卵圆形或近圆球形，长2.5~3mm，淡褐色，光滑。

引种信息

北京植物园 引种1次。2001年自荷兰引种（登录号2001-1278）。未见活体。

华南植物园 引种4次。2010年自湖北十堰西沟镇五条岭村引种（登录号20103076）；2014年自湖北恩施引种（登录号20140206）；2019年自湖北五峰后河自然保护区引种（登录号20191332、20191353）。目前该种在珍稀濒危植物繁育中心和高山极地室有栽培，生长良好，尚未开花结果。

上海辰山植物园 引种2次（含品种）。2006年自湖南桑植引种（登录号20060203）；2007年自美国引种（登录号20070839）。目前该种在园内有栽培，生长良好，能正常开花结果。

武汉植物园 引种6次。2003年自湖北利川毛坝镇茶塘村七组生漆界引种小苗（登录号20032041）；2004年自湖北鹤峰走马镇宜山村5组大洪洞引种小苗（登录号20045367）；2004年自湖北利川毛坝镇联合村大堰湾引种小苗（登录号20040004）；2009年自湖北兴山南阳镇猴子仓组引种小苗（登录号20090186）；2009年自陕西佛坪大熊猫自然保护区凉风垭站下草坪引种小苗（登录号20090364）；2013年自贵州独山兔场镇紫林山森林公园引种小苗（登录号20134122）。

西双版纳热带植物园 引种2次。2007年自云南景洪关坪景纳坝引种小苗（登录号00,2007,0703）；2007年自云南景洪松山岭引种小苗（登录号00,2007,0271）。未见活体。

中国科学院植物研究所北京植物园 引种30次。最早于1953年开始引种（登录号1953-1603）；最近一次为2010年自四川泸州古蔺黄荆桂花乡引种（登录号2010-1843），存活至今。该种在温室盆栽保存，生长良好，可正常开花，未见结果。

其他 该种在国际植物园保护联盟（BGCI）中有90个迁地保育点。国内福州植物园和南京中山植物园有栽培记录。

物候信息

中国科学院植物研究所北京植物园 3月上旬开花（温室栽培）或4月中旬开花（低温温室栽培）；未见结果；常绿。

迁地栽培要点

喜温暖湿润，较亮叶忍冬不耐寒，气候适应范围也较窄。华北地区可在温室盆栽，生长良好，较耐阴。要求排水良好的肥沃土壤。扦插繁殖为主。

主要用途

果实蓝色透明，较为奇特，适合室内盆栽或制作成盆景观赏。

114
总苞忍冬

Lonicera involucrata (Richardson) Banks ex Spreng., Syst. Veg., ed. 16 [Sprengel] 1: 759. 1824.

自然分布
原产加拿大、美国和墨西哥。生于海拔2900m以下的山地林下、灌丛、河岸、沼泽地和海边沙地。

迁地栽培形态特征
植株 落叶灌木，高0.5~5m。
茎 幼枝稍四棱形，带紫红色，近无毛。冬芽大，有数对鳞片，鳞片顶端尖。
叶 叶纸质，卵形、椭圆形至倒卵形，长3~16cm，宽2~8cm，顶端急尖或渐尖，基部稍不对称，楔形至圆形，幼时背面稍被腺毛，边缘有缘毛；叶柄长2~10mm。
花 总花梗生于幼枝叶腋，粗壮，长1~3cm，顶部增粗，并常为紫红色。苞片叶状，卵形或椭圆形，被腺毛。小苞片合生，包围萼筒，近肾形，中间具凹缺，被腺毛，初时黄绿色或带紫红色，后期增大并变深紫褐色，包围整个果实。相邻两萼筒分离，有腺毛。萼齿小，不显著。花冠黄色，常带橙红色，圆柱状或狭钟状，近整齐，长1~2cm，外面密被腺毛，筒基部一侧具囊凸，裂片5，近等大，小而直立。雄蕊和花柱稍伸出。
果 果实成熟时黑色，圆球形或卵球形，直径0.6~1.2cm。种子小而多数。

引种信息
北京植物园 引种1次。2001年自英国威斯利花园引种（登录号2001-1812）。现已经找不到活体。
中国科学院植物研究所北京植物园 引种60次。最早于1952年引种（登录号1952-2849）；最近一次为2008年自德国引种（登录号2008-618）；期间2001年自加拿大的引种（登录号2001-662）曾有播种存活记录。现已经找不到活体。
其他 该种在国际植物园保护联盟（BGCI）中有92个迁地保育点。国内杭州植物园早年有栽培记录。

物候信息
英国栽培 5~6月开花；8~9月果实成熟。

迁地栽培要点
适应冷凉湿润的寒温带气候，不耐夏季高温高湿。耐全日照，但更喜遮阴环境。喜湿润土壤，耐瘠薄和短时间水涝，稍耐旱。播种繁殖，需要沙藏。扦插繁殖春夏季均可进行。根据需要进行修剪。注意病虫害防治。

主要用途
花果奇特，是美丽的观花和观果灌木。耐空气污染。果实可招鸟，亦可食用。

植株（徐晔春 摄） 花序（徐晔春 摄） 花枝（Kirill Tkachenko 摄） 花序（徐晔春 摄） 果实（Kirill Tkachenko 摄）

115 高山忍冬

Lonicera alpigena L., Sp. Pl. 1: 174 .1753.

自然分布

原产欧洲中部和南部。生山地灌丛或林下，常生于石灰岩地区。

迁地栽培形态特征

植株 落叶灌木，高1~2m，近无毛。

茎 幼枝近无毛，具坚实髓。冬芽外鳞片2~5对，鳞片顶端突尖，内鳞片可增大或扩大，有时反曲。

叶 叶纸质，长圆状倒卵形至椭圆形，长4~11cm，宽2~6cm，顶端渐尖或长渐尖，基部楔形至微心形，叶面暗绿色，有光泽，两面被糙毛和疏腺毛，边缘有睫毛，常不规则波状起伏，有时浅圆裂；叶柄长20~35mm。

花 总花梗生于幼枝下部叶腋，长2.5~6cm，顶端常增粗。苞片线形，长于萼筒，卵状披针形，长达15mm。小苞片小而分离，卵圆形，卵形至长圆形，长1mm以下，具缘毛。相邻两萼筒合生，无毛或有腺毛；萼齿微小，卵形至圆形，顶钝、波状或尖。花冠淡黄色或绿黄色，带紫褐色，长1~2cm，二唇形，外面无毛或稍被腺毛，筒极短，基部较细，具显著囊凸，向上突然扩张，上唇直立，具圆裂，下唇反卷。雄蕊长约等于花冠，花丝和花柱下半部有柔毛或无毛。

果 果实红色，圆球形，直径约1cm。种子椭圆形，长5~6mm，有细凹点。

引种信息

中国科学院植物研究所北京植物园 引种44次。最早于1956年引种（登录号1956-867）；最近一次为2009年自捷克引种（登录号2009-465）；期间存活的有2013年自法国引种（登录号2003-2118），存活至2008年。现已经找不到活体。

其他 该种在国际植物园保护联盟（BGCI）中有88个迁地保育点。

物候信息

野生状态 6月上中旬开花；8~9月果实成熟。

迁地栽培要点

喜冷凉湿润的高山亚高山气候，不耐夏季高温高湿。要求半阴环境和排水良好的肥沃深厚土壤。栽培较为困难。播种繁殖。

主要用途

花红艳繁密，是优良的观花灌木。

116 华西忍冬

Lonicera webbiana Wall. ex DC., Prodr. 4: 336. 1830.

自然分布

产甘肃、湖北、江西、宁夏、青海、陕西、山西、四川、西藏和云南。阿富汗、不丹和克什米尔地区也有。生于海拔1800~4000m的针阔混交林、灌丛或草坡。

迁地栽培形态特征

植株 落叶灌木，高1~4m。

茎 幼枝常秃净或散生红色腺毛，老枝具深色圆形小凸起。冬芽外鳞片2~5对，鳞片顶端突尖，内鳞片可增大或扩大，有时反曲。

叶 叶纸质，倒卵形、卵状椭圆形至卵状披针形，长4~18cm，宽2~6cm，顶端渐尖或长渐尖，基部楔形至微心形，两面被糙毛和疏腺毛，边缘有睫毛，常不规则波状起伏，有时浅圆裂；叶柄长3~20mm。

花 总花梗生于幼枝下部叶腋，长2.5~6cm，顶端常增粗。苞片线状钻形，长达10mm，有时小，有时叶状，卵状披针形，长达15mm。小苞片小而分离，卵形至长圆形，长1mm以下，具缘毛。相邻两萼筒分离，无毛或有腺毛；萼齿微小，卵形至圆形，顶钝、波状或尖。花冠紫红色或绛红色，长1~1.5cm，二唇形，外面被疏短柔毛和腺毛或无毛，筒极短，基部较细，具囊凸，向上突然扩张，上唇直立，具圆裂，下唇反卷。雄蕊长约等于花冠，花丝和花柱下半部有柔毛或无毛。

果 果实红色或黑色，圆球形，直径约1cm。种子椭圆形，长5~6mm，有细凹点。

引种信息

上海辰山植物园 2007年自陕西宝鸡眉县营头镇太白山大殿引种（登录号20071525）。调查时未见该种活体。

中国科学院植物研究所北京植物园 引种31次。最早于1960年开始引种（登录号1960-2662）；最近一次为2011年自德国引种（登录号2011-501）；期间存活时间较长的为1991年自德国引种（登录号1991-2326）以及同年自波兰引种（登录号1991-4110），均存活至2008年。目前该种已找不到活体，从过去栽培记录看，该种能适应北京气候，有待日后引种恢复。

其他 该种在国际植物园保护联盟（BGCI）中有21个迁地保育点。国内杭州植物园、庐山植物园和南京中山植物园早年有栽培记录。

物候信息

野生状态 5月下旬至6月上中旬开花；8~9月果实成熟。

迁地栽培要点

喜冷凉湿润的高山亚高山气候，不耐夏季高温高湿。要求半阴环境和排水良好的肥沃深厚土壤。

栽培较为困难。播种繁殖。

主要用途

花红艳繁密，是优良的观花灌木。

117
倒卵叶忍冬

Lonicera hemsleyana (O. Ktze.) Rehder, Rep. (Annual) Missouri Bot. Gard. 14. 112. 1903.

自然分布

特产中国安徽、江西和浙江。生于海拔900～1500m的溪涧杂木林或山坡灌丛中。

迁地栽培形态特征

植株 落叶灌木，高达3m。植株幼嫩部分初时散生腺毛，后变无毛。

茎 幼枝粗壮，幼时绿色，后变黄褐色，有叶2～4对；2年生老枝灰褐色。冬芽鳞片多数，覆瓦状排列，卵形，顶钝。

叶 叶纸质，倒卵形、倒卵状长圆形至椭圆状长圆形，长6～12cm，宽3～5cm，顶端急尾尖，基部宽楔形、圆形或有时截形，背面或仅中脉疏生硬毛，边缘有长睫毛；叶柄长6～20mm。

花 总花梗生于幼枝基部叶腋，长5～23mm，顶端稍增粗。苞片钻形，长3～5mm，常超过萼筒。小苞片合生成杯状，常有4浅圆裂，长约为萼筒的1/2～2/3。相邻两萼筒合生达1/2，无毛，萼齿短，三角状卵形，顶钝，有疏缘毛。花冠乳白色或淡黄色，后变黄色，二唇形，长1～1.5cm，外面无毛，筒粗短，下部有深囊凸，基部突然收缩成柄状，内有长柔毛，裂片比筒稍长，上唇裂片卵形至宽椭圆形，长为唇瓣的1/3，下唇反折。雄蕊和花柱与花冠几等长，花丝长短不一，无毛；花柱有柔毛，柱头头状。

果 果实红色，横肾形或哑铃状，长约8～10mm，直径约5mm。

引种信息

华南植物园 2017年自安徽霍山东西溪乡关山岭引种（登录号20171546）。目前该种在珍稀濒危植物繁育中心有栽培，尚为幼苗，生长一般。

上海辰山植物园 2007年自陕西宝鸡陈仓区潘定湾镇秦岭梁山引种（登录号20071402）。目前该种在园内有栽培，生长一般。

中国科学院植物研究所北京植物园 仅1960年引种一次（登录号1960-7248），未见活体。

其他 该种在国际植物园保护联盟（BGCI）中有5个迁地保育点。

物候信息

野生状态 4月开花；6月果实成熟。

迁地栽培要点

喜温暖湿润的亚热带山地气候，不耐寒，亦不耐旱。要求半阴环境和排水良好的深厚肥沃土壤。播种繁殖。

主要用途

中国特有植物，具科研价值。果实红艳，可供观赏。

118 丁香叶忍冬

Lonicera oblata K. S. Hao ex P. S. Hsu & H. J. Wang, Acta Phytotax. Sin. 17(4): 77. 1979.

自然分布

特产中国北京（怀柔、门头沟、延庆）、河北（内丘、张家口）和山西（五台山）。生于海拔1000～1200m的石质山崖或残长城砖缝中。

迁地栽培形态特征

植株 落叶灌木，高达2m。植株各幼嫩部位常被短腺毛。

茎 幼枝粗壮，略呈四角形，有时极短，嫩时绿色，老时浅褐色或带紫红色；2年生老枝灰褐色。冬芽具2对外鳞片，外鳞片卵形，顶端长而尖。

叶 叶厚纸质或近革质，三角状宽卵形至菱状宽卵形，长2.5～6cm，宽2.5～6cm，顶端短凸尖而钝头或钝形，基部宽楔形至截形，两面绿色，有光泽；叶柄长15～25mm，常带紫褐色，基部微相连。

花 总花梗生于幼枝下部叶腋，长5～15mm。苞片线形，长于萼筒。小苞片合生成杯状，长度不到萼筒的1/3，具短腺毛。相邻两萼筒分离，具短腺毛，萼檐杯状，齿不明显。花冠乳白色或淡黄色，稍带紫红色，后变黄色，二唇形，长1～1.5cm，外面被短毛和腺毛，筒长约7mm，下部一侧有深囊凸，基部收缩成柄状，内部有长柔毛，裂片比筒稍长，上唇裂片卵圆形，下唇反折。雄蕊和花柱均伸出花冠，花丝长于花柱，下部被柔毛；花柱有柔毛，柱头头状，淡绿色。

果 果实成熟时红色，圆球形，直径5～6mm。种子近圆形或卵圆形，长3～4mm，稍扁平，淡棕褐色。

引种信息

中国科学院植物研究所北京植物园 引种9次。2014年自北京延庆松山景区引种2次枝条作组培（登录号2014-58、2014-244）；2015年和2016年自北京怀柔响水湖景区北京结长城先后引种枝条、种子和幼苗（登录号2015-5、2015-6、2015-129、2015-130、2015-131、2015-132、2016-26）。现该种组培保存已经成功，种子播种也获得小苗，引种的幼苗也得以存活并于2020年首次开花。

其他 该种不在国际植物园保护联盟（BGCI）活植物数据库中。

物候信息

野生状态 4月初开始萌芽，同时出现花蕾；5月上中旬开花；7月中旬果实成熟；10月下旬落叶。

中国科学院植物研究所北京植物园 3月初开始萌芽；3月中旬展叶，同时出现花蕾；4月上旬开花；尚未结果；11月落叶。

迁地栽培要点

适应温带中海拔山地气候，耐寒，不耐夏季高温高湿。要求全日照或半阴环境和排水良好的钙质砂壤土，对土壤质地较为敏感，不耐酸性土壤。长势不强，生长极为缓慢。组织培养或播种繁殖。

主要用途

本种是华北地区特有种,生境特殊,按照IUCN红色名录等级和标准(2001),该种可被评为极危(CR)植物,目前仅有少量个体在植物园得到迁地保育。

组7 直管组

Sect. *Isoxylosteum* Rehder

矮生直立灌木。分枝纤细，直立或平铺；高山种类的小枝有时针刺状。冬芽小，外鳞片两对，具龙骨状凸起。叶常较小。苞片通常叶状。小苞片显著，大部分常合生成杯状。花冠管状钟形，裂片5，整齐或近整齐，花冠筒内面具长毛，基部具5枚腺体，不肿大，亦无袋囊。雄蕊生于花冠筒中部或檐部。柱头内藏或伸出。子房合生或分离，2~3室，每室具2~3胚珠。

约7种4变种，中国原产5种，迁地栽培约1种1变种，均为中国原产种类。此外，中国科学院植物研究所北京植物园还曾引种越橘叶忍冬 [*Lonicera angustifolia* var. *myrtillus* (Hook. f. & Thomson) Q.E.Yang, Landrein, Borosova & Osborne]，引种12次；岩生忍冬（*Lonicera rupicola* Hook. f. & Thomson），引种11次；棘枝忍冬（*Lonicera spinosa* Jacq. ex Walp.），引种9次。但这些适应于高山气候环境的种类均未能在植物园存活。

直管组分种检索表

1a. 叶轮生，稀对生，背面无毛或疏生短柔毛；萼齿披针形；果实红色···
··· 119. 红花岩生忍冬 *L. rupicola* var. *syringantha*
1b. 叶对生，背面密被短柔毛；萼齿卵形或卵状三角形；果实蓝黑色······· 120. 毛果忍冬 *L. tomentella*

119
红花岩生忍冬

Lonicera rupicola Hook. f. & Thomson var. *syringantha* (Maxim.) Zabel, Beissner & al., Handb. Laubholzben. 462. 1903.

植株

自然分布

产甘肃、宁夏、青海、四川、西藏和云南。印度也有。生于海拔1000～4600m的山坡灌丛、林缘、高山草甸或流石滩边缘。

迁地栽培形态特征

植株 落叶灌木，高0.5～1.5m。

茎 幼枝被短毛或近无毛；小枝纤细，顶端常呈针刺状；髓坚实。

叶 叶纸质，3枚轮生，稀对生，条状披针形至长圆形，长5～40cm，宽5～10mm，顶端急尖或钝，基部楔形至圆形或近截形，边缘反卷，叶面无毛，背面无毛或疏生短柔毛；叶柄长1～3mm。

花 花序生于幼枝下部叶腋，芳香；总花梗极短。苞片叶状，披针形，稍长于萼齿。杯状小苞分离，与萼筒近相等。相邻两萼筒分离，长约2mm，无毛，萼齿狭披针形，长2.5～3mm。花冠淡紫色或紫红色，筒状钟形，长8～15mm，内面有长柔毛，裂片卵形，平展，长2～4mm。花药伸至花冠筒上部；花柱超过花冠筒之半，无毛。

🟠 **果** 果实红色，椭圆状，长约8mm。种子少数，淡褐色，扁平长圆形，长达4mm。

引种信息

银川植物园 2008年自宁夏六盘山引种。目前该种展区有栽培，生长良好，花果繁茂。

沈阳树木园 2012年引种（登录号20120168），引种地点不详。目前园内有活体栽培，生长良好，可正常开花结果。

中国科学院植物研究所北京植物园 引种13次。最早于1989年自挪威引种（登录号1989-226）；最近一次为2003年自波兰引种（登录号2003-1407）；期间还有1986年自甘肃祁连山塔尔沟引种（登录号1986-5037）。现已经找不到活体。

其他 该种在国际植物园保护联盟（BGCI）中有34个迁地保育点。国内四川成都市植物园和甘肃民勤沙生植物园有栽培记录。

物候信息

银川植物园 5月上中旬开花；7月上中旬果实成熟。

沈阳树木园 4月初开始萌芽；4月中旬开始展叶和新枝生长；4月下旬出现花蕾；5月中旬开花；果期未观测；10月下旬落叶。

迁地栽培要点

喜昼夜温差大的寒温带气候，不耐夏季高温高湿。要求全日照或半阴环境和排水良好的砂质土壤，较耐干旱和瘠薄，不耐涝。扦插和播种繁殖。

主要用途

春季红花繁密，夏季红果艳丽，是优良的观花和观果灌木。

120 毛冠忍冬

Lonicera tomentella Hook. f. & Thomson, J. Proc. Linn. Soc., Bot. 2: 167. 1858.

果枝

自然分布

产西藏和云南。不丹、印度、缅甸和尼泊尔也有。生于海拔2900～3000m的山坡林中或河边灌丛中。

迁地栽培形态特征

植株 落叶灌木，高达4m。髓坚实。冬芽具数枚外鳞片。

茎 幼枝密被黄褐色绵毛或茸毛；当年小枝浅棕色，有棱；老枝变褐色。

叶 叶卵形至披针形，长1～4cm，宽0.6～1.5cm，顶端急尖或钝，基部截形至微心形，边缘反卷，叶面暗绿色，散生短伏毛，背面灰绿色，密被短柔毛；叶柄长1～3mm。

花 花序多数生于幼枝上部叶腋；总花梗极短。苞片大，叶状，卵形至条状长圆形，长达8mm。

小苞片合生成杯状，长约为萼筒一半，无毛。相邻两萼筒大部分合生，长约2.5mm，无毛，被白粉；萼齿卵形，顶端钝。花冠淡紫红色，筒状漏斗形，花冠筒长约8mm，内面有柔毛和和腺毛；腺毛排成规则的五裂；裂片近相等，圆卵形，长约2.5mm。雄蕊生于花冠筒上部，长短不一。花柱伸至花冠裂片基部，柱头大，圆形。

果 果实圆球状，直径约6mm，蓝黑色，具白粉。

引种信息

中国科学院植物研究所北京植物园 引种8次。最早于1960年开始引种（登录号1960-2658）；最近一次为2012年自西藏山南洛扎拉郊乡拉郊峡谷外引种（登录号2012-1228）；期间还有1985年自西藏亚东县下亚东下司马镇引种（登录号2010-1302）。目前该种尚为幼苗，有待观察。

其他 该种在国际植物园保护联盟（BGCI）中有10个迁地保育点。

物候信息

野生状态 7月开花，9月果实成熟。

迁地栽培要点

适应昼夜温差大的高山亚高山山地气候。喜强日照或半阴环境和排水良好的砂质土壤。播种繁殖。

主要用途

黑色果实繁密，可供观赏。

组8 红花组
Sect. *Rhodanthae* Maxim.

落叶灌木。冬芽常有4棱角，内鳞片在幼枝伸长时不甚增大，宿存。幼枝纤细，常无毛。叶子不具腺毛。花序生于幼枝中上部；总花梗常细长。苞片小。小苞片合生成杯状。萼齿通常显著急尖。花冠二唇形，筒部短而具囊；花柱至少下半部有毛。果实红色或黑色。种子表面具颗粒状凸起。

14种1亚种，中国原产7种1变种。植物园引种栽培5种，其中1种引自日本。此外，中国科学院植物研究所北京植物园还曾引种以下种类：高加索忍冬（*Lonicera caucasica* Pall.），引种16次，其中登录号1987-1489存活至2008年；连果忍冬（*Lonicera conjugialis* Kellogg），引种5次；柳叶忍冬（*Lonicera lanceolata* Wall.），引种18次，该种已被并入黑果忍冬（*Lonicera nigra* L.）。华南植物园2014年自湖北恩施引种凹叶忍冬（*Lonicera retusa* Franch.），登录号20140352。以上种类要么已无活体，要么缺乏其他相关资料，本书暂不收录。

红花组分种检索表

1a. 萼筒全部或部分合生；果实红色。
  2a. 总花梗（或果梗）明显地比叶柄长。
    3a. 叶片背面多少被柔毛，边缘多少具缘毛。
      4a. 叶片背面被长毛或散生短刚伏毛，边缘有缘毛·················121. **紫花忍冬 *L. maximowiczii***
      4b. 叶片背面除中脉外密被灰白色细茸毛，后毛变稀或秃净，无缘毛
      ···122. **华北忍冬 *L. tatarinowii***
    3b. 叶片无毛，叶柄极短，叶片卵圆形，长2.5~5cm，基部圆形；苞片小，无毛；小苞片和短萼齿无毛；柱头无毛或具疏毛···123. **千岛忍冬 *L. chamissoi***
  2b. 总花梗（或果梗）通常与叶柄等长或略较长·················124. **下江忍冬 *L. modesta***
1b. 萼筒分离或部分合生；果实黑色···125. **黑果忍冬 *L. nigra***

121 紫花忍冬

Lonicera maximowiczii (Rupr.) Regel, Gartenflora. 6: 107. 1857.

自然分布

产黑龙江、吉林、辽宁、内蒙古和山东。日本、朝鲜和俄罗斯也有。生于海拔800~1800m的林下或林缘。

迁地栽培形态特征

植株 落叶灌木，高1~2m。

茎 幼枝带紫褐色，被疏柔毛，后变无毛。冬芽具数对外鳞片；外鳞片尖，具龙骨状凸起；内鳞片有时膨大。

叶 叶纸质，卵状长圆形至卵状披针形，长4~12cm，宽1.5~3.5cm，顶端尖至渐尖，基部圆形至阔楔形，边缘有睫毛，叶面疏生短糙伏毛或无毛，背面被长毛或散生短刚伏毛；叶柄长2~8mm，被毛。

花 花序生幼枝上部叶腋，花常藏于叶片下方；总花梗纤细，长1~2.5cm。苞片钻形，长1~3mm。小苞片极小，合生成浅杯状。相邻两萼筒连合至中部或完全合生。萼齿小，三角形。花冠紫红色，二唇形，长约1cm，外面无毛，花冠筒基部有囊肿，内面密被长柔毛，唇瓣比花冠筒长，上唇裂片4，长1~2mm，下唇细长舌状，反卷。雄蕊略长于唇瓣，无毛。花柱伸出，全被毛。

果 果实红色，卵圆状，顶端具两个小而锐尖的宿萼。种子淡黄褐色，长圆形，长4~5mm，表面颗粒状而粗糙。

引种信息

北京植物园 1973年引种（登录号1973-0110z）；近年也有引种。目前有少量栽培，生长良好，可开花，未见结果。

黑龙江省森林植物园 无引种信息。目前展区有栽培，生长良好，可正常开花结果。

中国科学院植物研究所北京植物园 引种12次。最早于1959年引种（登录号1959-3095）；最近一次为2002年自爱沙尼亚引种（登录号2002-1352）；期间1996年自波兰引种（登录号1996-1310）的苗木存活至2002年。该种喜冷凉气候，不耐干旱和炎热，早春尤其容易因缺水而死亡，目前已无活体。

其他 该种在国际植物园保护联盟（BGCI）中有34个迁地保育点。国内南京中山植物园有栽培记录。

物候信息

黑龙江省森林植物园 4月中旬开始萌芽；5月初出现花蕾；5月下旬至6月上旬开花；7月中下旬果实变为红色；8月中旬果实成熟；10月底落叶。

沈阳树木园 4月初开始萌芽；4月下旬出现花蕾；5月中旬开花；7月上旬果实变为红色；7月底果实成熟；10月底落叶。

迁地栽培要点

喜夏季凉爽湿润的寒温带气候，耐寒，不耐夏季高温高湿，亦不耐旱，容易因缺水而死亡。要求半阴或全日照环境和排水良好的肥沃深厚土壤。播种繁殖。

主要用途

花果均美丽，只是生长于叶片背面而不甚醒目，对观赏性有一定影响。

122 华北忍冬

别名： 藏花忍冬

Lonicera tatarinowii Maxim., Mém. Acad. Imp. Sci. St.-Pétersbourg Divers Savans. 9 [Prim. Fl. Amur.]: 138. 1859.

自然分布

特产中国河北、黑龙江、吉林、辽宁、内蒙古和山东。生于海拔400~1800m的杂木林下或灌丛中。

迁地栽培形态特征

植株 落叶灌木，高1~1.5m。

茎 幼枝、叶柄和总花梗均无毛。

叶 叶长圆状披针形或长圆形，长3~7cm，宽1.5~2.5cm，顶端尖至渐尖，基部阔楔形至圆形，叶面无毛，背面除中脉外密被灰白色细茸毛，后毛变稀或秃净；叶柄长2~5mm。

花 花序生幼枝上部叶腋，花常藏于叶片下方；总花梗纤细，长1~2.5cm；苞片三角状披针形，长1~3mm。小苞片极小，合生成浅杯状。相邻两萼筒合生至中部以上，长约2mm，无毛。萼齿三角状披针形，不等形，比萼筒短。花冠深紫色，二唇形，长约1cm，外面无毛，花冠筒基部一侧稍肿大，内面有柔毛，上唇两侧裂深达全长的1/2，中裂较短，下唇舌状，反卷。雄蕊生于花冠喉部，约与唇瓣等长，花丝无毛或仅基部有柔毛。花柱伸长，有短毛。

果 果实红色，卵圆状，直径5~6mm，顶端具两个小而锐尖的宿萼。种子褐色，长圆形或近圆形，长3.5~4.5mm，表面颗粒状而粗糙。

引种信息

黑龙江省森林植物园 引种信息不详。目前该种在展区有栽培，生长良好，可正常开花结果。

沈阳树木园 1994年自吉林长白山引种（登录号不详）。目前展区有种植，生长良好，已经正常开花结果。

中国科学院植物研究所北京植物园 引种6次。最早于1957年引种（登录号1957-6496）；最近一次为2017年自辽宁沈阳树木园引种（登录号2017-430），存活至今。该种现只有少量苗子保存于大棚温室中，对水分敏感，容易因缺水而死亡。

其他 该种在国际植物园保护联盟（BGCI）中有4个迁地保育点。

物候信息

黑龙江省森林植物园 4月中旬开始萌芽；5月上旬出现花蕾；5月下旬至6月上旬开花；7月中旬果实开始变为红色；9月中旬果实成熟；10月中下旬落叶。

沈阳树木园 4月初开始萌芽；4月下旬出现花蕾；5月中旬开花；7月上旬果实开始变为红色；7月底果实成熟；10月底落叶。

中国科学院植物研究所北京植物园 3月中旬开始萌芽；4月中旬出现花蕾；5月上旬开花；未见结果；11月落叶。

迁地栽培要点

喜夏季凉爽湿润的寒温带气候，耐寒，不耐夏季高温高湿，亦不耐旱，容易因缺水而死亡。要求半阴或全日照环境和排水良好的肥沃深厚土壤。播种繁殖。

主要用途

花果均美丽，只是生长于叶片背面而不甚醒目，对观赏性有一定影响。

123 千岛忍冬

Lonicera chamissoi Bunge, Kirill. Lonic. Russ. Reich.: 26, 28. 1849.

自然分布

原产俄罗斯和日本。生于海拔500~3000m的高山灌丛和蛇纹石山坡上。

迁地栽培形态特征

植株 落叶灌木，高达1m，多分枝。

茎 小枝4棱形，无毛，幼时被粉霜。冬芽披针形，长2~4mm；芽鳞4~6对，鳞片三角状卵形。

叶 叶宽或窄椭圆形，长2~7cm，宽1~3cm，顶端圆或钝，基部圆形或近心形，两面无毛，背面被粉霜，侧脉4~7对，在背面凸起；叶柄长1~4mm。

花 花序生幼枝上部叶腋；总花梗长0.5~1cm。苞片椭圆形至卵形，长1mm。小苞片卵形，长1mm，下部合生或全部合生。相邻两萼筒合生至2/3。萼齿不等形，明显比萼筒短。花冠深紫红色，二唇形，长0.8~1.2cm，花冠筒长3mm，外面无毛，基部一侧稍肿大，内面有长柔毛，上唇长6~7mm，上部4裂，裂片内面脉上有毛，下唇狭长圆形。雄蕊约与上唇等长，花丝长5~6mm，下部有毛。花柱短于雄蕊，常有毛，柱头头状。

果 果实红色，光亮，扁椭圆状，长8mm。种子阔椭圆状，扁平，长3mm，表面颗粒状而粗糙。

引种信息

中国科学院植物研究所北京植物园 引种5次。最早于1979年自苏联引种（登录号1979-4706）；最近一次为2019年自俄罗斯圣彼得堡植物园引种（登录号2019-1415）并存活。目前该种尚为幼苗，有待观察。

其他 该种在国际植物园保护联盟（BGCI）中有21个迁地保育点。

物候信息

原产地 6~7月开花；8~9月果实成熟。

迁地栽培要点

喜夏季凉爽湿润的寒温带气候，耐寒，不耐夏季高温高湿，亦不耐旱。要求全日照或半阴环境和排水良好、肥沃深厚的湿润土壤。播种繁殖。

主要用途

花果红艳美丽，是优良的观花观果灌木，目前尚少有引种栽培。

果枝（Kirill Tkachenko 摄）

花（Kirill Tkachenko 摄）

124 下江忍冬

Lonicera modesta Rehder, Trees & Shrubs [Sargent]. 2: 49. 1907.
Lonicera modesta var. *lushanensis* Rehder, Pl. Wilson. (Sargent) 1: 139. 1911.

自然分布

特产中国安徽、福建、甘肃、河南、湖北、湖南、江西、宁夏、陕西和浙江。生于海拔500~1700m的杂木林下和灌木中。

迁地栽培形态特征

植株 落叶灌木，高1~1.5m。

茎 幼枝褐色或紫红色，密被短柔毛。冬芽外鳞片约5对，顶端尖；内鳞片约4对，最上1对增大。

叶 叶厚纸质，菱状椭圆形至倒卵形，长2~8cm，宽1.5~6cm，顶端钝圆，基部渐狭至圆形，边缘有短缘毛，叶面暗绿色，近无毛，背面网脉明显，全被短柔毛；叶柄长2~5mm。

花 花序生于幼枝顶端或上部叶腋，各部分常有毛及腺体；总花梗长1~3mm。苞片钻形，长2~3mm，超过萼筒而短于萼齿。小苞片合生成浅杯状，长约为萼筒的1/3。相邻两萼筒合生至1/2~2/3，上部具腺，萼齿条状披针形，长2~2.5mm。花冠白色，基部常微红色，后变黄色，二唇形，长10~12mm，花冠筒中部弯曲，与唇瓣等长或略短，基部一侧有浅囊，内面有密毛，上唇4裂，裂片长2~3mm，下唇反卷。雄蕊长短不等，花丝基部有毛；子房3室，花柱长约等于唇瓣，有毛。

果 果实不规则卵圆形，成熟时鲜红色，直径7~8mm，顶端两个宿萼相距较远。种子1~4颗，淡黄褐色，长圆形，扁平，长约4mm，表面颗粒状而粗糙。

引种信息

华南植物园 引种3次。2004年自江苏南京六合引种（登录号20041991）；2007年自湖南桑植巴茅溪乡天平山引种（登录号20070309）；2013年自江西庐山引种（登录号20131896）。记载该种在药园和珍稀濒危植物繁育中心有栽培，调查时未见活体。

南京中山植物园 引种3次。1961年自江西庐山植物园引种（登录号88I6301-7）；1979年自本园引种（登录号89I52-74）；1991年引种（登录号91S-6）。目前该种在展区有少量定植，生长良好，可正常开花结果。

上海辰山植物园 引种3次。2006年自江西庐山汉阳峰引种（登录号20060676）；2007年自陕西宝鸡陈仓区潘定湾镇秦岭梁山引种（登录号20071402）；2012年自江苏南京中山植物园引种（登录号20120876）。目前该种在园内有栽培，生长一般。

中国科学院植物研究所北京植物园 引种6次。最早于1951年引种（登录号1951-920）；最近一次为1991年自江西庐山引种（登录号1991-50）。未见活体。

其他 该种在国际植物园保护联盟（BGCI）中有10个迁地保育点。国内赣南树木园、杭州植物园、庐山植物园和浙江农林大学植物园有栽培记录。

物候信息

庐山植物园 3月底开始萌芽；4月上中旬展叶；4月中下旬出现花蕾；5月上中旬开花；8~9月果

实成熟；11月落叶。

南京中山植物园 3月初开始萌芽；3月中下旬展叶；4月初出现花蕾；4月中下旬开花；7~8月果实成熟；11月落叶。

迁地栽培要点

喜温暖湿润的亚热带山地气候，较不耐寒。要求半阴环境和排水良好的深厚肥沃土壤。播种繁殖。

主要用途

果实红艳，可栽培观赏。

125
黑果忍冬

Lonicera nigra L., Sp. Pl. 1: 173. 1753.

自然分布

产安徽、贵州、湖北、吉林、四川、西藏和云南。不丹、印度、朝鲜、尼泊尔及欧洲也有。生于海拔1500～3900m的林下、灌丛、针叶林下或林缘。

迁地栽培形态特征

植株 落叶灌木，高达1.5m。

茎 幼枝和总花梗常有微毛和细短腺毛。冬芽有数对外鳞片；内鳞片有时增大。

叶 叶薄纸质，长圆形至椭圆状披针形，长1.5～10cm，宽1～3cm，顶端尖，基部宽楔形至圆形，两面近无毛；叶柄长2～10mm。

花 花序生于幼枝顶端或上部叶腋；总花梗细，长1.5～4cm。苞片小，线状披针形，长约2mm。小苞片分离至合生成杯状，有腺缘毛，比萼筒短。相邻两萼筒分离，萼齿宽披针形，长约1mm，有腺缘毛。花冠淡紫色至红色，二唇形，长9～13mm，花冠筒长约5mm，基部有囊肿，内面有柔毛，上唇4裂，下唇反卷。花丝无毛，与花冠等长。花柱中部以下有柔毛。

果 果实黑色，有蓝粉，圆球形，直径5～7mm。种子长圆形或卵圆形，长3～7mm，有微细颗粒而粗糙。

引种信息

上海辰山植物园 2012年自安徽皖西学院引种（登录号20121361）。目前该种在园内有栽培，生长一般。

中国科学院植物研究所北京植物园 引种54次。最早于1957年引种（登录号1957-4523）；最近一次为2011年自德国引种（登录号2011-500）。目前已无该种活体。

其他 该种在国际植物园保护联盟（BGCI）中有67个迁地保育点。

物候信息

野生状态 5月开花；8～9月果实成熟。

迁地栽培要点

喜夏季凉爽湿润的寒温带气候，耐寒，不耐夏季高温高湿，亦不耐旱。要求半阴或全日照环境和排水良好的肥沃深厚土壤。播种繁殖。

主要用途

花果别致，可栽培观花和观果。

植株（周海成 摄）

枝条（周海成 摄）　　花序（周海成 摄）　　花序（周海成 摄）

果实（周海成 摄）　　果实（周海成 摄）

组9 蕊被组

Sect. *Gynochlamydeae* Q. W. Lin sect. nov.

落叶灌木。幼枝、叶柄和叶中脉常带紫色。叶面散生暗紫色腺点。总花梗短。苞片钻形。小苞片合生成杯状，不增大。萼檐下延，形成帽边状凸起，覆盖杯状小苞片。花冠二唇形，基部具深囊。果实成熟时透明白色。种子光滑。

仅1种，特产中国，植物园也有迁地栽培。

126
蕊被忍冬

别名： 水晶忍冬

Lonicera gynochlamydea Hemsl., J. Linn. Soc., Bot. 23: 362. 1888.

自然分布
特产中国安徽、重庆、甘肃、贵州、湖北、湖南、陕西、四川和云南。生于海拔1200～1900m的灌丛或林下。

迁地栽培形态特征
植株 落叶灌木，高1～2m。
茎 幼枝、叶柄和叶中脉常带紫色，后变灰黄色；幼枝无毛。髓坚实。冬芽鳞片数对，顶端尖。
叶 叶纸质，卵形至披针形，长5～11cm，宽1.5～3.5cm，顶端长渐尖，基部圆形至楔形，边缘有短糙毛，两面中脉有毛，叶面散生暗紫色腺点，背面基部中脉两侧常具白色长柔毛；叶柄长3～6mm。
花 花序生于幼枝叶腋，常位于枝顶或下方；总花梗长4～8mm。苞片钻形，等于或稍长于萼齿。小苞片合生成杯状，包围萼筒，果期不增大。相邻2萼筒分离，萼檐下延，形成帽边状凸起，覆盖杯状小苞片；萼齿小而钝，三角形或披针形，有睫毛。花冠白色、淡红色或紫红色，二唇形，长8～12mm，内外两面均有短糙毛，花冠筒略短于唇瓣，基部具深囊。雄蕊伸出，花丝中部以下有毛。花柱短于雄蕊，全部有糙毛。
果 果实幼时紫红色，成熟时透明，白色带淡紫色，直径4～5mm，顶端具宿萼。种子1～4颗，扁平，光滑。

引种信息
北京植物园 引种2次。1991年自甘肃天水麦积山引种（登录号1991-0088z）；2000年自甘肃天水麦积山植物园引种（登录号2000-0436）。目前该种有少量栽培，生长一般，有时能开花，未见结果。

华南植物园 2019年自湖北五峰后河自然保护区采集种子（登录号20191334）。繁殖栽培信息不详。

中国科学院植物研究所北京植物园 引种15次。最早于1957年引种（登录号1957-5306）；最近一次为2008年自美国引种（登录号2008-1445）；期间有2次引种存活，包括1980年和1987年自陕西秦岭引种的后代（登录号1980-5229、1987-6006），两号均存活至今。目前该种在木本大棚温室内栽培，生长一般，有时能开花，未见结果。

其他 该种在国际植物园保护联盟（BGCI）中有20个迁地保育点。国内南京中山植物园和武汉植物园曾有栽培记录。

物候信息
北京植物园 3月初开始萌芽；3月中下旬展叶和新枝生长；4月上旬出现花蕾；4月下旬开花；未见结果；11月落叶。

迁地栽培要点

适应温暖湿润的温带亚热带山地气候，稍耐寒，北京地区在有庇护的小环境可越冬。要求半阴环境和排水良好的疏松肥沃土壤。扦插或播种繁殖。

主要用途

紫色透明果实状若紫水晶，极为特殊，可栽培供观赏。该种形态较为特殊，也具有科研价值。

组 10 空枝组

Sect. *Coeloxylosteum* Rehder

　　落叶灌木。小枝髓部黑褐色，后变中空。相邻两萼筒分离。小苞片分离，或同一朵花的小苞片多少合生。花冠显著二唇形。子房3室。

　　约12种，中国原产5种，迁地栽培约7种，2种自国外引进。本组还有一些种类果实成熟时透明，极具观赏价值，中国科学院植物研究所北京植物园曾引种过一些种类，如：树忍冬（*Lonicera arborea* Boiss.），引种2次；透明忍冬（*Lonicera quinquelocularis* Hardw.），引种6次；铜钱叶忍冬（*Lonicera nummulariifolia* Jaub. & Spach），引种3次，登录号1985-286曾存活至2002年。但现今已无这些种类的活体，未能收录。

空枝组分种检索表

1a. 小苞片基部多少连合，长为萼筒的1/2至几相等，顶端多少截状；总花梗长不到1cm，很少超过叶柄。
  2a. 萼檐全裂为两半或仅一侧撕裂，具极短的三角形齿·················127. **毛花忍冬 L. trichosantha**
  2b. 萼檐有5齿，齿宽三角形或披针形，顶端尖·················128. **金银忍冬 L. maackii**
1b. 小苞片分离，长为萼筒的1/4~1/2；总花梗通常长1cm以上，远超过叶柄。
  3a. 冬芽大，卵状披针形，有5~6对外鳞，鳞片边缘密生白色长睫毛；萼筒具腺，有时被疏柔毛。
    4a. 叶长3cm以上；叶柄长3~10mm；幼枝和花序梗被开张长毛和腺毛。
      5a. 叶子长6~12cm，菱状卵形至卵状披针形，顶端长渐尖，两面多少被长柔毛；花序梗纤细，长1.5~2.5cm；小苞片卵圆形，通常分离；果实亮樱桃红色·················129. **金花忍冬 L. chrysantha**
      5b. 叶子长3~7cm，阔卵形、倒卵形至长圆形，顶端急尖至短渐尖，两面常密被柔毛；花序梗较粗，长1~2cm；小苞片阔圆形或有时截形；果实暗红色·················130. **硬骨忍冬 L. xylosteum**
    4b. 叶长1.5~4cm，顶端急尖；叶柄长1~4mm；幼枝和花序梗被弯曲短软毛·················131. **弱枝忍冬 L. demissa**
  3b. 冬芽小，卵圆形，通常有2~3对鳞片，鳞片边缘无毛或具短睫毛；萼筒秃净。
    6a. 叶卵状长圆形至长圆状披针形，顶端渐尖，不呈蓝绿色；花冠黄白色；花冠筒极短，长约为唇瓣之半·················132. **长白忍冬 L. ruprechtiana**
    6b. 叶卵状椭圆形，短渐尖，常呈蓝绿色；花冠紫红色至黄白色；花冠筒长约与唇瓣相等或略较短·················133. **新疆忍冬 L. tatarica**

127
毛花忍冬

Lonicera trichosantha Bureau & Franch., J. Bot. (Morot). 5: 48. 1891.

自然分布

特产中国甘肃、青海、陕西、四川、西藏和云南。生于海拔2400~4600m的林下或林缘。

迁地栽培形态特征

植株 落叶灌木，高1~2m。

茎 分枝平展，小枝被短柔毛和腺毛，后秃净；髓褐色，很快中空。冬芽有5~6对鳞片。

叶 叶纸质，形状变化大，长圆形至卵圆形，长2~7cm，宽1~2cm，顶端钝，具凸尖，基部圆形或阔楔形，边缘有睫毛，两面被伏毛或无毛，背面绿白色；叶柄长3~7mm。

花 花序生于幼枝大部分叶腋，直立，各部常有腺毛；总花梗长2~6mm。苞片条状披针形，早落。小苞片圆卵形，长约2mm，基部多少连合。相邻两萼筒分离，无毛，萼檐钟形，干膜质，裂成2片，萼齿三角形。花冠黄色，长12~15mm，二唇形，花冠筒长约4mm，基部有浅囊，外面密被短糙伏毛，内面喉部密生柔毛，上唇裂片浅圆形，下唇长圆形，长8~10mm，反曲。雄蕊和花柱均短于花冠，基部有柔毛。花柱稍弯曲，全被短柔毛，柱头大，盘状。

果 果实圆球形，直径6~8mm，由橙黄色转为橙红色至红色。

引种信息

中国科学院植物研究所北京植物园 引种47次［包含变种干萼忍冬 *Lonicera trichosantha* var. *deflexicalyx* (Batal.) P. S. Hsu & H. J. Wang］。最早于1959年引种（登录号1959-501）；最近一次为2011年自西藏山南洛扎至措美引种（登录号2012-1256）；期间存活时间较长的引种包括1985年自陕西眉县太白山引种（登录号1985-4716）、1989年自罗马尼亚引种（登录号1989-2038）以及2003年自罗马尼亚引种（登录号2003-1886），均存活至2008年。目前该种保存有幼苗，在木本实验地可能尚有成年植株。

其他 该种在国际植物园保护联盟（BGCI）中有22个迁地保育点。国内黑龙江省森林植物园和南京中山植物园曾有栽培记录。

物候信息

野生状态 5~6月开花；8月果实成熟。

迁地栽培要点

适应昼夜温差大的高山亚高山山地气候，耐寒，耐旱，但不耐夏季高温高湿。要求全日照或半阴环境和排水良好的深厚砂质土壤。播种繁殖。

主要用途

花果繁密，是优良的观花和观果灌木。

128 金银忍冬

别名： 金银木

Lonicera maackii (Rupr.) Maxim., Mém. Acad. Imp. Sci. St.-Pétersbourg Divers Savans. 9 [Prim. Fl. Amur.]: 419. 1859.

自然分布

产安徽、甘肃、贵州、河北、黑龙江、河南、湖北、湖南、江苏、吉林、辽宁、宁夏、山东、山西、陕西、四川、西藏、云南和浙江。日本、朝鲜和俄罗斯也有。生于海拔100~1800m的林下和灌丛中。

迁地栽培形态特征

植株 落叶灌木，高1~5m。

茎 树干基部粗可达10cm。幼枝具微毛，小枝中空。冬芽卵圆形，鳞片数对。

叶 叶纸质，卵状椭圆形至卵状披针形，长5~8cm，宽1.5~4cm，顶端渐尖，基部阔楔形或圆形，边缘有缘毛，两面幼时有糙毛，后渐脱落；叶柄长3~5mm。

花 花序生于幼枝叶腋，常繁密；总花梗长1~3mm。苞片线形，幼时叶状，长3~7mm。同一花的两个小苞片多少合生，绿色或淡紫色，长约1mm。相邻两萼筒分离，萼檐钟状，长2~3mm，裂片间干膜质，裂片阔三角形，不等大，顶端尖。花冠先白色［花冠筒淡紫色，红花金银忍冬 *Lonicera maackii* var. *erubescens* (Rehder) Q. E. Yang, Landrein, Borosova & J. Osborne］，后变黄色，芳香，二唇形，长达2cm，外面下部疏生微毛，花冠筒长4~5mm，基部具浅囊，上唇4裂，下唇反卷。雄蕊5，与花柱均短于花冠裂片。

果 浆果圆球状，成熟时红色，直径5~6mm。种子具小浅凹点。

引种信息

北京植物园 无引种信息。目前展区有大量栽培，生长良好，花果繁茂。

桂林植物园 2017年引自江苏。目前园内有栽培，生长一般。

杭州植物园 建园初期引种，引种信息不详。目前该种在园内有栽培，生长良好，可正常开花结果。

黑龙江省森林植物园 引种信息不详。目前园内有栽培，生长良好，花果繁茂。

华南植物园 引种3次。2011年自广东天井山自然保护区引种（登录号20111154）；2014年自湖北恩施引种（登录号20140396）；2019年引种（登录号20190706，红花金银忍冬）。目前该种在珍稀濒危植物繁育中心有栽培，生长较差，未见开花结果。

昆明植物园 1984年自云南安宁引种（登录号84-296）。目前该种在树木园和杜鹃园有栽培，生长良好，花果繁茂。

南京中山植物园 引种7次。1957年自浙江农学院引种（登录号II27-102）；1962年自斯洛伐克引种（登录号EI170-048）；1980年、1989年自南京引种（登录号88I52-156、89I52-390、89I52-192）；1995年自湖北引种（登录号96I61-53）；1996年引种（登录号96U-45）。目前该种在展区有定植，生长良好，可正常开花结果。

上海辰山植物园 2006年自云南迪庆香格里拉小中甸红山引种（登录号20060756）。目前该种在园内有栽培，生长一般，可正常开花结果。

沈阳树木园 1962年自辽宁沈阳北陵公园所引种（登录号19620025）。

武汉植物园 引种2次。2003年引种小苗，引种地点不详（登录号20033303）；2009年自陕西汉中佛坪岳坝乡大古坪村引种小苗（登录号20094189）。生长一般，可开花结果。

西双版纳热带植物园 引种3次。2006年自沈阳市植物园引种种子（登录号00,2006,0473）；2011年自陕西西安植物园引种种子（登录号00,2011,0367）；2015年自广东华南植物园引种种子（登录号00,2015,0377）。目前仅登录号00,2011,0367存活，生存状况一般，未开花结果。

中国科学院植物研究所北京植物园 引种45次。最早于1952年引种（登录号1952-1098）；最近一次为2011年自波兰引种（登录号2011-346）；现植物园有多次引种存活，包括1980年和1985年自陕西西安引种的后代（登录号1980-5231、1985-4713）。目前该种在展区有多处定植，生长良好，开花结果繁茂，本种还经常自播繁衍而成为园林栽培管理上需要除掉的杂木。

其他 该种在国际植物园保护联盟（BGCI）中有130个迁地保育点。国内赣南树木园、甘肃民勤沙生植物园、吐鲁番沙漠植物园、西安植物园和厦门市园林植物园有栽培记录。

物候信息

黑龙江省森林植物园 5月底至6月下旬开花；8月下旬果实开始变为红色，可持续至11月。

昆明植物园 4月下旬开花；9月果实变为红色。

南京中山植物园 4月中旬开花；10月果实变为红色。

沈阳树木园 5月中旬开花；9月果实变为红色。

中国科学院植物研究所北京植物园 3月上旬开始萌芽；3月中下旬展叶；4月中旬出现花蕾；4月下旬至5月上旬为花期；9月中下旬果实开始变为红色；10~11月果实成熟，成熟果实可留存枝头至几乎整个冬季；11月中下旬落叶。

迁地栽培要点

气候适应性广泛，自东北至西南地区均可栽培。耐寒也耐高温，在42℃高温暴晒条件下也未见枯叶现象。性强健，喜光又耐阴。喜湿润但排水良好的深厚肥沃土壤，好湿润，亦较耐旱。寿命长而极少病虫害。萌发力也强，耐修剪。播种、扦插均易繁殖。

主要用途

适应性强，树势旺盛，枝叶丰满，初夏满树白花而有芳香，秋季红果可延至初春，为优良的观花观果灌木。适合种植于庭院、草地、山地或建筑物前。种子可榨油。

植株

花枝

冬芽

茎干

129 金花忍冬

Lonicera chrysantha Turcz. ex Ledeb., Fl. Ross. 2 (1): 388. 1844.

自然分布

产安徽、甘肃、贵州、河北、河南、湖北、湖南、黑龙江、江苏、江西、吉林、辽宁、内蒙古、宁夏、青海、山东、山西、陕西、四川、西藏和云南。日本、朝鲜、蒙古、俄罗斯和欧洲也有。生于海拔800~3000m的沟谷、林下、林缘或灌丛中。

迁地栽培形态特征

植株 落叶灌木，高达2m。

茎 小枝和叶柄被开展柔毛，并散生微腺毛。髓褐色，很快中空。冬芽狭卵形，顶端尖，鳞片数对，具睫毛，背部疏生柔毛。

叶 叶纸质，菱状卵形至菱形状披针形，长4~8cm，宽1~3cm，顶端渐尖，基部楔形至圆形，边缘有缘毛，叶面被疏毛或近无毛，背面密被糙伏毛或短柔毛；叶柄长4~10mm。

花 花序少数生幼枝叶腋，直立；总花梗长1.5~3cm。苞片线形，长于萼筒。同一朵花的小苞片合生或分离，卵圆形至近圆形，被长缘毛。相邻两萼筒分离，有腺毛，萼檐有明显的圆齿。花冠先白色，后变黄色，长1~1.5cm，二唇形，外面有毛，花冠筒长2~5mm，内面被柔毛，基部有深囊凸，上唇4裂，下唇反卷。雄蕊5，与花柱均稍短于花冠，花丝基部和花柱均有毛。

果 浆果红色，圆球形，直径5~6mm。种子红褐色，椭圆状，扁平，表面颗粒状粗糙。

引种信息

黑龙江省森林植物园 引种信息不详。目前该种在展区有栽培，生长良好，可正常开花结果。

昆明植物园 2000年自云南嵩明县引种。目前该种在苗圃有栽培，生长一般。

宁夏银川植物园 2006年自宁夏六盘山引种。目前该种展区有栽培，生长良好，可正常开花结果。

上海辰山植物园 2012年自湖南长沙森林公园引种（登录号20121163）。调查时未见活体。

沈阳树木园 2000年自内蒙古呼和浩特树木园引种（登录号20000015）。

中国科学院植物研究所北京植物园 引种62次。最早于1952年引种（登录号1952-2109）；最近一次为2016年自北京密云云岫谷景区引种（登录号2016-35）；现植物园有多次引种存活，包括1981年自波兰引种的后代（登录号1981-1744）、1981年余树勋引种的后代（登录号1981-4429）以及1987年自陕西秦岭引种的后代（登录号1987-5951）。目前该种在展区有定植，生长一般，能正常开花结果，但上部枝条在春季容易枯死。

其他 该种在国际植物园保护联盟（BGCI）中有72个迁地保育点。国内华南植物园、南京中山植物园、吐鲁番沙漠植物园和武汉植物园有栽培记录。

物候信息

黑龙江省森林植物园 4月上旬开始萌芽；4月中下旬展叶和新枝生长；5月上旬出现花蕾；5月下

旬至6月上旬开花；9～10月果实变为红色并成熟；10月下旬落叶。

沈阳树木园 3月下旬开始萌芽；4月上中旬展叶和新枝生长；4月下旬出现花蕾；5月中旬开花；8月果实变为红色；9月果实成熟；10月下旬落叶。

中国科学院植物研究所北京植物园 3月下旬开始萌芽；4月上中旬展叶和新枝生长；4月下旬出现花蕾；4月中下旬开花；7月果实变为红色；8月果实成熟；11月落叶。

迁地栽培要点

喜夏季凉爽湿润的温带山地气候，耐寒，较不耐热。要求半阴环境和排水良好的深厚肥沃土壤。播种繁殖。

主要用途

花果繁密，可供观赏，但本种的适应性和果实持久性均不如金银忍冬。

130 硬骨忍冬

Lonicera xylosteum L., Sp. Pl. 174. 1753.

自然分布

原产欧洲大部分地区。生于林下。园林普遍栽培。

迁地栽培形态特征

植株 落叶灌木，高1~2m。

茎 幼枝被灰柔毛或近无毛。髓褐色，很快中空。冬芽狭卵形，顶端尖，鳞片数对。

叶 叶纸质，阔椭圆状卵形至近圆形，有时狭椭圆形或倒卵形，长4~8cm，宽1~3cm，顶端急尖，基部阔楔形至圆形，叶面蓝绿色，被疏柔毛，背面密被柔毛；叶柄长4~10mm。

花 花序少数生幼枝叶腋，直立；总花梗长1.5~2cm。苞片披针形，与萼筒近等长。小苞片分离，卵圆形至近圆形，短于萼筒，边缘有长缘毛。相邻两萼筒分离，有腺毛，萼齿三角形，有缘毛。花冠先白色，后变黄色，长0.8~1.2cm，二唇形，外面有短柔毛，花冠筒长2~4mm，内面被柔毛，基部一侧有深囊凸，上唇4裂，下唇反卷。雄蕊5，与花柱均稍短于花冠，花丝基部和花柱均有毛。

果 浆果暗红色，圆球形，直径5~6mm。种子红褐色，椭圆状，扁平，表面颗粒状粗糙。

引种信息

杭州植物园 有早年栽培记录，目前未见活体。

上海辰山植物园 引种2次（含品种）。2008年自德国引种（登录号20081241）；2008年自荷兰引种（登录号20081289）。调查时未见该种活体。

中国科学院植物研究所北京植物园 引种96次。最早于1954年引种（登录号1954-1375）；最近一次为2017年自瑞士洛桑植物园引种（登录号2017-671）；现植物园有多次引种存活，包括1981年余树勋自国外带回（登录号1981-4436）、1984年自荷兰引种（登录号1984-1512）、1991年自波兰引种（登录号1991-4593）以及2001年自冰岛引种（登录号2001-1543）。目前该种在木本实验地有少量定植，生长良好，能正常开花结果。

其他 该种在国际植物园保护联盟（BGCI）中有120个迁地保育点。

物候信息

中国科学院植物研究所北京植物园 3月初开始萌芽；3月中下旬开始展叶和新枝生长；4月上旬出现花蕾；4月中下旬开花；果期未观测；11月落叶。

迁地栽培要点

适应大陆性温带气候，喜夏季凉爽，耐寒，稍耐热。要求半阴或全日照环境和排水良好的砂质土壤，稍耐旱，不耐水涝。扦插或播种繁殖。

主要用途

花果繁密，观赏性近似金银忍冬，但适应性较差，目前国内尚很少栽培。

131 弱枝忍冬

Lonicera demissa Rehder, J. Arnold Arbor. 2: 127. 1920.

自然分布

原产日本本州。生于海拔1000~2000m的山地落叶林或针叶林下，常生于火山土上，有时生于石灰岩。

迁地栽培形态特征

植株 落叶灌木，高1~2m。

茎 分枝繁密；幼枝淡紫色，微四棱形，被曲毛，有时被腺毛。髓褐色，后中空。冬芽披针形，鳞片数对。

叶 叶纸质，倒卵形至菱状卵形，长1.5~4cm，宽0.8~2cm，两端急尖，两面和边缘密被向上的白色软毛，侧脉4~5对，在叶面凹陷；叶柄长1~4mm，有毛。

花 花序少数生于幼枝叶腋，直立；总花梗长0.5~1.5cm，淡紫色，有毛。苞片线状披针形，长2~5mm，有毛。小苞片分离，椭圆形，长1~1.5mm。相邻两萼筒分离，有时被腺毛，萼齿5，不等大，近圆形，长0.8mm，被疏毛和缘毛。花冠先黄白色，后变深黄色，长0.8~1.3cm，二唇形，外面有柔毛，花冠筒长2~4mm，内面密被柔毛，基部一侧有囊凸，上唇长6~8mm，4裂，下唇狭长圆形，长6~8mm，反卷。雄蕊5，与花冠近等长，花丝下部有毛。花柱有毛。

果 果实暗红色，光亮，圆球形，直径4~7mm。种子淡红色，阔椭圆状，扁平，长2~3mm，表面颗粒状粗糙。

引种信息

中国科学院植物研究所北京植物园 引种166次。最早于1989年自挪威特隆赫姆大学植物园引种（登录号1989-223）；最近一次为2019年自俄罗斯圣彼得堡植物园引种（登录号2019-1416）；期间在植物园种植的为1983年自美国引种的种子后代（登录号1983-4157），存活至2008年。目前该种仅存有幼苗。

其他 该种在国际植物园保护联盟（BGCI）中有39个迁地保育点。

物候信息

原产地 5月下旬至6月上旬开花；9~10月果实成熟。

迁地栽培要点

适应大陆性温带气候，喜夏季凉爽，耐寒，稍耐热。要求半阴或全日照环境和排水良好的砂质土壤，稍耐旱，不耐水涝。扦插或播种繁殖。

主要用途

花果繁密，观赏性近似金银忍冬，但适应性较差，目前国内尚很少栽培。

132 长白忍冬

Lonicera ruprechtiana Regel, Index Seminum [St.Petersburg (Petropolitanus)]. 19. 1869.

自然分布

产黑龙江、吉林、辽宁。朝鲜和俄罗斯也有。生于海拔300~1100m的阔叶林下和林缘。

迁地栽培形态特征

植株 落叶灌木，高1~2m。

茎 幼枝各幼嫩部位常被绒状短柔毛及黄褐色微腺毛。髓褐色，很快中空。冬芽约有6对鳞片，内鳞片常增大。

叶 叶纸质，卵状长圆形至长圆状披针形，长2~8cm，宽1~2cm，顶端渐尖，基部圆形至楔形，边缘略波状，有缘毛，叶面稍皱，背面密被短柔毛；叶柄长3~8mm。

花 花序数个生于幼枝叶腋；总花梗直立，纤细，长6~12mm。苞片条形，长5~6mm。小苞片分离，圆卵形至卵状披针形，长为萼筒的1/4~1/3。相邻两萼筒分离，长2mm左右，萼齿三角形，干膜质，长1mm左右。花冠白色，后变黄色，外面无毛，花冠筒粗短，长4~5mm，内面密生短柔毛，基部有1深囊，唇瓣长8~11mm，上唇两侧裂深达1/2~2/3处，下唇长约1cm，反卷。雄蕊短于花冠裂片，花药长约3mm。花柱略短于雄蕊，全被短柔毛，柱头粗大。

果 果实橘红色，圆球形，直径5~7mm。种子椭圆形，棕色，长3mm左右，有细凹点。

引种信息

银川植物园 2008年自内蒙古呼和浩特植物园引种。目前该种展区有栽培，生长良好，可正常开花结果。

黑龙江省森林植物园 引种信息不详。目前园内有栽培，生长良好，可正常开花结果。

沈阳树木园 1994年自吉林长白山引种（登录号19940030）。

中国科学院植物研究所北京植物园 引种35次。最早于1959年自俄罗斯引种（登录号1959-1231）；最近一次为2005年自挪威引种（登录号2005-976）；期间存活较长时间的还有1985年自俄罗斯引种（登录号1985-2556），存活至2008年。该种现有少量活体栽培于木本地，生长一般。

其他 该种在国际植物园保护联盟（BGCI）中有69个迁地保育点。国内杭州植物园、南京中山植物园和吐鲁番沙漠植物园有栽培记录。

物候信息

北京植物园 4月中下旬开花；6月下旬果实成熟。

黑龙江省森林植物园 5月下旬至6月上旬开花；6月下旬果实开始成熟并逐渐变为红色，可持续至8月底才全部脱落。

沈阳树木园 5月上旬开花；7月果实成熟。

迁地栽培要点

喜夏季凉爽的寒温带气候,耐寒,不耐夏季高温高热。要求全日照或半阴环境和排水良好的深厚沙质土壤,稍耐旱,不耐水涝。播种繁殖。

主要用途

花果繁密,观赏性近似金银忍冬,但适应性较差。

133 新疆忍冬

Lonicera tatarica L., Sp. Pl. 1: 173. 1753.

自然分布

产新疆。中亚至欧洲广泛分布。生于海拔700~1600m的石质山坡或山沟的林缘和灌丛中。

迁地栽培形态特征

植株 落叶灌木，高1~2m。植株有时呈蓝绿色。

茎 老枝灰白色；幼枝纤细，常带紫红色，有毛或无毛。髓褐色，后中空。冬芽小，外鳞片约4对，卵形。

叶 叶纸质，卵形至卵状长圆形，有时长圆形，长2~5cm，宽1~2cm，顶端急尖，稀渐尖或钝，基部圆形或稍心形，边缘有缘毛，两面无毛至被柔毛，叶面常呈蓝绿色，有时有白粉；叶柄长2~5mm。

花 花序生于幼枝叶腋，直立，常繁密；总花梗长1~2cm。苞片线形至倒卵状披针形，长2~7mm。小苞片分离，圆卵形，长约1mm，有缘毛，有时与萼筒近等长。相邻两萼筒分离，萼齿三角形，长达1mm。花冠颜色和大小随品种而异，二唇形，花冠筒短于花冠裂片，基部具浅囊，上唇具4裂片，边上2个侧裂片常裂至基部而开展，中部裂片浅裂，下唇反卷。雄蕊5，短于花冠；花柱短于花冠，有短柔毛。

果 浆果红色或黄色，圆球形，直径5~6mm。种子长约2mm，光滑，具凹腺点。

引种信息

北京植物园 引种多次，但仅查到1次引种记录。1988年自瑞典厄厄普撒拉大学植物园引种（登录号1988-0047z）。目前该种在展区有多处定植，生长良好，花果繁茂。

黑龙江省森林植物园 引种信息不详。目前该种在展区有栽培，生长良好，花果繁茂。

华南植物园 2011年引种（登录号20110411）；2018年自网络购买（登录号20181537）。目前该种在珍稀濒危植物繁育中心有栽培，尚为幼苗，生长较差。

南京中山植物园 引种19次（包含种下等级）。1958年引种（登录号EI124-024、EI107-434）；1958年自波兰引种（登录号EI123-29）；1958年自苏联引种（登录号EI20-550）；1959年自苏联引种（登录号EI132-097）；1961年自匈牙利引种（登录号EI159-062）；1962年自斯洛伐克引种（登录号EI170-051）；1963年自德国引种（登录号E702-126）；1964年自波兰引种（登录号E207-080）；1964年自意大利引种（登录号E17015-172）；1964年自苏联引种（登录号E1050-032、E1050-035）；1975年自瑞士洛桑引种（登录号E1803-0047）；1976年引种（登录号76E4205-004）；1986年引种（登录号86E1048-6）；1992年引种（登录号92E1509-6）；1999年自法国引种（登录号99E14009-6、99E14009-7）；2017年自沈阳市植物园引种（登录号2017I108）。目前该种在展区有定植，生长良好，花果繁茂。

银川植物园 2008年自内蒙古呼和浩特植物园引种。目前该种展区有栽培，生长良好，花果繁茂。

上海辰山植物园 2008年自德国引种（登录号20081238、20080844）。目前该种在园内有栽培，生长良好，可开花结果。

沈阳树木园 1997年自中国科学院植物研究所北京植物园引种（登录号19970009）。

武汉植物园 无引种信息，园地管理部零星栽培，应该购买自浙江虹越园艺公司。

中国科学院植物研究所北京植物园 引种185次（包含种下等级、品种和相关杂种引种）。最早于1954年引种（登录号1954-5257）；最近一次为2016年自山东青岛引种（登录号2016-1062）；现植物园有多次引种存活，包括1980年自罗马尼亚引种（登录号1980-2841）、1981年自美国引种（登录号1981-20011）、1981年余树勋带回（登录号1981-4375、1981-4433）、1985年自亚美尼亚引种（登录号1985-2543）、1985年自荷兰引种（登录号1985-575）、1986年自苏联引种（登录号1986-771）、1986年引种（登录号1986-20237）、1991年自罗马尼亚引种（登录号1991-4832）、1996年自拉脱维亚引种（登录号1996-1774）以及2003年自西班牙引种（登录号2003-2326）。目前该种在展区有多处定植，生长良好，花果繁茂。

其他 该种在国际植物园保护联盟（BGCI）中有131个迁地保育点。国内山东莱阳北方植物园有栽培。

物候信息

黑龙江省森林植物园 5月底至6月初开花；7月果实成熟。

上海辰山植物园 4月中旬开花；5月中旬果实成熟。

沈阳树木园 5月中旬开花；6月下旬果实成熟。

中国科学院植物研究所北京植物园 3月上中旬开始萌芽；3月下旬展叶，随后新枝生长；4月初出现花蕾；4月中下旬开花；5月下旬至6月初果实变为红色；6月果实成熟，随后脱落；11月落叶。

迁地栽培要点

喜夏季冷凉干爽的大陆性温带气候，耐寒，较不耐夏季高温高湿。喜全日照环境，半阴环境也可生长。要求排水良好的砂质土壤，耐旱，不耐涝。播种或扦插繁殖。

主要用途

本种适应性较广泛，春季花繁密，颜色因品种而异，夏季鲜红色浆果缀满枝头，是忍冬属中最具观赏价值的灌木种类之一。适于庭院中丛植或片植观赏。

花序

花序（汪远 摄）

叶背

果实

新疆忍冬（*Lonicera tatarica* L.）在园林栽培运用上较为广泛，并且变异较大，种下有许多变种及品种，英国皇家园艺学会栽培植物数据库（https://apps.rhs.org.uk/horticulturaldatabase/）中和新疆忍冬有关的记录有18条（检索日期2020年5月10日）。淡黄新疆忍冬也已经从原来的种等级 *Lonicera morrowii* A.Gray 被处理为新疆忍冬的变种 *Lonicera tatarica* var. *morrowii* (A. Gray) Q. E. Yang, Landrein, Borosova & J. Osborne。此外，蓝叶忍冬（*Lonicera korolkowii* Stapf）虽然园林上也常记载有栽培，但实际上真正野生类型的蓝叶忍冬罕见栽培，栽培的主要是杂种可爱忍冬（*Lonicera* × *amoena* Zabel）。蓝叶忍冬实际上与新疆忍冬的一些种下类型难以区分，从其原始描述来看，应该是新疆忍冬的一个地理类群，这里将其处理为新疆忍冬的变种 *Lonicera tatarica* var. *korolkowii* (Stapf) Q. W. Lin。因此，原来被认为是由上述3种杂交而来的所谓杂种可爱忍冬（*Lonicera* × *amoena* Zabel）、美丽忍冬（*Lonicera* × *bella* Zabel）等也就不成立了，应该作为新疆忍冬的品种群对待。在中国，新疆忍冬原种很少栽培，植物园以及各地园林栽培的基本都是新疆忍冬的品种，为区分这些品种，这里对新疆忍冬重要的种下等级和常见品种编制了检索表，并附典型识别特征图片。

新疆忍冬种下等级及常见品种检索表

1a. 花粉红色至白色，不变为黄色。
  2a. 植株近完全无毛。
    3a. 果实成熟时橙黄色 ································ 黄果新疆忍冬 *L. tatarica* 'Lutea'
    3b. 果实成熟时红色。
      4a. 花淡紫色，常带白色 ································ 新疆忍冬原变种 *L. tatarica* var. *tatarica*
      4b. 花深紫红色，上唇裂片深，与下唇近等长。
        5a. 花冠裂片边缘无白色条纹 ················· 阿诺德红新疆忍冬 *L. tatarica* 'Arnold Red'
        5b. 花冠裂片边缘有白色条纹 ··················· 扎贝尔新疆忍冬 *L. tatarica* 'Zabelii'
  2b. 植株多少有毛，尤其是幼枝、叶片和苞片；植株常呈蓝绿色。
    6a. 花白色 ································ 白花新疆忍冬 *L. tatarica* 'Alba'
    6b. 花玫红色或淡紫色。
      7a. 叶子基部狭楔形 ································ 蓝叶忍冬 *L. tatarica* var. *korolkowii*
      7b. 叶子基部圆形或稍心形。
        8a. 结果多而繁密 ············· 繁果新疆忍冬 *L. tatarica* var. *korolkowii* 'Floribunda'
        8b. 结果一般 ················· 玫红新疆忍冬 *L. tatarica* var. *korolkowii* 'Rosea'
1b. 花白色或黄白色，后变为黄色；叶常被短柔毛；花序梗和苞片无缘毛。
  9a. 花冠长度在12mm以上 ···················· 淡黄新疆忍冬 *L. tatarica* var. *morrowii*
  9b. 花冠长度在12mm以下 ····················· 小花新疆忍冬 *L. tatarica* var. *micrantha*

黄果新疆忍冬

阿诺德红新疆忍冬的植株　　　阿诺德红新疆忍冬的植株

阿诺德红新疆忍冬的花序　　阿诺德红新疆忍冬的花序　　阿诺德红新疆忍冬的花序　　阿诺德红新疆忍冬的花序

玫红新疆忍冬的花枝（刘冰 摄）

玫红新疆忍冬的花枝

玫红新疆忍冬的花枝

淡黄新疆忍冬的植株

淡黄新疆忍冬的花枝

淡黄新疆忍冬的花枝

小花新疆忍冬的花枝

小花新疆忍冬的花序

组11 忍冬组
Sect. *Nintooa* DC.

  缠绕灌木，稀匍匐，落叶或常绿。枝常中空。双花常生于分枝上部或顶端，密集成总状、伞房、近头状或圆锥状聚伞花序。苞片钻形，稀叶状。小苞片分离。相邻两萼筒分离，萼齿显著。花冠二唇形，最长达12cm，筒部无距，常细长。柱头有毛或无毛。果实黑色、蓝黑色、绿色、红色或白色，常有宿萼。

  约25种，中国原产约16种，迁地栽培约13种，均为中国原产种类。本书未收录的三个中国原产种类为：1.无梗忍冬（*Lonicera apodantha* Ohwi），特产中国台湾，该种在 *Flora of China*（杨亲二等 2011）中被并入淡红忍冬（*Lonicera acuminata* Wall.），但该种花序近无梗，少花，枝条密被开展长糙毛，与淡红忍冬差异极为显著，应该予以恢复种级地位，该种目前未见有引种栽培记录；2.短柄忍冬（*Lonicera pampaninii* Lévl.），产中国南部，同样在 *Flora of China* 中被并入淡红忍冬，但该种不仅花序近无梗，而且具有显著的叶状苞片，与淡红忍冬差异显著，应该予以恢复种级地位，该种目前也未见有引种栽培记录；3.皱叶忍冬（*Lonicera rhytidophylla* Hand.-Mazz.），产华东及华南地区，该种在 *Flora of China* 中学名误用了（*Lonicera reticulata* Champ. 1852），因为产北美的葡萄忍冬（*Lonicera reticulata* Raf. 1838）比这要早，更具有优先权，该种曾在华南植物园引种栽培（登录号20020528），但调查时未有发现。该组还有约9个中国不产的种类，大多产亚洲南部以及喜马拉雅山区的热带亚热带地区，目前有关这些种类的文献、标本以及活体影像等资料均非常缺乏，有待进一步调查和研究。

忍冬组分种检索表

1a. 叶革质或亚革质，无毛；果实红色或白色；常绿或半常绿藤本。
  2a. 小枝粗壮；叶大，长7~15cm，有光泽，网脉不显著；花冠粗大，外面淡紫红色，长8~15cm，直径可达4mm ·· 134. **大果忍冬 L. hildebrandiana**
  2b. 小枝纤细；叶小，长3~10cm，网脉清晰可见；花冠纤细，黄白色，长3~9cm，直径1~2mm。
    3a. 植株全体几无毛；花冠唇瓣长至少为花冠筒的2/5；雄蕊和花柱伸出花冠许多 ··· 135. **长花忍冬 L. longiflora**
    3b. 幼枝密被黄色短柔毛；花冠唇瓣极短，长约为花冠筒的1/8；雄蕊和花柱稍伸出花冠 ··· 136. **西南忍冬 L. bournei**
1b. 叶纸质或皮纸质，常被毛；果实黑色或白色；落叶或半常绿藤本。
  4a. 花冠长不超过3cm，红色、橙色或黄白色；花冠筒和唇瓣近等长或较长；花柱有毛；果实黑色。
    5a. 匍匐灌木；叶革质，卵圆形至长圆形，顶端钝至圆形，有时具小凸尖，或微凹缺；花冠白色，外面淡红色，后变黄色 ··························· 137. **匍匐忍冬 L. crassifolia**
    5b. 缠绕藤本；叶革质或厚纸质，长圆形至披针形，顶端常渐尖；花冠黄白色、紫红色或红褐色，后变黄色 ·································· 138. **淡红忍冬 L. acuminate**
  4b. 花冠一般长3cm以上，白色或黄白色，后变为黄色；花冠筒细长，长于唇瓣；花柱无毛或被短柔毛；果实黑色或白色。
    6a. 苞片小，非叶状。
      7a. 叶边缘明显具黄褐色长缘毛。
        8a. 花冠短，长2~3cm；叶两面上的黄褐色糙毛极密 ············· 139. **锈毛忍冬 L. ferruginea**
        8b. 花冠长，长4.5~7cm；叶两面上的黄褐色糙毛较为稀疏 ······ 140. **大花忍冬 L. macrantha**
      7b. 叶边缘无缘毛。
        9a. 叶片背面常被毡毛，毛之间无空隙，呈灰白色或灰绿色。
          10a. 幼枝无开展长糙毛；叶背常灰绿色，毡毛由短糙毛和微腺毛组成；花序排列密集紧凑；花冠较短，长3.5~6cm，外面被倒短糙伏毛及橘黄色腺毛 ·· 141. **灰毡毛忍冬 L. macranthoides**
          10b. 幼枝常被开展长糙毛；叶背常呈灰白色，毡毛由细短柔毛组成；花序排列宽大稀疏；花冠较长，长4~7cm，外面无毛或有毛 ················ 142. **细毡毛忍冬 L. similis**
        9b. 叶片背面不被毡毛，毛之间有空隙或无毛，呈绿色或淡绿色。
          11a. 叶小，长3~6cm，无腺体，被短糙毛；萼筒被短糙毛；果实白色 ··· 143. **华南忍冬 L. confusa**
          11b. 叶大，长6~10cm，背面有黄色至橘红色蘑菇形腺体，有毛或无毛；萼筒无毛；果实蓝黑色 ······················· 144. **菰腺忍冬 Lonicera affinis var. hypoglauca**
    6b. 苞片大，叶状。
      12a. 苞片长圆形至披针形，长1~2cm；萼筒上半部疏生短柔毛 ··· 145. **滇西忍冬 L. buchananii**
      12b. 苞片卵形至椭圆形，长达2~3cm；萼筒密被毛。
        13a. 幼枝暗红褐色；花冠白色，后变黄白色 ··············· 146. **忍冬 L. japonica**
        13b. 幼枝紫黑色；花冠外面紫红色，内面白色 ······ 146a. **红白忍冬 L. japonica var. chinensis**

134 大果忍冬

Lonicera hildebrandiana Collett & Hemsl., J. Linn. Soc., Bot. 28: 64. 1891.

植株

自然分布

产广西和云南。缅甸和泰国也有。生于海拔1000~2300m的林下或林缘灌丛。

迁地栽培形态特征

植株 常绿藤本，长可达数米；全体无毛。

茎 小枝粗壮，暗红色至灰褐色。冬芽披针形。

叶 叶革质，椭圆形至倒卵状椭圆形，长7~15cm，宽4~8cm，顶端急渐尖或渐尖，基部圆形或阔楔形，稍下延，两面无毛，有光泽，叶面暗绿色，背面淡绿色，侧脉5~6对，两面模糊可见，网脉不显著；叶柄长1~2.5cm。

花 双花少数生于枝条上部叶腋；总花梗粗短，长4~15mm。苞片三角形，长约1.5mm。小苞片卵状三角形，长1~1.5mm。相邻两萼筒分离，长6~8mm；萼檐杯状，萼齿三角形，顶端钝，长0.5~2mm。花冠粗大，内面白色，外面淡紫红色，后整体变黄色，长8~15cm，二唇形，花冠筒长5~7cm，直径可达4mm，上下唇均反卷，上唇4裂，两侧裂片深达唇瓣的3/8，中裂片长5~6mm。雄蕊比花冠短，花药条形，长7~8mm；花柱长等于花冠。

果 果实大，梨状，卵圆形，长可达2.5cm，成熟时红色，顶端具显著的宿萼。种子少数，长约8mm。

引种信息

上海辰山植物园 2010年引种（登录号20102649）。目前该种在温室入口处有栽培，生长良好，尚未见开花结果。

西双版纳热带植物园 引种6次。2001年自云南景洪悠乐山引种插条（登录号00,2001,1298）；2006年自云南景洪悠乐山引种插条（登录号00,2006,0218）；2007年自云南石屏新城引种插条（登录号00,2007,0003）；2007年自云南西盟引种插条（登录号00,2007,0599）；2009年自云南普洱宁洱西门崖子引种小苗（登录号00,2009,0450）；2010年自广西凭祥引种小苗（登录号00,2010,1182）。目前最后一号引种生存状况良好，尚未开花结果。

中国科学院植物研究所北京植物园 引种2次。2014年和2015年林秦文分别自云南文山麻栗坡下金厂中寨石灰岩山地引种幼苗（登录号2014-25、2015-38），栽培于温室，能成活，生长较为缓慢，后因管理不善而死亡。

其他 该种在国际植物园保护联盟（BGCI）中有33个迁地保育点。

物候信息

野生状态 3~7月开花；6~8月果实成熟。

迁地栽培要点

适应温暖湿润的热带亚热带山地气候，不耐寒，亦不耐旱。要求半阴环境和排水良好、深厚肥沃的酸性土壤。扦插或播种繁殖。

主要用途

本种具有忍冬属中最大的花果，形态特殊，具有科研价值，同时也可供观赏。花还可代替忍冬入药。

135 长花忍冬

Lonicera longiflora (Lindley) DC., Prodr. [A. P. de Candolle] 4: 331. 1830.

自然分布

特产中国广东、广西、海南和云南。生于海拔1200～1700m的疏林内或山地向阳处。

迁地栽培形态特征

- **植株** 半常绿藤本，长可达数米；全体常无毛，仅幼枝有时被糙毛。
- **茎** 小枝纤细，红褐色或紫褐色，节间长，平滑。
- **叶** 叶纸质或薄革质，卵状长圆形至长圆状披针形，长5～10cm，宽2～4cm，顶端渐尖，基部圆形至宽楔形，叶面绿色，光亮，背面淡绿色，侧脉3～5对，小脉水平状网脉纤细，均在背面显著凸起而呈网格状；叶柄长5～10mm，基部相连而在节部呈线状凸起。
- **花** 双花花序常集生于小枝上部叶腋，呈疏散的总状花序；总花梗与叶柄等长或略超过。苞片条状披针形，长2～2.5mm。小苞片圆卵形，长约1mm。萼筒长圆形，长2.5mm，萼齿三角状披针形，长达1.5mm。花冠白色，后变黄色，长5～9cm，外面无毛或散生少数开展长腺毛，二唇形，花冠筒细，长3～6cm，直径约2mm，内面有柔毛，上唇4裂，裂片长约2mm，下唇反卷成圈。雄蕊和花柱伸出花冠。花柱基部被毛。
- **果** 果实成熟时白色。

引种信息

华南植物园 2011年自海南引种（登录号20112954）。目前该种在藤本园有栽培，生长良好，已经开花结果。

其他 该种不在国际植物园保护联盟（BGCI）活植物数据库中。

物候信息

华南植物园 除冬季外，其他季节均有营养生长；花期不定，3～9月均可开花；10月果实成熟；常绿。

迁地栽培要点

适应高温高湿的热带亚热带气候，不耐寒，亦不耐旱。要求全日照环境和排水良好、深厚肥沃的酸性土壤。栽培需搭棚架。扦插或播种繁殖。

主要用途

花大而繁密，可供观赏，还可入药代金银花。

136 西南忍冬

Lonicera bournei Hemsl., J. Linn. Soc., Bot. 23: 360. 1888.

自然分布
产广西和云南。缅甸也有。生于海拔800~2000m的林中。

迁地栽培形态特征
植株 常绿藤本，长可达数米。

茎 幼枝、叶柄和总花梗均密被黄色短柔毛；老枝淡褐色，无毛或近无毛。

叶 叶薄革质，卵圆形、椭圆形至长圆状披针形，长3~8.5cm，宽2~3cm，顶端急尖至渐尖，基部圆或有时微心形，两面近无毛，叶面暗绿色，光亮，背面淡绿色，侧脉4~6对，在背面显著，弧曲上升，在近边缘处互相网结，网脉纤细，网格状，清晰可见；叶柄长2~6mm。

花 双花花序密集生于小枝上部叶腋，排成短总状花序，花芳香；总花梗极短。苞片披针形，常长于萼筒。小苞片圆卵形或倒卵形，长约为萼筒的1/3。萼筒椭圆状，长约2mm，萼檐杯状，萼齿三角形，长约1mm，顶端尖。花冠白色，后变黄色，长3~5cm，外面无毛，二唇形，花冠筒细长，长2.5~4cm，直径1~2mm，唇瓣极短，长约为筒的1/8，稍反卷，上唇4裂。雄蕊和花柱均伸出花冠，花药长2~2.5mm。花柱自上而下散生柔毛。

果 果实椭圆形，长可达1cm，幼时绿色，成熟时鲜红色，顶端具明显的宿萼。

引种信息
西双版纳热带植物园 引种5次，1次无引种记录。2001年自云南勐海引种小苗（登录号00,2001,0085）；2009年自云南普洱宁洱西门崖子引种小苗（登录号00,2009,0433）；2009年自云南墨江玉碧麻达引种小苗（登录号00,2009,1739）；2010年自云南普洱勐先狮子崖引种小苗（登录号00,2010,0335）。目前在藤本园有定植，生长良好，已经正常开花结果。

其他 该种在国际植物园保护联盟（BGCI）中有1个迁地保育点。

物候信息
西双版纳热带植物园 全年均有营养生长；2~4月开花；5~6月果实成熟；常绿。

迁地栽培要点
适应高温高湿的热带亚热带气候，不耐寒，亦不耐旱。要求全日照环境和排水良好、深厚肥沃的酸性土壤。栽培需搭棚架。扦插或播种繁殖。

主要用途
枝叶繁密，开花芳香，果实红艳，是优良的藤蔓植物。花可代金银花入药。

137 匍匐忍冬

Lonicera crassifolia Batalin, Trudy Imp. S.-Peterburgsk. Bot. Sada. 12: 172. 1892.

自然分布

特产中国贵州、湖北、湖南、四川和云南。生于海拔900~1700m的溪边、悬崖或林缘湿润石缝中。

迁地栽培形态特征

植株 常绿匍匐灌木，枝条长可达1m以上。

茎 枝有长短之分；长枝匍匐，有时生根；侧生短枝直立。幼枝密被淡黄褐色卷曲短糙毛。冬芽有数对鳞片。

叶 叶通常密集于当年小枝上部，革质，卵圆形、宽椭圆形至长圆形，长1~4.5cm，宽0.5~2cm，两端稍尖至圆形，顶端有时具小凸尖或微凹缺，边缘背卷，密生糙缘毛，除叶面中脉有短糙毛外，两面均无毛，叶面绿色，背面淡绿色，有时紫红色；叶柄长3~8mm，叶面具沟，有缘毛。

花 双花花序少数几个生于小枝上部叶腋；总花梗长2~10mm。苞片、小苞片和萼齿顶端均有睫毛。苞片披针形，长达1mm。小苞片圆卵形，长约为苞片一半。萼筒长圆形，有白粉，萼齿狭披针形至卵状三角形，长达1mm。花冠白色，外面淡红色，后变黄色，二唇形，长1.5~2cm，外面无毛，内面被糙毛，花冠筒长1~1.5cm，基部一侧略肿大，上唇直立，4浅裂，裂片卵形，长约1mm，下唇反卷。雄蕊与花柱伸长花冠；花丝和花柱下部被疏硬毛。

果 果实被白粉，幼时绿色，成熟时黑色，梨形，长5~6mm，顶端具明显宿萼。种子少数，淡褐色，椭圆状，扁平，长3~4mm，表面具网纹。

引种信息

峨眉山生物站 2018年自四川峨眉山罗汉坪引种（登录号18-2193-EMS）。生长较快，长势良好，已经开花。

华南植物园 引种2次（含品种）。2014年自湖北恩施引种（登录号20140498、20140564）。目前该种在珍稀濒危植物繁育中心和壳斗科植物区有栽培，生长良好，尚未开花结果。

武汉植物园 引种3次。2004年自重庆南川金佛山引种小苗（登录号20044792）；2011年自四川古蔺黄荆乡笋子山引种小苗（登录号20110309）；2011年自湖北五峰湾潭镇茅庄北风垭引种小苗（登录号20113497）。生长良好，未见开花结果。

中国科学院植物研究所北京植物园 2014年林秦文自贵州道真阳溪镇王家湾引种幼苗（无登录号），栽培于塑料大棚，生长良好，后因缺乏管理死亡。

其他 该种在国际植物园保护联盟（BGCI）中有20个迁地保育点。

物候信息

峨眉山生物站 5月上旬开花；未见结果；常绿。

迁地栽培要点

喜夏季凉爽湿润的亚热带中山气候，不耐寒，亦不耐旱。要求半阴或遮阴环境和排水良好的肥沃酸性土壤。适合温室盆栽。压条、扦插或播种繁殖。

主要用途

株型别致，花美丽别致，适合盆栽观赏，也可制作盆景。

138 淡红忍冬

Lonicera acuminata Wall., Fl. Ind. (Carey & Wallich ed.) 2: 176. 1824.

自然分布

产安徽、福建、甘肃、广东、广西、贵州、湖北、湖南、江西、陕西、四川、台湾、西藏、云南和浙江。不丹、印度、缅甸、尼泊尔和菲律宾也有。生于海拔100~3200m的林中或灌丛中。

迁地栽培形态特征

植株 半常绿藤本，长可达数米。

茎 分枝中空。分枝、叶柄、花序梗常密被黄褐色糙毛，有时夹杂开展糙毛和微腺毛，或完全无毛。

叶 叶革质或厚纸质，形状和毛被变异较大，长圆形至披针形，长4~11cm，宽2~4cm，顶端常渐尖，基部圆形、近心形至截形，边缘常有缘毛，两面至少中脉有黄褐色毛，侧脉4~6对，纤细，不明显，网脉不可见；叶柄长2~15mm。

花 双花花序密集生于小枝顶端和上部叶腋，排成近伞房状花序；总花梗长0~25mm，向上渐短。苞片钻形，长2~4mm。小苞片卵圆形，长约1mm。萼筒圆柱形，无毛，有时被白粉，萼齿卵形至狭三角形，长达1.5mm。花冠黄白色、紫红色或红褐色，后变黄色，长1.5~2.5cm，外面无毛，内有柔毛，二唇形，花冠筒短，长0.9~1.2cm，上唇直立，不规则4裂，裂片圆卵形，长1~2mm，下唇反卷。雄蕊长于或近等于花冠，花丝下部有毛。花柱伸出花冠，除顶部外有毛。

果 果实卵圆形，直径4~5mm，幼时绿色，成熟时蓝黑色，表面有粉霜，顶端有明显宿萼。种子椭圆状至长圆形，扁平，长3~4mm，表面具细凹点。

引种信息

北京植物园 引种1次。2000年自甘肃天水麦积山植物园引种（登录号2000-0433）。目前有少量栽培，生长一般。

华南植物园 2006年引种（登录号20060102、20060103），详细信息不详；2011年引种（登录号20113919），详细信息不详。目前该种在珍稀濒危植物繁育中心有栽培，生长良好，尚未开花结果。

上海辰山植物园 2007年自陕西汉中留坝庙台子林场引种（登录号20071429）。目前该种在园内有栽培，生长良好，花果繁茂。

武汉植物园 引种8次。2003年自湖北利川沙溪镇黄泥塘村引种小苗（登录号20032335）；2004年自陕西太白黄柏塬镇村大南沟引种小苗（登录号20047673）；2004年自陕西凤县温江寺乡瓦店子村引种小苗（登录号049050）；2008年自神农架红坪引种小苗（登录号20083004）；2009年自陕西佛坪大熊猫自然保护区凉风垭站引种小苗（登录号20090348）；2009年自陕西汉中佛坪岳坝乡大古坪村引种小苗（登录号20094181）；2010年自四川凉山彝族自治州美姑依果觉乡引种小苗（登录号20100721）；2111年自甘肃康县阳坝镇引种小苗（登录号20110154）。

中国科学院植物研究所北京植物园 引种57次。最早于1951年自西北引种（登录号1951-1017）；

最近一次为2012年自西藏波密易贡茶场引种（登录号2012-1177）；其中2010年自西藏林芝地区引种（登录号2010-1487）存活较长时间，最后于2017年死亡。目前已无活体。

其他 该种在国际植物园保护联盟（BGCI）中有66个迁地保育点。国内贵州省植物园、杭州植物园、昆明植物园、庐山植物园和南京中山植物园有栽培记录。

物候信息

中国科学院植物研究所北京植物园 3月中下旬开始萌芽；4月展叶并进行新枝生长；4月下旬出现花蕾；5月中下旬开花；未见结果；11月落叶。

迁地栽培要点

喜温暖湿润的亚热带山地气候，适应性较为广泛，稍耐寒，北京地区在有庇护的小环境中可露地越冬。喜全日照或半阴环境和排水良好的肥沃深厚土壤。栽培需搭棚架。播种繁殖。

主要用途

花美丽，是优良的观花藤蔓植物。

139 锈毛忍冬

Lonicera ferruginea Rehder, Trees & Shrubs. [Sargent] 1: 43. 1902.

自然分布

产福建、广东、广西、贵州、湖南、江西、四川和云南。印度、柬埔寨和泰国也有。生于海拔600~2000m的疏林、密林或灌丛中。

迁地栽培形态特征

植株 常绿或半常绿藤本，长可达数米。植株各部位均密被开展黄褐色糙毛。

茎 幼枝纤细，红褐色，节间长。

叶 叶厚纸质，长圆状卵形至椭圆形，长5~14cm，宽2~5cm，顶端尾尖、渐尖或短尖，基部圆形或微心形，边缘缘毛长达1mm，叶面暗绿色，有光泽，叶脉略下陷，背面淡绿色，叶脉凸起，侧脉2~4对，网脉显著；叶柄长4~10cm。

花 双花2~3对组成小总状花序，生于小枝上方叶腋，并由4~5个小花序在小枝顶端组成小圆锥花序；总苞片丝状，长4~12mm；总花梗长1~5mm。苞片狭条形，长2~4mm。小苞片圆卵形，长约1mm。萼筒长约2mm，萼齿披针形，长达2mm。花冠初时白色，后变黄色，二唇形，长2~3cm，花冠筒长1.5~2cm，内外两面均有糙毛，上唇4裂，裂片长2~3mm，下唇条状长圆形，长约1cm。雄蕊长于或等于花冠，花丝下半部有疏糙毛。花柱无毛或下部有毛。

果 果实卵圆形，直径约8mm，成熟时黑色。种子卵圆形，扁平，长约3.5mm，表面具浅凹点。

引种信息

桂林植物园 引自广西。目前园内有栽培，生长一般。

华南植物园 2006年引种（登录号20060684），具体引种信息不详。目前该种记载在园内有栽培，生长良好，可正常开花结果。

西双版纳热带植物园 引种5次，1次无引种记录。2001年自云南墨江引种小苗（登录号00,2001,3361）；2007年自云南景洪勐宋引种插条（登录号00,2007,0230）；2008年自云南景洪攸乐山引种小苗（登录号00,2008,0413）；2008年自云南勐腊望乡台引种小苗（登录号00,2008,0604）；2014年自云南景东文龙瓦罐窑引种（登录号00,2014,2056）；2014年自云南新平帽儿山引种（登录号00,2014,2971）。目前在藤本园有定植，生长良好，尚未开花结果。

其他 该种在国际植物园保护联盟（BGCI）中有5个迁地保育点。国内福州植物园有栽培记录。

物候信息

野生状态 5~6月开花；8~9月果实成熟。

迁地栽培要点

适应高温高湿的热带亚热带气候，不耐寒，亦不耐旱。要求全日照或半阴环境和排水良好、深厚肥沃的酸性土壤。栽培需搭棚架。扦插或播种繁殖。

主要用途

生长旺盛，花繁密，是优良的观花藤蔓植物。花可代金银花入药。

140 大花忍冬

Lonicera macrantha (D. Don) Sprengel, Syst. Veg. 4 (2): 82. 1827.
Lonicera strigosiflora C.Y.Wu ex X. W. Li, Fl. Yunnan. 5: 434. 1991.

自然分布

产福建、广东、广西、贵州、湖南、江西、四川、台湾、西藏、云南和浙江。不丹、印度、缅甸、尼泊尔和越南也有。生于海拔300~1500m的山谷和山坡林中或灌丛中。

迁地栽培形态特征

植株 半常绿藤本。植株各幼嫩部位常密被黄色糙毛。

茎 小枝红褐色或紫红褐色，老枝赭红色。

叶 叶近革质或厚纸质，卵状椭圆形至卵状长圆形，稀披针形，长4~11cm，宽2~4cm，顶端尖至渐尖，基部圆形至近心形，边缘有长糙睫毛，叶面暗绿色，中脉上有小糙毛，背面淡绿色，沿脉生糙毛或腺毛，侧脉4~6对，网脉清晰可见；叶柄长3~10mm。

花 双花花序生于小枝上部叶腋，密集成伞房状花序，花微香；总花梗长1~8mm。苞片披针形至条形，长2~5mm。小苞片卵形或圆卵形，长约1mm。萼筒圆柱形，长约2mm，无毛，萼齿披针形，长1~2mm，有小硬毛。花冠白色，后变黄色，二唇形，长4.5~7cm，外面被糙毛、微毛和腺毛，花冠筒纤细，长3~5cm，内面有密柔毛，上唇具4裂片，裂片长卵形，下唇反卷。雄蕊和花柱均略超出花冠，无毛。

果 果实圆形或椭圆形，长8~12mm，成熟时白色。

引种信息

华南植物园 2001年引种（登录号20010669）；2003年引种（登录号20033231）；2004年引种（登录号20043179），具体引种信息不详。记载该种在珍稀濒危植物繁育中心栽培，调查未见活体。

上海辰山植物园 2009年自安徽芜湖欧标公司引种（登录号20090306）。目前该种在园内有栽培，生长良好，可正常开花结果。

西双版纳热带植物园 2001年自云南勐腊望香台引种苗（登录号00,2001,0564）；2017年引种（登录号00,2017,0743）。未见活体。

其他 该种在国际植物园保护联盟（BGCI）中有8个迁地保育点。国内昆明植物园、南京中山植物园、沈阳树木园、吐鲁番沙漠植物园和武汉植物园有栽培记录，但大都属于错误鉴定，不是真正的大花忍冬［*Lonicera macrantha* (D. Don) Spreng.］。

物候信息

野生状态 2~5月开花；5~6月果实成熟。

迁地栽培要点

适应高温高湿的热带亚热带气候，不耐寒，亦不耐旱。要求全日照或半阴环境和排水良好、深厚肥沃的酸性土壤。栽培需搭棚架。扦插或播种繁殖。

主要用途

生长旺盛，花繁密，是优良的观花藤蔓植物。花可代金银花入药。

141
灰毡毛忍冬

Lonicera macranthoides Hand.-Mazz., Symb. Sin. Pt. 7. 1050. 1936.

自然分布

特产中国安徽、福建、广东、广西、贵州、湖北、湖南、江西、四川和浙江。生于海拔500~1800m的山地林内或灌丛中。

迁地栽培形态特征

植株 落叶藤本，长可达数米。植株幼嫩部分常被薄绒状短糙伏毛及腺毛，一般无开展长刚毛。

茎 幼枝常粗壮，绿色至红褐色；老枝红褐色。

叶 叶皮纸质，卵形、宽披针形至椭圆形，长6~14cm，宽3~6cm，顶端急尖或渐尖，基部圆形或微心形，边缘有短缘毛，叶面暗绿色，无毛，网脉下陷而皱，背面被灰白色或灰黄色毡毛，毡毛由短糙毛组成，并散生暗橘黄色微腺毛，网脉凸起而呈明显蜂窝状；叶柄长6~10mm。

花 双花花序常密集生于侧生短枝叶腋，组成伞房状花序，多数伞房状花序再排列于长枝上组成长圆锥状花序，花有香味；总花梗长0.5~3mm。苞片披针形，长2~4mm。小苞片圆卵形，长约为萼筒之半。萼筒常有蓝白色粉，长近2mm，萼齿三角形，长1mm。花冠白色，后变黄色，长3.5~6cm，外被倒短糙伏毛及橘黄色腺毛，内面密生短柔毛，二唇形，花冠筒纤细，长2.5~4cm，上唇4裂，裂片不等大，下唇条状倒披针形，反卷成圆圈。雄蕊和花柱均伸出花冠许多，无毛。柱头略低于雄蕊。

果 果实卵圆形，直径6~10mm，常有蓝白色粉，成熟时黑色，顶端具显著宿萼。

引种信息

上海辰山植物园 2012年自浙江农林大学引种（登录号20121502）。目前该种在园内有栽培，生长良好，可正常开花结果。

武汉植物园 引种2次。2005年自江西石城洋地乡七岭村引种小苗（登录号20051863）；2011年自贵州安龙笃山镇引种小苗（登录号110389）。

西双版纳热带植物园 引种2次。2002年自四川重庆北碚引种种子（登录号00,2002,2573）；2012年自重庆三泉药圃引种种子（登录号00,2012,0198）。目前在藤本园有定植，生长良好，已开花结果。

其他 该种在国际植物园保护联盟（BGCI）中有2个迁地保育点。国内广西药用植物园、昆明植物园、南京中山植物园、上海辰山植物园、沈阳树木园、吐鲁番沙漠植物园、武汉植物园和厦门市园林植物园有栽培记录。

物候信息

野生状态 6月中旬至7月上旬开花；10~11月果实成熟。

迁地栽培要点

适应温暖湿润的亚热带山地气候，不耐寒，亦不耐旱。要求全日照或半阴环境和排水良好、深厚肥沃的酸性土壤。扦插或播种繁殖。

主要用途

花入药,是中药材金银花的主要来源之一。开花繁密,可栽培观赏。

142 细毡毛忍冬

别名： 细绒忍冬

Lonicera similis Hemsl., J. Linn. Soc., Bot. 23: 366. 1888.

自然分布

产福建、甘肃、广西、贵州、湖北、湖南、江西、陕西、四川、云南和浙江。缅甸也有。生于海拔400~1600m的山谷溪边、向阳山坡林中或灌丛中。

迁地栽培形态特征

植株 落叶藤本，长可达数米。植株幼嫩部分常被淡黄褐色开展长糙毛和短柔毛。

茎 幼枝绿色或淡黄色，常被开展长糙毛，有时无毛；老枝紫褐色，常近无毛。

叶 叶纸质，卵形、长圆形至卵状椭圆形，长3~10cm，宽1~5cm，顶端急尖至短渐尖，基部圆形至微心形，叶面深绿色，常无毛，侧脉和小脉纤细下陷，背面灰白色或灰黄色，密被细毡毛，毡毛由细短柔毛组成，老叶毛变稀而网脉明显凸起；叶柄长3~8mm，基部相连于茎上呈线状凸起。

花 双花花序单生于枝条上部叶腋，或少数集生于侧生短枝成总状花序，再组成狭长圆锥花序；总花梗下方者长可达4cm，向上则渐变短。苞片披针形，长约2mm，短于萼筒。小苞片极小，卵圆形，长约为萼筒的1/3。萼筒圆柱状，长2~3mm，无毛，萼齿小，近三角形，长约0.5mm。花冠先白色，后变淡黄色，长4~7cm，外面无毛或有毛，内面有柔毛，二唇形，花冠筒细长，长3~5cm，上唇直立或反卷，4浅裂，裂片长圆形，下唇条形，常反卷成圈。雄蕊与花柱伸出花冠，几等高或高于花冠，无毛。花柱长于雄蕊，柱头盘状，绿色。

果 果实椭圆状或卵圆状，长7~9mm，被粉霜，幼时绿色，成熟时蓝黑色，顶端具小而突尖的宿萼。种子褐色，扁卵圆形，长约5mm，有横沟纹及棱。

引种信息

桂林植物园 引自云南。目前园内有栽培，生长良好，可开花结果。

华南植物园 2005年引种（登录号20050662），具体引种信息不详。目前该种在园内有栽培，生长良好，已经开花结果。

南京中山植物园 引种信息不详。目前展区有定植，生长良好，正常开花结果。

西双版纳热带植物园 引种1次。2002年自云南蒙自引种苗（登录号00,2002,1731）。未见活体。

中国科学院植物研究所北京植物园 引种6次。最早于1985年自西北引种（登录号1985-4983）；最近一次为2016年自云南昆明石林引种（登录号2016-86）；其中2010年自四川泸州古蔺黄荆桂花乡引种（登录号2010-1842）存活至今。该种目前少量活体保存于塑料大棚中，生长状况一般，管理好时可开花结果。

其他 该种在国际植物园保护联盟（BGCI）中有15个迁地保育点。国内贵州省植物园和成都市植物园有栽培记录。

物候信息

南京中山植物园 除冬季外，均可进行营养生长；5月上旬开花；10~11月果实成熟；12月落叶。

中国科学院植物研究所北京植物园　3~4月开花，9~10月再次开花；10月果实成熟；半常绿。

迁地栽培要点

适应温暖湿润的亚热带山地气候，不耐寒，亦不耐旱。要求全日照或半阴环境和排水良好、深厚肥沃的酸性土壤。扦插或播种繁殖。

主要用途

花入药，是中药材金银花的主要来源之一。开花繁密，可栽培观赏。

143 华南忍冬

别名： 山银花

Lonicera confusa (Sweet) DC., Prodr. [A. P. de Candolle] 4: 333. 1830.

植株　花枝　叶面　叶背

自然分布

产广东、广西、贵州、海南、江西和云南。尼泊尔和越南也有。生于海拔300～800m的山坡、混交林中、灌丛或溪边。

迁地栽培形态特征

植株　半常绿藤本，可长达数米。植株各部均密被灰黄色卷曲短柔毛，并疏生微腺毛。

茎　小枝纤细，淡红褐色或近褐色。

叶　叶纸质，卵形至卵状长圆形，长3～6cm，宽1.5～3cm，顶端急尖或钝，具凹缺或短尖头，基部圆形或近心形，幼时两面有短糙毛，老时叶面变无毛，侧脉4～5对，在背面显著凸起，网脉网格状，亦凸起，但不甚明显；叶柄长5～10mm。

花　双花花序生于小枝或侧生短枝顶端，排成短总状花序或近似伞房状花序，花有香味；总苞叶明显；总花梗长2～8mm。苞片披针形，长1～2mm，有缘毛。小苞片圆卵形，长约1mm，有缘毛。萼筒长1.5~2mm，被短糙毛，萼齿披针形，长1mm，有长缘毛。花冠白色，后变黄色，外面被糙毛和腺毛，内面有柔毛，长3~5cm，二唇形，上下唇均常反卷成圈。雄蕊和花柱均伸出花冠许多，无毛。柱头高于雄蕊，圆盘状，绿色。

🟠 **果** 果实椭圆形或近圆形，长6~10mm，成熟时白色，顶端有宿萼。

引种信息

桂林植物园 引自广西。目前园内有栽培，生长良好，可开花结果。

华南植物园 引种2次（含品种）。2003年自广东英德引种（登录号20031356）；2005年自广西南宁四塘镇同仁村山口引种（登录号20050531）。目前该种在珍稀濒危植物繁育中心、药园和藤本园有栽培，生长良好，可正常开花结果。

仙湖植物园 无引种信息。目前园内有栽培，生长良好，可开花结果。

中国科学院植物研究所北京植物园 引种4次。最早于1960年引种（登录号1960-7334）；1962年段俊喜等自秦岭大巴山引种（登录号1962-648）；最近一次为2010年引种（登录号2010-1505）；期间还有2010年自广西南宁药用植物园引种（登录号2010-1496），存活至2002年。目前未见该种活体。

其他 该种在国际植物园保护联盟（BGCI）中有2个迁地保育点。国内广西药用植物园和厦门市园林植物园有栽培记录。

物候信息

华南植物园 除冬季外，其他季节均有营养生长；4~5月为盛花期，9~10月再次开花；10月果实成熟。

迁地栽培要点

适应高温高湿的热带亚热带气候，不耐寒，亦不耐旱。要求全日照或半阴环境和排水良好、深厚肥沃的酸性土壤。栽培需搭棚架。扦插或播种繁殖。

主要用途

花美丽，可栽培供观赏。花也代金银花入药。

花序

花序

萼筒

144 菰腺忍冬

Lonicera affinis Hook. & Arn. var. *hypoglauca* (Miquel) Rehder, Rep. (Annual) Missouri Bot. Gard. 14: 158. 1903.
Lonicera hypoglauca Miq., Ann. Mus. Bot. Lugduno-Batavi 2: 270. 1866.

自然分布

产安徽、福建、广东、广西、贵州、湖北、湖南、江西、四川、台湾、云南和浙江。日本和越南也有。生于海拔300~1500m的灌丛或疏林中。

迁地栽培形态特征

植株 半常绿藤本。植株幼嫩部分常被淡黄褐色短柔毛，后渐变无毛。

茎 幼枝纤细，中空，被微毛，绿色至黄褐色；老枝红褐色。

叶 叶纸质，卵形、长圆形至卵状椭圆形，长6~10cm，宽3~5cm，顶端渐尖或短尾尖，基部近圆形或带心形，叶面暗绿色，常无毛，有光泽，背面淡绿色或粉绿色，有无柄或具极短柄的黄色至橘红色蘑菇形腺体，密被微毛或无毛，侧脉4~6对，在背面凸起，网脉不显著；叶柄长5~12mm。

花 双花花序常生于小枝上部或顶端，常集合成总状花序或近似伞房状花序；总花梗长3~12mm。苞片条状披针形，长1~2mm，被短糙毛和缘毛。小苞片圆卵形，长约1mm，有缘毛。萼筒圆柱形，无毛，萼齿三角状披针形，长约1.5mm，有缘毛。花冠白色，后变黄色，长3.5~5cm，无毛或有毛，二唇形，花冠筒长2.5~3cm，直径约2mm，上下唇均常反卷成圈。雄蕊与花柱均伸出花冠许多，无毛。柱头高于雄蕊，盘状，绿色。

果 果实卵圆形，表面被白粉，直径7~8mm，幼时绿色，成熟时蓝黑色，顶端具短尖状宿萼。种子淡黑褐色，椭圆形，有凹槽及脊状凸起，两侧有横沟纹，长约4mm。

引种信息

桂林植物园 引自广西。目前园内有栽培，生长一般。

华南植物园 2006年引种（登录号20060215），具体引种信息不详。目前该种在园内有栽培，生长良好，可正常开花结果。

上海辰山植物园 2007年自江西抚州马头山镇马核心头山保护区引种（登录号20071728）。目前该种在园内苗圃有栽培，生长良好，可正常开花结果。

仙湖植物园 无引种记录，园区有栽培（条形码号SZBG00046609），生长良好，可正常开花结果。

武汉植物园 引种3次。2009年自福建龙岩长汀县古城镇长坑子村引种小苗（登录号20094945）；2012年自贵州从江宰便镇引种小苗（登录号20120132）；2014年自广西贺州八步区南乡镇龙水金矿引种小苗（登录号20140048）。

西双版纳热带植物园 引种3次，1次无记录。2007年自云南石屏邑尼冲引种插条（登录号00,2007,0027）；2009年自云南普洱宁洱西门崖子引种小苗（登录号00,2009,0439）。目前在藤本园有定植，生长良好，可正常开花结果。

中国科学院植物研究所北京植物园 仅1955年引种（登录号1955–3956）。未见活体。

其他 该种在国际植物园保护联盟（BGCI）中有5个迁地保育点。国内广西药用植物园、贵州省植物园和庐山植物园有栽培记录。

物候信息

上海辰山植物园 7月上旬开花。

武汉植物园 5月下旬开花。

西双版纳热带植物园 全年均有营养生长；3~4月开花；10~11月果实成熟。

迁地栽培要点

喜温暖湿润的亚热带山地气候，适应性较为广泛，稍耐寒，上海地区可露地越冬。喜全日照或半阴环境和排水良好的肥沃深厚土壤。栽培需搭棚架。播种繁殖。

主要用途

花大而美丽，可栽培观赏。花亦代金银花入药。

145 滇西忍冬

Lonicera buchananii Lace, Bull. Misc. Inform. Kew 1915 (10): 403. 1915.

植株

自然分布
产云南西部（盈江）。缅甸北部也有。生于海拔200m左右的山地。

迁地栽培形态特征
植株 半常绿藤本，长可达数米。植株各幼嫩部位均密被灰白色卷曲短柔毛。
茎 幼枝粗壮，绿色，节间较长；老枝红褐色。
叶 叶皮纸质，卵形至卵状椭圆形，长5~10cm，宽2~5cm，顶端渐尖，基部圆形或稍心形，边缘有缘毛，叶面有光泽，除基部中脉外几无毛，背面灰白色，被由短柔毛组成的毡毛，网脉隆起而呈蜂窝状；叶柄长3～5mm。

🌸 **花** 双花花序生于幼枝叶腋，常彼此疏远；总花梗纤细，长8～15mm。苞片长圆形至披针形，叶状，长10～20mm，基部有与萼筒近等长的柄，毛被与叶相同。小苞片三角形或卵圆形，长约1mm。萼筒卵形，长1.5～2mm，萼齿三角形，顶端尖，外面和边缘都有短糙毛。花冠先白色后变黄色，长2.5～5cm，二唇形，花冠筒纤细，长2～4cm，外面密被腺毛，内面密生短柔毛，唇瓣长约1.8cm。雄蕊和花柱细长，伸出花冠许多，无毛。柱头高于雄蕊，圆盘状，绿色。

🟠 **果** 果实未见。

引种信息

上海辰山植物园 无引种信息。目前在园内有活体栽培，生长良好，可正常开花。

其他 该种在国际植物园保护联盟（BGCI）中尚无迁地保育。

物候信息

上海辰山植物园 7月上旬开花。

迁地栽培要点

适应温暖湿润的热带亚热带山地气候，不耐寒，亦不耐旱。要求半阴环境和排水良好、深厚肥沃的酸性土壤。扦插或播种繁殖。

主要用途

可栽培供观赏。花代金银花入药。

146 忍冬

别名： 金银花

Lonicera japonica Thunb., Syst. Veg. (ed. 14). 216. 1784.

自然分布

产安徽、福建、广东、广西、甘肃、贵州、河北、河南、湖北、湖南、江西、江苏、吉林、辽宁、陕西、山东、山西、四川、台湾、云南和浙江。日本和朝鲜也有。生于海拔0～1500m的山坡、灌丛或疏林中。

迁地栽培形态特征

植株 半常绿藤本，茎长1～3m。

茎 幼枝绿色或红褐色，密被糙毛、腺毛和短柔毛；老枝灰褐色，渐变无毛。

叶 叶纸质，宽披针形至卵状椭圆形，长3～10cm，宽1～5cm，顶端短渐尖至钝，基部圆或近心形，边缘有糙缘毛，叶面深绿色，背面淡绿色（叶脉金黄色，黄脉忍冬 *Lonicera japonica* 'Aureoreticulata'），通常两面均密被短糙毛，老时叶面变无毛；叶柄长4～8mm，密被短柔毛。

花 双花花序常生于小枝上部叶腋，常多数组成稀疏总状花序，花芳香；总花梗下方者可长达2～4cm，向上渐短。苞片大，叶状，卵形至椭圆形，长达2～3cm。小苞片顶端圆形或截形，长约1mm。萼筒长约2mm，无毛，萼齿三角形，密被毛。花冠白色，后变黄色，外面有柔毛和腺毛，长2～6cm，二唇形，花冠筒长1～4cm，上唇具4裂片而直立，下唇反转。雄蕊和花柱均高出花冠。

果 果实圆球形，直径4～5mm，成熟时黑色，有光泽，顶端宿萼小。种子扁平，卵圆形，褐色，长约3mm，有脊及横沟纹。

引种信息

北京植物园 1992年自法国引种（登录号1992-0030z）。目前该种在展区有定植，生长良好，花果繁茂。

桂林植物园 引自广西。目前园内有栽培，生长良好，可开花结果。

黑龙江省森林植物园 引种信息不详。目前园内有栽培，生长良好，可开花结果。

华南植物园 引种14次（含品种）。部分引种无详细信息（登录号xx080423、xx110016、xx110072、xx110293、xx271254、xx271294、xx276067、xx277425、20095071）；2004年引种（登录号20040766）；2007年自湖南桑植巴茅溪乡天平山引种（登录号20070433）；2008年自广东广州引种（登录号20081393）；2013年自湖南炎陵引种（登录号20130363）；2018年自网络购买（登录号20181542、20181564）。目前该种在雨林室、岭南郊野山花区、珍稀濒危植物繁育中心、生物园和药园有栽培，生长良好，能正常开花结果。

昆明植物园 1948年自云南昆明引种（登录号48.36）。目前该种在百草园等处有栽培，生长良好，花果繁茂。

南京中山植物园 引种9次。1976年自江苏射阳黄央公社车移大队药材种引种（登录号89I52-266）；1979年、1989年自本所引种（登录号89S52-799、89S-495）；1989年自江苏引种（登录号89I52-

655）；1994年引种（登录号94U-71）；1995年自黑龙江省森林植物园引种（登录号95I33001-2）；2005年引种（登录号05XC-083）；2011年自日本引种（登录号2011E-00169）；2017年自德国引种（登录号2017E008）。目前在藤本园有定植，生长良好，已经多年持续稳定开花结果。

上海辰山植物园 引种7次（含品种）。2005年自浙江西天目火焰山红庙上引种（登录号20050059）；2007年自荷兰引种（登录号20070618、20070619）；2008年自荷兰引种（登录号20080423）；2008年自德国引种（登录号20081237）；2009年自安徽芜湖欧标公司引种（登录号20090301、20090302）。目前该种在园内多处有栽培，生长良好，可正常开花结果。

沈阳树木园 1962年自辽宁沈阳药学院引种（登录号19620024）。

武汉植物园 引种3次。2004年自陕西洋县华阳镇村引种小苗（登录号20049179）；2005年自湖北神农架林区酒壶坪引种小苗（登录号20053005）；2010年自贵州镇远铁溪风景区引种小苗（登录号20101190）。

西双版纳热带植物园 引种10次。1989年自山东济南植物园引种种子（登录号00,1989,0147）；1990年自中国江苏南京中山植物园引种种子（登录号00,1990,0191）；2000年自美国引种种子（登录号29,2000,0329）；2001年自越南引种小苗（登录号13,2001,0262），存活；2002年自广西那坡引种小苗（登录号00,2002,2667）；2002年引种（登录号00,2002,7273）；2008年自云南普洱通关加油站引种插条（登录号00,2008,0200）；2009年自云南元江引种小苗（登录号00,2009,1705），存活；2010年自云南河口引种小苗（登录号00,2010,0175）；2010年自云南普洱勐先狮子崖引种小苗（登录号00,2010,0285）；2010年自云南普洱勐先狮子崖引种小苗（登录号00,2010,0335）；2014年自福建厦门引种小苗（登录号00,2014,0531）。目前在藤本园有定植，生长一般，未见开花结果。

中国科学院植物研究所北京植物园 引种39次。最早于1949年引种（登录号1949-82）；最近一次为2011年自陕西宝鸡眉县汤峪镇闫家堡建河边引种（登录号2011-8）；现植物园有多次引种存活，包括1976年引种后代（登录号1976-304、1976-20015）、1981年引种后代（登录号1981-4436）。其他引种记录尚有：自安徽太平镇黄山绿谷南引种（登录号1996-3090）、自葡萄牙引种（登录号1996-28）、自陕西秦岭地塘引种（登录号1991-5499）、自捷克斯洛伐克引种（登录号1991-781）、自葡萄牙科英布拉大学植物研究所植物园引种（登录号1985-3366）等。目前该种在展区有多处定植，生长良好，花果繁茂。

其他 该种在国际植物园保护联盟（BGCI）中有123个迁地保育点。国内赣南树木园、贵州省植物园、杭州植物园、庐山植物园、甘肃民勤沙生植物园、仙湖植物园、台北植物园、台湾自然科学博物馆、吐鲁番沙漠植物园、西安植物园、厦门市园林植物园、兴隆热带植物园和浙江农林大学植物园有栽培记录。

物候信息

黑龙江省森林植物园 4~6月开花；10~11月果实成熟。

昆明植物园 4月为盛花期；11~12月果实成熟。

上海辰山植物园 7月开花。

武汉植物园 4月开花。

西双版纳热带植物园 花期不定。

中国科学院植物研究所北京植物园 3月初开始萌芽；3月中下旬展叶并进行新枝生长；4月中旬出现花蕾；5月为盛花期，此后直到9月可持续开花；10~11月果实成熟变为黑色；11月落叶，有时半常绿。

迁地栽培要点

气候适应性广泛，自东北至西南均能栽培。性强健，喜光耐阴，好湿土壤，耐旱忌涝。根萌蘖性强，无物缠绕时可匍地生长5~7m远。一般酸土、碱土均能适应。播种、扦插、压条或自然根蘖分株均可繁殖。扦插极容易，故多采用。栽培时一定要搭设棚架，或种植在篱笆、透孔墙垣边，以便攀缘生长。若想作灌木栽培，可设直立支柱，引壮藤缠绕，基部小枝适当修剪，待生长壮实可以直立时，再将支柱撤掉，可保持一定高度，然后修掉根部和下部萌蘖枝，只留梢部枝条，让其披散下垂，别具风趣。病虫害主要有蚜虫和白粉病，通常影响不大。

主要用途

花药用，能解热、消炎，是大宗药材之一。花色奇特，花形别致，具芳香，是优良的观花藤蔓植物。适合用作棚架、山石等处的垂直绿化材料，老桩可用于制作盆景。

146a
红白忍冬

Lonicera japonica Thunb. var. *chinensis* (P. Watson) Baker, Refug. Bot. [Saunders] 4: t. 224. 1871.

自然分布
特产中国安徽（岳西）和浙江（天目山）。生于海拔800m的山坡。

迁地栽培形态特征
- **植株** 落叶藤本，茎长1~2m。
- **茎** 幼枝紫黑色。
- **叶** 幼叶带紫红色。
- **花** 小苞片比萼筒狭。花冠外面紫红色，内面白色，上唇裂片较长，裂隙深超过唇瓣的1/2。
- **果** 常不结果。

引种信息
北京植物园 无引种信息。有少量栽培。

华南植物园 2011年自贵州梵净山引种（登录号20113980）；2018年自网络购买（登录号20181647）。目前该种在珍稀濒危植物繁育中心有栽培，生长良好，尚未开花结果。

南京中山植物园 1979年引种（登录号89S-75）。现有栽培，生长良好。

中国科学院植物研究所北京植物园 引种3次。1976年自安徽引种（登录号1976-20015）；2010年自安徽引种（登录号2010-1486、2010-1495）。3次引种均存活至今，在展区有定植，生长良好，开花繁盛。

其他 该种在国际植物园保护联盟（BGCI）中有8个迁地保育点。国内桂林植物园、庐山植物园、沈阳树木园和厦门市园林植物园有栽培记录。

物候信息
南京中山植物园 5月上旬为盛花期。

中国科学院植物研究所北京植物园 3月初开始萌芽；3月中下旬展叶并进行新枝生长；4月中旬出现花蕾；5月中下旬为盛花期；常不结果；11月落叶。

迁地栽培要点
喜温暖湿润的亚热带山地气候，稍耐寒，北京地区栽培可露地越冬。喜全日照或半阴环境和排水良好的砂质土壤。扦插繁殖。

主要用途
开花繁密，花色红艳，是优良的观花藤蔓植物。

中国迁地栽培植物志·忍冬科（狭义）·忍冬属

鬼吹箫属

Leycesteria Wall., Fl. Ind. (Carey & Wallich ed.) 2: 181. 1824.

落叶灌木。小枝常中空或有实心的髓。单叶，对生，全缘或有锯齿，萌条或幼枝上的叶片常浅裂；托叶有或无。穗状花序由轮伞花序组成，顶生或腋生，有时紧缩成头状，常具显著的叶状苞片；轮伞花序每轮有2或6朵无梗的花。萼裂片5，不等形或近等形。花冠漏斗状，白色、粉红色、紫红色或橙黄色，筒基部有囊状凸起的蜜腺，花冠裂片5，整齐。雄蕊5，短于花冠裂片，花药丁字状背着。子房5～8室，稀10室，每室有多数胚珠，花柱细长，柱头盾状或头状。果实为浆果，具宿萼。种子微小，多数。

约8种，均产泛喜马拉雅地区，中国原产6种。华鬼吹箫（Leycesteria sinensis Hemsl.）在 Flora of China（杨亲二 等，2011）中被处理为鬼吹箫（Leycesteria formosa Wall.）的异名，但现有的资料显示二者区别还是比较明显的，应该恢复前者的种级地位。中国不产的两种分别产印度和缅甸，其中一种非常少见。另一种黄花鬼吹箫（Leycesteria crocothyrsos Airy-Shaw）在《中国植物志》（王汉津，1988）中记载中国西藏东南部有分布，但 Flora of China 中没有收录，该种花冠橙黄色，在属内极为特别，俄罗斯莫斯科总植物园等地方已经有引种栽培，生长良好，开花繁茂，但国内尚未见引种。目前，中国植物园迁地栽培2种，其中鬼吹箫在澳大利亚、欧洲、北美和新西兰等地也广为栽培或归化，国外已经培育出一些栽培品种，少数品种中国也有引入栽培。

鬼吹箫属分种检索表

1a. 穗状花序每节具6朵花 ··· 147. 鬼吹箫 L. formosa
1b. 穗状花序每节仅具2朵花 ··· 148. 纤细鬼吹箫 L. gracilis

147 鬼吹箫

Leycesteria formosa Wall., Fl. Ind. (Carey & Wallich ed.) 2: 182. 1824.

自然分布

产贵州、四川、西藏和云南。不丹、印度、克什米尔地区、缅甸、尼泊尔和巴基斯坦也有。生于海拔1100~3500m的林下、林缘或灌丛中。

迁地栽培形态特征

植株 半灌木至灌木，高达2m。

茎 茎粗壮，圆柱形，绿色，中空，节间长，光滑，幼时常被白粉，枝梢有时被贴伏毛或腺毛。

叶 叶纸质，卵圆形至卵状长圆形，长4~12cm，宽2~6cm，顶端渐尖至尾尖，基部圆形至近心形，边缘全缘或有锯齿，萌条或幼苗上的叶片边缘常不规则羽状浅裂，两面渐变无毛或脉上被稀疏贴伏毛；叶柄长5~15mm，无托叶。

花 穗状花序顶生或腋生，下垂，花序梗长3~10cm，紫红色；轮伞花序1~10轮，每轮具6花，由2个对生无梗的聚伞花序（3花）组成；总苞片和苞片紫红色、淡紫色或有时绿色，其中一对总苞片大而显著，长达2.5cm，叶状，卵圆形，顶端尾尖，2对外面苞片较狭窄而短，里面4对小苞片很小；下位子房长圆形，长3~4mm，密被腺毛；萼筒被腺毛，基部稍联合，有时联合至中部，上部裂片披针形至条形，有时三角形，长短不一，长1~9mm；花冠白色至粉红色，有时候紫红色，漏斗状，长1~2cm，外面被柔毛，裂片圆卵形；雄蕊不伸出花冠，花药黄色；子房5室，花柱伸出花冠之外，无毛，柱头头状。

果 浆果卵圆形或近球形，直径5~7mm，紫红色，后变紫黑色，外面有腺毛，顶端具宿存萼裂片。种子细小，多数，淡褐色，阔椭圆状至长圆状，稍压扁，长约1mm。

引种信息

北京植物园 引种4次。2004年自荷兰引种（登录号2004-0192）；2005年自德国格赖夫斯瓦尔德大学引种（登录号2005-0169）；1977年自陕西秦岭太白山火地塘林场引种（登录号1977-0161z）；2001年自英国威斯利花园引种（登录号2001-1800）。目前有少量保育，生长一般。

华南植物园 2008年自云南香格里拉石卡雪山引种（登录号20082260）。记载该种曾在高山极地室栽培，调查时未见该种活体。

昆明植物园 1972年自云南嵩明引种。目前该种在濒危植物区、百草园有栽培，生长良好，可正常开花结果。

上海辰山植物园 引种3次（包含品种）。2008年自荷兰引种（登录号20080398、20080399、20080400）。目前相关品种在园内有栽培，生长良好，开花繁茂。

仙湖植物园 无引种记录，园区有少量栽培，生长一般，能正常开花结果。

武汉植物园 引种2次。2018年自云南维西塔城镇引种小苗（登录号20182099）；2018年自云南维西引种小苗（登录号20180105）。有活体，生长一般，未开花结果。

西双版纳热带植物园 引种2次。1990年自英国邱园引种种子（登录号04,1990,0021）；2015年自四川普格引种种子（登录号00,2015,0409）。未见活体。

中国科学院植物研究所北京植物园 引种36次。最早于1963年自罗马尼亚引种（登录号1963-1662）；最近一次为2012年自西藏山南洛扎县拉郊乡拉郊峡谷引种（登录号2012-1205），存活至今；期间2001年自冰岛引种（登录号2001-1711）亦存活较长时间。目前该种仅在木本大棚温室内有少量保存，生长一般，偶尔可开花。

其他 该种在国际植物园保护联盟（BGCI）中有108个迁地保育点。国内贵州省植物园和南京中山植物园有栽培记录。

物候信息

昆明植物园 4~9月开花；9~10月果实成熟。

上海辰山植物园 4~9月开花。

迁地栽培要点

喜温暖湿润的亚热带山地气候，不耐寒，也不耐旱。要求全日照或半阴环境和排水良好的深厚肥沃土壤。扦插或播种繁殖。

主要用途

株型秀丽，开花繁密，果形奇特，可栽培供观赏。

148 纤细鬼吹箫

Leycesteria gracilis (Kurz) Airy Shaw, Hooker's Icon. Pl. 32: sub t. 3165, t. 3166. 1932.

自然分布

产西藏和云南。不丹、印度、缅甸和尼泊尔也有。生于海拔2000~3800m的林下或灌丛中。

迁地栽培形态特征

植株 灌木，高1.5~2m。

茎 茎绿色，光滑，被白粉。

叶 叶厚纸质，长圆状披针形或长圆状卵形，长7~20cm，顶端渐尖至长尾尖，基部圆形，边缘具细腺齿，叶面暗绿色，近无毛，背面粉绿色，被稠密微粒状鳞片；叶柄长6~10mm。

花 穗状花序腋生，每节有花2朵。苞片和小苞片披针形，长为萼筒的1/3~1/2。萼筒长5~6mm，顶端较狭细，萼檐长2.5~3.5mm，裂片披针形，长1.5~2mm。花冠白色，漏斗状，长1.5~2cm，裂片圆卵形，长5~7mm，筒内面基部有5个浅囊，囊内密生蜜腺和糙毛。雄蕊稍短于花冠。子房多室，含多数胚珠。

果 果实长圆形或椭圆形，长10~13mm，成熟时由绿白色变红色，再变蓝紫色。

引种信息

西双版纳热带植物园 引种7次。1978年自云南景洪关坪引种小苗（登录号00,1978,0224）；1997年自云南盈江昔马引种小苗（登录号00,1997,0278）；2001年自云南文山引种小苗（登录号00,2001,2528）；2001年自云南文山引种种子（登录号00,2001,2750）；2007年自云南开远马者哨引种小苗（登录号00,2007,1008）；2010年自云南普洱勐先狮子崖引种小苗（登录号00,2010,0281）；2015年自云南红河屏边大围山自然保护区引种种子（登录号00,2015,0029）。该种目前已经没有活体。

中国科学院植物研究所北京植物园 引种1次。1989年自日本引种（登录号1989-2907）。未见活体。

其他 该种在国际植物园保护联盟（BGCI）中有1个迁地保育点。

物候信息

野生状态 秋冬季开花；春季果实成熟。

迁地栽培要点

喜温暖湿润的亚热带山地气候，不耐寒，也不耐旱。要求半阴环境和排水良好的深厚肥沃土壤。扦插或播种繁殖。

主要用途

稀有植物，具科研价值，植物园有少量迁地保育试验。

毛核木属

Symphoricarpos Duhamel, Traite Arbr. Arbust (Duhamel) 2: 295. 1755.

落叶灌木。冬芽具数对鳞片。叶对生，全缘，幼苗或萌条上的叶常波状浅裂，有短柄，无托叶。花序穗状或总状，腋生或顶生，常细小，稀单花腋生；小花常簇生，常无梗。萼筒坛状或花瓶状，萼檐杯状，4~5裂。花冠淡红色或白色，钟状、漏斗状至高脚碟状，4~5裂，整齐，筒基部具浅囊状蜜腺，内面被长柔毛。雄蕊4~5枚，生于花冠筒上，内藏或稍伸出，花药内向。子房4室，其中2室含数枚不育的胚珠，另2室各具1枚悬垂可育的胚珠，花柱纤细，柱头头状或稍2裂。浆果状核果，白色、红色或蓝黑色，圆球形、卵球形或椭球状；分核2枚，卵圆形，稍压扁；种子具胚乳，胚小。

约14~16种，中国原产仅1种，其余种类均产北美洲至中美洲。中国一共迁地栽培3种。中国本土种毛核木（*Symphoricarpos sinensis* Rehder）仅在昆明植物园见有迁地保育。美洲种类中园林上见有栽培的原种约有4个以上，其中尤其以白雪果［*Symphoricarpos albus* (L.) S. F. Blake］和红雪果（*Symphoricarpos orbiculatus* Moench）栽培最为普遍，中国也有引入栽培。此外，中国科学院植物研究所北京植物园还记载曾引种小叶雪果（*Symphoricarpos microphyllus* Kunth，引种2次）、毛雪果（*Symphoricarpos mollis* Nutt.，引种4次）、西方雪果（*Symphoricarpos occidentalis* Hook.，引种4次）、总序雪果［*Symphoricarpos racemosa* (Michx.) Pursh，引种4次］、河岸雪果（*Symphoricarpos rivularis* Suksd.，引种3次）以及圆叶雪果（*Symphoricarpos rotundifolius* K. Koch，引种9次），但缺乏资料，未能加以确认。此外，本属还培育有一些杂交种和品种，中国也有引入栽培。相关介绍见原种之后。

毛核木属分种检索表

1a. 总状花序具少数花；花大，长5~7mm，白色；果实成熟时黑色 ············ 151. 毛核木 ***S. sinensis***
1b. 总状花序具多数花；花小，长2mm以内，具粉红色斑；果实成熟时白色或红色。
  2a. 小枝和叶片无毛；花序具显著总梗；果实成熟时白色 ············ 149. 白雪果 ***S. albus***
  2b. 小枝和叶片密被柔毛；花序微小，无显著总梗；果实成熟时红色 ······ 150. 红雪果 ***S. orbiculatus***

149 白雪果

Symphoricarpos albus (L.) S. F. Blake, Rhodora 16: 118. 1914.

自然分布
原产美国和加拿大。生干旱或湿润的开阔林地、林间空地或多石山坡，适应性广泛。

迁地栽培形态特征
植株 直立丛生小灌木，高1~1.5m。全株近无毛。

茎 茎多分枝，老枝红褐色；小枝纤细，嫩时灰绿色，常有白粉，后变红褐色。

叶 叶椭圆形至椭圆状卵形，长2~4cm，宽1~2cm，顶端急尖或钝，基部楔形或宽楔形，边缘全缘（幼苗或萌条上的叶常波状浅裂），叶面蓝绿色，背面灰绿色，侧脉羽状，4~6对；叶柄长1~2mm。

花 穗状花序生于枝条叶腋或枝顶，长2~4cm，总花梗较显著，下部无花部分长0.5~2cm；花小而多，无梗，密集簇生于总花梗上半部；苞片短小，三角状卵形；萼筒坛状或花瓶状，花蕾时极小，花后逐渐扩大，萼裂片5枚，微小，三角状卵形；花冠白色，有粉红色斑点或斑纹，狭钟状，长约2mm，内面下部有长柔毛，裂片三角状卵形，直立；雄蕊及花柱均短而内藏。

果 果序常具多数密集簇生成串的果实，冬季引人注目；果实近圆球形，雪白色，直径8~10mm，光滑无毛，顶端宿萼微小。

引种信息
北京植物园 无引种信息。目前园内有活体栽培，生长良好，可开花结果。

银川植物园 2005年自北京植物园引种。目前该种在展区栽培作绿篱，生长良好，枝叶繁茂，可正常开花结果。

上海辰山植物园 2008年自德国引种（登录号20081256）。目前该种在展区有栽培，生长良好。

武汉植物园 无引种信息，园地管理部花境大道栽培，应该购买自浙江虹越园艺公司。生长状况良好。

中国科学院植物研究所北京植物园 引种77次。最早于1952年引种（登录号1952-862）；最近一次为2019年自银川植物园引种（登录号2019-270），存活；期间存活的还有2016年自捷克布拉格饭店附近引种（登录号2016-887）。目前该种仅在木本实验地有少量幼苗栽培，生长一般。

其他 该种在国际植物园保护联盟（BGCI）中有136个迁地保育点。国内南京中山植物园、山东莱阳北方植物园等处有栽培记录。

物候信息
北京植物园 4月初开始萌芽；4~6月展叶和新枝生长；6~7月中旬开花；9~11月果实成熟。

迁地栽培要点
适应冷凉湿润的温带气候，耐寒，也较耐旱。喜全日照环境，亦耐半阴。要求排水良好的肥沃深厚土壤，喜石灰质壤土。在北京栽培注意春旱期间适当浇水，即可正常开花结实，越冬无困难。分蘖多，生长蔓延快。播种、分株和扦插繁殖。

主要用途

株形矮小、紧凑，叶色蓝灰，夏花粉红，秋果洁白，入冬后仍可观赏，为观赏期长的园林灌木。适合庭院、草地边、疏林下、池塘岸边等处丛植观赏，也可修剪作矮篱。

150
红雪果

别名： 小花毛核木

Symphoricarpos orbiculatus Moench, Methodus (Moench) 503. 1794.

自然分布

原产美国和加拿大。生开阔林地、荒野、草地或灌丛中。

迁地栽培形态特征

植株 丛生小灌木，高 1~1.5m。植株开展，分枝常弓形或下垂。

茎 小枝纤细，红褐色，密被柔毛。

叶 叶椭圆形至卵形，长 2.5~4cm，宽 1.5~2.5cm，顶端急尖或钝，基部圆形或宽楔形，边缘全缘，叶面深绿色，背面灰白色，两面密被柔毛，侧脉羽状，4~6 对；叶柄长 1~2mm。

花 穗状花序短小，生于枝条叶腋或枝顶，花时长 0.5~2cm，果时增大，总花梗不显著；花小而多，无梗，自总梗基部开始密集簇生；苞片短小，长卵圆形；萼筒坛状或花瓶状，被柔毛，萼裂片 5 枚，微小，卵圆形；花冠黄白色，有粉红色斑纹，钟状，长约 1mm，内面下部有长柔毛，裂片宽卵形，直立；雄蕊及花柱均短而内藏。

果 果序常具多数密集簇生成串的果实，冬季引人注目；果实卵圆形（有时因相互挤压而变扁），粉红色，直径 4~6mm，被短柔毛，顶端宿萼微小。

引种信息

北京植物园 引种 1 次。2006 年自上海引种（登录号 2006-0408）。目前展区有定植，生长良好，能正常开花结果。

上海辰山植物园 2008 年自德国引种（登录号 20080892）。目前该种在展区有栽培，生长良好，花果繁茂。

武汉植物园 无引种信息，园地管理部花境大道栽培，应该购买自浙江虹越园艺公司。生长状况良好。

西双版纳热带植物园 引种 1 次。2000 年自美国引种种子（登录号 29,2000,0343）。未见活体。

中国科学院植物研究所北京植物园 引种 27 次。最早于 1959 年自德国引种（登录号 1959-724）；最近一次为 2009 年自捷克引种（登录号 2009-659）；现植物园定植存活的为 1984 年自匈牙利引种（登录号 1984-4303）。目前该种在展区有定植，生长良好，能正常开花结果。

其他 该种在国际植物园保护联盟（BGCI）中有 112 个迁地保育点。国内杭州植物园、南京中山植物园和宁波植物园有栽培记录。

物候信息

中国科学院植物研究所北京植物园 3 月下旬开始萌芽；4 月初展叶，随后进行新枝生长；8 月开花；10 月下旬果实成熟变为粉红色，可留存枝头直到来年春季；11 月落叶。

迁地栽培要点

适应冷凉湿润的温带气候，耐寒，也较耐旱，亦较耐热，华东地区可栽培。喜全日照或半阴环境。不择土壤，但喜石灰质壤土，耐盐碱。病虫害少。分蘖多，生长蔓延快。春天可修剪枯枝。分株、扦插或播种繁殖。

主要用途

树势旺盛，枝叶丰满，秋季红色果实成串下垂，经冬不落，是优良的观花观果灌木。适合作基础栽培、护坡栽植，可植于草地一隅，或做园林矮篱，或丛植一片。

151 毛核木

Symphoricarpos sinensis Rehder, Pl. Wilson. (Sargent) 1 (1): 117. 1911.

自然分布

特产中国甘肃、广西、湖北、陕西、四川和云南。生于海拔600~2300m的灌丛中。

迁地栽培形态特征

植株 直立灌木，高1~2.5m。

茎 树皮红褐色或灰褐色，细条状剥落；小枝红褐色，纤细，节间显著；嫩枝绿色，常有白粉。

叶 叶菱状卵形至卵形，长1~3cm，宽1~2cm，顶端急尖或钝，基部楔形，边缘全缘，叶面绿色，背面灰绿色，两面无毛；叶柄长1~3mm。

花 穗状花序短小，生于枝条顶端叶腋，长1~3cm；花小，无梗，常对生，一般1~4对；苞片短小，钻形；萼筒坛状或花瓶状，长约2mm，萼裂片5枚，微小，卵圆形；花冠白色，钟形，长5~7mm，无毛，裂片卵形，直立，边缘相互重叠；雄蕊5枚，伸出花冠外，花药线形，黄色；花柱长6~7mm，伸出花冠外，柱头头状。

果 果序具稀疏的少数几个果实；果实卵球形，蓝黑色，具粉霜，长7mm，顶端宿萼微小；分核2枚，表面密被长糙毛。

引种信息

华南植物园 2013年自昆明植物园采集种子（登录号20132379）。未见繁殖栽培记录和活体植株。

昆明植物园 无引种信息。目前该种在濒危植物区和山茶园有栽培，生长良好，可正常开花结果。

其他 该种在国际植物园保护联盟（BGCI）中有2个迁地保育点。

物候信息

昆明植物园 3~7月为营养生长期；8~10月开花；10~11月果实成熟。

迁地栽培要点

喜温暖湿润的亚热带山地气候，不耐寒，亦不耐旱。要求半阴或遮阴环境和排水良好的深厚酸性土壤。扦插或播种繁殖。

主要用途

中国特有的稀有植物，按照IUCN红色名录等级和标准（2001），该种可被评为易危（VU）植物，具有重要科研价值，目前仅在植物园有少量迁地保育。

毛核木属园艺杂交种

匍枝雪果（*Symphoricarpos × chenaultii* Rehder） 落叶蔓生小灌木，最早于1912年在法国培育出来，为小叶雪果和红雪果的杂交种。植株匍匐丛生，可蔓延成片，株高1m以下。分枝纤细，弓形。叶椭圆形至阔卵形，暗绿色，背面被茸毛。浆果常为珊瑚色或粉红色，可持续至冬季。有数个品种，北京植物园、上海辰山植物园（2007年自法国引种，登录号20072282、20070473）、中国科学院植物研究所北京植物园（引种18次）有引种栽培。

匍枝雪果植株（湛远 摄）

杜伦博斯雪果（*Symphoricarpos × doorenbosii* Hort.） 落叶直立灌木，为1940年代由荷兰园艺学家通过杂交培育而得的一个栽培杂交群，亲本包括白雪果、红雪果以及匍枝雪果。植株直立，紧凑，生长旺盛，分枝有时弓形。果实常繁盛，颜色因品种而异，白色、玫瑰蓝紫色、紫色微红或亮粉红色微紫。上海辰山植物园（引种4次）和中国科学院植物研究所北京植物园（引种4次）自国外引种栽培。

果枝（Kirill Tkachenko 摄）

北极花属

Linnaea L., Sp. Pl. 2: 631. 1753.

　　常绿匍匐亚灌木。小枝细长，贴地匍匐生长或有时斜生。叶小，对生，有叶柄，无托叶。花序具双花。总花序梗直立，纤细而长，基部生于侧生短枝之顶，上部顶端分叉处具1对苞片。花序分枝两个，纤细，显著短于总花梗，叉开成一个锐角，顶端具1对苞片。花生于花序分枝顶端，下垂，基部具短梗，萼筒基部下有2对小苞片；外面1对小苞片较大，盾状，密被具柄的腺毛，内面两枚小苞片细小。总花序梗、花序分枝、苞片、小苞片、子房以及萼裂片等均被柔毛。萼檐5裂，萼裂片披针形，早落。花冠钟状，外面白色带粉红色，筒部内侧密被卷毛，紫红色，喉部近整齐5裂，微二唇形，裂片直立。雄蕊4枚，二强，着生于花冠筒内，花药内向，内藏；子房3室，其中2室各具2列不育的胚珠，仅1室具1枚能育的胚珠，花柱丝状，细长，稍伸出花冠外，柱头头状。瘦果状核果，不开裂，内含种子1枚。

　　单种属，广布于北半球高寒地带，中国也有。北极花（*Linnaea borealis* L.）目前在英国皇家园艺学会的栽培植物数据库（http://apps.rhs.org.uk）中已有列出，国际植物园保护联盟（BGCI）官网植物搜索结果显示该种有58个迁地保育点，中国科学院植物研究所北京植物园亦曾有数次引种。该种较特殊，尽管引种尚未成功，本书仍然将其列出，以供参考。

152
北极花

Linnaea borealis L., Sp. Pl. 2: 631. 1753.

自然分布

产河北、黑龙江、吉林、辽宁、内蒙古和新疆。北半球高寒地带广布。生于海拔700~2300m的针叶林下或山地疏林下。

迁地栽培形态特征

植株 常绿匍匐小灌木，高5~10cm。

茎 茎细长，红褐色，具稀疏短柔毛。

叶 叶圆形至倒卵形，直径4~6mm，边缘中部以上具1~3对浅圆齿，叶面疏生柔毛，背面淡绿色而无毛；叶柄长1~2mm。

花 总花梗长6~7cm；花序分枝纤细，长不超过1cm；苞片狭小，条形；小苞片大小不等，外对小苞片密被具柄腺毛；萼筒卵圆形，长约2.5mm，萼裂片钻状披针形，被短柔毛；花冠芳香，白色或淡红色，长约1cm，顶端裂片卵圆形，筒外面无毛，内面紫红色，被卷毛；雄蕊着生于花冠筒中部以下，花药黄色；柱头稍伸出花冠外。

果 果实近圆形，黄色，下垂。

引种信息

中国科学院植物研究所北京植物园 引种5次。1981年、1987年自加拿大引种（登录号1981-1994、1987-85）；1988年自挪威引种（登录号1988-2314）；1991年自瑞典引种（登录号1991-3920）；2002年自芬兰引种（登录号2002-1669）。目前无该种活体。根据该种自然分布和生长习性，在我国东北地区是有可能成功迁地保育的。

其他 该种在国际植物园保护联盟（BGCI）中有58个迁地保育点。

物候信息

野生状态 7~8月开花；8~9月果实成熟。

迁地栽培要点

喜冷凉湿润的寒温带气候，耐寒，不耐夏季高温高湿。要求遮阴环境和排水良好的疏松肥沃土壤。分株繁殖。

主要用途

该种俗称林奈草，作为株型最小的木本植物之一，是伟大的植物分类学鼻祖卡尔·冯·林奈（Carl von Linnaeus）用自己名称命名的，具有重要的象征意义和科普价值。此外，该种形态和系统位置较为奇特，也具有重要的科研价值。

艳条花属

Vesalea M. Martens & Galeotti, Bull. Acad. Roy. Sci. Bruxelles 11 (1): 242. 1844.

常绿或半常绿灌木。分枝多，小枝对生。冬芽小，具数对鳞片。叶对生，全缘，具短柄，无托叶。花序生于侧枝叶腋或顶生，花1~2朵；小苞片小，钻形；花冠整齐；萼筒狭长，萼檐5裂，裂片长圆形或线状披针形，宿存；花冠紫红色，长筒状、漏斗状或高脚碟状，基部具腺毛状蜜腺，不膨大成浅囊，檐部4~5裂；雄蕊4枚，内藏，2枚生于花冠筒基部，另2枚生于花冠筒中部，花药长圆状箭形；子房1室，花柱丝状，长于雄蕊，柱头头状。果实为革质瘦果，冠以宿存萼裂片；种子1~2粒。

已知5种，均产墨西哥。其中，艳条花（*Vesalea floribunda* M. Martens & Galeotti）欧美园林上有引种栽培，北京植物园曾经引入栽培。

153 艳条花

Vesalea floribunda M.Martens & Galeotti, Bull. Acad. Roy. Sci. Bruxelles 11 (1): 242. 1844.
Abelia floribunda (M. Martens & Galeotti) Decne., Fl. Serres Jard. Eur. 2: t. 4. 1846.

自然分布
原产墨西哥。生于海拔3400m左右的高山林下或林缘。

迁地栽培形态特征
植株 常绿或半常绿灌木，高可达3m，展幅可达4m，分枝弓状。
茎 小枝红褐色，被柔毛。
叶 叶质薄，椭圆状长圆形至圆卵形，长8~20mm，顶端急尖或钝，基部圆形至楔形，边缘全缘，具缘毛，叶面有光泽，背面被长柔毛；叶柄长0~2mm。
花 花序繁盛，生小枝上部叶腋，具单花，花序梗极短；花萼被短柔毛，萼裂片5枚，长圆形或线状披针形，脉纹显著，有时长达13mm；花冠红紫色，长筒状，下垂，长2.5~4.5cm，外被短柔毛，花冠筒基部具3列密集的腺毛（蜜腺），喉部内侧白色，有黄色纵条纹，顶端5裂，裂片短，卵圆形，稍开展；雄蕊4，二强，两枚伸至喉部；花柱细长，柱头头状，与花冠裂片近等长。
果 瘦果状核果，有微柔毛，冠以宿存而略有增大的5枚萼裂片。

引种信息
北京植物园 曾有该种的引种栽培记录，具体信息不详。未见活体。
中国科学院植物研究所北京植物园 2012年自比利时引种（登录号2012-463）。未见活体。
其他 该种在国际植物园保护联盟（BGCI）中有20个迁地保育点。

物候信息
温室栽培 6月上旬开花。

迁地栽培要点
喜湿润冷凉的高山气候，不耐热，可耐受-10℃的低温，但不耐冷风吹。要求全日照环境和排水良好的肥沃土壤。适合靠墙栽培。夏季嫩枝或半嫩枝扦插繁殖。

主要用途
稀有的观花灌木，花极美丽，目前尚少有引种栽培。

植株（徐晔春 摄）

花枝（徐晔春 摄）

糯米条属

Abelia R. Br., Narr. Jour. China 376. 1818.

落叶或半常绿灌木，高可达2m，多分枝。幼枝圆筒形，枝节不膨大。树皮灰色，纵裂或不规则分裂。冬芽小，卵圆形，具数对鳞片。叶对生，稀轮生，边缘全缘，具牙齿或圆锯齿，基部具短柄和叶柄间线，无托叶。花腋生，排成圆锥聚伞花序，单生或成对；成对的花具6枚苞片，单生的花具4枚苞片。小苞片小，生于子房基部下方，不增大。萼筒狭长圆形，萼裂片2~5枚，开展，狭长圆形或椭圆形，宿存。花冠白色或粉红色，钟形或钟状漏斗形，稍呈二唇形，常弯曲，基部一侧膨大成浅囊，檐部5裂。雄蕊4枚，二强，贴生于花冠筒，内藏或伸出花冠外，花药内向；子房3室，其中2室各具2列不育的胚珠，仅1室具1枚能育的胚珠，花柱丝状，柱头头状，白色，具乳突。果实为革质瘦果，长圆形，冠以宿存的萼裂片；种子近圆柱形，种皮膜质；胚乳肉质，胚短，圆柱形。

约5种，中国均产，其中4种为特有种，有3种在植物园中有迁地栽培。小叶糯米条（*Abelia parvifolia* Hemsl.）常见记载有栽培，但依据*Flora of China*（Yang & Landrein, 2011），该种应与蓪梗花 [*Abelia engleriana* (Gaebn.) Rehder] 一起并入*Abelia uniflora* R. Br.，中文名仍沿用蓪梗花。本属未见栽培的两个种分别为：1.细瘦糯米条 [*Abelia forrestii* (Diels) W. W. Sm.]，特产中国四川和云南；2.舒曼糯米条 [*Abelia schumannii* (Graebn.) Rehder]，特产中国湖北和四川，上海辰山植物园2009年曾自安徽芜湖欧标公司引种（登录号20090268），但调查未发现活体。舒曼糯米条在《中国植物志》和*Flora of China*中均未记载。

此外，该属还有一些常见或重要的园林栽培类型，简介如下：

1.大花糯米条 [*Abelia* × *grandiflora* (André) Rehder]：为蓪梗花和糯米条（*Abelia chinensis* R. Br.）的杂交种，在世界各地栽培极为普遍，现有栽培品种超过40个，个别品种国内也有引种栽培。详细特征见正文介绍。

2.爱德华·古舍糯米条（*Abelia* 'Edward Goucher'）：为大花六道木与蓪梗花之间杂交培育而得，其主要特点为花多而繁密，花冠大，粉红色，萼裂片2~4个，亦较大而显著，该品种在欧美地区栽培较为普遍，国内上海辰山植物园有引种栽培（2007年自法国引种，登录号20070287），但尚不多见。

糯米条属分种检索表

1a. 花1~4朵生于侧枝叶腋；萼裂片2枚；雄蕊和柱头几不伸出花冠筒外。
  2a. 幼枝被短柔毛或腺毛；叶小，质厚，长1.5~4cm，顶端短渐尖，两侧近对称，侧脉不显著；花序近无总花梗，有花1~2朵·················154. **莛梗花 A. uniflora**
  2b. 幼枝光滑无毛；叶大，质薄，长3~8cm，顶端长渐尖，两侧不对称，羽状脉在背面显著；花序具明显总花梗，有花2~4朵·················155. **二翅糯米条 A. macrotera**
1b. 聚伞花序生于小枝上部叶腋；萼裂片2~5枚；雄蕊和柱头常伸出花冠筒外。
  3a. 植株直立，高大，高可达2m，有较明显主茎；花冠漏斗状，长10~12mm；雄蕊和柱头显著伸出花冠筒外·················156. **糯米条 A. chinensis**
  3b. 植株铺散低矮，高大多在1m以下，无明显主茎；花冠稍二唇形，长达20mm；雄蕊和柱头稍微伸出花冠筒·················157. **大花糯米条 A. × grandiflora**

154 蓪梗花

别名： 小叶糯米条、小叶六道木

Abelia uniflora R. Br., Pl. Asiat. Rar. (Wallich ed.) 1. 15. 1830.
Abelia engleriana (Gaebn.) Rehder, Pl. Wilson. (Sargent) 1 (1): 120. 1911.
Abelia parvifolia Hemsl., J. Linn. Soc., Bot. 23: 358. 1888.

自然分布

特产福建、甘肃、贵州、广西、河南、湖北、陕西、四川和云南。生于海拔240~2000m的山谷、沟边、灌丛、山坡林下或林缘。

迁地栽培形态特征

植株 落叶灌木，多分枝，高1~2m。

茎 幼枝纤细，红褐色，被短柔毛，夹杂散生的糙硬毛和腺毛。

叶 叶对生，有时3枚轮生，革质，稍厚，卵形、菱形、狭卵形或披针形，长1~4cm，宽0.5~1.5cm，顶端钝而有小尖头，基部楔形、钝至近圆形，边缘具疏浅齿或近全缘，常有纤毛，两面疏被短柔毛或近无毛，背面中脉常密生白色长柔毛，侧脉1~3对，不明显；叶柄长0.5~2mm。

花 聚伞花序生小枝上部叶腋，总花梗极短或近无，有花1~2朵；萼筒细长，被柔毛，萼裂片2，常为紫红色，椭圆形，长7~10mm，顶端圆形；花冠淡粉红色至浅紫色，筒状漏斗形，外面被短柔毛及腺毛，口部稍呈二唇形，5裂，上唇2裂，下唇3裂，裂片边缘皱波状，下唇裂片内侧有黄褐色斑块，筒基部一侧具浅囊状蜜腺；雄蕊4枚，2长2短，内藏，花药长柱形，花丝白色；花柱细长，柱头头状，稍伸出花冠喉部。

果 果实长圆柱形，长约6mm，被短柔毛，冠以2枚略增大的宿存萼裂片。

引种信息

桂林植物园 引自广西。目前园内有栽培，生长良好，可开花结果。

华南植物园 引种2次。2014年自湖北恩施引种（登录号20140211）；2014年自福建猫儿山引种（登录号20141452）。目前登录号20141452在珍稀濒危植物繁育中心有栽培，生长良好，尚未开花结果。

昆明植物园 1995年自云南禄劝县引种。目前该种在单子叶植物区、杜鹃园、蔷薇区有栽培，生长良好，可正常开花结果。

南京中山植物园 引种信息不详。目前展区有定植，生长良好，正常开花结果。

上海辰山植物园 2012年自湖南长沙森林公园引种（登录号20121152）。目前该种在园内有栽培，生长一般。

武汉植物园 引种4次。2010年自贵州独山甲定镇大坡头村引种小苗（登录号20104497）；2011年自甘肃康县阳坝镇引种（登录号20110150）；2011年自甘肃文县碧口镇白景村引种小苗（登录号20110169）；2011年自甘肃文县范坝镇引种小苗（登录号20110197）。

西双版纳热带植物园 引种1次。2009年自云南永仁四川云南交界引种小苗（登录号00,2009,0358）。未见活体。

中国科学院植物研究所北京植物园 仅1963年自昆明植物园引种（1963-605）。未见活体。

其他 该种在国际植物园保护联盟（BGCI）中有19个迁地保育点。国内成都市植物园、福州植物园、赣南树木园、贵州省植物园和杭州植物园有栽培记录。

物候信息

昆明植物园 除冬季外，均有营养生长；4~11月开花结果；12月落叶。

迁地栽培要点

喜温暖湿润的亚热带山地气候，不耐寒，稍耐旱。喜全日照或半阴环境和排水良好、疏松肥沃的中性偏酸土壤。生长快速。耐修剪。分株、扦插或播种繁殖。

主要用途

花果繁密，花期长，是优良的观花观果灌木。适宜庭院、岩石园等处孤植或丛植观赏，也可修剪为绿篱。

155
二翅糯米条

别名： 二翅六道木

Abelia macrotera Rehder, Pl. Wilson. (Sargent) 1 (1): 126. 1911.

花枝（汪远 摄）

自然分布

特产中国贵州、河南、湖北、湖南、江西、陕西、四川和云南。生于海拔950～1000m的灌丛或林下。

迁地栽培形态特征

植株 落叶灌木，高1～2m。

茎 小枝纤细，稍有棱，红褐色，无毛或近无毛。

叶 叶薄革质或近纸质，卵形至椭圆状卵形，长3~8cm，宽1.5~3.5cm，顶端长渐尖至尾尖，两侧不对称而偏斜，基部阔楔形至楔形，边缘具疏浅齿和纤毛，两面疏生短柔毛，背面中脉及侧脉基部密生白色柔毛，侧脉3~4对，在背面显著；叶柄长2~4mm。

花 聚伞花序生于小枝顶端或上部叶腋，总花梗显著，长1~2cm，有花2~4朵；苞片紫红色，披针形；小苞片3枚，卵形；萼筒被短柔毛，萼裂片2枚，长1~1.5cm，长圆形至椭圆形，顶端急尖或钝；花冠浅粉红色，长筒状钟形，长3~4cm，外面被短柔毛，内面喉部有长柔毛，裂片5，二唇形，上唇短于下唇，上唇2裂，下唇3裂，下唇裂片内侧具黄色斑纹，筒基部具浅囊状蜜腺；雄蕊4枚，二强，花丝着生于花冠筒中部；花柱稍伸出花冠筒上唇裂片，柱头头状。

果 果实长圆柱形，长1~1.5cm，被短柔毛，冠以2枚宿存萼裂片。

引种信息

华南植物园 2014年自湖北恩施引种（登录号20140347）。记载该种在珍稀濒危植物繁育中心有栽培，调查时未见活体。

上海辰山植物园 2008年自湖北利川谋道镇引种（登录号20081991）。目前该种在展区有栽培，生长良好，可正常开花结果。

中国科学院植物研究所北京植物园 引种15次。1985年自南京中山植物园引种（登录号1985-1151）；1985年自上海植物园引种（登录号1985-3192）；2000年自江西九江引种（登录号2000-9）。目前已无该种活体。

其他 该种在国际植物园保护联盟（BGCI）中有2个迁地保育点。国内福州植物园有栽培记录。

物候信息

野生状态 5~7月开花，8~9月果实成熟。

迁地栽培要点

喜温暖湿润的亚热带山地气候，不耐寒，亦不耐旱。喜半阴环境和排水良好、疏松肥沃的中性偏酸土壤。扦插或播种繁殖。

主要用途

本种花美丽，可供观赏，但适应性较差，目前尚很少栽培。

花枝

花序（汪远 摄）

花（汪远 摄）

156 糯米条

Abelia chinensis R. Br., Narr., Journey China (Abel ed.) App. B, 376. 1818.

植株

自然分布

产福建、广东、广西、贵州、湖北、湖南、江西、四川、台湾、云南和浙江。日本也有。生于海拔200~1500m的山地灌丛中。

迁地栽培形态特征

植株 落叶或半常绿灌木，多分枝，高达2m。

茎 老枝树皮纵裂；嫩枝纤细，红褐色，被短柔毛。

叶 叶革质，对生，有时3枚轮生，圆卵形至椭圆状卵形，长2~5cm，宽1~3.5cm，顶端尖或钝，基部圆或心形，边缘有稀疏浅锯齿，背面基部主脉及侧脉被白色长柔毛；叶柄长1~2mm。

花 聚伞花序生于小枝上部叶腋，多数排成圆锥状花簇，总花梗显著，纤细；小苞片3对，长圆形或披针形；萼筒圆柱形，稍扁，具纵条纹，被短柔毛，萼裂片5枚，椭圆形或倒卵状长圆形，长

5~6mm，果期变红色；花冠白色至粉红色，芳香，狭漏斗状，长1~1.2cm，外面被短柔毛，裂片5，开展，圆卵形；雄蕊4枚，等长，着生于花冠筒基部，花丝细长，伸出花冠筒外；花柱细长，稍短于雄蕊，柱头圆盘形。

果 果实长圆形，有纵棱，具短毛，冠以略增大的宿萼片。

引种信息

北京植物园 无引种信息。目前该种展区有定植，生长良好，花果繁茂。

杭州植物园 1955年自江西九江引种（登录号55C23000S95-1625）。目前该种在展区有栽培，生长良好，可正常开花结果。

昆明植物园 2000年自云南禄劝引种。目前蔷薇区和苗圃有栽培，生长良好，正常开花结果。

南京中山植物园 引种2次。1955年自江西庐山引种（登录号II1-345）；1979年自本所珍稀危苗圃引种（登录号89S52-76）。目前展区有定植，生长良好，正常开花结果。

上海辰山植物园 2009年自安徽芜湖欧标公司引种（登录号20090264）。目前该种在展区有栽培，生长良好，可正常开花结果。

武汉植物园 2017年自重庆巫山建坪乡吊石村引种小苗（登录号20173510）。生长良好。

西双版纳热带植物园 引种2次。2003年自广东广州引种小苗（登录号00,2003,1481）；2004年自福建厦门市园林植物园引种苗（登录号00,2004,0618）。该种展区有定植，生长一般，可正常开花结果。

中国科学院植物研究所北京植物园 引种14次。最早于1954年引种（登录号1954-243）；最近一次为2000年自江西九江引种（登录号2000-9）；展区定植存活的主要为1955年引种的后代（登录号1955-3526）。目前该种在展区多处定植，生长良好，多年持续稳定开花结果，花果繁茂。

其他 该种在国际植物园保护联盟（BGCI）中有73个迁地保育点。国内赣南树木园、桂林植物园、庐山植物园和厦门市园林植物园有栽培记录。

物候信息

昆明植物园 7~9月开花；10~11月果实成熟。

南京中山植物园 8~9月开花。

上海辰山植物园 7~9月开花。

西双版纳热带植物园 9~10月开花。

中国科学院植物研究所北京植物园 3月中下旬开始萌芽；4月上旬展叶，随后进行新枝生长；7~10月开花；10~11月果实成熟；11月中下旬落叶。

迁地栽培要点

气候适应性广泛，耐寒，北京地区露地栽培可以安全越冬，仅有时嫩梢稍枯，亦耐热，西双版纳栽培也能正常生长并开花结果。喜全日照环境，但半阴环境也生长良好。要求排水良好的疏松肥沃土壤，对土壤要求不严，耐旱、耐瘠薄，需注意干旱浇水、雨季排水，不可过干或过湿。栽培容易，萌发力强、耐修剪，生长迅速。播种或扦插繁殖。播种苗大部分当年即可开花。

主要用途

适应性广泛，落叶很晚，几近常绿，花期长，花穗大而花朵密集，且具芳香，开花后花萼裂片宿存增大，常变红色，经久不凋，是优良的花灌木。适宜在庭院中空旷地块、水边或建筑物旁丛植或片植观赏，还可修剪成规则球状列植于道路两旁，或做花篱。

157 大花糯米条

别名： 大花六道木

Abelia × *grandiflora* (Rovelli ex André) Rehder, Cycl. Amer. Hort. 1: 1. 1900.

植株

自然分布

杂交种，无自然分布。

迁地栽培形态特征

植株 半常绿或常绿灌木，植株低矮，多分枝，高1~1.5m。

茎 幼枝纤细，红褐色，被短柔毛。

叶 叶革质，对生，有时3~4枚轮生，卵圆形至长圆形，长2~4.5cm，宽0.5~2cm，顶端尖或钝，基部圆形至楔形，边缘有稀疏浅锯齿，叶面有光泽，背面基部主脉及侧脉被白色长柔毛；叶柄长1~2mm。叶片颜色常因品种而异：金斑（'Gold Spot'），叶片嫩时全部为金黄色或部分叶片为红褐色；

法兰西（'Francis Mason'），叶片边缘大部分为黄绿色，中部具绿斑；日出（'Sunrise'），叶片边缘具黄色或白色斑纹，中部大部分具绿斑；花纸屑（'Conti', Confetti），叶片大部分绿色，边缘具狭窄的银白色斑纹，嫩叶时斑纹粉红色。

🌸 聚伞花序生于小枝上部叶腋，多数排成圆锥状花簇，总花梗纤细，长2~4mm；小苞片2对；萼筒狭长，长2~8mm，被微毛，萼裂片2~5枚，紫红色，常部分联合，披针形，顶端尖或圆形，果期变红色；花冠白色，有时带粉红色，稍芳香，漏斗状，稍呈二唇形，长达2cm，外面被短柔毛，裂片5，开展，圆卵形，下唇内侧具长柔毛，筒基部内侧具浅囊状蜜腺；雄蕊4枚，等长，伸至花冠口部附近，花丝部分贴生于花冠筒；花柱细长，长17~18mm，稍伸出，柱头头状。

🍎 果实长圆形，长8~10mm，被疏毛或无毛，冠以略增大的宿萼片。

引种信息

北京植物园 无引种信息。目前该种有少量栽培，生长一般，在大棚内可开花结果。

杭州植物园 1956年自国内引种（登录号56L00000P95-1626）。目前该种在展区有栽培，生长良好，可正常开花结果。

华南植物园 引种3次（含品种）。2009年自上海奉贤帮业锦绣树木种苗服务社引种（登录号20090352、20090368）；2010年自网络购买（登录号20103761）。目前该种在珍稀濒危植物繁育中心有栽培，生长一般，可正常开花结果。

上海辰山植物园 引种7次（包含多个品种）。2007年自法国引种（登录号20070286、20072075）；2007年自荷兰引种（登录号20070521）；2008年自荷兰引种（登录号20080005、20080008、20080009）；2009年自安徽芜湖欧标公司引种（登录号20090266）。目前一些品种在园内有栽培，生长良好，花果繁茂。

仙湖植物园 无引种记录，园区有栽培，生长良好，花果繁茂。

武汉植物园 无引种信息，园地管理部零星栽培，应该购买自浙江虹越园艺公司。

西双版纳热带植物园 引种1次。2012年自云南普洱引种小苗（登录号00,2012,0151）。该种展区有定植，生长一般，可开花结果。

中国科学院植物研究所北京植物园 引种15次。最早于1964年自比利时引种（登录号1964-702）；最近一批为2016年自捷克购买（登录号2016-916、2016-918）以及自山东青岛引种（登录号2016-887、2016-1041、2016-1042、2016-1102、2016-1103、2016-1104）。目前该种仅在木本实验地有少量幼苗栽培，生长一般，未见开花结果。

其他 该种在国际植物园保护联盟（BGCI）中有52个迁地保育点。国内赣南树木园、厦门市园林植物园和浙江农林大学植物园有栽培记录。

物候信息

上海辰山植物园 3~4月为营养生长期；5~11月持续开花结果；半常绿。

迁地栽培要点

喜温暖湿润的气候，抗寒性稍差，北京栽培应选避风处，苗期还应加保护越冬。要求全日照或半阴环境和排水良好、肥沃疏松的中性偏酸土壤。生长快速，萌发力强、耐修剪。扦插繁殖。

主要用途

本种叶色因品种而异，开花量大，花期长，花有香气，是优良的花灌木。适宜庭院中空旷地块、水边或建筑物旁丛植或片植观赏，也可修成规则球状列植于道路两旁，或做花篱。

猬实属

Kolkwitzia Graebn., Bot. Jahrb. Syst. 29 (5): 593. 1901.

落叶灌木。冬芽具数对鳞片，明显被柔毛。叶对生，具短柄和叶柄间线，无托叶。圆锥聚伞花序，花单生或成对；成对花具6枚苞片，单生花具4枚苞片。小苞片紧贴子房基部，密被毛，与相近两朵花的二萼筒合生，幼时几已连合，椭圆形，密被长刚毛，花后增大，果期时变海绵状，木质，密被硬刚毛。萼筒顶端各具一狭长的喙，萼檐5裂，萼裂片狭长，被疏柔毛，开展；花冠钟状，二唇形，5裂，裂片开展；雄蕊4枚，二强，部分贴生于花冠筒内侧，花药内向；雄蕊二强，内藏；子房3或4室，2室具2列不育胚珠，1或2室具1枚可育的胚珠。瘦果单生，或成对包藏于增大的苞片内，外被刺刚毛，各冠以宿存的萼裂片。

单种属，特产中国安徽、甘肃、河南、湖北、陕西和山西。属内唯一种猬实（*Kolkwitzia amabilis* Graebn.）野外少见，但园林上广泛栽培，并已经培育出3~4个栽培品种。

158
猬实

别名：蝟实

Kolkwitzia amabilis Graebn., Bot. Jahrb. Syst. 29 (5): 593. 1901.

花期植株

自然分布

特产中国安徽、甘肃、河南、湖北、陕西和山西。生于海拔300~1300m的山坡灌丛中。

迁地栽培形态特征

植株 落叶灌木，直立，多分枝，高达3m。

茎 树皮大片状剥落；幼枝红褐色，被柔毛及糙毛。

叶 叶纸质，椭圆形至卵状椭圆形，长3~8cm，宽1.5~2.5cm，顶端渐尖，基部圆或阔楔形，边缘全缘或具疏浅齿，叶面深绿色（金叶猬实*Kolkwitzia amabilis* 'Maradco'，嫩枝上叶片金黄色，枝梢嫩叶带紫红色），背面苍白色，两面散生短毛，脉上和边缘密被直柔毛和纤毛；叶柄长1~2mm。

花 伞房状圆锥聚伞花序生侧枝顶端，总花梗长1~1.5cm；苞片披针形，紧贴子房基部；萼筒外面密生长刚毛，在子房以上缢缩似颈，裂片5，钻状披针形，长3~5mm，有短柔毛；花冠白色、淡紫色至粉红色（粉云猬实*Kolkwitzia amabilis* 'Pink Cloud'，花繁密，粉红色），钟状，长1.5~2.5cm，基部甚狭，中部以上突然扩大，外有短柔毛，裂片5，上唇2片稍宽而短，下唇内侧具黄色斑纹；雄蕊2长2短，内藏，花药宽椭圆形；花柱有软毛，柱头头状，不伸出花冠筒外。

🟤 **果** 果实单生或2个合生，有时其中1个不发育，密被黄色刺刚毛，顶端伸长如角，冠以宿存的萼裂片。

引种信息

北京植物园 无引种信息。目前该种展区有多处定植，生长良好，花果繁茂。

杭州植物园 2011年自湖北武汉植物园引种（登录号11C21001-003）。目前该种在园内有栽培，生长一般。

黑龙江省森林植物园 引种信息不详。目前该种在展区有栽培，生长良好，可正常开花结果。

华南植物园 2008年自湖北神农架温水河林场引种（登录号20082493）。记载该种曾在高山极地室栽培，调查时未见该种活体。

昆明植物园 1990年自北京植物园引种。目前该种在岩石园有栽培，生长一般。

南京中山植物园 引种11次。1958年引种（登录号EI107-404）；1961年自Hotrus Botanicus Universitatis Clusiensis引种（登录号EI71-295）；1982年引种（登录号82E1309-046）；1986年自北京植物园引种（登录号89I102-1）；1986年自北京植物园引种（登录号89I102-3）；1987年自本所苗圃引种（登录号88I01002-122）；1991年引种（登录号91I1-5、91I24-2）；2009年自北京植物园引种（登录号2009I-0025）；2017年自沈阳市植物园引种（登录号2017I112）；2017年自湖北神农架阳日镇省道307桃园村与保康交界处引种（登录号2018I008）。目前展区有定植，生长良好，正常开花结果。

上海辰山植物园 2007年自陕西宝鸡胡家湾大散关引种（登录号20071490）。目前该种在园内有栽培，生长良好，可正常开花结果。

沈阳树木园 1992年自中国科学院植物研究所北京植物园引种（登录号19920011）。

武汉植物园 2004年自广西桂林植物园引种小苗（登录号20042030）。存活，生长一般。

中国科学院植物研究所北京植物园 引种71次。最早于1955年引种（登录号1955-1523）；最近一次为2005年自荷兰引种（登录号2005-2168）；现植物园定植存活的主要为1963年自荷兰引种的后代（登录号1963-2784）；2017年还引种金叶猬实（2017-1267），生长良好。目前该种在展区有多处定植，生长良好，持续多年稳定开花结果，花果繁茂。

其他 该种在国际植物园保护联盟（BGCI）中有197个迁地保育点。国内福州植物园、成都市植物园和深圳市的仙湖植物园有栽培记录。

物候信息

中国科学院植物研究所北京植物园 3月上旬开始萌芽；3月下旬展叶；4月上旬新枝生长；4月中下旬出现花蕾；4月下旬至5月上旬开花；6~7月果实成熟，干后仍可留存枝头直到秋季；11月落叶。

迁地栽培要点

喜温暖湿润气候，适应性较强，耐寒，北京地区可露地越冬，内蒙古呼和浩特引种也生长良好，不耐夏季高温高湿。喜全日照环境，半阴环境也可生长。要求排水良好的湿润肥沃土壤，较耐旱，土壤质地要求不严。栽培容易，管理粗放。早春修剪枯枝，花后亦可适当修剪。旱季应注意浇水。播种、嫩枝扦插、分株或压条繁殖。

主要用途

本种为中国特有植物，《中国生物多样性红色名录——高等植物卷》（2013）将该种受威胁等级评为易危（VU）等级，具有科研价值。花密色妍，果形如刺猬，别致可爱，是优良的观花观果灌木。宜丛植于草坪、径边等处，也可片植成花篱，景观极为壮丽。

茎干（叶建飞 摄） 叶面 叶面 叶背 花序 果序 相关品种（粉云） 相关品种（金叶）

双盾木属

Dipelta Maxim., Bull. Acad. Imp. Sci. Saint-Pétersbourg Ser. 3, 24: 50. 1877.

落叶灌木或小乔木，高可达6m。冬芽有数枚鳞片。幼枝被短柔毛。叶对生，边缘全缘或具浅波状齿牙，脉上和边缘被短柔毛，具短柄，无托叶。花单生于叶腋，或4~6朵花组成伞房状聚伞花序。苞片2枚，生于总花梗中部。小苞片4枚，不等大，交互对生，较大2枚紧贴萼筒。萼筒长柱形，萼檐5裂，萼裂片三角形、细条形或披针形。花冠筒状钟形，二唇形，上唇2裂，下唇3裂，下唇裂片连同同侧的花冠筒内面均有黄褐色斑纹，筒基部变狭，一侧具囊状蜜腺。雄蕊4枚，二强，上方一对较长，着生于花冠筒中部以下，下方一对生于花冠筒基部，花药基部2裂，内藏。子房4室，2室含多数不育的胚珠，另2室各含1枚能育的胚珠，花柱细长，略短于花冠。果实为肉质核果，不开裂，冠以宿存萼裂片，外有2枚宿存、增大的膜质翅状小苞片。

4种，均特产中国西南部，2种在植物园中有迁地栽培。垂枝双盾木（*Dipelta ventricosa* Hemsl.）特产中国甘肃和四川，但在中国各志书中常被忽略；另一种优美双盾木（*Dipelta elegans* Batal.）特产中国甘肃和四川，尚未见有迁地保育。鉴于该属4种较难以区分，本书在检索表中一并编入。

双盾木属分种检索表

1a. 侧生膜质翅状小苞片盾形。
  2a. 萼片合生，杯状，花冠筒基部不具囊状凸起，果期侧生膜质翅状小苞片直径超过2cm，花柱基部密被毛 ·· 优美双盾木 ***D. elegans***（无栽培）
  2b. 萼片分离或仅基部合生，果期侧生膜质翅状小苞片直径不超过2cm，花柱渐无毛 ·· 159. 双盾木 ***D. floribunda***
1b. 侧生膜质翅状小苞片肾形。
  3a. 花冠筒状，基部漏斗形，花冠筒基部具囊状凸起 ·············· 160. 云南双盾木 ***D. yunnanensis***
  3b. 花冠圆柱状筒形，基部膨胀，花冠筒基部具深囊状凸起 ······ 垂枝双盾木 ***D. ventricosa***（无栽培）

159 双盾木

Dipelta floribunda Maxim., Bull. Acad. Imp. Sci. Saint-Pétersbourg Ser. 3, 24: 51. 1877.

自然分布
特产中国甘肃、广西、湖北、湖南、陕西和四川。生于海拔600~2200m的混交林或灌丛中。

迁地栽培形态特征
植株 落叶灌木，高1~2m。幼枝、嫩叶等部位被腺毛和短柔毛，后变光滑无毛。

茎 分枝常平展；幼枝紫红色，节间较长。冬芽细小而尖。

叶 叶卵状披针形或卵形，长4~10cm，宽1.5~6cm，顶端渐尖，基部微心形、钝圆至楔形，边缘全缘或具2~3对浅齿，叶面深绿色，幼时被柔毛，背面淡绿色，侧脉3~5对，与主脉均被白色柔毛；叶柄长0.5~10mm。

花 聚伞花序簇生于侧生短枝顶端叶腋，花梗纤细，长约1cm；苞片早落；2对小苞片形状、大小不等，紧贴萼筒的一对盾状，呈稍偏斜的圆形至长圆形，宿存而增大，成熟时最宽处达2cm，干膜质，脉明显，下方一对为一前一后，均小，其中1枚卵形，钝头，基部宽，紧裹花梗，长1cm，另1枚更小，狭椭圆形，长仅6mm；萼筒被硬毛，萼裂片细条形，长6~7mm，具腺毛，坚硬而宿存；花冠淡粉红色，长3~4cm，筒中部以下狭细圆柱形，上部开展呈钟形，喉部呈二唇形，上唇2裂，下唇3裂，下唇喉部具黄褐色斑纹；花柱丝状，无毛。

果 果实具棱角，连同萼裂片均为宿存而增大的小苞片所包被。

引种信息
华南植物园 2007年自湖南桑植巴茅溪乡天平山引种（登录号20070053）。调查时未见该种活体。

武汉植物园 2004年自陕西镇巴简次引种小苗（登录号20049216）。

中国科学院植物研究所北京植物园 引种9次。最早于1952年开始引种（登录号1952-393）；最近一次为2007年自丹麦引种（登录号2007-280）；现植物园定植存活的为1987年自陕西秦岭引种（登录号1987-6059）。目前该种在木本实验地有少量活体，生长一般，能正常开花结果。

其他 该种在国际植物园保护联盟（BGCI）中有58个迁地保育点。

物候信息
中国科学院植物研究所北京植物园 3月上旬开始萌芽；3月中下旬展叶；4月上旬新枝生长，并出现花蕾；4月下旬开花；6月果实成熟。

迁地栽培要点
喜温暖湿润的亚热带气候，稍耐寒，北京地区在有庇护的小环境中可越冬，不耐夏季高温高湿。要求半阴环境和排水良好的深厚肥沃土壤，不耐干旱。播种、分株和扦插繁殖。

主要用途

花美丽，果形奇特，可供观赏。适宜丛植于疏林下、池塘边或溪旁。

160 云南双盾木

Dipelta yunnanensis Franch., Rev. Hort. [Paris]. 63. 246. 1891.

花枝（张金政 摄）

自然分布

特产中国甘肃、贵州、湖北、湖南、陕西、四川和云南。生于海拔800~2400m的混交林和灌丛中。

迁地栽培形态特征

植株 落叶灌木，高1~3m。

茎 分枝常直立；小枝粗壮，紫红色，幼时被柔毛，后变光滑无毛。冬芽具3~4对鳞片。

叶 叶椭圆形至宽披针形，长5~10cm，宽2~4cm，顶端渐尖至长渐尖，基部钝圆至近圆形，全缘或稀具疏浅齿，叶面有光泽，疏生微柔毛，侧脉连同主脉下陷，背面沿脉被白色长柔毛，边缘具纤毛；叶柄短，长约5mm。

花 伞房状聚伞花序生于短枝顶部叶腋；小苞片2对，一对较小，卵形，不同形，另一对较大，肾形；萼檐膜质，被柔毛，萼裂片钻状条形，长约4~5mm；花冠白色至粉红色，长2~4cm，狭钟形，基部一侧有浅囊状蜜腺，口部二唇形，上唇2裂，下唇3裂，下唇裂片连同同侧的花冠筒内面均有黄褐色斑纹和柔毛；花丝无毛；花柱较雄蕊长，不伸出。

果 果实圆卵形，被柔毛，顶端狭长，2对宿存的小苞片明显地增大，其中一对网脉明显，肾形，长2.5~3cm。

引种信息

昆明植物园 1990年自云南丽江引种。目前该种在濒危植物区、温室群周边有栽培，可正常开花结果。

中国科学院植物研究所北京植物园 引种3次。1993年自昆明植物园引种（登录号1993-342）；1999年自云南丽江云杉坪引种（登录号1999-20010）；2001年自德国引种（登录号2001-771）。目前该种已无活体保存。

其他 该种在国际植物园保护联盟（BGCI）中有41个迁地保育点。

物候信息

昆明植物园 4月底至5月开花；6月下旬果实成熟，可留存枝头至秋季。

迁地栽培要点

喜温暖湿润的亚热带气候，稍耐寒，不耐旱。要求全光照或半阴环境和排水良好的深厚肥沃土壤。播种和扦插繁殖。

主要用途

中国特有植物，《中国生物多样性红色名录——高等植物卷》（2013）将该种受威胁等级评为近危（NT）等级，具有科研价值。花美丽，果形奇特，可供观赏。

花枝　　花（徐晔春 摄）　　花（Kirill Tkachenko 摄）　　花（徐晔春 摄）　　果枝（徐晔春 摄）

双六道木属

Diabelia Landrein, Phytotaxa 3: 35. 2010.

　　落叶灌木。冬芽裸露，具数对鳞片。枝条无棱。叶对生，边缘全缘或具锯齿，常波状，具短柄和叶柄间线，无托叶。花序顶生，或成对生于短枝顶端（花同时开放），花数量有时因小苞片叶腋着生的额外花朵而为1~3朵（有时8朵，尤其长枝再次开花时常见）；成对的花具6个苞片。小苞片位于子房基部，小型，不增大。萼筒狭长，长圆形，萼裂片2~5枚，开展，狭长圆形至椭圆形，果期宿存，多少增大。花冠黄色、白色、粉红色至猩红色，筒状漏斗形或钟形，喉部二唇形，筒基部一侧具膨大浅囊状蜜腺，有时密被棍棒状腺毛，上部5裂，下唇内侧常有斑纹。雄蕊4枚，二强，贴生于花冠筒，内藏，花药内向。子房狭长圆形，3室，其中2室各具2列不育的胚珠，仅1室具1枚能育的胚珠，花柱丝状，柱头头状，白色，具乳突。果实为革质瘦果，长圆形，冠以宿存的萼裂片；种子近圆柱形，种皮膜质；胚乳肉质。

　　4种，产中国和日本，中国原产2种，均为近年新记录植物。该属植物的花均大而美丽，目前仅有1种温州双六道木 [*Diabelia spathulata* (Siebold & Zuccarini) Landrein] 在植物园有引种栽培。未见引种的3种分别为：黄花双六道木 [*Diabelia serrata* (Siebold & Zuccarini) Landrein]，萼裂片2枚，花鲜黄色，主产日本，中国浙江永嘉也有分布，国外已有引种保育记录，国内还未见引种；红花双六道木 [*Diabelia sanguinea* (Makino) Landrein.]，萼裂片5枚，花猩红色，特产日本，尚无引种保育记录；四翅双六道木 [*Diabelia stenophylla* (Honda) Landrein]，萼裂片4枚，花白色具黄色条纹，也产日本，尚无引种保育记录。

161 温州双六道木

Diabelia spathulata (Siebold & Zucc.) Landrein, Phytotaxa 3: 37. 2010.
Abelia spathulata Siebold & Zucc., Fl. Jap. 1: 77. 1839.

植株（徐晔春 摄）

自然分布

产浙江（温州）。日本也有。生于海拔700～900m的林中。

迁地栽培形态特征

植株 落叶灌木，高1～3m。

茎 小枝灰色或红褐色，无毛。

叶 叶纸质，卵形，长4～6cm，宽2～3cm，顶端长渐尖至尾尖，基部圆形，边缘全缘，或具疏锯齿，波状，两面疏生柔毛；叶柄长至4mm。

花 花成对着生；花序梗长4～9mm；小苞片6枚，生子房基部，披针形，长2～3mm；萼筒淡红色，萼裂片5枚，长圆形披针形；花冠长筒状钟形，长达2.5cm，花蕾时淡黄色，开花后粉红色或白色，喉部二唇形，上唇2裂，下唇3裂，筒内面有长柔毛，下唇内侧具黄色斑纹，筒中部以下变窄，基部具浅囊状蜜腺，蜜腺腺毛棍棒状，顶端分离；雄蕊4枚，二强，花丝部分贴生于花冠筒；柱头头状。

果 果实无毛或被稀疏柔毛，冠以5枚略增大的宿存萼裂片。

引种信息

上海辰山植物园 无详细引种信息。目前生存状况不明,可能仍有活体栽培。

中国科学院植物研究所北京植物园 1997年自朝鲜引种(1997-1837)。目前没有该种活体。

其他 该种在国际植物园保护联盟(BGCI)中有14个迁地保育点。

物候信息

原产地 4~7月开花;8~9月果实成熟。

迁地栽培要点

喜夏季凉爽湿润的海洋性温带气候。要求全日照或半阴环境和排水良好的疏松肥沃土壤。扦插或播种繁殖。

主要用途

稀有植物,《中国生物多样性红色名录——高等植物卷》(2013)将该种受威胁等级评为近危(NT)等级,具迁地保育和科研价值。花美丽,可栽培为观花灌木。

花枝(汪远 摄)

花序(徐晔春 摄)

花序(徐晔春 摄)

六道木属

Zabelia (Rehder) Makino, Makinoa. 9: 175. 1948.

　　落叶灌木。老枝常明显具6道凸起的棱。幼枝常具逆向下的长硬毛，枝节膨大。叶对生，边缘全缘或具牙齿（萌条或壮枝上的叶有时不规则羽状分裂），叶柄短，无托叶。相邻两对叶的叶柄基部常扩大并连合，包裹冬芽。花序顶生，由无梗的聚伞花序组成紧缩的聚伞圆锥花序，小聚伞花序具1~3花。萼筒长圆形，萼裂片4枚或5枚，开展，狭长圆形至椭圆形，宿存。花冠白色、淡玫瑰色或有时淡红色，筒状漏斗形或高脚碟状，花冠筒狭长，常弯曲，基部不具囊状蜜腺，内面有腺体，檐部4裂或5裂，有时微呈二唇形，裂片短，常平展或反折，近等大；雄蕊4枚，二强，着生于花冠筒中部或基部，内藏，花药黄色，内向。子房通常3室，其中2室各具2列不育的胚珠，仅1室具1枚能育的胚珠，花柱丝状，柱头绿色，头状，有黏液。果实为革质瘦果，长圆形，冠以宿存的萼裂片；种子近圆柱形，种皮膜质；胚乳肉质。

　　约7种，产亚洲东北部至西南部地区，中国原产3种。中国一共迁地栽培5种，自国外引入栽培2种，即全缘六道木 [*Zabelia integrifolia* (Koidz.) Makino ex Ikuse & Kurosawa] 和香六道木 [*Zabelia tyaihyoni* (Nakai) Hisauchi & Hara]。中国不产也没有栽培的2种分别为：中亚六道木 [*Zabelia corymbosa* (Regel & Schmalh.) Makino——*Abelia corymbosa* Regel & Schmalh.]，产哈萨克斯坦、吉尔吉斯斯坦和塔吉克斯坦，本种在英国皇家园艺学会栽培植物数据库有收录，在欧洲可能有引种栽培；另一种密毛六道木 [*Zabelia densipila* M. P. Hong, Y. C. Kim & B. Y. Lee ——*Abelia densipila* (M. P. Hong, Y. C. Kim & B.Y.Lee) M. Kim] 为近年新发现的特产于韩国的狭域物种，与六道木 [*Zabelia biflora* (Turcz.) Makino] 的主要区别在于植株幼嫩部分明显密被开展长柔毛，花期也较同地区的六道木要早。

六道木属分种检索表

1a. 萼裂片和花冠裂片5枚；花序由无梗的聚伞花序组成紧缩的聚伞圆锥花序；苞片和小苞片叶状；果期萼裂片被长纤毛。
  2a. 叶卵形或椭圆形，长度不超过宽度的3倍；花多而繁密，花冠大，檐部直径可达1cm ·· **162. 香六道木 Z. tyaihyoni**
  2a. 叶卵状披针形或狭披针形，长度常为宽度的3倍以上；花少而稀疏，花冠较小，檐部直径6~8mm。 ·· **163. 醉鱼草状六道木 Z. triflora**
1b. 萼裂片和花冠裂片4枚；花序顶生，具双花（偶尔可由于小苞片腋部生有额外的花而不仅2朵）；苞片和小苞片退化；果期萼裂片无长纤毛。
  3a. 花序有总花梗，具1~2朵花 ·· **164. 南方六道木 Z. dielsii**
  3b. 花序无总花梗；花单生于叶腋。
    4a. 叶常具锯齿或浅裂，长圆形至长圆状披针形，薄纸质，侧脉纤细，不凸起 ·· **165. 六道木 Z. biflora**
    4b. 叶全缘，卵形、长圆状卵形至长圆状倒卵形，厚纸质，侧脉4~6对，在背面显著凸起 ·· **166. 全缘六道木 Z. integrifolia**

162 香六道木

Zabelia tyaihyoni (Nakai) Hisauchi & Hara, Makinoa 9: 175. 1948.
Abelia tyaihyoni Nakai, J. Coll. Sci. Imp. Univ. Tokyo 42: 58. 1921.
Zabelia mosanensis (I. C. Chung ex Nakai) Hisauti & Hara, Journ. Jap. Bot. 29: 144. 1954.
Abelia mosanensis I. C. Chung ex Nakai, Bot. Mag. (Tokyo) 40: 171.1926.

自然分布

原产朝鲜半岛。生于海拔200~300m的砂质山坡林下。

迁地栽培形态特征

植株 落叶灌木，多分枝，高1~2m。

茎 幼枝绿色，被倒向纤毛；老枝变灰色而无毛。

叶 叶卵形、宽披针形至披针形，长1.5~6cm，宽0.5~2cm，顶端尖，基部楔形，边缘全缘，两面除中脉被贴伏长硬毛外，光滑无毛，侧脉纤细，不凸起；叶柄长1~4mm，基部膨大且成对相连。

花 聚伞圆锥花序生于侧枝顶部，有花数朵；总花梗长约2cm，被倒向纤毛；苞片叶状，无柄，卵形，顶端渐尖，基部心形；小苞片线形至披针形；萼筒狭卵形，压扁，长2mm，具沟槽，被倒向长柔毛，萼檐5裂，裂片长圆形或线状长圆形，长3~4mm，边缘和脉上被长柔毛；花冠白色或红色，高脚碟状，长1~1.5cm，外密被短柔毛，内面密被长柔毛，裂片5枚，卵圆形，开展，边缘波状；雄蕊4枚，二强，内藏，花丝短，花药圆形；花柱内藏，光滑，柱头头状。

果 果实圆柱形，具棱，顶端冠以5枚宿存而略增大的萼裂片。

引种信息

上海辰山植物园 2009年自安徽芜湖欧标公司引种（登录号20090267）。实地调查时未见该种活体。

中国科学院植物研究所北京植物园 引种13次。最早于1984年自朝鲜引种（登录号1984-2212）；最近一次为2011年自拉脱维亚引种（登录号2011-580）；期间有2次引种存活，包括1990年自朝鲜引种（登录号1990-2875）和2001年自拉脱维亚引种（登录号2001-2142）。目前该种在展区有定植，生长良好，已经多年持续开花结果，花果繁茂。

其他 该种在国际植物园保护联盟（BGCI）中有68个迁地保育点。

物候信息

中国科学院植物研究所北京植物园 3月上中旬开始萌芽；3月下旬展叶；4月上旬新枝生长，逐渐出现花蕾；4月底至5月上旬为花期；11月初落叶。

迁地栽培要点

喜冷凉湿润的温带气候，耐寒，稍耐热。要求全日照或半阴环境和排水良好的疏松深厚土壤。扦插或播种繁殖。

主要用途

本种开花繁密，具香气，是优良的观花灌木。适宜庭院中、池塘边丛植或片植观赏。

163
醉鱼草状六道木

Zabelia triflora (R. Br.) Makino, Makinoa 9: 175. 1948.
Abelia triflora R. Br., Pl. Asiat. Rar. 1: 14–15, pl. 15. 1830[1829].
Zabelia buddleioides (W. W. Sm.) Hisauti & Hara, Journ. Jap. Bot. 29: 143. 1954.
Abelia buddleioides W.W. Sm., Notes Roy. Bot. Gard. Edinburgh 9 (42): 75–76. 1916.
Zabelia parvifolia (C. B. Cl.) Golubkova, Novosti Sist. Vyssh. Rast. 9: 262.1972. syn. nov.
Abelia triflora var. *parvifolia* C. B. Clarke in Hooker f., The Flora of British India 3: 9. 1882. syn. nov.

自然分布

产四川、西藏和云南。阿富汗、印度、尼泊尔和巴基斯坦也有。生于海拔1800～3500m的山坡林下、灌丛或草地。

迁地栽培形态特征

植株 落叶灌木，高1～2m。

茎 幼枝被黄色倒硬毛，老枝变灰色而无毛。

叶 叶卵形至狭披针形，长1.5～7cm，宽0.5～2cm，顶端尖，基部楔形，边缘全缘，具长纤毛，两面除边缘和脉被长硬毛外，光滑无毛，侧脉不明显；叶柄极短，长约2mm，被糙硬毛，基部膨大且成对相连。

花 花序生于侧枝顶部，为紧缩的聚伞圆锥花序，密集成头状，有花1～3朵；花梗和总花梗短或几无；苞片叶状，披针形至倒卵形；小苞片线形至钻形，长约4mm，被硬毛；萼筒狭卵形，具沟槽，被长糙硬毛，萼檐5裂，裂片条形，长4～10mm，宽约1mm，被糙硬毛状纤毛，主脉明显突出；花冠白色或淡玫瑰红色，筒状漏斗形，长1～2cm，约为萼齿长的2倍，外被倒生疏硬毛，内面密被长柔毛，裂片5枚，近圆形，开展；雄蕊4枚，二强，内藏，花丝短，被糙硬毛，花药长圆形；花柱比雄蕊长，光滑，柱头头状。

果 果实圆柱形，具条纹，顶端冠以5枚宿存而略增大的萼裂片；萼裂片密被长纤毛。

引种信息

中国科学院植物研究所北京植物园 引种3次。1988年自摩洛哥引种（登录号1988-3453）；1991年自摩洛哥引种（登录号1991-4514）；1996年自西班牙引种（登录号1996-1544）。目前该种在木本实验地还有少量活体，生长一般。

其他 该种在国际植物园保护联盟（BGCI）中有29个迁地保育点。

物候信息

野生状态 7～8月开花；9～10月果实成熟。

迁地栽培要点

适应昼夜温差大的高山亚高山山地气候，耐旱，耐热，但不耐夏季高温高湿。要求强日照环境和排水良好的砂质土壤。播种繁殖。

主要用途

中国国内较为稀有，目前主要是植物园为迁地保育有少量引种栽培，具有科研价值。

164 南方六道木

Zabelia dielsii (Graebn.) Makino, Makinoa. 9: 175. 1948.
Abelia dielsii (Graebn.) Rehder, Pl. Wilson. 1 (1): 128. 1911.
Zabelia umbellata (Graebn. & Buchw.) Makino, Makinoa. 9: 175. 1948.
Abelia umbellata (Graebn. & Buchw.) Rehder, Pl. Wilson. 1 (1): 122. 1911.

植株

花枝

自然分布

特产中国安徽、福建、甘肃、贵州、河南、湖北、湖南、江西、宁夏、陕西、山西、四川、西藏、云南和浙江。生于海拔800~3700m的山坡灌丛、林下或草地。

迁地栽培形态特征

植株 落叶灌木，高2~3m。

茎 当年小枝绿色，后变红褐色，被疏长柔毛；老枝灰白色。

叶 叶形变化幅度很大，倒卵形、椭圆形、长圆形至披针形，长3~8cm，宽0.5~3cm，顶端渐尖至长渐尖，基部楔形，边缘全缘、具齿或羽状分裂，具缘毛，嫩时叶面散生柔毛，背面叶脉被白色粗硬毛；叶柄长4~7mm，基部膨大，散生硬毛。

花 花序生于侧枝顶部，有花2朵，总花梗长0.8~1.5cm；花序分枝长4~6mm，无小花梗；苞片3枚，形小而有纤毛，中央1枚长6mm，侧生者长1mm；萼筒长8~15mm，散生硬毛，萼檐4裂，裂片卵状披针形或倒卵形，顶端钝圆，基部楔形；花冠白色，稍带淡粉红色，狭漏斗形，筒外面有短柔毛，内面密被腺毛，上部4裂，裂片圆形；雄蕊4枚，二强，内藏，花丝短；花柱细长，与花冠等长，柱头头状，不伸出花冠筒外。

🟠 **果** 果实圆柱状，长1～1.5cm，具棱，顶端冠以4枚宿存而略增大的萼裂片；种子柱状。

引种信息

上海辰山植物园 2007年自陕西宝鸡眉县营头镇太白山大殿三台引种（登录号20071533）。调查时未见活体。

西双版纳热带植物园 引种1次。2010年自波兰引种种子（登录号67,2010,0025）。未见活体。

中国科学院植物研究所北京植物园 引种4次。1991年陈伟烈赠送（登录号1991-4942）；1991年自陕西引种（登录号1991-5510）；1995年自甘肃舟曲引种（登录号1995-84）；1995年自甘肃哇巴沟引种（登录号1995-128）。目前该种在木本实验地有少量定植，生长一般，能正常开花。

其他 该种在国际植物园保护联盟（BGCI）中有10个迁地保育点。国内福州植物园、杭州植物园、庐州植物园、南京中山植物园、武汉植物园和浙江农林大学植物园有栽培记录。

物候信息

中国科学院植物研究所北京植物园 3月初开始萌芽；3月中下旬展叶；4月上旬新枝生长，并出现花蕾；4月中下旬开花；6～7月果实成熟。

迁地栽培要点

喜温暖湿润气候，亦较耐寒，北京地区在有庇护的小环境中可露地越冬。要求半阴或遮阴环境和排列良好的疏松肥沃土壤。播种繁殖。

主要用途

开花洁白繁密，可作花灌木栽培供观赏。

165
六道木

Zabelia biflora (Turcz.) Makino, Makinoa. 9: 175. 1948.
Abelia biflora Turcz. in Bull. Soc. Imp. Naturalistes Moscou 7: 152. 1837.

自然分布

产安徽、河北、河南、吉林、辽宁、内蒙古、山西和天津。朝鲜和俄罗斯也有。生于海拔1000~2000m的山坡灌丛或林下。

迁地栽培形态特征

植株 落叶灌木，高1~3m。

茎 幼枝被倒生硬毛；老枝无毛，明显具6道凸起的棱。

叶 叶长圆形至长圆状披针形，长2~8cm，宽0.5~3cm，顶端尖至渐尖，基部钝至狭楔形，边缘全缘、羽状浅裂或具粗齿，两面疏被柔毛，脉上密被长柔毛，边缘有纤毛；叶柄长2~4mm，疏被硬毛。

花 花序成对生于小枝顶部叶腋，常具单花；总花梗长5~10mm，被硬毛，花小无梗；每朵花萼筒基部具3个苞片；苞片齿状，1长2短，长1~6mm，花后不落；萼筒圆柱形，疏生短硬毛，萼裂片4枚，长圆形或倒卵状长圆形，长约1cm；花冠白色或淡黄色，有时上部或一侧带红色，狭漏斗形或高脚碟形，外面被短柔毛，杂有倒向硬毛，上部4裂，裂片圆形，筒为裂片长的3倍，内面密生硬毛；雄蕊4枚，二强，着生于花冠筒中部，内藏，花药长卵圆形；子房3室，仅1室发育，花柱长约1cm，柱头头状。

果 果实长圆形，压扁，具纵棱，常弯曲，外面具硬毛，顶端冠以4枚宿存而略增大的萼裂片；种子圆柱形，长4~6mm，具肉质胚乳。

引种信息

北京植物园 引种2次。1980年自引种（登录号1980-0085z）；2006年自北京门头沟区百花山引种（登录号2006-0296）。目前该种在展区有定植，生长良好，已经多年持续开花结果。

黑龙江省森林植物园 引种信息不详。目前该种在展区有栽培，生长良好，可正常开花结果。

华南植物园 1975年自福建厦门园林处等地引种（登录号19750071）。目前该种已无活体。

沈阳树木园 1993年自辽宁本溪引种（登录号19930068）。

中国科学院植物研究所北京植物园 引种13次。最早于1952年引种（登录号1952-67）；最近一次为2009年自河北兴隆雾灵山引种（登录号2009-2228）；期间有2次引种存活，包括1982年自北京周边山地引种（登录号1982-3481）和1990年引种（登录号1990-20095）。目前该种在展区有定植，生长良好，已经多年持续开花结果。

其他 该种在国际植物园保护联盟（BGCI）中有10个迁地保育点。国内重庆南山植物园、南京中山植物园和武汉植物园有栽培记录。

物候信息

中国科学院植物研究所北京植物园　3月上中旬开始萌芽；3月下旬展叶；4月上旬新枝生长，并出现花蕾；4月下旬至5月上旬开花；8~9月果实成熟，干后可留存枝头直至落叶；11月落叶。

迁地栽培要点

喜冷凉湿润气候，耐寒，稍耐热。要求半阴或全日照环境和排水良好、疏松肥沃的湿润土壤。生长缓慢。播种繁殖。

主要用途

干具六棱而别致，叶秀花美，可配植在林下、石隙及岩石园中。

植株　植株

166
全缘六道木

Zabelia integrifolia (Koidz.) Makino ex Ikuse & Kurosawa, Journ. Jap. Bot. 29: 110. 1954.
Abelia integrifolia Koidz., Bot. Mag. (Tokyo) 29: 312. 1915.

自然分布
原产日本（本州、四国和九州）。生于海拔300~1500m的多石山坡，通常在产石灰岩或蛇纹石的地区。

迁地栽培形态特征
植株 落叶灌木，高达2m。
茎 幼枝质硬而脆，绿色，后变红褐色，被稀疏硬毛；老枝明显具6道凸起的棱，节增粗。
叶 叶厚纸质，卵形、长圆状卵形至长圆状倒卵形，长3~7cm，宽1~3cm，顶端尖至渐尖，基部楔形，边缘全缘，叶面疏被柔毛，背面脉上密被长柔毛，边缘有向上的硬毛，侧脉4~6对，在背面显著凸起；叶柄长4~7mm，被长毛，基部膨大，合生，包被冬芽，宿存。
花 花序成对生于小枝顶部叶腋，常具单花；总花梗长3~6mm，常合生，无毛或被疏硬毛，无小花梗；每朵花萼筒基部具3个苞片；苞片小；萼筒圆柱形，长3~13mm，无毛或有毛，具纵棱，萼裂片4枚，宿存，倒披针形，长0.8~1.8cm，宽2~4mm，顶端钝或圆形，基部楔形，无毛或被疏硬毛；花冠白色，常带粉红色，高脚碟形，外面被短柔毛，内面密生腺毛和短柔毛，花冠筒圆柱形，长1~1.5cm，宽2~3mm，基部腹面具囊状凸起，喉部淡红色，裂片4枚，近等大，开展，阔卵形；雄蕊4枚，二强，着生于花冠筒中部，内藏，花药卵圆形；子房3室，仅1室发育，花柱长1.2~1.5cm，柱头头状。
果 果实圆柱状，长0.8~1.3cm，无毛，具5纵棱，顶端冠以4枚宿存而略增大的萼裂片；种子线形，长5~8mm。

引种信息
中国科学院植物研究所北京植物园 引种10次。1977年自韩国引种（登录号1977-1152）；1981年至1993年自朝鲜植物园或相关机构引种（登录号1981-1105、1984-2211、1984-2331、1987-149、1988-1228、1989-4522、1990-2874、1991-2586、1993-53）。目前该种在展区有定植，生长良好，已经多年持续开花结果。
其他 该种在国际植物园保护联盟（BGCI）中有3个迁地保育点。

物候信息
中国科学院植物研究所北京植物园 3月上中旬开始萌芽；3月下旬展叶；4月上旬新枝生长，并出现花蕾；4月下旬至5月上旬开花；10月果实成熟；11月落叶。

迁地栽培要点
喜冷凉湿润气候，耐寒，稍耐热。要求半阴环境和排水良好、疏松肥沃的湿润土壤。生长缓慢。播种繁殖。

主要用途

稀有植物,目前仅植物园有少量迁地保育。花果别致,可供观赏。

参考文献
References

陈又生，崔洪霞，张会金，等，2000. 荚蒾属植物的引种栽培[J]. 植物引种驯化集刊，(13): 50-56.
傅立国，金鉴明，1992. 中国植物红皮书（第1册）[M]. 北京：科学出版社.
国家林业局国有林场和林木种苗工作总站，2000. 中国木本植物种子[M]. 北京：中国林业出版社：416-428.
郝朝运，程存归，刘鹏，2007. FTIR直接测定法在解决忍冬科一些分类学问题中的应用研究[J]. 光谱学与光谱分析，27(1): 38-42.
吕文君，刘宏涛，袁玲，等，2018. 荚蒾属植物在武汉地区的引种调查及观赏性状评价[J]. 中国园林，8：86-91.
覃海宁，杨永，董仕勇，等，2017. 中国高等植物受威胁物种名录[J]. 生物多样性，25(7): 696-744.
裘宝林，陈征海，张晓华，1994. 见于浙江的中国及中国大陆新记录植物. 云南植物研究. 16(3): 231-234.
汤彦承，李良千，1994. 忍冬科（狭义）植物地理及其对认识东亚植物区系的意义[J]. 植物分类学报，32(3): 197-218.
汤彦承，李良千，1996. 试论东亚被子植物区系的历史成分和第三纪源头——基于省沽油科、刺参科和忍冬科植物地理的研究[J]. 中国科学院大学学报，34,（005）: 453-478.
汪矛，谷安根，1988. 兰靛果忍冬的果实解剖及其分类意义[J]. 植物研究，(04): 205-208.
汪松，解焱，2004. 中国物种红色名录·第1卷 红色名录[M]. 北京：高等教育出版社.
王恩伟，2009. 6种荚蒾的繁育特性与园林应用研究[D]. 临安：浙江林学院.
王建皓，2015. 台湾产荚蒾属（五福花科）植物之分类研究[D]. 台中：中兴大学.
王勇，2016. 五种荚蒾属植物的扦插繁育与生态适应性研究[D]. 长沙：中南林业科技大学.
徐炳声，胡嘉琪，王汉津，1988. 忍冬科[M]//徐炳声（编辑）. 中国植物志. 北京：科学出版社，72: 1-284.
曾令杰，邢俊波，李萍，2000. 忍冬科的植物化学分类学研究的初探[J]. 中国中药杂志，25(3): 184-188.
赵海沛，牛松顷，闫双喜，等，2012. 中国忍冬科植物地理分布[J]. 河南农业大学学报，46(6): 668-673.
周兴文，2012. 忍冬科12属植物系统的演化[J]. 沈阳大学学报（自然科学版），24(1): 39-44.
Angiosperm Phylogeny Group, 2009. An update of the Angiosperm Phylogeny Group classification for the orders and families of flowering plants: APG III [J]. Botanical Journal of the Linnean Society, 161: 105-121.
Angiosperm Phylogeny Group, 2016. An update of the Angiosperm Phylogeny Group classification for the orders And families of flowering plants: APG IV[J]. Botanical Journal of the Linnean Society, 181(1):1-20.
Applequist W L, 2015. A brief review of recent controversies in the taxonomy and nomenclature of *Sambucus nigra* sensu lato[J]. Acta Horticulturae, (2015): 25-33. doi: 10.17660/ActaHortic.2015.1061.1.
Bell C D, Edwards E J, Kim S T, et al, 2001. Dipsacales phylogeny based on chloroplast DNA sequences[J]. Harvard Papers in Botany, 6: 481-499.
Bolli Richard, 1994. Revision of the Genus Sambucus. Dissertationes botanicae[J], vol. 223, pp. 1-227. E. Schweizerbart'sche Verlagsbuchhandlung, Johannesstrasse 3A, D-70176 Stuttgart 1, Germany. ISBN: 978-3443641351.
Botanic Gardens Conservation International（BGCI）. https://tools.bgci.org/plant_search.php. Access date: May 26, 2020.
Bremer B, Bremer K A, Heidari N, et al, 2002. Phylogenetics of asterids based on 3 coding and 3 non-coding chloroplast DNA markers and the utility of non-coding DNA at higher taxonomic levels[J]. Molecular Phylogenetics and Evolution, 24: 274-301.
Catalogue of Life (CoL). http://www.catalogueoflife.org, Access date: June 10, 2020.
Christenhusz, M J M, 2013. Twins are not alone: a recircumscription of Linnaea (Caprifoliaceae)[J]. Phytotaxa, 125 (1): 25-32.
Clement W L, Arakaki M, Sweeney P W, et al, 2014. A chloroplast tree for *Viburnum* (Adoxaceae) and its implications for phylogenetic classification and character evolution[J]. American Journal of Botany, 101(6): 1029-1049.
Cronquist A, 1981. An Integrated System of Classification of Flowering Plants[M]. New York: Columbia University Press: 1262.
Donoghue M J, Olmstead R G, Smith J F, et al, 1992. Phylogenetic relationships of Dipsacales based on rbcL sequences[J]. Annals of the Missouri Botanical Garden, 79: 333-345.
Engler A, Diels L, 1963. Syllabus der Pflanzenfamilien[M]. Aufl. II Berlin.
Fukuoka N, 1972. Taxonomic Study of the Caprifoliaceae[J]. Memories Faculty of Science Kyoto University, Ser. Biology, (6):15-58.

Hara H, 1983. A revision of Caprifoliaceae of Japan with reference to allied plants in other districts and the Adoxaceae[M]. Tokyo: Academia Scientific Books. Inc., pp. 1-336.

Hillebrand G R, Fairbrothers D E, 1970. Phytoserological systematic survery of Caprifoliaceae[J]. Brittonia, 22:125-133.

Hilu K W, Borsch T, Müller K K, et al, 2003. Angiosperm phylogeny based on matK sequence information[J]. American Journal of Botany, 90: 1758-1776.

Hoffman M H A, 2008. Cultivar Classification of *Weigela*. Acta Horticulturae[J] 2008 (2008) 31-38. doi: 10.17660/ActaHortic.2008.799.2.

Hutchinson J, 1926. The Families of Flowering Plants. I. Dicotyledons[M]. First Edition. London: Macmillan and Co. , Ltd: 328.

Hutchinson J, 1959. The Families of Flowering Plants. I. Dicotyledons[M]. Second Edition. Oxford: Clarendon Press: 510.

Hutchinson, J, 1973. The Families of Flowering Plants[M]. 3rd Edition. Oxford: The Clarendon Press: 968.

Judd W. S., Campbell C. S., Kellogg E. A., Stevens P. F., Donoghue M. J. 2008. Plant systematics: a phylogenetic approach[M]. 3rd edn. Sunderland: Sinauer.

International Union for Conservation of Nature and Natural Resources (IUCN). 2001. IUCN Red List Categories and Criteria, Version 3.1 [S]. IUCN, Gland, Switzerland and Cambridge, UK. http://www.iucn.org.

Judd W S, Sanders R W, Donoghue M J, 1994. Angiosperm family pairs: preliminary phylogenetic analyses[J]. Harvard Papers in Botany, 5: 1-51.

Landis M J, Eaton D A R, Clement W L, et al, 2020. Joint phylogenetic estimation of geographic movements and biome shifts during the global diversification of *Viburnum*. Systematic Biology[J]. PMID 32267945. doi.org/10.1093/sysbio/syaa027.

Landrein S, Farjon A, 2020. A monograph of Caprifoliaceae: Linnaeeae. Kew Bulletin [J] 75:1. Page 1-197. DOI 10.1007/S12225-018-9762-5.

Maximowicz C J, 1877. Diagnoses plantarum novarum Asiaticarum[M]. Petropli, Imperialis Academiae Scientiarum.

Meeler H E, 2018. Taxonomy and phylogeny of the flowering plant genus *Diervilla* (Diervillaceae)[D]. Dr. Katherine Mathews (Director) Western Carolina University. 1-35.

Muller J, 1981. Fossil Pollen Records of Extant Angiospermae[J]. Botanical Review, 47(4): 90.

Nakai T, 1938. A new classification of the genus *Lonicera* in the Japanese empire, together with the diagnoses of new species and new varieties[J]. Journal of Japanese Botany, 14: 359-376.

Nakaji M, Tanaka N, Sugawara T, 2015. A molecular phylogenetic study of the genus *Lonicera* L. (Caprifoliaceae) occurringin Japan, based on chloroplast DNA sequences[J]. Acta Phytotaxonomica & Geobotanica, 66(3): 137-151.

Ohba, H. Caprifoliaceae // Iwatsuki K., Yamazaki T., Boufford D. E., Ohba H. (eds.). 1993. Flora of Japan, Angiospermae-Dicotyledoneae: Sympetalae (a)[M]. Tokyo: Kodansha LTD, vol. IIIa: 420-448.

Pusalkar P K, 2011. A New Genus of Himalayan Caprifoliaceae[J]. Taiwania. 56(3): 210-217.

Rehder, A, 1903. Synopsis of the genus *Lonicera*[J]. Annual report (Missouri Botanical Garden), 14: 27-232.

Rehder, A, 1913. Caprifoliaceae. // Sargent, C. S. (ed.), Plantae Wilsonianae: an enumeration of the woody plants collected in western China for the Arnold Arboretum of Harvard University during the years 1907, 1908, and 1910[M], pp. 106-144, Harvard University Press, Cambridge.

Takhtajan A L, 1980. Outline of the Classification of Flowering Plants (Magnoliophyta)[J]. Botanical Review, 46: 225-359.

Takhtajan A L, 1987. Systema Magnoliophytorum[M]. Leningrad: Nauka. (in Russian).

Takhtajan A L, 2009. Flowering plants[M]. Netherlands: Springer.

Theis N, Donoghue M J, Li J H, 2009. Phylogenetics of the Caprifolieae and *Lonicera* (Dipsacales) Based on Nuclear and Chloroplast DNA Sequences[J]. Systematic Botany, 33. 776-783. 10.1600/036364408786500163.

Wagenitz G, 1964. Caprifoliaceae, Engler's Syllabus der Pflanzenfamilien[M]. 12th ed. Berlin:1964(2):473-475.

Wilkinson A M, 1948a. Floral anatomy and morphology of some species of the tribes Linnaceae and Sambuceae of the Caprifoliaceae[J]. American Journal of botany, 35: 365-371.

Wilkinson A M, 1948b. Floral anatomy and morphology of the genus *Viburnum*. American Journal of botany[J]. 35: 455-465.

Winkworth, R C, Donoghue M J, 2005. *Viburnum* phylogeny based on combined molecular data: Implications for taxonomy and biogeography[J]. American journal of botany, 92: 653-66. 10.3732/ajb.92.4.653.

Yang Q E, Barrie F R, Bell C D, Diervillaceae // Wu Z. Y., Raven P. H. , Hong D. Y. (eds.). 2011. Flora of China[M]. Beijing: Science Press & St. Louis: Missouri Botanical Garden Press, vol. 19: 615.

Yang Q E, Hong D Y, Malècot V, Boufford D E. Adoxaceae // Wu Z. Y., Raven P. H. , Hong D. Y. (eds.). 2011. Flora of China[M]. Beijing: Science Press & St. Louis: Missouri Botanical Garden Press, vol. 19: 570-613.

Yang Q E, Landrein S, Osbome J, Borosova R. Caprifoliaceae // Wu Z. Y., Raven P. H. , Hong D. Y. (eds.). 2011. Flora of China[M]. Beijing: Science Press & St. Louis: Missouri Botanical Garden Press, vol. 19: 616-641.

Yang Q E, Landrein S. Linnaeaceae // Wu Z. Y., Raven P. H. , Hong D. Y. (eds.). 2011. Flora of China[M]. Beijing: Science Press & St. Louis: Missouri Botanical Garden Press, vol. 19: 642-648.

附录1　参编各植物园迁地栽培的五福花科和狭义忍冬科植物名录

序号	中文名	拉丁名	北京园	桂林园	杭州园	黑森园	华南园	昆明园	中山园	银川园	辰山园	沈阳园	仙湖园	武汉园	版纳园	植物所	成都园	金佛山
1	壶花荚蒾	*Viburnum urceolatum* Siebold & Zucc.												√				
2	显脉荚蒾（心叶荚蒾）	*Viburnum nervosum* D. Don												√				
3	合轴荚蒾	*Viburnum furcatum* Blume ex Maxim. var. *melanophyllum* (Hayata) H.Hara					√							√				
4	鳞斑荚蒾	*Viburnum punctatum* Buch.-Ham. ex D. Don					√	√						√	√		√	
5	卫矛叶荚蒾	*Viburnum nudum* L. var. *cassinoides* (L.) Torr. & Gray												√				
6	梨叶荚蒾	*Viburnum lentago* L.														√		
7	李叶荚蒾	*Viburnum prunifolium* L.	√													√		
8	倒卵叶荚蒾	*Viburnum obovatum* Walter							√									
9	黄栌叶荚蒾	*Viburnum cotinifolium* D.Don														√		
10	绣球荚蒾	*Viburnum macrocephalum* Fortune			√		√	√						√	√		√	
10a	琼花	*Viburnum macrocephalum* Fortune f. *keteleeri* (Carr.) Rehder			√		√	√						√	√			
11	陕西荚蒾	*Viburnum schensianum* Maxim.			√						√				√			
12	烟管荚蒾	*Viburnum utile* Hemsl.			√			√			√			√	√		√	√
13	密花荚蒾	*Viburnum congestum* Rehder						√						√				
14	红蕾荚蒾	*Viburnum carlesii* Hemsl. ex F. B. Forbes & Hemsl.	√	√							√				√			
14a	备中荚蒾	*Viburnum carlesii* Hemsl. ex F. B. Forbes & Hemsl. var. *bitchiuense* (Makino) Nakai														√		
15	蒙古荚蒾	*Viburnum mongolicum* (Pallas) Rehder	√													√		
16	修枝荚蒾（暖木条荚蒾）	*Viburnum burejaeticum* Regel & Herder		√	√							√						
17	绵毛荚蒾	*Viburnum lantana* L.			√						√				√			
18	聚花荚蒾	*Viburnum glomeratum* Maxim.	√						√	√				√				
19	皱叶荚蒾（枇杷叶荚蒾）	*Viburnum rhytidophyllum* Hemsl. ex F. B. Forbes & Hemsl.	√	√	√		√	√	√					√	√		√	√
20	醉鱼草状荚蒾	*Viburnum buddleifolium* C. H. Wright		√				√						√	√			
21	金佛山荚蒾	*Viburnum chinshanense* Graebn.			√			√	√					√	√		√	√
22	淡黄荚蒾	*Viburnum lutescens* Blume												√	√			
23	锥序荚蒾	*Viburnum pyramidatum* Rehder					√	√										
24	广叶荚蒾	*Viburnum amplifolium* Rehder															√	
25	蝶花荚蒾	*Viburnum hanceanum* Maxim.			√		√											
26	粉团	*Viburnum plicatum* Thunb.			√		√	√			√						√	
26a	蝴蝶戏珠花	*Viburnum plicatum* Thunb. var. *tomentosum* (Thunb.) Miq.		√	√	√	√	√							√	√		

（续）

序号	中文名	拉丁名	北京园	桂林园	杭州园	黑森园	华南园	昆明园	中山园	银川园	辰山园	沈阳园	仙湖园	武汉园	版纳园	植物所园	成都园	金佛山
27	樱叶荚蒾	*Viburnum sieboldii* Miq.															√	
28	珊瑚树（旱禾树）	*Viburnum odoratissimum* Ker Gawl.					√		√	√		√		√	√	√	√	
28a	日本珊瑚树（法国冬青）	*Viburnum odoratissimum* Ker Gawl. var. *awabuki* (K. Koch) Zabel ex Rümpler		√	√		√			√		√		√	√	√	√	
29	琉球荚蒾（台东荚蒾）	*Viburnum suspensum* Lindl.		√	√		√		√					√		√		
30	漾濞荚蒾	*Viburnum chingii* P. S. Hsu						√	√									
31	香荚蒾	*Viburnum farreri* Stearn	√							√	√			√		√	√	
32	少花荚蒾	*Viburnum oliganthum* Batalin					√					√			√		√	
33	短筒荚蒾	*Viburnum brevitubum* (P. S. Hsu) P. S. Hsu												√				
34	红荚蒾	*Viburnum erubescens* Wall.							√					√			√	√
35	短序荚蒾	*Viburnum brachybotryum* Hemsl. ex F. B. Forbes & Hemsl.					√		√					√		√	√	√
36	巴东荚蒾	*Viburnum henryi* Hemsl.					√		√					√				
37	腾越荚蒾（长圆荚蒾）	*Viburnum tengyuehense* (W. W. Sm.) P. S. Hsu						√							√			
38	横脉荚蒾	*Viburnum trabeculosum* C. Y. Wu ex P. S. Hsu						√										
39	伞房荚蒾	*Viburnum corymbiflorum* P. S. Hsu & S. C. Hsu						√						√		√		
39a	苹果叶荚蒾	*Viburnum corymbiflorum* P. S. Hsu & S. C. Hsu subsp. *malifolium* P. S. Hsu																
40	地中海荚蒾	*Viburnum tinus* L.			√			√		√				√	√			
41	川西荚蒾	*Viburnum davidii* Franch.									√			√				
42	球核荚蒾	*Viburnum propinquum* Hemsl.						√	√		√			√				√
42a	狭叶球核荚蒾	*Viburnum propinquum* Hemsl. var. *mairei* W. W. Sm.						√						√		√		
43	三脉叶荚蒾	*Viburnum triplinerve* Hand.-Mazz.					√							√				
44	樟叶荚蒾	*Viburnum cinnamomifolium* Rehder												√	√			
45	蓝黑果荚蒾	*Viburnum atrocyaneum* C. B. Clarke												√				
45a	毛枝荚蒾	*Viburnum atrocyaneum* C. B. Clarke subsp. *harryanum* (Rehder) P. S. Hsu									√			√				
46	大苞荚蒾	*Viburnum bracteatum* Rehder														√		
47	齿叶荚蒾	*Viburnum dentatum* L.									√				√	√		
48	朝鲜荚蒾	*Viburnum koreanum* Nakai										√						
49	欧洲荚蒾	*Viburnum opulus* L.	√		√	√		√	√	√	√			√		√	√	
50	水红木	*Viburnum cylindricum* Buch.-Ham. ex D. Don					√		√			√		√	√	√		
51	三叶荚蒾	*Viburnum ternatum* Rehder						√						√			√	√
52	光果荚蒾	*Viburnum leiocarpum* P. S. Hsu						√										
53	厚绒荚蒾	*Viburnum inopinatum* Craib												√	√			

附录1　参编各植物园迁地栽培的五福花科和狭义忍冬科植物名录

（续）

序号	中文名	拉丁名	北京园	桂林园	杭州园	黑森园	华南园	昆明园	中山园	银川园	辰山园	沈阳园	仙湖园	武汉园	版纳园	植物所	成都园	金佛山
54	毛叶接骨荚蒾	*Viburnum sambucinum* Reinw. ex Blume var. *tomentosum* Hallier f.												√				
55	甘肃荚蒾	*Viburnum kansuense* Batal.												√			√	√
56	槭叶荚蒾（枫叶荚蒾）	*Viburnum acerifolium* L.	√						√					√				
57	臭荚蒾（直角荚蒾）	*Viburnum foetidum* Wall.		√	√		√	√	√				√	√	√			
57a	珍珠荚蒾	*Viburnum foetidum* Wall. var. *ceanothoides* (C. H. Wright) Hand.-Mazz.		√				√					√	√			√	
58	桦叶荚蒾	*Viburnum betulifolium* Batalin	√		√		√	√	√				√	√	√			
59	黑果荚蒾	*Viburnum melanocarpum* P. S. Hsu			√				√					√				
60	日本荚蒾	*Viburnum japonicum* Spreng.			√													
61	浙皖荚蒾	*Viburnum wrightii* Miq.												√				
62	衡山荚蒾	*Viburnum hengshanicum* Tsiang ex P. S. Hsu							√									
63	荚蒾	*Viburnum dilatatum* Thunb.			√			√	√				√	√	√			
64	榛叶荚蒾	*Viburnum corylifolium* Hook. f. & Thomson												√				
65	长伞梗荚蒾	*Viburnum longiradiatum* P. S. Hsu & S. W. Fan						√										
66	宜昌荚蒾	*Viburnum erosum* Thunb.			√		√		√				√	√	√	√	√	
67	披针叶荚蒾	*Viburnum lancifolium* P. S. Hsu												√				
68	常绿荚蒾（坚荚蒾）	*Viburnum sempervirens* K. Koch		√			√		√				√	√				
68a	具毛常绿荚蒾	*Viburnum sempervirens* K. Koch var. *trichophorum* Hand.-Mazz.		√					√				√					
69	金腺荚蒾	*Viburnum chunii* P. S. Hsu					√		√					√	√			
70	茶荚蒾	*Viburnum setigerum* Hance			√		√	√	√					√			√	√
71	粤赣荚蒾	*Viburnum dalzielii* W. W. Sm.					√						√	√				
72	吕宋荚蒾	*Viburnum luzonicum* Rolfe					√						√	√				
73	南方荚蒾	*Viburnum fordiae* Hance			√	√	√		√				√	√			√	
74	血满草	*Sambucus adnata* Wall. ex DC.												√				
75	接骨草	*Sambucus javanica* Blume		√	√	√		√	√	√			√	√	√		√	
75a	裂叶接骨草	*Sambucus javanica* Blume var. *pinnatilobatus* (G. W. Hu) Q. W. Lin												√				
76	西洋接骨木	*Sambucus nigra* L.	√	√	√				√					√	√			
76a	美洲接骨木（加拿大接骨木）	*Sambucus nigra* L. subsp. *canadensis* (L.) Bolli					√							√	√			
77	接骨木	*Sambucus williamsii* Hance	√	√			√	√		√	√			√	√			√
78	总序接骨木	*Sambucus racemosa* L.	√						√					√				
79	黄锦带	*Diervilla lonicera* Mill.												√				
80	山地黄锦带	*Diervilla rivularis* Gatt.						√						√				

（续）

序号	中文名	拉丁名	北京园	桂林园	杭州园	黑森园	华南园	昆明园	中山园	银川园	辰山园	沈阳园	仙湖园	武汉园	版纳园	植物所	成都园	金佛山
81	无柄黄锦带	*Diervilla sessilifolia* Buckley									√			√				
82	远东锦带花	*Weigela middendorffiana* (Carr.) K. Koch	√								√			√				
83	海仙花	*Weigela coraeensis* Thunb.	√	√				√	√				√					
84	美丽锦带花	*Weigela decora* (Nakai) Nakai									√			√				
85	桃红锦带花	*Weigela hortensis* (Siebold & Zucc.) K. Koch													√	√		
86	半边月（水马桑）	*Weigela japonica* Thunb.				√		√			√			√		√		√
87	路边花	*Weigela floribunda* (Siebold & Zucc.) K. Koch		√									√					
88	锦带花	*Weigela florida* (Bunge) DC.						√			√							√
89	早锦带花	*Weigela praecox* (Lemoine) Bailey												√				
90	七子花	*Heptacodium miconioides* Rehder						√	√	√				√		√		
91	穿心莛子藨	*Triosteum himalayanum* Wall.								√								
92	莛子藨	*Triosteum pinnatifidum* Maxim.							√									
93	腋花莛子藨	*Triosteum sinuatum* Maxim.												√				
94	羊叶忍冬（蔓生盘叶忍冬）	*Lonicera caprifolium* L.									√							
95	盘叶忍冬	*Lonicera tragophylla* Hemsl. ex F. B. Forbes & Hemsl.	√								√		√	√				
96	香忍冬	*Lonicera periclymenum* L.	√					√			√							
97	贯月忍冬	*Lonicera sempervirens* L.	√						√	√								
98	川黔忍冬	*Lonicera subaequalis* Rehder												√				
99	长距忍冬	*Lonicera calcarata* Hemsl.												√				
100	刚毛忍冬	*Lonicera hispida* Pall. ex Schult.									√							
101	冠果忍冬	*Lonicera stephanocarpa* Franch.												√				
102	微毛忍冬	*Lonicera cyanocarpa* Franch.												√				
103	郁香忍冬	*Lonicera fragrantissima* Lindl. & Paxton	√		√	√		√			√			√			√	√
104	单花忍冬	*Lonicera subhispida* Nakai										√						
105	北京忍冬	*Lonicera elisae* Franch.	√								√			√				
106	早花忍冬	*Lonicera praeflorens* Batalin	√		√													
107	蓝果忍冬（蓝靛果）	*Lonicera caerulea* L.	√			√			√					√				
108	小叶忍冬	*Lonicera microphylla* Willd. ex Roem. & Schult.									√			√				
109	唐古特忍冬	*Lonicera tangutica* Maxim.								√	√	√		√				
110	多枝忍冬	*Lonicera ramosissima* Franch. & Sav. ex Maxim.												√				
111	葱皮忍冬	*Lonicera ferdinandi* Franch.	√		√						√	√		√			√	
112	比利牛斯忍冬	*Lonicera pyrenaica* L.												√				
113	女贞叶忍冬	*Lonicera ligustrina* Wall.						√			√			√				

附录1 参编各植物园迁地栽培的五福花科和狭义忍冬科植物名录

(续)

序号	中文名	拉丁名	北京园	桂林园	杭州园	黑森园	华南园	昆明园	中山园	银川园	辰山园	沈阳园	仙湖园	武汉园	版纳园	植物所	成都园	金佛山
113a	亮叶忍冬	*Lonicera ligustrina* Wall. var. *yunnanensis* Franch.	√				√		√							√		√
113b	蕊帽忍冬	*Lonicera ligustrina* Wall. var. *pileata* (Oliv.) Franch.	√				√		√				√	√	√			
114	总苞忍冬	*Lonicera involucrata* (Richardson) Banks ex Spreng.	√													√		
115	高山忍冬	*Lonicera alpigena* L.														√		
116	华西忍冬	*Lonicera webbiana* Wallich ex DC.									√					√		
117	倒卵叶忍冬	*Lonicera hemsleyana* (O. Ktze.) Rehder							√		√							
118	丁香叶忍冬	*Lonicera oblata* K. S. Hao ex P. S. Hsu & H. J. Wang														√		
119	红花岩生忍冬	*Lonicera rupicola* var. *syringantha* (Maxim.) Zabel							√	√								
120	毛冠忍冬	*Lonicera tomentella* Hook. f. & Thomson														√		
121	紫花忍冬	*Lonicera maximowiczii* (Rupr.) Regel	√			√										√		
122	华北忍冬（藏花忍冬）	*Lonicera tatarinowii* Maxim.				√						√				√		
123	千岛忍冬	*Lonicera chamissoi* Bunge														√		
124	下江忍冬	*Lonicera modesta* Rehder						√			√			√				
125	黑果忍冬	*Lonicera nigra* L.									√					√		
126	蕊被忍冬（水晶忍冬）	*Lonicera gynochlamydea* Hemsl.	√													√		
127	毛花忍冬	*Lonicera trichosantha* Bureau & Franch.						√		√								
128	金银忍冬	*Lonicera maackii* (Rupr.) Maxim.	√	√	√	√	√	√		√	√		√	√		√		
129	金花忍冬	*Lonicera chrysantha* Turcz. ex Ledeb.						√		√	√	√				√		
130	硬骨忍冬	*Lonicera xylosteum* L.				√												
131	弱枝忍冬	*Lonicera demissa* Rehder														√		
132	长白忍冬	*Lonicera ruprechtiana* Regel									√	√				√		
133	新疆忍冬	*Lonicera tatarica* L.	√			√				√	√	√				√		
134	大果忍冬	*Lonicera hildebrandiana* Collett & Hemsl.									√				√	√		
135	长花忍冬	*Lonicera longiflora* (Lindley) DC.						√										
136	西南忍冬	*Lonicera bournei* Hemsl.														√		
137	匍匐忍冬	*Lonicera crassifolia* Batalin						√						√		√		
138	淡红忍冬	*Lonicera acuminata* Wall.	√			√			√					√		√		
139	锈毛忍冬	*Lonicera ferruginea* Rehder			√		√							√				
140	大花忍冬	*Lonicera macrantha* (D. Don) Sprengel						√								√		
141	灰毡毛忍冬	*Lonicera macranthoides* Hand.-Mazz.							√	√				√				
142	细毡毛忍冬（细绒忍冬）	*Lonicera similis* Hemsl.					√		√					√	√			
143	华南忍冬（山银花）	*Lonicera confusa* (Sweet) DC.					√		√				√		√			

（续）

序号	中文名	拉丁名	北京园	桂林园	杭州园	黑森园	华南园	昆明园	中山园	银川园	辰山园	沈阳园	仙湖园	武汉园	版纳园	植物所	成都园	金佛山
144	菰腺忍冬	*Lonicera affinis* Hook. & Arn. var. *hypoglauca* (Miquel) Rehder		√			√		√				√	√				
145	滇西忍冬	*Lonicera buchananii* Lace						√										
146	忍冬	*Lonicera japonica* Thunb.	√	√	√	√	√	√			√	√	√	√	√			√
146a	红白忍冬	*Lonicera japonica* Thunb. var. *chinensis* (P. Watson) Baker	√					√	√					√				
147	鬼吹箫	*Leycesteria formosa* Wall.					√	√	√		√	√	√					
148	纤细鬼吹箫	*Leycesteria gracilis* (Kurz) Airy Shaw													√			
149	白雪果	*Symphoricarpos albus* (L.) S. F. Blake	√								√	√		√				
150	红雪果（小花毛核木）	*Symphoricarpos orbiculatus* Moench	√								√			√				
151	毛核木	*Symphoricarpos sinensis* Rehder					√	√										
152	北极花	*Linnaea borealis* L.												√				
153	艳条花	*Vesalea floribunda* M.Martens & Galeotti	√											√				
154	蓪梗花（小叶糯米条、小叶六道木）	*Abelia uniflora* R. Br.		√				√	√		√		√				√	
155	二翅糯米条（二翅六道木）	*Abelia macrotera* Rehder						√			√						√	
156	糯米条	*Abelia chinensis* R. Br.	√	√				√	√				√	√				
157	大花糯米条（大花六道木）	*Abelia* × *grandiflora* (Rovelli ex André) Rehder	√	√	√			√			√	√	√				√	
158	猥实（猬实）	*Kolkwitzia amabilis* Graebn.	√	√	√		√	√	√		√	√						
159	双盾木	*Dipelta floribunda* Maxim.						√				√						
160	云南双盾木	*Dipelta yunnanensis* Franch.						√										
161	温州双六道木	*Diabelia spathulata* (Siebold & Zucc.) Landrein									√							
162	香六道木	*Zabelia tyaihyoni* (Nakai) Hisauchi & Hara									√	√						
163	醉鱼草状六道木	*Zabelia triflora* (R. Br.) Makino										√						
164	南方六道木	*Zabelia dielsii* (Graebn.) Makino									√			√	√			
165	六道木	*Zabelia biflora* (Turcz.) Makino	√				√					√						
166	全缘六道木	*Zabelia integrifolia* (Koidz.) Makino ex Ikuse & Kurosawa														√		

注：表中"北京园""桂林园""杭州园""黑森园""华南园""昆明园""中山园""银川园""辰山园""沈阳园""仙湖园""武汉园""版纳园""植物所""成都园""金佛山"，分别为"北京植物园""广西壮族自治区中国科学院广西植物研究所桂林植物园""杭州植物园""黑龙江省森林植物园""中国科学院华南植物园""中国科学院昆明植物研究所昆明植物园""江苏省中国科学院植物研究所南京中山植物园""银川植物园""上海辰山植物园""沈阳市植物园""深圳市中国科学院仙湖植物园""中国科学院武汉植物园""中国科学院西双版纳热带植物园""中国科学院植物研究所北京植物园""成都市植物园""重庆市药物种植研究所"的简称。

附录2　各相关植物园的地理位置和自然环境

中国科学院植物研究所北京植物园

地处美丽的北京香山脚下，有着90年的建所历史，是我国植物基础科学的综合研究机构，距市区18km。位于北纬39°48′，东经116°28′，海拔61.6~584.6m。属温带大陆性气候。年均温12.8℃，1月均温-3.3℃，7月均温26.8℃。极端高温41.3℃，极端低温-17.5℃，年降水量526.5mm，相对湿度43%~79%。土壤酸碱度为pH7~7.5。

中国科学院武汉植物园

位于武汉市东部东湖湖畔，地处北纬30°32′、东经114°24′、海拔22m的平原，地带性植被为中亚热带常绿阔叶林，属北亚热带季风性湿润气候，雨量充沛，日照充足，夏季酷热，冬季寒冷，年均气温15.8~17.5℃，极端最高气温44.5℃，极端最低气温-18.1℃，1月平均气温3.1~3.9℃，7月平均气温28.7℃，冬季有霜冻。活动积温5000~5300℃，年降水量1050~1200mm，年蒸发量1500mm，雨量集中于4~6月，夏季酷热少雨，年平均相对湿度75%。枯枝落叶层较厚，土壤为湖滨沉积物上发育的中性黏土，含氮量0.053%，速效磷0.58mg/100g土，速效钾6.1~10mg/100g土，pH4.3~5.0。

中国科学院华南植物园

位于广州东北部，地处北纬23°10′、东经113°21′、海拔24~130m的低丘陵台地，地带性植被为南亚热带季风常绿阔叶林，属南亚热带季风湿润气候，夏季炎热而潮湿，秋冬温暖而干旱，年平均气温20~22℃，极端最高气温38℃，极端最低气温0.4~0.8℃，7月平均气温29℃，冬季几乎无霜冻。大于10℃年积温6400~6500℃，年均降水量1600~2000mm，年蒸发量1783mm，雨量集中于5~9月，10月至翌年4月为旱季；干湿明显，相对湿度80%。干枯落叶层较薄，土壤为花岗岩发育而成的赤红壤，砂质土壤，含氮量0.068%，速效磷0.03mg/100g土，速效钾2.1~3.6mg/100g土，pH 4.6~5.3。

中国科学院西双版纳热带植物园

位于云南省西双版纳傣族自治州勐腊县勐仑镇，占地面积1125hm^2。地处印度马来热带雨林区北缘（20°4′N，101°25′E，海拔550~610m）。终年受西南季风控制，热带季风气候。干湿季节明显，年平均气温21.8℃，最热月（6月）平均气温25.7℃，最冷月（1月）平均气温16.0℃，终年无霜。根据降水量可分为旱季和雨季，旱季又可分为雾凉季（11月至翌年2月）和干热季（3~4月）。干热季气候干燥，降水量少，日温差较大；雾凉季降水量虽少，但从夜间到次日中午，都会存在大量的浓雾，对旱季植物的水分需求有一定补偿作用。雨季时，气候湿热，水分充足，年降水量1256mm，占全年的84%。年均相对湿度为85%，全年日照数为1859h。西双版纳热带植物园属丘陵至低中山地貌，分布有砂岩、石灰岩等成土母岩，分布的土壤类型有砖红壤、赤红壤、石灰岩土及冲积土。

中国科学院昆明植物研究所昆明植物园

位于云南省昆明市北郊，地处北纬25°01′，东经102°41′，海拔1990m，地带性植被为西部（半湿润）常绿阔叶林，属亚热带高原季风气候。年平均气温14.7℃，极端最高气温33℃，极端最低气温-5.4℃，最冷月（1月、12月）月均温7.3~8.3℃，年平均日照2470.3h，年均降水量1006.5mm，12月至翌年4月（干季）降水量为全年的10%左右，年均蒸发量1870.6mm（最大蒸发量出现在3~4月），年平均相对湿度73%。土壤为第三纪古红层和玄武岩发育的山地红壤，有机质及氮磷钾的含量低，pH4.9~6.6。

中国科学院沈阳应用生态研究所沈阳树木园

位于辽宁沈阳，地处中国东北地区南部。现有两个园区，老园面积5hm²，位于沈阳城市中心（41°46′N，123°27′E，海拔40~60m），辉山分园于2005年规划建设，面积160hm²，位于城市近郊（41°54′N，123°35′E，海拔90~120m）。气候属温带半湿润大陆性季风气候，年平均气温6.2~9.7℃，极端最高气温为39.3℃，极端最低气温为–33.1℃，全年无霜期155~180天。全年日照充足，四季分明，温差较大，冬寒时间较长，近6个月。全年降水量600~800mm，受季风影响，降水集中在夏季；降雪较少。春秋两季气温变化迅速，持续时间短；春季多风，秋季晴朗。沈阳树木园地处辽河平原中部，地形平坦，起伏不大，土壤形成背景是在浑河冲积物上发育起来的棕壤草甸土，老园区经过多年的造林，土壤腐殖质深厚，土质肥沃，pH值在7.0左右，而新园区刚建设不久，土壤则较为粗糙，含沙砾较多，也稍偏碱性。

江苏省中国科学院植物研究所南京中山植物园

占地186hm²，坐落于南京钟山风景区内。属北亚热带湿润气候，四季分明，雨水充沛。常年平均降水117天，平均降水量1106.5mm，相对湿度76%，无霜期237天。每年6月下旬到7月上旬为梅雨季节。年平均温度15.4℃，年极端气温最高39.7℃，最低–13.1℃。

广西壮族自治区中国科学院广西植物研究所桂林植物园

位于广西桂林雁山，地处北纬25°11′，东经110°12′，海拔约150m，地带性植被为南亚热带季风常绿阔叶林，属中亚热带季风气候。年平均气温19.2℃，最冷月（1月）平均气温8.4℃，最热月（7月）平均气温28.4℃，极端最高气温40℃，极端最低气温–6℃，≥10℃的年积温5955.3℃。冬季有霜冻，有霜期平均6~8天，偶降雪。年均降水量1865.7mm，主要集中在4~8月，占全年降水量73%，冬季雨量较少，干湿交替明显，年平均相对湿度78%，土壤为砂页岩发育而成的酸性红壤，pH 5.0~6.0。0~35cm的土壤营养成分含量：有机碳0.6631%，有机质1.1431%，全氮0.1175%，全磷0.1131%，全钾3.0661%。

北京植物园

地处北京市西山卧佛寺附近，1956年经国务院批准建立，面积400hm²，是以收集、展示和保存植物资源为主，集科学研究、科学普及、游览休憩、植物种质资源保护和新优植物开发功能为一体的综合植物园。北京植物园由植物展览区、科研区、名胜古迹区和自然保护区组成，园内收集展示各类植物10000余种（含品种）150余万株。北纬39°48′，东经116°28′，海拔61.6~584.6m。属温带大陆性气候。年均温12.8℃，1月均温–3.3℃，7月均温26.8℃。极端高温41.3℃，极端低温–17.5℃，年降水量526.5mm，相对湿度43%~79%。土壤酸碱度为pH7~7.5。

杭州植物园

地处杭州西湖风景名胜区桃源岭，北纬30°15′，东经120°07′，占地248.46hm²。属于亚热带季风气候，四季分明，雨量充沛，夏季气候炎热，湿润，冬季寒冷，干燥。全年平均气温17.8℃，平均相对湿度70.3%，年降水量1454mm，年日照时数1765h。极端最高气温40℃，极端最低气温–10℃。1月平均气温1~8℃，7月平均气温25~33℃。

深圳市中国科学院仙湖植物园

位于深圳市罗湖区东郊，东倚梧桐山，西临深圳水库，地处北纬22°34′，东经114°10′，海拔26~605m，地带性植被为南亚热带季风常绿阔叶林，属亚热带海洋性气候，依山傍海，气候温暖宜人，年平均气温22.3℃，极端最高气温38.7℃，极端最低气温0.2℃。每年4~9月为雨季，年均降水量1933.3mm，雨量充足，相对湿度71%~85%。日照时间长，平均年日照时数2060h。土壤母质为页岩、砂岩分化的黄壤，沟边多石砾，呈微酸至中性，pH 5.5~7.0。

附录 2　各相关植物园的地理位置和自然环境

黑龙江省森林植物园

位于哈尔滨市香坊区哈平路 105 号（45°42′N，126°38′E，海拔 140~150m），占地面积 136hm²，地处中国东北寒温带。气候属温带大陆性季风气候，四季分明，冬长夏短。4~6 月为春季，易发生春旱和大风，气温回升快而且变化无常，升温或降温一次可达 10℃左右；7~8 月为夏季，气候温热湿润多雨，7 月平均气温 19~23℃，最高气温达 38℃；9~10 月为秋季，昼夜温差变幅大，9 月平均气温为 10℃，10 月份 2~4℃；11 月至翌年 3 月份为冬季，漫长而寒冷干燥，有时会出现暴雪天气，1 月平均气温 -15~-30℃，最低气温曾达 -37.7℃。全年平均降水量 569.1mm，主要集中在 6~9 月，集中降雪期为每年 11 月至翌年 1 月。植物园所处地区地形平坦，起伏不大，土壤类型主要为黑土和草甸黑土，土质肥沃，利于植物生长。

上海辰山植物园

位于上海市松江区佘山山系中的辰山，全园占地面积约 207hm²。园区所在地属亚热带季风气候，呈现季风性、海洋性气候特征。冬夏寒暑交替，四季分明，春秋较冬夏长。主要气候特征是：春天暖和、夏季炎热、秋天凉爽、冬季阴冷；全年雨量适中，年 60% 左右的雨量集中在 5~9 月的汛期，年平均降水量 1119.1mm，年蒸发量 882.4mm；年平均日照时数 1400h。全年平均气温 15.8℃，1 月最冷平均为 3.6℃，7 月最热平均为 27.8℃，极端最高气温 40.2℃，极端最低气温 -12.1℃。

银川植物园

位于宁夏银川市西南金凤区银兴路（38°25′N，106°10′E，海拔 1110~1130m），占地面积 280hm²，地处中国西北内陆半荒漠地区（即草原向荒漠的过渡地带）。气候属温带大陆性半干旱气候，主要特点是日照充足、热量充沛、温差较大、风大沙多、干旱少雨、蒸发强烈。年平均气温为 5.3~9.9℃。夏季受东南季风影响，时间短，降水少，7 月最热，平均气温 24℃；冬季受西北季风影响大，时间长，气温变化起伏大，1 月最冷，平均气温 -9℃。年降水量在 150~600mm 之间，无霜期 150 天左右。植物园所处地区地形较为平坦，起伏不大，土壤类型主要为长期引黄灌溉淤积和耕作交替而形成的灌淤土，土质疏松，富含沙砾，较为瘠薄，偏碱性。

重庆市药物种植研究所

重庆市药物种植研究所（中国医学科学院药用植物研究所重庆分所）位于重庆南川金佛山北麓龙岩江畔三泉镇（29°8′N，107°12′E，海拔 560~600m），地处四川盆地东南边缘与云贵高原过渡地带。气候属亚热带季风性湿润气候，但山地形成的立体气候明显。气候温和，雨量充沛，既无严寒，又无酷暑，四季分明，霜雪稀少，无霜期长。热量丰富，年均温 16.6℃，极端最高温度 39.8℃，极端最低温度 -5.3℃，年降水量 1185mm，年日照时数 1273h，无霜期 308 天，相对湿度 80%。植物园所处地区以山地为主，南面的金佛山最高峰海拔达 2238m，土壤主要以紫色土为主，偏酸性，土质肥沃，结构良好。

成都市植物园

成都市植物园（成都市公园城市植物科学研究院）位于成都市北郊天回镇（30°46′N，104°7′E，海拔 520~570m），占地面积 42hm²，地处四川盆地西部边缘。气候属亚热带季风性湿润气候，具有春旱、夏热、秋凉、冬暖的气候特点，年平均气温 15.4℃，年降水量 957mm。气候一个显著特点是多云雾，日照时间短，另一个显著特点是空气潮湿，夏天虽然气温不高（最高温度一般不超过 35℃），却显得闷热；冬天气温平均在 5℃以上（极端最低气温为 -5.9℃，大部分出现在 12 月，少部分出现在 1 月），但阴天多，空气潮，显得很阴冷。雨水集中在 7~8 月，冬春两季干旱少雨，极少冰雪。植物园属丘陵地貌，土壤主要以紫色土为主，偏酸性，土质肥沃，结构良好。

中文名索引

A
阿诺德红新疆忍冬……452
矮接骨木……272
矮小忍冬……360
爱德华·古舍糯米条……508
安息香锦带……323
凹叶忍冬……421
奥尔忍冬……360
澳大利亚接骨木……272

B
巴东荚蒾……152
巴格森金亮叶忍冬
………………399,401
白花锦带花……323
白花新疆忍冬……452
白雪果……495
半边月……314
北极花……503
北京忍冬……376
北美橙色忍冬……347
北美忍冬……339
备中荚蒾……83
比利牛斯忍冬……395
比利时香忍冬……345
变色锦带花……323
波斯忍冬……384
布拉格荚蒾……105
布朗忍冬……352

C
藏花忍冬……424
侧花荚蒾……106
茶荚蒾……260
常绿荚蒾……253
长白忍冬……448
长梗荚蒾……121
长花忍冬……462
长距忍冬……358
长伞梗荚蒾……246
长花雪球荚蒾……69
长圆荚蒾……154
朝鲜荚蒾……192
朝鲜接骨木……272
橙黄忍冬……339
齿叶荚蒾……189
齿叶忍冬……360
臭荚蒾……224
川黔忍冬……350
川西荚蒾……170
穿心莛子藨……330
垂红忍冬……352

垂花荚蒾……222
垂枝双盾木……524
刺荚蒾……104
葱皮忍冬……392

D
大苞荚蒾……186
大果鳞斑荚蒾……50
大果忍冬……460
大花荚蒾……121
大花六道木……517
大花糯米条……517
大花忍冬……472
单花忍冬……374
淡红忍冬……468
淡黄荚蒾……107
淡黄忍冬……452
淡黄新疆忍冬……452
倒卵叶荚蒾……63
倒卵叶忍冬……412
地中海荚蒾……167
地中海忍冬……340
滇西忍冬……482
蝶花荚蒾……113
丁香叶忍冬……414
东方荚蒾……216
冬丽郁香忍冬……372
杜伦博斯雪果……501
短柄荚蒾……221
短柄忍冬……458
短梗锦带花……304
短尖忍冬……371
短毛荚蒾……185
短毛接骨木……272
短筒荚蒾……144
短序荚蒾……149
对马忍冬……371
多毛忍冬……339
多枝忍冬……390

E
峨眉荚蒾……121
二翅六道木……512
二翅糯米条……512

F
法国冬青……130
法兰西大花糯米条……518
繁果新疆忍冬……452
饭汤子……260
粉花荚蒾……163
粉团……115

粉云猬实……521
枫叶荚蒾……219

G
甘肃荚蒾……217
刚毛忍冬……362
高加索接骨木……272
高加索忍冬……421
高山忍冬……408
格氏忍冬……339
格雷姆香忍冬……345
菰腺忍冬……480
贯月忍冬……348
冠果忍冬……364
光果荚蒾……209
广叶荚蒾……111
鬼吹箫……490
桂叶荚蒾……37

H
海南荚蒾……222
海仙花……308
旱禾树……126
合轴荚蒾……47
河岸雪果……494
黑果荚蒾……232
黑果忍冬……430
横脉荚蒾……156
衡山荚蒾……239
红白忍冬……487
红宝石锦带……323
红花金银忍冬……439
红花双六道木……529
红花岩生忍冬……417
红荚蒾……146
红蕾荚蒾……80
红蕾欧洲荚蒾……197
红蕾雪球荚蒾……104
红王子锦带……323
红雪果……497
厚绒荚蒾……211
壶花荚蒾……41
湖北荚蒾……229
蝴蝶戏珠花……118
花边锦带花……323
花纸屑大花糯米条……518
华北忍冬……424
华鬼吹箫……489
华南忍冬……478
华西忍冬……410
桦叶荚蒾……229
黄果欧洲荚蒾……197

黄果新疆忍冬……452
黄花鬼吹箫……489
黄花双六道木……529
黄锦带……298
黄栌叶荚蒾……67
黄脉忍冬……484
灰毡毛忍冬……474

J
鸡树条……197
棘枝忍冬……416
加拿大接骨木……284
加拿大忍冬……384
嘉年华锦带……323
荚蒾……241
坚荚蒾……253
接骨草……276
接骨木……286
截萼忍冬……360
金斑大花糯米条……517
金边锦带花……323
金佛山荚蒾……101
金花忍冬……442
金亮锦带花……323
金腺荚蒾……258
金焰忍冬……353
金叶接骨木……284,285
金叶锦带花……323
金叶欧洲荚蒾……197
金叶猬实……521
金羽接骨木……291,293
金银花……484
金银木……439
金银忍冬……439
锦带花……319
京红久忍冬……353
巨叶荚蒾……37
具毛常绿荚蒾……256
聚花荚蒾……93

K
堪察加接骨木……272
可爱忍冬……452
苦糖果……371
库页接骨木……272
宽叶接骨木……272
阔叶荚蒾……229

L
拉菲荚蒾……185
蓝靛果……381
蓝果接骨木……272

中文名索引

蓝果忍冬 381	**P**	桃红锦带花 312	烟管荚蒾 76
蓝黑果荚蒾 180	盘叶忍冬 343	腾越荚蒾 154	岩生忍冬 416
蓝叶忍冬 452	披针叶荚蒾 251	莛子藨 332	艳条花 506
梨叶荚蒾 58	枇杷叶荚蒾 96	薄梗花 510	羊叶忍冬 341
李叶荚蒾 61	平滑荚蒾 188	铜钱叶忍冬 435	漾濞荚蒾 136
连果忍冬 421	苹果叶荚蒾 160		瑶山荚蒾 222
亮叶忍冬 399	匍匐忍冬 466	**W**	腋花莛子藨 334
裂叶接骨草 279	匍枝亮叶忍冬 399,401	晚花香忍冬 345	宜昌荚蒾 248
鳞斑荚蒾 51	匍枝雪果 501	威特荚蒾 164	异叶忍冬 384
琉球荚蒾 133	葡萄忍冬 339	威廉地中海荚蒾 168	意大利忍冬 340
瘤基忍冬 371		微毛忍冬 366	意大利杂交忍冬 353
柳叶忍冬 421	**Q**	卫矛叶荚蒾 55	银色丽人亮叶忍冬 399,402
柳木皱叶荚蒾 97	七子花 327	猬实 521	樱桃忍冬 371
六道木 540	槭叶荚蒾 219	蝟实 521	樱叶荚蒾 123
路边花 316	千岛忍冬 426	温州双六道木 530	硬骨忍冬 444
罗莎贝拉锦带 323	琼花 71	无柄黄锦带 302	优美双盾木 524
吕宋荚蒾 265	球冠荚蒾 184	无梗接骨木 272	犹他忍冬 384
略红荚蒾 54	球核荚蒾 172	无梗忍冬 458	郁香忍冬 368
	全叶荚蒾 222		圆叶雪果 494
M	全缘六道木 543	**X**	远东锦带花 306
蔓生盘叶忍冬 341		西伯利亚接骨木 272	越橘叶忍冬 416
毛冠忍冬 419	**R**	西方雪果 494	粤赣荚蒾 263
毛核木 499	忍冬 484	西南忍冬 464	云南荚蒾 121
毛花忍冬 437	日本荚蒾 235	西洋接骨木 281	云南忍冬 339
毛雪果 494	日本珊瑚树 130	西域荚蒾 222	云南双盾木 527
毛药忍冬 388	日出大花糯米条 518	细梗忍冬 384	
毛叶鸡树条 197	蕊被忍冬 433	细毛忍冬 339	**Z**
毛叶接骨荚蒾 214	蕊帽忍冬 403	细绒忍冬 476	早花忍冬 378
毛枝荚蒾 182	瑞丽荚蒾 121	细瘦糯米条 508	早锦带花 321
玫红新疆忍冬 452	弱枝忍冬 446	细毡毛忍冬 476	扎贝尔红新疆忍冬 452
美国丽人忍冬 353		狭叶球核荚蒾 174	藏西忍冬 360
美丽锦带花 310	**S**	下江忍冬 428	樟叶荚蒾 178
美丽忍冬 452	三裂叶荚蒾 197	纤细鬼吹箫 492	爪哇接骨草 272
美洲接骨木 284	三脉叶荚蒾 176	显鳞荚蒾 37	浙皖荚蒾 237
蒙古荚蒾 85	三叶荚蒾 206	显脉荚蒾 44	珍珠荚蒾 227
密花荚蒾 78	伞房荚蒾 158	香荚蒾 138	榛叶荚蒾 244
密毛六道木 532	山地黄锦带 300	香六道木 534	直角荚蒾 224
绵毛荚蒾 90	山银花 478	香忍冬 345	中亚六道木 532
莫奈锦带花 323	珊瑚树 126	小步舞锦带花 323	皱叶荚蒾 96
墨西哥忍冬 384	陕西荚蒾 74	小丑忍冬 353	皱叶忍冬 458
	少花荚蒾 141	小花毛核木 497	朱迪荚蒾 104
N	沙氏雪球荚蒾 69	小花新疆忍冬 452	壮丽黄锦带 297
南方荚蒾 268	施蒂锦带花 323	小叶荚蒾 222	追分忍冬 371
南方六道木 538	食用荚蒾 191	小叶六道木 510	锥序荚蒾 109
拟绵毛荚蒾 43	舒曼糯米条 508	小叶糯米条 510	紫花忍冬 422
拟皱叶荚蒾 105	树忍冬 435	小叶忍冬 386	紫叶接骨木 284,285
黏毛荚蒾 384	双盾木 525	小叶雪果 494	紫叶锦带花 323
柠檬丽人亮叶忍冬 399,402	水红木 202	心叶荚蒾 44	总苞忍冬 406
暖木条荚蒾 88	水晶忍冬 433	新疆忍冬 450	总序接骨木 290
糯米条 514	水马桑 314	修枝荚蒾 88	总序雪果 494
女贞叶忍冬 397	四翅双六道木 529	绣球荚蒾 69	醉鱼草状荚蒾 99
		锈毛忍冬 470	醉鱼草状六道木 536
O	**T**	血满草 274	
欧洲荚蒾 194	台东荚蒾 133		
欧洲雪球 197	台尔曼忍冬 354	**Y**	
	台中荚蒾 221	桠枝忍冬 384	
	唐古特忍冬 388	亚高山荚蒾 121	

557

拉丁名索引

A

Abelia × grandiflora	517
Abelia × grandiflora 'Conti'	518
Abelia × grandiflora 'Francis Mason'	518
Abelia × grandiflora 'Gold Spot'	517
Abelia × grandiflora 'Sunrise'	518
Abelia 'Edward Goucher'	508
Abelia biflora	540
Abelia buddleioides	536
Abelia chinensis	514
Abelia corymbosa	532
Abelia densipila	532
Abelia dielsii	538
Abelia engleriana	510
Abelia floribunda	506
Abelia forrestii	508
Abelia integrifolia	543
Abelia macrotera	512
Abelia mosanensis	534
Abelia parvifolia	510
Abelia schumannii	508
Abelia triflora	536
Abelia triflora var. *parvifolia*	536
Abelia tyaihyoni	534
Abelia umbellata	538
Abelia uniflora	510

D

Diabelia sanguinea	529
Diabelia serrata	529
Diabelia spathulata	530
Diabelia stenophylla	529
Diervilla × splendens	297
Diervilla lonicera	298
Diervilla rivularis	300
Diervilla sessilifolia	302
Dipelta elegans	524
Dipelta floribunda	525
Dipelta ventricosa	524
Dipelta yunnanensis	527

H

Heptacodium miconioides	327

K

Kolkwitzia amabilis	521
Kolkwitzia amabilis 'Maradco'	521
Kolkwitzia amabilis 'Pink Cloud'	521

L

Leycesteria crocothyrsos	489
Leycesteria formosa	490
Leycesteria gracilis	492
Leycesteria sinensis	489
Linnaea borealis	503
Lonicera × amoena	452
Lonicera × bella	452
Lonicera × brownii	352
Lonicera × brownii 'Dropmore Scarlet'	352
Lonicera × heckrottii	353
Lonicera × heckrottii 'American Beauty'	353
Lonicera × heckrottii 'Golden Flame'	353
Lonicera × italica	353
Lonicera × italica 'Sherlite'	353
Lonicera × purpusii 'Winter Beauty'	371
Lonicera × tellmanniana	354
Lonicera acuminata	468
Lonicera affinis var. *hypoglauca*	480
Lonicera alpigena	408
Lonicera altmannii	360
Lonicera angustifolia var. *myrtillus*	416
Lonicera apodantha	458
Lonicera arborea	435
Lonicera bournei	464
Lonicera buchananii	482
Lonicera caerulea	381
Lonicera caerulea var. *edulis*	381
Lonicera calcarata	358
Lonicera canadensis	384
Lonicera caprifolium	341
Lonicera caucasica	421
Lonicera chamissoi	426
Lonicera chrysantha	442
Lonicera ciliosa	347
Lonicera confusa	478
Lonicera conjugialis	421
Lonicera crassifolia	466
Lonicera cyanocarpa	366
Lonicera demissa	446
Lonicera dioica	339
Lonicera elisae	376
Lonicera etrusca	340
Lonicera fargesii	384
Lonicera ferdinandi	392
Lonicera ferruginea	470
Lonicera flava	339
Lonicera fragrantissima	368
Lonicera fragrantissima subsp. *oiwakensis*	372
Lonicera fragrantissima subsp. *phyllocarpa*	372
Lonicera fragrantissima subsp. *standishii*	372
Lonicera fragrantissima 'Winter Beauty'	372
Lonicera gracilipes	384
Lonicera griffithii	339
Lonicera gynochlamydea	433
Lonicera harae	371
Lonicera hemsleyana	412
Lonicera heterophylla	384
Lonicera hildebrandiana	460
Lonicera hirsuta	339
Lonicera hispida	362
Lonicera hispidula	339
Lonicera humilis	360
Lonicera hypoglauca	480
Lonicera iberica	384
Lonicera implexa	340
Lonicera involucrata	406
Lonicera japonica var. *chinensis*	487
Lonicera korolkowii	452
Lonicera lanceolata	421
Lonicera japonica	484
Lonicera japonica 'Aureoreticulata'	484
Lonicera ligustrina	397
Lonicera ligustrina var. *pileata*	403
Lonicera ligustrina var. *yunnanensis*	399
Lonicera ligustrina var. *yunnanensis* 'Baggesen's Gold'	399,401
Lonicera ligustrina var. *yunnanensis* 'Lemon Beauty'	399,402
Lonicera ligustrina var. *yunnanensis* 'Maygreen Maigrun'	399,401
Lonicera ligustrina var. *yunnanensis* 'Silver Beauty'	399,402
Lonicera longiflora	462
Lonicera maackii	439

Lonicera maackii var. *erubescens*	439
Lonicera macrantha	472
Lonicera macranthoides	474
Lonicera maximowiczii	422
Lonicera mexicana	384
Lonicera microphylla	386
Lonicera modesta	428
Lonicera modesta var. *lushanensis*	428
Lonicera morrowii	452
Lonicera mucronata	371
Lonicera nigra	430
Lonicera nummulariifolia	435
Lonicera oblata	414
Lonicera oiwakensis	371
Lonicera olgae	360
Lonicera pampaninii	458
Lonicera periclymenum	345
Lonicera periclymenum 'Belgica'	345
Lonicera periclymenum 'Graham Thomas'	345
Lonicera periclymenum 'Serotina'	345
Lonicera phyllocarpa	371
Lonicera praeflorens	378
Lonicera purpusii	371
Lonicera pyrenaica	395
Lonicera ramosissima	390
Lonicera reticulata	339
Lonicera retusa	421
Lonicera rhytidophylla	458
Lonicera rupicola	416
Lonicera rupicola var. *syringantha*	417
Lonicera ruprechtiana	448
Lonicera semenovii	360
Lonicera sempervirens	348
Lonicera serreana	388
Lonicera setifera	360
Lonicera similis	476
Lonicera simulatrix	384
Lonicera spinosa	416
Lonicera standishii	371
Lonicera stephanocarpa	364
Lonicera strigosiflora	472
Lonicera subaequalis	350
Lonicera subhispida	374
Lonicera tangutica	388
Lonicera tatarica	450
Lonicera tatarica 'Alba'	452
Lonicera tatarica 'Arnold Red'	452
Lonicera tatarica 'Floribunda'	452
Lonicera tatarica 'Lutea'	452
Lonicera tatarica 'Lutea'	452
Lonicera tatarica 'Rosea'	452
Lonicera tatarica 'Zabelii'	452
Lonicera tatarica var. *korolkowii*	452
Lonicera tatarica var. *micrantha*	452
Lonicera tatarica var. *morrowii*	452
Lonicera tatarinowii	424
Lonicera tomentella	419
Lonicera tragophylla	343
Lonicera trichosantha	437
Lonicera utahensis	384
Lonicera webbiana	410
Lonicera xylosteum	444
Lonicera yunnanensis	339

S

Sambucus adnata	274
Sambucus australasica	272
Sambucus caerulea	272
Sambucus chinensis	276
Sambucus chinensis var. *pinnatilobatus*	279
Sambucus coreana	272
Sambucus ebulus	272
Sambucus javanica	276
Sambucus javanica var. *pinnatilobatus*	279
Sambucus kamtschatica	272
Sambucus latipinna	272
Sambucus nigra	281
Sambucus nigra subsp. *canadensis*	284
Sambucus nigra subsp. *canadensis* 'Aurea'	284
Sambucus nigra subsp. *canadensis* Black Lace 'Eva'	284
Sambucus pubens	272
Sambucus racemosa	290
Sambucus racemosa 'Plumosa Aurea'	291
Sambucus sachalinensis	272
Sambucus sibirica	272
Sambucus sieboldiana	272
Sambucus tigranii	272
Sambucus williamsii	286
Symphoricarpos × *chenaultii*	501
Symphoricarpos × *doorenbosii*	501
Symphoricarpos albus	495
Symphoricarpos microphyllus	494
Symphoricarpos mollis	494
Symphoricarpos occidentalis	494
Symphoricarpos orbiculatus	497
Symphoricarpos racemosa	494
Symphoricarpos rivularis	494
Symphoricarpos rotundifolius	494
Symphoricarpos sinensis	499

T

Triosteum himalayanum	330
Triosteum pinnatifidum	332
Triosteum sinuatum	334

V

Vesalea floribunda	506
Viburnum 'Pragense'	105
Viburnum × *bodnantense*	163
Viburnum × *burkwoodii*	104
Viburnum × *carlcephalum*	104
Viburnum × *globosum*	184
Viburnum × *hillieri*	164
Viburnum × *juddii*	104
Viburnum × *pragense*	105
Viburnum × *rhytidophylloides*	105
Viburnum acerifolium	219
Viburnum acutifolium subsp. *lautum*	37
Viburnum amplificatum	37
Viburnum amplifolium	111
Viburnum atrocyaneum	180
Viburnum atrocyaneum subsp. *harryanum*	182
Viburnum betulifolium	229
Viburnum brachybotryum	149
Viburnum bracteatum	186
Viburnum brevipes	221
Viburnum brevitubum	144
Viburnum buddleifolium	99
Viburnum burejaeticum	88
Viburnum carlesii	80
Viburnum carlesii var. *bitchiuense*	83
Viburnum chingii	136
Viburnum chinshanense	101
Viburnum chunii	258
Viburnum cinnamomifolium	178
Viburnum clemensiae	37
Viburnum congestum	78
Viburnum corylifolium	244
Viburnum corymbiflorum	158
Viburnum corymbiflorum subsp. *malifolium*	160
Viburnum cotinifolium	67
Viburnum cylindricum	202

Viburnum dalzielii	263
Viburnum davidii	170
Viburnum dentatum	189
Viburnum dilatatum	241
Viburnum edule	191
Viburnum erosum	248
Viburnum erubescens	146
Viburnum farreri	138
Viburnum foetidum	224
Viburnum foetidum var. *ceanothoides*	227
Viburnum foetidum var. *rectangulatum*	224
Viburnum fordiae	268
Viburnum formosanum	221
Viburnum furcatum var *melanophyllum*	47
Viburnum glomeratum	93
Viburnum grandiflorum	121
Viburnum hainanense	222
Viburnum hanceanum	113
Viburnum hengshanicum	239
Viburnum henryi	152
Viburnum hupehense	229
Viburnum inopinatum	211
Viburnum integrifolium	222
Viburnum japonicum	235
Viburnum kansuense	217
Viburnum koreanum	192
Viburnum lancifolium	251
Viburnum lantana	90
Viburnum lantanoides	43
Viburnum laterale	106
Viburnum lautum	37
Viburnum leiocarpum	209
Viburnum lentago	58
Viburnum lobophyllum	229
Viburnum longipedunculatum	121
Viburnum longiradiatum	246
Viburnum lutescens	107
Viburnum luzonicum	265
Viburnum macrocephalum	69
Viburnum macrocephalum f. *keteleeri*	71
Viburnum macrocephalum 'Shasta'	69
Viburnum macrocephalum 'Watanabe'	69
Viburnum macrocephalum 'Willowood'	97
Viburnum melanocarpum	232
Viburnum molle	185
Viburnum mongolicum	85
Viburnum mullaha	222
Viburnum nervosum	44
Viburnum nudum var. *cassinoides*	55
Viburnum obovatum	63
Viburnum odoratissimum	126
Viburnum odoratissimum var. *awabuki*	130
Viburnum oliganthum	141
Viburnum omeiense	121
Viburnum opulus	194
Viburnum opulus 'Aureum'	197
Viburnum opulus 'Onondaga'	197
Viburnum opulus 'Roseum'	197
Viburnum opulus 'Xanthocarpum'	197
Viburnum opulus f. *puberulum*	197
Viburnum opulus subsp. *calvescens*	197
Viburnum opulus subsp. *trilobum*	197
Viburnum orientale	216
Viburnum parvifolium	222
Viburnum phlebotrichum	222
Viburnum plicatum	115
Viburnum plicatum var. *tomentosum*	118
Viburnum propinquum	172
Viburnum propinquum var. *mairei*	174
Viburnum prunifolium	61
Viburnum punctatum	51
Viburnum punctatum var. *lepidotulum*	50
Viburnum pyramidatum	109
Viburnum rafinesquianum	185
Viburnum recognitum	188
Viburnum rhytidophyllum	96
Viburnum rufidulum	54
Viburnum sambucinum var. *tomentosum*	214
Viburnum schensianum	74
Viburnum sempervirens	253
Viburnum sempervirens var. *trichophorum*	256
Viburnum setigerum	260
Viburnum shweliense	121
Viburnum sieboldii	123
Viburnum squamulosum	222
Viburnum subalpinum	121
Viburnum suspensum	133
Viburnum sympodiale	47
Viburnum taitoense	133
Viburnum tengyuehense	154
Viburnum ternatum	206
Viburnum tinus	167
Viburnum tinus 'Gwenllian'	168
Viburnum trabeculosum	156
Viburnum triplinerve	176
Viburnum urceolatum	41
Viburnum utile	76
Viburnum wrightii	237
Viburnum yunnanense	121

W

Weigela coraeensis	308
Weigela decora	310
Weigela floribunda	316
Weigela florida	319
Weigela hortensis	312
Weigela japonica	314
Weigela japonica var. *sinica*	314
Weigela middendorffiana	306
Weigela praecox	321
Weigela subsessilis	304
Weigela 'Abel Carrière'	323
Weigela 'Bristol Ruby'	323
Weigela 'Candida'	323
Weigela 'Courtalor' Carnaval	323
Weigela 'Foliis Purpureis'	323
Weigela 'Looymansii Aurea'	323
Weigela 'Minuet'	323
Weigela 'Olympiade' Briant Rubidor	323
Weigela 'Praecox Variegata'	323
Weigela 'Red Prince'	323
Weigela 'Rosabella'	323
Weigela 'Styriaca'	323
Weigela 'Versicolor'	323
Weigela 'Verweig' Monet	323

Z

Zabelia biflora	540
Zabelia buddleioides	536
Zabelia corymbosa	532
Zabelia densipila	532
Zabelia dielsii	538
Zabelia integrifolia	543
Zabelia mosanensis	534
Zabelia parvifolia	536
Zabelia triflora	536
Zabelia tyaihyoni	534
Zabelia umbellata	538